Parrondo 博弈
——输的组合会赢

谢能刚　王　璐　叶　晔　著

科　学　出　版　社
北　京

内 容 简 介

Parrondo 博弈能够产生"输+输=赢"的反直觉现象，本书从模型、方法和应用三个维度对 Parrondo 博弈及其悖论效应进行了研究。全书共分 7 章，主要包括 Parrondo 博弈的"搅动机制"和"棘轮效应"、群体 Parrondo 博弈及投票悖论、网络 Parrondo 博弈及网络演化的适应性、Parrondo 博弈中具有吸收壁的随机游走问题、量子 Parrondo 博弈及初值效应等内容。

本书可供从事博弈论及社会计算、概率论与数理统计等领域相关的科研人员、研究生与高年级本科生等阅读参考。

图书在版编目(CIP)数据

Parrondo 博弈：输的组合会赢/谢能刚，王璐，叶晔著. —北京：科学出版社，2016.9

ISBN 978-7-03-049960-8

Ⅰ. ①P… Ⅱ. ①谢… ②王… ③叶… Ⅲ. ①博弈论 Ⅳ. ①O225

中国版本图书馆 CIP 数据核字(2016) 第 225693 号

责任编辑：钱 俊 / 责任校对：张凤琴
责任印制：张 伟 / 封面设计：铭轩堂设计

科 学 出 版 社 出版
北京东黄城根北街 16 号
邮政编码：100717
http://www.sciencep.com

北京盛通商印快线网络科技有限公司 印刷
科学出版社发行 各地新华书店经销
*
2016 年 9 月第 一 版 开本：720 × 1000 1/16
2019 年 11 月第五次印刷 印张：14 3/4 插页：6
字数：300 000

定价：88.00 元

(如有印装质量问题，我社负责调换)

前　言

2007 年，一个偶然的机会接触到 Parrondo 博弈，其“输的组合会赢”的反直觉现象让我们惊奇，随着对该领域经典论文的反复阅读和方法机理的仔细揣摩，深深地被其简单优美的数学形式和丰富深刻的哲学思想所吸引。八年来，我们在其中浸润和徜徉，努力过，彷徨过，挣扎过，放弃过，然后一切都归入了这本书。

全书共 7 章，核心内容为群体 Parrondo 博弈、网络 Parrondo 博弈和量子 Parrondo 博弈，分析了投票悖论、网络演化的适应性、随机游走和初值效应等 Parrondo 博弈中新的有趣现象，首次基于 Parrondo 博弈模型分析竞合行为的适应性，阐述了生物进化过程中的“搅动机制”和“棘轮效应”。

作者的众多研究生也参与了此项工作：陈云硕士、汪超硕士和李银风硕士参与了第 2 章的研究和撰写工作；郭佳肄硕士参与了第 3 章的研究和撰写工作；王林刚硕士和许刚硕士参与了第 4 章的研究和撰写工作；杨柳硕士参与了第 5 章的研究和撰写工作；朱勇飞硕士参与了第 6 章的研究和撰写工作。在此一并表示感谢！

阅读本书需要一点博弈论、概率论和数理统计、量子理论及复杂网络方面的背景知识。鉴于作者水平所限，书中难免有疏漏之处，希望方家斧正。同时，本书的内容体系是开放的以及可延拓的，祝愿各位读者能从其中发现属于自己的圆石头和漂亮贝壳。

感谢国家自然科学基金 (项目编号：61375068)、教育部人文社科基金 (项目编号：13YJAZH106、15YJCZH210) 和安徽省高校省学术技术带头人培养项目对本书相关研究的资助。

作　者

2016 年 3 月

目　　录

第 1 章 Parrondo 博弈的结构形式及悖论效应

1.1 引　　言

Parrondo 博弈以发现者西班牙科学家 J.M.R. Parrondo 的名字命名。基于 Parrondo 博弈，可以产生一个有趣的“输 + 输 = 赢”的悖论现象，其具体描述为：对于给定的两个博弈，如果每个博弈单独玩时为输，那么当这两个博弈随机或周期进行时就可能产生一种获胜的结果。目前，Parrondo 悖论已被计算机模拟、布朗棘轮实例和基于离散马尔可夫链的理论分析结果所证实 [1−4]。Parrondo 悖论效应已经激起了人们对负迁移现象 [5]、可靠性理论 [6]、噪声诱导同步现象 [7] 和控制混沌方面 [8] 的研究。

Parrondo 博弈产生的这种“输 + 输 = 赢”的反直觉现象在物理学、生物学和经济学等领域广泛存在，在控制理论中，两个不稳定系统的结合可以导致稳定 [9]；在颗粒流理论中，漂移可以发生在一个违反直觉的方向 [10,11]，如“巴西坚果效应”；Pinsky 等 [12] 讨论了随机介质中两个瞬态扩散过程之间的转换能够形成一个正递归的过程；Masuda 等 [13] 研究了 Domany-Kinzel 概率元胞自动机，两个超临界动态以某种恰当有序的方式混合可以产生一个种群灭绝的亚临界动态；Almeida 等 [14] 提出了一个“混沌 + 混沌 = 有序”的例子，两个混沌动态的周期结合可以产生一个有序的动态。在生物学方面，Parrondo 悖论已被用于阐述种群遗传学中的复杂现象 [15−18] 和基因转录动力学机制 [19]。在证券交易方面，Boman[20,21] 采用 Parrondo 悖论研究内幕信息的动力学机制。Parrondo 博弈不仅可以用来分析众多的非线性现象 [4]，而且其自身也呈现出丰富的非线性特征。Allison 的研究 [22] 显示了 Parrondo 博弈在它们的状态空间里存在分形特征。

1.2 Parrondo 博弈的最初结构版本及悖论效应

1.2.1 Parrondo 博弈模型的最初版本

最初版本 [1] 由两个相关联的抛非均匀硬币的博弈 A 和博弈 B 构成 (图 1.1)：① A 博弈为抛不均匀的硬币#1，赢的概率为 p；② B 博弈存在两个分支。如果资本可以被模数 M 整除，则抛非均匀硬币#2，其赢的概率为 p_1；如果不能被 M 整除，则抛非均匀硬币#3，赢的概率为 p_2；③通过对概率 p、p_1 、p_2 和模数 M 的有效设定，使单独玩 A 博弈以及 B 博弈总是输的，而如果随机或按一定周期进行 A 博弈和 B 博弈时就能够产生赢的结果。

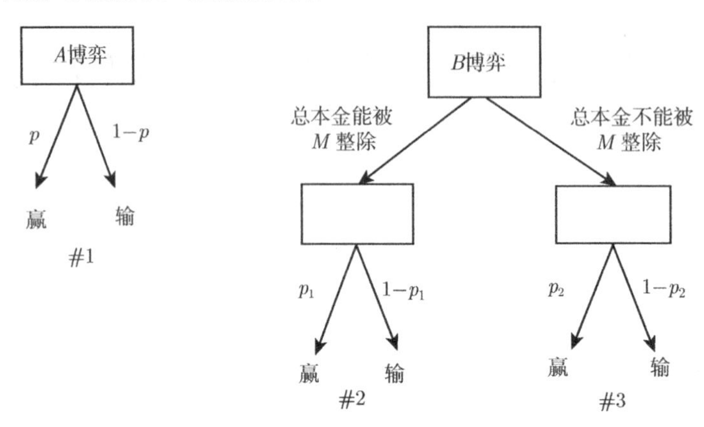

图 1.1　博弈 A 和博弈 B 的描述

目前，对 Parrondo 博弈的研究主要利用计算机仿真模拟、布朗棘轮的映射比较和基于离散马尔可夫链的理论分析等方法。

1.2.2　计算机仿真模拟

对最初版本的 Parrondo 博弈进行计算机仿真分析，共玩 100 回合，每回合玩 10000 次博弈。单玩博弈 A 和博弈 B 以及随机组合玩、ABB 组合形式玩的博弈仿真过程如图 1.2(a) 所示；以两个坐标组合 $[a,b]$ 表示玩 A 博弈 a 次，紧接着玩 B 博弈 b 次，例如 [2,3] 代表博弈序列 $\{AABBBAABBB\cdots\}$，图 1.2(b) 描绘了根据 $[a,b]$ 的确定性博弈序列得到的仿真计算结果。

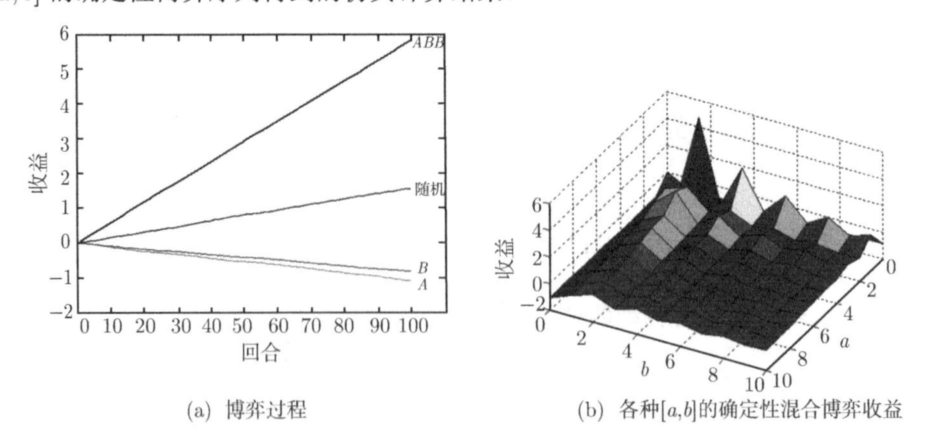

(a) 博弈过程　　(b) 各种$[a,b]$的确定性混合博弈收益

图 1.2　最初版本的 Parrondo 博弈计算机仿真分析 (其中：$M=3, p=1/2-\varepsilon, p_1=1/10-\varepsilon, p_2=3/4-\varepsilon, \varepsilon=0.005$.随机方式中玩$A$博弈的概率为0.5.)

图 1.2 表明了博弈序列的切换周期越长，收益就越小，博弈之间快速的转变可以产生好的结果，图 1.2 显示了博弈 [1,2](ABB) 有较高的收益。文献 [23] 指出 $ABBAB$ 序列具有最高收益。

1.2.3 基于脉冲式布朗棘轮的映射比较

Parrondo 博弈最初是用来作为布朗棘轮的一个解释 (布朗棘轮的捕获机制可以使得处于其中的微粒向违反直觉的斜面上方传输)，因此可以将布朗棘轮的参量映射成博弈中相应的数学变量 [2]。①资金可以对应为传输的布朗微粒数量；②布朗棘轮电位的产生可以有多种方式，但典型的是利用静电势。博弈的形式对应位势的形状，倾斜 (或平) 位势对应 A 博弈；锯齿位势的形状如图 1.3，由陡峭的正斜坡 (片段 1) 和缓和的负斜坡 (片段 2) 组成，对应 B 博弈，其中片段 1 对应具有较大的输的概率 (即硬币#2) 的博弈分支一，片段 2 则对应一个具有较大的赢的概率 (即硬币#3) 的博弈分支二；③布朗棘轮中微粒的空间位置及所处片段对应博弈的模数 M 及相应博弈分支。

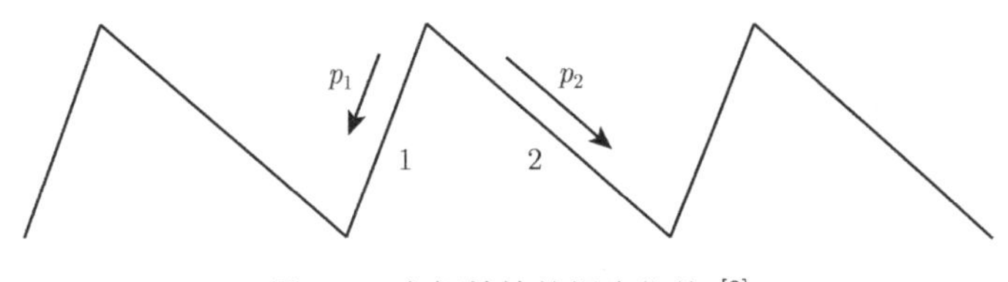

图 1.3 布朗棘轮的锯齿位势 [2]

因此，Parrondo 博弈和脉冲式布朗棘轮存在相同的动力学机制，系统变量的对应关系如表 1.1 所示。由于布朗棘轮在时间和空间上是连续的，而 Parrondo 博弈在时间和空间上是离散的，这就显示了理论分析模式的不同，布朗棘轮通过 Fokker-Planck 方程进行连续变量分析，而 Parrondo 博弈则要利用离散的马尔可夫链进行分析。

表 1.1 Parrondo 博弈和布朗棘轮之间的变量映射关系 [2]

布朗棘轮		Parrondo 博弈
静电		博弈的规则
$U_{\rm on}$ 和 $U_{\rm off}$ 的切换		玩 A 或 B 博弈
切换持续时间 $\tau_{\rm on}$ 和 $\tau_{\rm off}$		玩 A 或 B 博弈的次数 a 和 b
布朗微粒的传输数量		资金
测量输出量		收益
电位的形状	倾斜 (或平) 位势 (宏观场梯度)	A 博弈 (偏置参数 ε)
	锯齿位势 (空间位置及所处片段)	B 博弈 (模数 M 及博弈分支)

1.2.4　基于离散马尔可夫链的理论分析

1.2.4.1　离散的马尔可夫链

定义 1.1　若存在 $p\{X_{m+k}=j|X_{n_1}=i_1,X_{n_2}=i_2,\cdots,X_{n_r}=i_r,X_m=i\}=p\{X_{m+k}=j|X_m=i\}$，则 $\{X_n\}$ 为马尔可夫链。马尔可夫链的直观解释为：如果把时刻 m 看成“现在”，把时刻 $n_1,n_2,\cdots,n_r$ 看成“过去”，把时刻 $m+k$ 看成“将来”，那么马氏性是说：在已知系统“现在”所处状态的条件下，系统“将来”所到达的状态与“过去”所经历的状态无关。

马尔可夫链的转移概率　设 $\{X_n\}$ 为马尔可夫链，若记 $p_{ij}^{(k)}(m)=p\{X_{m+k}=j|X_m=i\},i,j\in E$，其中 k 为正整数，m 为非负整数，E 为系统的状态集，称 $p_{ij}^{(k)}(m)$ 为 $\{X_n\}$ 在时刻 m 以状态 i 出发经 k 步到达 j 的转移概率。

一步转移概率　称 $p\{X_{m+1}=j|X_{n_1}=i_1,X_{n_2}=i_2,\cdots,X_{n_r}=i_r,X_m=i\}=p\{X_{m+1}=j|X_m=i\}$ 中的条件概率 $p\{X_{m+1}=j|X_m=i\}$ 为马尔可夫链 $\{X_n\}$ 的一步转移概率，简称转移概率。

时齐马尔可夫链　当马尔可夫链的转移概率 $p\{X_{m+1}=j|X_m=i\}$ 只与状态 i,j 有关，而与 m 无关时称马尔可夫链为时齐的，并记 $p_{ij}=p\{X_{m+1}=j|X_m=i\}$。

转移概率矩阵 (转移矩阵)

$$P=[p_{ij}]_{i,j\in E}=\begin{bmatrix} p_{00} & p_{01} & p_{02} & \cdots \\ p_{10} & p_{11} & p_{12} & \cdots \\ p_{20} & p_{21} & p_{22} & \cdots \\ \vdots & \vdots & \vdots & \vdots \end{bmatrix}$$

满足：(a)$p_{ij}\geqslant 0,i,j\in E$；(b)$\sum\limits_{j\in E}p_{ij}=1,i\in E$。

n 步转移概率　称条件概率 $p_{ij}^{(n)}=p\{X_{m+n}=j|X_m=i\},i,j\in E,m\geqslant 0,n\geqslant 1$ 为马尔可夫链的 n 步转移概率，称 $P^{(n)}=[p_{ij}^n]_{i,j\in E}$ 为 n 步转移矩阵。n 步转移概率 $p_{ij}^{(n)}$ 指的是系统从状态 i 经过 n 步后转移到 j 的概率，它对中间的 $(n-1)$ 步转移经过的状态无要求。

遍历定理　考虑 n 步转移概率 $p_{ij}^{(n)}$，在实际问题中常常有下述情况：当 n 相当大时，$p_{ij}^{(n)}$ 接近于某一常数 π_j，而且此常数与 i 无关。这反映了相应的系统经过 n 步转移后，当 n 比较大时，系统位于状态 j 的概率，几乎不依赖于该系统在起始时刻所处的状态，系统具有在这种意义下的**平稳分布**。

定义 1.2(平稳分布)　设马尔可夫链 $\{X_n,n\geqslant 0\}$ 的转移概率矩阵 $P=[p_{ij}]_{i,j\in E}$，如果非负数列 $\{\pi_j\}$ 满足：①$\sum\limits_{j\in E}\pi_j=1$；②$\pi_j=\sum\limits_{i}\pi_i p_{ij},j\in E$；则称 $\{\pi_j\}$ 为马尔可夫链 $\{X_n,n\geqslant 0\}$ 的平稳分布概率。其中条件②可改写为矩阵形

式

$$\pi = \pi P \tag{1-1}$$

其中：$\pi = \{\pi_0, \pi_1, \cdots\}$。

1.2.4.2 单玩博弈 A 的分析

图 1.4 显示了用离散的马尔可夫链描绘的博弈 A，状态代表资金值。上移一个状态的概率为 p 而下移一个状态的概率为 $1-p$。

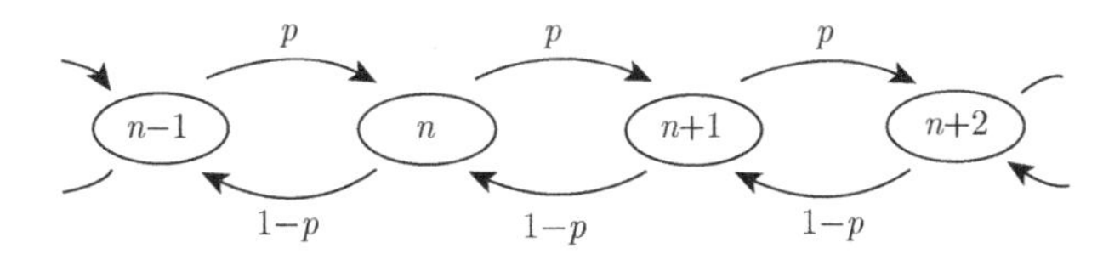

图 1.4 基于离散马尔可夫链描绘的博弈 A

A 博弈的期望值为

$$E(A) = (1) \times (p) + (-1) \times (1-p) = 2p - 1 \tag{1-2}$$

因此，当 $2p-1<0$ 时，博弈 A 是一个输的游戏。当 $p=0.5$ 时，博弈 A 是公平的。

1.2.4.3 单玩博弈 B 的分析

设在 t 步时的资金为 $X(t)$，余数子系统定义为 $Y(t) = X(t)\text{mod}M$，则余数 $Y(t)$ 的状态集为 $E = \{0, \cdots, M-1\}$。图 1.5 显示了基于余数状态描述的博弈 B 的离散时间马尔可夫链。

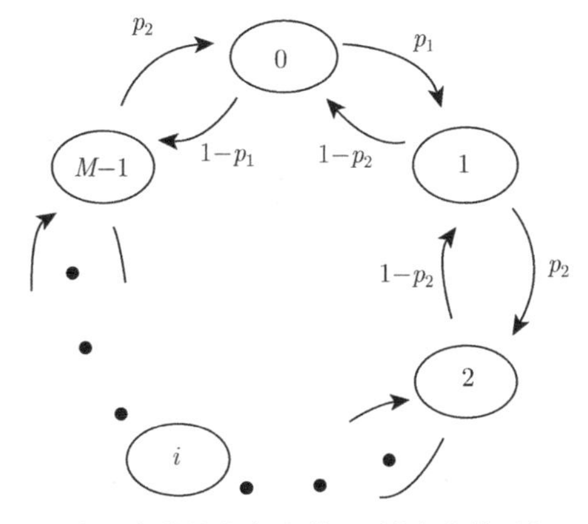

图 1.5 基于余数状态定义的 B 博弈离散马尔可夫链

图 1.5 中基于余数状态的 B 博弈转移概率矩阵为

$$[P]^B = \begin{bmatrix} 0 & p_1 & & & 1-p_1 \\ 1-p_2 & 0 & p_2 & & \\ & \ddots & \ddots & \ddots & \\ & & 1-p_2 & 0 & p_2 \\ p_2 & & & 1-p_2 & 0 \end{bmatrix} \tag{1-3}$$

B 博弈的期望值计算

$$\begin{aligned} E(B) =& \pi_0 [(1) \times p_1 + (-1) \times (1-p_1)] + \pi_1 [(1) \times p_2 + (-1) \times (1-p_2)] \\ & + \cdots + \pi_{M-1} [(1) \times p_2 + (-1) \times (1-p_2)] \\ =& \pi_0 (2p_1 - 1) + (1-\pi_0)(2p_2 - 1) \end{aligned} \tag{1-4}$$

当 M=3 时，根据平稳分布的定义 (式 (1-1)) 求得平稳分布概率为

$$\begin{cases} \pi_0 = \dfrac{1-p_2+p_2^2}{3-2p_2-p_1+2p_1p_2+p_2^2} \\ \pi_1 = \dfrac{1-p_2+p_1p_2}{3-2p_2-p_1+2p_1p_2+p_2^2} \\ \pi_2 = \dfrac{1-p_1+p_1p_2}{3-2p_2-p_1+2p_1p_2+p_2^2} \end{cases} \tag{1-5}$$

当 M=3 时，若 B 博弈输，即 $E(B) < 0$，将式 (1-5) 代入式 (1-4) 可得

$$\frac{(1-p_1)(1-p_2)^2}{p_1 p_2^2} > 1 \tag{1-6}$$

当 M=4 时，根据平稳分布的定义求得分布概率为

$$\begin{cases} \pi_0 = \dfrac{1-2p_2+2p_2^2}{4-2p_1-6p_2+4p_1p_2+4p_2^2} \\ \pi_1 = \dfrac{1-2p_2+p_1p_2+p_2^2}{4-2p_1-6p_2+4p_1p_2+4p_2^2} \\ \pi_2 = \dfrac{1-p_1+2p_1p_2-p_2}{4-2p_1-6p_2+4p_1p_2+4p_2^2} \\ \pi_3 = \dfrac{1-p_1-p_2+p_1p_2+p_2^2}{4-2p_1-6p_2+4p_1p_2+4p_2^2} \end{cases} \tag{1-7}$$

当 M=4 时，若 B 博弈输，即 $E(B) < 0$，将式 (1-7) 代入式 (1-4) 可得

$$\frac{(1-p_1)(1-p_2)^3}{p_1 p_2^3} > 1 \tag{1-8}$$

以上分析在 M 变得很大时将会非常枯燥，因为寻找平稳分布概率将变得艰难。文献 [15,23] 通过理论分析，得到对于任意 $M(M \geqslant 3)$，B 博弈输的条件为

$$\frac{(1-p_1)(1-p_2)^{M-1}}{p_1 p_2^{M-1}} > 1 \tag{1-9}$$

另外，文献 [24] 利用细致平衡原理给出了一个简单的计算方法，图 1.5 中顺时针方向是收益增加的方向 (赢的方向)，逆时针方向是收益减少的方向 (输的方向)，博弈 B 是输的只要满足

$$p_1 p_2^{M-1} < (1-p_1)(1-p_2)^{M-1} \tag{1-10}$$

当然这种计算方法并非严格的数学证明，但它的结论与正式的理论分析具有相同的结果且很直观。

1.2.4.4 随机组合玩 $A+B$ 博弈

为了处理这种随机的 $A+B$ 博弈，定义参数 γ 为玩博弈 A 的概率，当资金是 M 的倍数时赢的概率为

$$q_1 = \gamma p + (1-\gamma) p_1 \tag{1-11}$$

相似的，当资金不是 M 的倍数时赢的概率为

$$q_2 = \gamma p + (1-\gamma) p_2 \tag{1-12}$$

各自输的概率分别为 $1-q_1$ 和 $1-q_2$。当使用这个概率表达形式，我们可以采用分析博弈 B 的方法来分析这个随机博弈。这没有影响离散马尔可夫链的分析，因为两个离散马尔可夫链的简单结合形成了一个新的离散马尔可夫链，这同样也遵循马尔可夫链理论。

对于随机的博弈，使用和博弈 B 相似的表达，只是用 q_i 代替了 p_i，根据式 (1-9) 和对称性，可得保证随机组合 $A+B$ 博弈赢的条件为

$$\frac{(1-q_1)(1-q_2)^{M-1}}{q_1 q_2^{M-1}} < 1 \tag{1-13}$$

因此，在模数 M 的游戏中 Parrondo 悖论想要成立应满足以下的不等式组

$$\begin{cases} p < 1/2 & (A\text{博弈输}) \\ \dfrac{(1-p_1)(1-p_2)^{M-1}}{p_1 p_2^{M-1}} > 1 & (B\text{博弈输}) \\ \dfrac{(1-q_1)(1-q_2)^{M-1}}{q_1 q_2^{M-1}} < 1 & (\text{随机组合玩}A+B\text{博弈赢}) \end{cases} \tag{1-14}$$

1.2.5 悖论成立的参数空间

根据上述理论分析结果可以在欧氏空间 $\mathbf{R}^3(p, p_1, p_2)$ 中得到 Parrondo 悖论存在的参数空间 [15]。图 1.6 中平面 Π_A、Π_B 和 Π_R 分割了博弈 A、博弈 B 和随机组合 $A+B$ 博弈赢和输的空间。平面 Π_A 下方和 Π_B 的右方所有的点使得博弈 A 和 B 是输的，在平面 Π_R 的上方随机组合 $A+B$ 博弈是赢的。图中一个很小体积的空间满足所有的约束 —— 在这个区域里任何的点都能产生 Parrondo 悖论。因此，可以发生 Parrondo 悖论的参数空间很小，根据计算结果，仅仅只占整个取值空间的 0.032%。

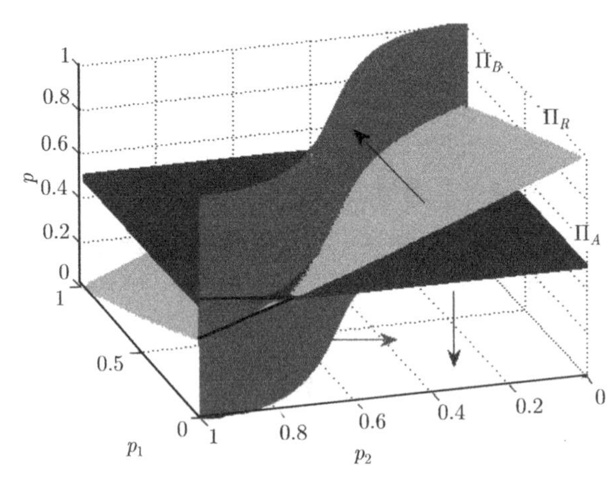

图 1.6 产生 Parrondo 悖论的参数空间 (平面 Π_A，Π_B 和 Π_R 分别代表了博弈 A、博弈 B 和随机 $A+B$ 博弈赢和输的界限。图中用粗线框出的一个小的体积是 Parrondo 悖论发生的参数空间。模数 $M=3$，随机玩 A 博弈概率 $\gamma=1/2$)

1.3 与历史相关的 Parrondo 博弈结构及悖论效应

1.3.1 与历史相关的 B 博弈结构

Parrondo 博士发现初始版本中 B 博弈对于资金的依赖限制了它在实际中的应用，为此，他对初始版本中的 B 博弈进行了修改 (A 博弈与依赖资金的最初版本保持一致)，设计了一种与历史相关的 B 博弈结构 [3](图 1.7)，它的结构有点复杂且依赖前两次 $(t-2, t-1)$ 的输赢历史，该结构存在 (输 L，输 L)、(输 L，赢 W)、(赢 W，输 L) 和 (赢 W，赢 W) 四个分支。这个新的博弈结构增加了悖论发生的参数空间。分析显示与历史相关的 Parrondo 博弈的悖论参数空间大约是初始版本悖论参数空间的 50 倍 [25]。初始版本大约 0.032%的参数空间能产生悖论，而与历史相关的版本却有 1.76%的参数空间可以产生悖论。

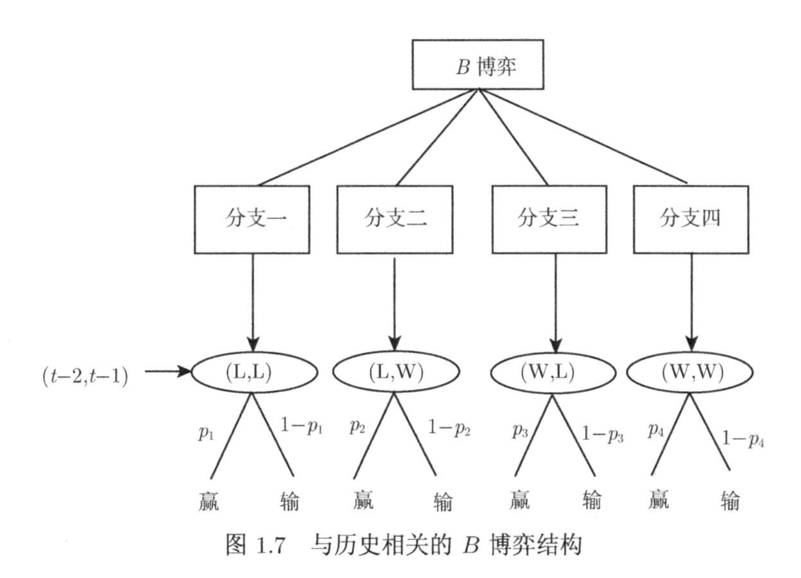

图 1.7　与历史相关的 B 博弈结构

1.3.2　基于离散马尔可夫链的理论分析

1.3.2.1　与历史相关的 B 博弈的理论分析

设在 t 步时的资金为 $X(t)$，$t-2$ 和 $t-1$ 步的输赢状态定义为向量 Y，即

$$Y = [X(t-1) - X(t-2), X(t) - X(t-1)] \tag{1-15}$$

系统状态集 $E = \{[-1,-1],[+1,-1],[-1,+1],[+1,+1]\}$, $+1$ 代表赢 (W)，-1 代表输 (L)。图 1.8 显示了与历史相关的 B 博弈的离散时间马尔可夫链。

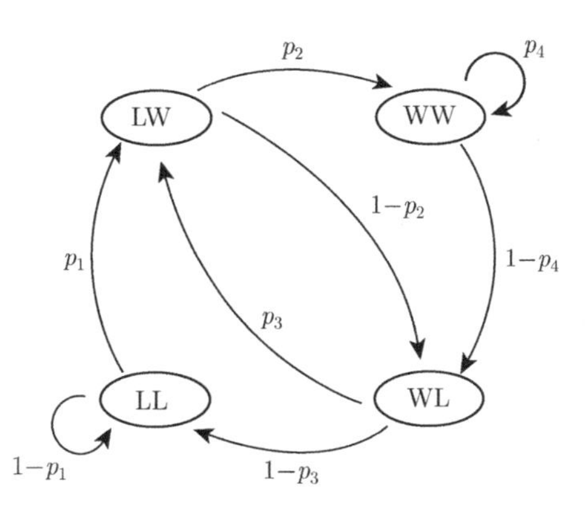

图 1.8　与历史相关的 B 博弈的离散时间马尔可夫链

由图 1.8 可得与历史相关的 B 博弈的转移概率矩阵

$$[P]^B = \begin{bmatrix} 1-p_1 & 0 & p_1 & 0 \\ 1-p_3 & 0 & p_3 & 0 \\ 0 & 1-p_2 & 0 & p_2 \\ 0 & 1-p_4 & 0 & p_4 \end{bmatrix} \tag{1-16}$$

根据平稳分布的定义 (式 (1-1)) 可得与历史相关的 B 博弈的平稳分布概率为

$$\pi^B = \frac{1}{D}\begin{bmatrix} (1-p_3)(1-p_4) \\ (1-p_4)p_1 \\ (1-p_4)p_1 \\ p_1p_2 \end{bmatrix} \tag{1-17}$$

其中 $D = p_1p_2 + (1-p_4)(1+2p_1-p_3)$。

与历史相关的 B 博弈的期望值计算

$$E(B) = \sum_{i=1}^{4} \pi_i \left[(1) \times p_i + (-1) \times (1-p_i)\right] \tag{1-18}$$

若 B 博弈输 (即 $E(B) < 0$)，将式 (1-17) 代入式 (1-18) 可得与历史相关 B 博弈为负博弈的条件

$$\frac{(1-p_3)(1-p_4)}{p_1p_2} > 1 \tag{1-19}$$

1.3.2.2　悖论条件

采用 1.2.4.4 节中处理随机组合玩 $A+B$ 博弈的方法，赢的概率定义为

$$q_i = \gamma p + (1-\gamma)p_i \quad (i = 1,2,3,4) \tag{1-20}$$

式中：参数 γ 为玩博弈 A 的概率。

根据式 (1-19) 和对称性，可得保证随机组合 $A+B$ 博弈赢的条件为

$$\frac{(1-q_3)(1-q_4)}{q_1q_2} < 1 \tag{1-21}$$

因此，在与历史相关的博弈中 Parrondo 悖论想要成立应满足以下的不等式组

$$\begin{cases} p < 1/2 & (A\text{博弈输}) \\ \dfrac{(1-p_3)(1-p_4)}{p_1p_2} > 1 & (B\text{博弈输}) \\ \dfrac{(1-q_3)(1-q_4)}{q_1q_2} < 1 & (\text{随机组合玩}A+B\text{博弈赢}) \end{cases} \tag{1-22}$$

1.3.3 两个与历史相关的博弈结构与悖论效应

在上述 B 博弈采用与历史相关的游戏结构的基础上，针对最初的依赖资金游戏版本中的 A 博弈进行变化，也将其替换为与历史相关的游戏结构，这样就建立了由两个与历史相关游戏组成的新的 Parrondo 博弈版本。下面将给出这个博弈版本的悖论条件。

两个与历史相关的博弈分别为 B_1 和 B_2，其四个分支赢的概率分别为 $o_i\,(i=1,2,3,4)$ 和 $p_i\,(i=1,2,3,4)$。随机组合 B_1+B_2 博弈赢的概率定义为

$$q_i=\gamma o_i+(1-\gamma)p_i \quad (i=1,2,3,4) \tag{1-23}$$

式中：参数 γ 为玩博弈 A 的概率。

因此，两个与历史相关的博弈中 Parrondo 悖论想要成立应满足以下的不等式组

$$\begin{cases}\dfrac{(1-o_3)(1-o_4)}{o_1o_2}>1 \quad (B_1\text{博弈输})\\ \dfrac{(1-p_3)(1-p_4)}{p_1p_2}>1 \quad (B_2\text{博弈输})\\ \dfrac{(1-q_3)(1-q_4)}{q_1q_2}<1 \quad (\text{随机组合玩}B_1+B_2\text{博弈赢})\end{cases} \tag{1-24}$$

1.4 三个博弈构成的 Parrondo 博弈版本与悖论效应

1.4.1 三个博弈构成的 Parrondo 博弈版本

P.Arena[4] 等设计了一种由 A、B 和 C 三个博弈构成的新版本，该版本由三个相关联的抛非均匀硬币的博弈 A、B 和 C 构成 (图 1.9)，其中博弈 A 和 B 的结构与最初版本一致。

(1) 博弈 A 为抛一个质地不均匀的硬币#1，赢的概率为 p。

(2) 博弈 B 存在两个分支。如果资本的总数可以被 M 整除，则抛非均匀硬币#2，其赢的概率为 p_1；如果不能被 M 整除，则抛非均匀硬币#3，赢的概率为 p_2。

(3) 博弈 C 存在两个分支，由先前的输赢博弈历史来选择抛#4 和#5 硬币中的一个。其中抛#4 硬币赢的概率为 p_3，抛#5 硬币赢的概率为 p_4。

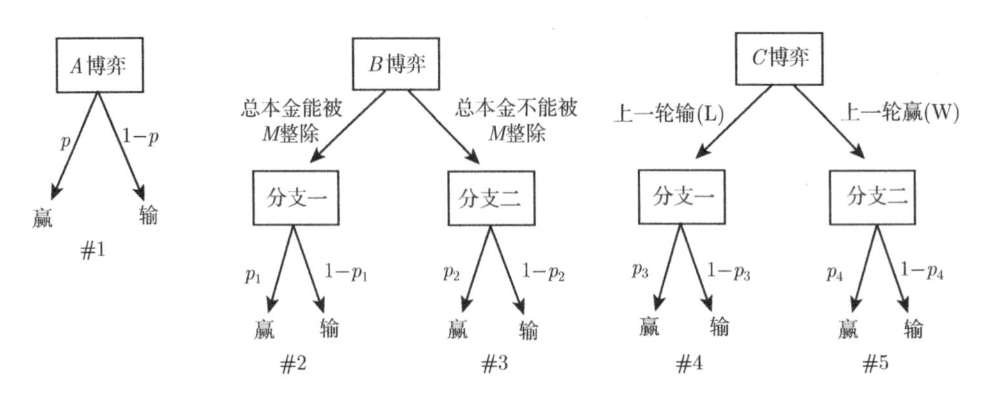

图 1.9 三个博弈构成的 Parrondo 博弈模型

(4) 通过对概率 p、p_1、p_2、p_3、p_4 和参数 M 的有效设定，使单独玩 A 博弈、玩 B 博弈和玩 C 博弈总是输的，而如果随机或按一定周期进行 A、B 和 C 时就能够产生赢的结果。

1.4.2 C 博弈的理论分析

设在 t 步时的资金为 $X(t)$，将 $(t-1)$ 步的输赢状态定义为向量 Y，即

$$Y = [X(t) - X(t-1)] \tag{1-25}$$

系统状态集 $E = \{-1, 1\}, +1$ 代表赢，-1 代表输。图 1.10 显示了 C 博弈的离散时间马尔可夫链。

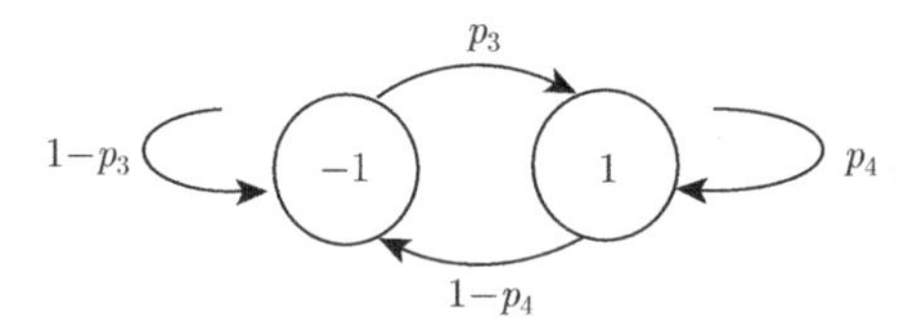

图 1.10 C 博弈的离散时间马尔可夫链

由图 1.10 可得 C 博弈的转移概率矩阵

$$[P]^C = \begin{bmatrix} 1-p_3 & p_3 \\ 1-p_4 & p_4 \end{bmatrix} \tag{1-26}$$

根据平稳分布的定义 (式 (1-1)) 可得 C 博弈的平稳分布概率为

$$\pi_{-1} = \frac{1-p_4}{1+p_3-p_4}, \quad \pi_{+1} = \frac{p_3}{1+p_3-p_4} \tag{1-27}$$

C 博弈的期望值计算

$$E(C) = \pi_{-1}[(1) \times p_3 + (-1) \times (1 - p_3)] + \pi_{+1}[(1) \times p_4 + (-1) \times (1 - p_4)] \quad (1\text{-}28)$$

若 C 博弈输 (即 $E(C) < 0$)，将式 (1-27) 代入式 (1-28) 可得 C 博弈为负博弈的条件

$$p_3 < 1 - p_4 \quad (1\text{-}29)$$

1.4.3 交替玩博弈 *ABC* 的理论分析

以交替玩 $ABC \cdots ABC$ 游戏为例，取 B 博弈中的模数 $M = 4$。将博弈 A、博弈 B 和博弈 C 连玩 1 次称为一步，设在 t 步时的资金为 $X(t)$，$Y(t) = X(t) \bmod 4$，则余数 $Y(t)$ 的状态集为 $E = \{0, 1, 2, 3\}$。循环玩博弈 A、B 和 C 的一步转移概率计算如下：

(1) $Y(t) = 0 \to Y(t+1) = 0$。此种情况不可能发生。

(2) $Y(t) = 0 \to Y(t+1) = 1$。分四种情况：A 赢 B 赢 C 输 $(0 \to 1 \to 2 \to 1)$，概率为 $p_{01}^{(1)} = pp_2(1 - p_4)$；$A$ 赢 B 输 C 赢 $(0 \to 1 \to 0 \to 1)$，概率为 $p_{01}^{(2)} = p(1 - p_2)p_3$；$A$ 输 B 赢 C 赢 $(0 \to 3 \to 0 \to 1)$，概率为 $p_{01}^{(3)} = (1 - p)p_2p_4$；$A$ 输 B 输 C 输 $(0 \to 3 \to 2 \to 1)$，概率为 $p_{01}^{(4)} = (1 - p)(1 - p_2)(1 - p_4)$。因此，转移概率 p_{01} 为四者相加 $p_{01} = p_{01}^{(1)} + p_{01}^{(2)} + p_{01}^{(3)} + p_{01}^{(4)}$。

(3) $Y(t) = 0 \to Y(t+1) = 2$。此种情况不可能发生。

(4) $Y(t) = 0 \to Y(t+1) = 3$。分四种情况：A 赢 B 赢 C 赢 $(0 \to 1 \to 2 \to 3)$，概率为 $p_{03}^{(1)} = pp_2p_4$；A 输 B 赢 C 输 $(0 \to 3 \to 0 \to 3)$，概率为 $p_{03}^{(2)} = (1 - p)p_2(1 - p_4)$；$A$ 赢 B 输 C 输 $(0 \to 1 \to 0 \to 3)$，概率为 $p_{03}^{(3)} = p(1 - p_2)(1 - p_3)$；$A$ 输 B 输 C 赢 $(0 \to 3 \to 2 \to 3)$，概率为 $p_{03}^{(4)} = (1 - p)(1 - p_2)p_3$。因此，转移概率 p_{03} 为四者相加 $p_{03} = p_{03}^{(1)} + p_{03}^{(2)} + p_{03}^{(3)} + p_{03}^{(4)}$。

(5) $Y(t) = 1 \to Y(t+1) = 0$。分四种情况：A 赢 B 赢 C 赢 $(1 \to 2 \to 3 \to 0)$，概率为 $p_{10}^{(1)} = pp_2p_4$；A 赢 B 输 C 输 $(1 \to 2 \to 1 \to 0)$，概率为 $p_{10}^{(2)} = p(1 - p_2)(1 - p_3)$；$A$ 输 B 赢 C 输 $(1 \to 0 \to 1 \to 0)$，概率为 $p_{10}^{(3)} = (1 - p)p_1(1 - p_4)$；$A$ 输 B 输 C 赢 $(1 \to 0 \to 3 \to 0)$，概率为 $p_{10}^{(4)} = (1 - p)(1 - p_1)p_3$。因此，转移概率 p_{10} 为四者相加 $p_{10} = p_{10}^{(1)} + p_{10}^{(2)} + p_{10}^{(3)} + p_{10}^{(4)}$。

(6) $Y(t) = 1 \to Y(t+1) = 1$。此种情况不可能发生。

(7) $Y(t) = 1 \to Y(t+1) = 2$。分四种情况：A 赢 B 赢 C 输 $(1 \to 2 \to 3 \to 2)$，概率为 $p_{12}^{(1)} = pp_2(1 - p_4)$；$A$ 赢 B 输 C 赢 $(1 \to 2 \to 1 \to 2)$，概率为 $p_{12}^{(2)} = p(1 - p_2)p_3$；$A$ 输 B 赢 C 赢 $(1 \to 0 \to 1 \to 2)$，概率为 $p_{12}^{(3)} = (1 - p)p_1p_4$；$A$ 输 B 输 C 输 $(1 \to 0 \to 3 \to 2)$，概率为 $p_{12}^{(4)} = (1 - p)(1 - p_1)(1 - p_3)$。因此，转移概率 p_{12} 为四者相加 $p_{12} = p_{12}^{(1)} + p_{12}^{(2)} + p_{12}^{(3)} + p_{12}^{(4)}$。

(8) $Y(t) = 1 \to Y(t+1) = 3$。此种情况不可能发生。

(9) $Y(t) = 2 \to Y(t+1) = 0$。此种情况不可能发生。

(10) $Y(t) = 2 \to Y(t+1) = 1$。分四种情况：A 赢 B 赢 C 赢 $(2 \to 3 \to 0 \to 1)$，概率为 $p_{21}^{(1)} = pp_2p_4$；A 赢 B 输 C 输 $(2 \to 3 \to 2 \to 1)$，概率为 $p_{21}^{(2)} = p(1-p_2)(1-p_3)$；$A$ 输 B 赢 C 输 $(2 \to 1 \to 2 \to 1)$，概率为 $p_{21}^{(3)} = (1-p)p_2(1-p_3)$；$A$ 输 B 输 C 赢 $(2 \to 1 \to 0 \to 1)$，概率为 $p_{21}^{(4)} = (1-p)(1-p_2)p_3$。因此，转移概率 p_{21} 为四者相加 $p_{21} = p_{21}^{(1)} + p_{21}^{(2)} + p_{21}^{(3)} + p_{21}^{(4)}$。

(11) $Y(t) = 2 \to Y(t+1) = 2$。此种情况不可能发生。

(12) $Y(t) = 2 \to Y(t+1) = 3$。分四种情况：A 赢 B 赢 C 输 $(2 \to 3 \to 0 \to 3)$，概率为 $p_{23}^{(1)} = pp_2(1-p_4)$；$A$ 赢 B 输 C 赢 $(2 \to 3 \to 2 \to 3)$，概率为 $p_{23}^{(2)} = p(1-p_2)p_3$；$A$ 输 B 输 C 输 $(2 \to 1 \to 0 \to 3)$，概率为 $p_{23}^{(3)} = (1-p)(1-p_2)(1-p_3)$；$A$ 输 B 赢 C 赢 $(2 \to 1 \to 2 \to 3)$，概率为 $p_{23}^{(4)} = (1-p)p_2p_4$。因此，转移概率 p_{23} 为四者相加 $p_{23} = p_{23}^{(1)} + p_{23}^{(2)} + p_{23}^{(3)} + p_{23}^{(4)}$。

(13) $Y(t) = 3 \to Y(t+1) = 0$。分四种情况：A 赢 B 赢 C 输 $(3 \to 0 \to 1 \to 0)$，概率为 $p_{30}^{(1)} = pp_1(1-p_4)$；$A$ 赢 B 输 C 赢 $(3 \to 0 \to 3 \to 0)$，概率为 $p_{30}^{(2)} = p(1-p_1)p_3$；$A$ 输 B 输 C 输 $(3 \to 2 \to 1 \to 0)$，概率为 $p_{30}^{(3)} = (1-p)(1-p_2)(1-p_3)$；$A$ 输 B 赢 C 赢 $(3 \to 2 \to 3 \to 0)$，概率为 $p_{30}^{(4)} = (1-p)p_2p_4$。因此，转移概率 p_{30} 为四者相加 $p_{30} = p_{30}^{(1)} + p_{30}^{(2)} + p_{30}^{(3)} + p_{30}^{(4)}$。

(14) $Y(t) = 3 \to Y(t+1) = 1$。此种情况不可能发生。

(15) $Y(t) = 3 \to Y(t+1) = 2$。分四种情况：A 赢 B 赢 C 赢 $(3 \to 0 \to 1 \to 2)$，概率为 $p_{32}^{(1)} = pp_1p_4$；A 赢 B 输 C 输 $(3 \to 0 \to 3 \to 2)$，概率为 $p_{32}^{(2)} = p(1-p_1)(1-p_3)$；$A$ 输 B 赢 C 输 $(3 \to 2 \to 3 \to 2)$，概率为 $p_{32}^{(3)} = (1-p)p_2(1-p_4)$；$A$ 输 B 输 C 赢 $(3 \to 2 \to 1 \to 2)$，概率为 $p_{32}^{(4)} = (1-p)(1-p_2)p_3$。因此，转移概率 p_{32} 为四者相加 $p_{32} = p_{32}^{(1)} + p_{32}^{(2)} + p_{32}^{(3)} + p_{32}^{(4)}$。

(16) $Y(t) = 3 \to Y(t+1) = 3$。此种情况不可能发生。

根据以上计算，可获得博弈得益及相应概率，列于表 1.2。

表 1.2　博弈得益和概率

得益概率		$Y(t)$ 的状态			
		0	1	2	3
博弈得益	-3	$p_{01}^{(4)}$	$p_{12}^{(4)}$	$p_{23}^{(3)}$	$p_{30}^{(3)}$
	-1	$p_{03}^{(2)} + p_{03}^{(3)} + p_{03}^{(4)}$	$p_{10}^{(2)} + p_{10}^{(3)} + p_{10}^{(4)}$	$p_{21}^{(2)} + p_{21}^{(3)} + p_{21}^{(4)}$	$p_{32}^{(2)} + p_{32}^{(3)} + p_{32}^{(4)}$
	$+1$	$p_{01}^{(1)} + p_{01}^{(2)} + p_{01}^{(3)}$	$p_{12}^{(1)} + p_{12}^{(2)} + p_{12}^{(3)}$	$p_{23}^{(1)} + p_{23}^{(2)} + p_{23}^{(4)}$	$p_{30}^{(1)} + p_{30}^{(2)} + p_{30}^{(4)}$
	$+3$	$p_{03}^{(1)}$	$p_{10}^{(1)}$	$p_{21}^{(1)}$	$p_{32}^{(1)}$

图 1.11 为交替玩 ABC 时以余数状态定义的离散时间马尔可夫链。

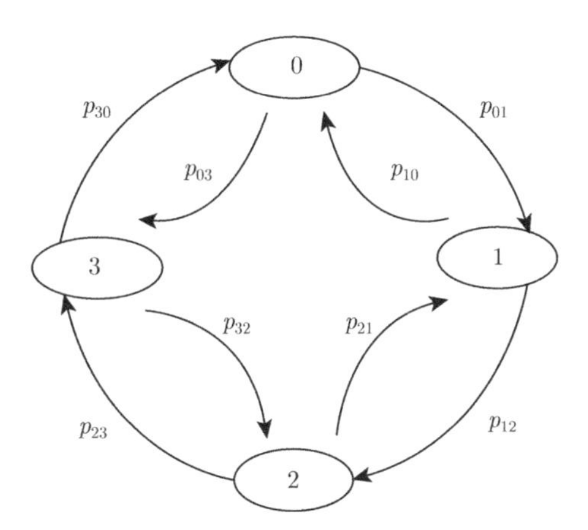

图 1.11　交替玩 ABC 时以余数状态定义的离散时间马尔可夫链 (箭头旁边的值为两个状态之间的转移概率，如从状态 0 到状态 1 转移概率值即为 p_{01})

转移概率矩阵为

$$P=\begin{bmatrix} p_{00} & p_{01} & p_{02} & p_{03} \\ p_{10} & p_{11} & p_{12} & p_{13} \\ p_{20} & p_{21} & p_{22} & p_{23} \\ p_{30} & p_{31} & p_{32} & p_{33} \end{bmatrix}=\begin{bmatrix} 0 & p_{01} & 0 & p_{03} \\ p_{10} & 0 & p_{12} & 0 \\ 0 & p_{21} & 0 & p_{23} \\ p_{30} & 0 & p_{32} & 0 \end{bmatrix} \tag{1-30}$$

设余数 $Y(t)$ 状态为 0、1、2 和 3 的平稳分布概率为 $\pi_0^{(ABC)}$、$\pi_1^{(ABC)}$、$\pi_2^{(ABC)}$ 和 $\pi_3^{(ABC)}$，根据平稳分布定义有

$$\begin{aligned}\pi^{(ABC)}&=\left\{\ \pi_0^{(ABC)}\quad \pi_1^{(ABC)}\quad \pi_2^{(ABC)}\quad \pi_3^{(ABC)}\ \right\}=\pi^{(ABC)}P\\&=\left\{\ \pi_0^{(ABC)}\quad \pi_1^{(ABC)}\quad \pi_2^{(ABC)}\quad \pi_3^{(ABC)}\ \right\}\begin{bmatrix} 0 & p_{01} & 0 & p_{03} \\ p_{10} & 0 & p_{12} & 0 \\ 0 & p_{21} & 0 & p_{23} \\ p_{30} & 0 & p_{32} & 0 \end{bmatrix}\end{aligned} \tag{1-31}$$

又

$$\pi_0^{(ABC)}+\pi_1^{(ABC)}+\pi_2^{(ABC)}+\pi_3^{(ABC)}=1 \tag{1-32}$$

联立式 (1-31) 和式 (1-32)，计算可得交替玩 ABC 时的平稳分布概率 $\pi_0^{(ABC)}$、$\pi_1^{(ABC)}$、$\pi_2^{(ABC)}$ 和 $\pi_3^{(ABC)}$ 分别表示如下：

$$\pi_0^{(ABC)}=\frac{1}{2}-\pi_2^{(ABC)}$$

$$\pi_1^{(ABC)}=\frac{1}{2}p_{01}+\pi_2^{(ABC)}(2p_{03}-1)$$

$$\pi_2^{(ABC)} = \frac{\frac{1}{2}(1+p_{03}p_{10}-p_{03}p_{30}-p_{10})}{1+2p_{03}p_{10}-p_{10}+p_{30}-2p_{03}p_{30}}$$

$$\pi_3^{(ABC)} = \frac{1}{2}-\pi_1^{(ABC)} = \frac{1}{2}-\frac{1}{2}p_{01}-\pi_2^{(ABC)}(2p_{03}-1)$$

根据表 1.2，可得博弈的期望值为

$$\begin{aligned}E(ABC) =&\pi_0^{(ABC)}(-3\cdot p_{01}^{(4)}-1\cdot(p_{03}^{(2)}+p_{03}^{(3)}+p_{03}^{(4)})+1\cdot(p_{01}^{(1)}+p_{01}^{(2)}+p_{01}^{(3)})+3\cdot p_{03}^{(1)})\\&+\pi_1^{(ABC)}(-3\cdot p_{12}^{(4)}-1\cdot(p_{10}^{(2)}+p_{10}^{(3)}+p_{10}^{(4)})+1\cdot(p_{12}^{(1)}+p_{12}^{(2)}+p_{12}^{(3)})+3\cdot p_{10}^{(1)})\\&+\pi_2^{(ABC)}(-3\cdot p_{23}^{(3)}-1\cdot(p_{21}^{(2)}+p_{21}^{(3)}+p_{21}^{(4)})+1\cdot(p_{23}^{(1)}+p_{23}^{(2)}+p_{23}^{(4)})+3\cdot p_{21}^{(1)})\\&+\pi_3^{(ABC)}(-3\cdot p_{30}^{(3)}-1\cdot(p_{32}^{(2)}+p_{32}^{(3)}+p_{32}^{(4)})+1\cdot(p_{30}^{(1)}+p_{30}^{(2)}+p_{30}^{(4)})+3\cdot p_{32}^{(1)})\end{aligned} \tag{1-33}$$

1.4.4　交替玩博弈 *ABC* 的悖论空间

因此，对于由三个博弈组成的 Parrondo 版本存在一个由式 (1-34) 定义的悖论成立的参数空间。

$$\begin{cases} p<1/2 & (A\text{博弈输}) \\ \dfrac{(1-p_1)(1-p_2)^{M-1}}{p_1p_2^{M-1}}>1 & (B\text{博弈输}) \\ p_3<1-p_4 & (C\text{博弈输}) \\ E(ABC)>0 & (\text{组合玩}A+B+C\text{博弈赢}) \end{cases} \tag{1-34}$$

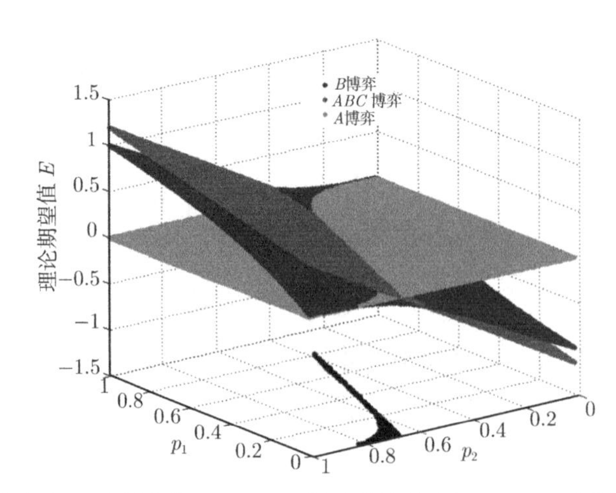

图 1.12　理论结果: 三个博弈的 Parrondo 版本的悖论空间 (p_1,p_2 平面上的阴影区域为 Parrondo 悖论成立的参数空间)

根据式 (1-34)，可得悖论参数空间如图 1.12 所示。其中博弈 A 赢的概率 $p = 0.495$ (可以保证 A 博弈输)，博弈 B 的参数取 $M = 4$，分支一和分支二赢的概率 p_1、p_2 在 0.01 到 1 之间变化，博弈 C 分支一赢的概率 $p_3 = 0.376$，分支二赢的概率 $p_4 = 0.620(p_3 < 1 - p_4$ 可以保证 C 博弈输)。

1.4.5 交替玩博弈 *ABC* 的仿真计算

为了与理论分析结果进行对比，本节还进行了计算仿真。基于计算机仿真分析的需要，定义平均收益 d(等价于理论分析中的数学期望) 为

$$d = \frac{W}{T} \tag{1-35}$$

式中：$W = \dfrac{\sum\limits_{i=1}^{N} C_i(T)}{N} - C_0$，为游戏总收益，$C_i(T)$ 为 T 时刻的资本，N 为游戏样本数，C_0 为初始资本，T 为游戏时间。

游戏的初始资本 C_0 取 10000，样本数 N 取 20，每个样本博弈时间 T=10000 次。计算机仿真结果如图 1.13 所示。对比图 1.12 和图 1.13，可看出，理论分析结果与计算机仿真结果较为吻合。

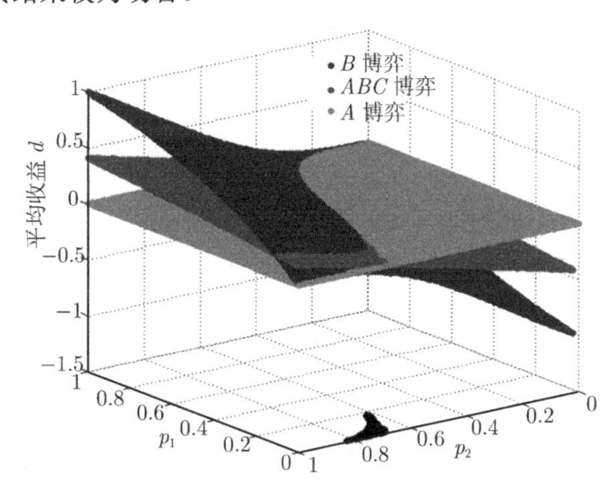

图 1.13 计算仿真结果：三个博弈的 Parrondo 版本的悖论空间 (p_1, p_2 平面上的阴影区域为 Parrondo 悖论成立的参数空间)

1.5 本 章 小 结

(1) 详细阐述了 Parrondo 博弈的最初版本，通过计算机模拟仿真、布朗棘轮实例以及基于离散马尔可夫链的理论分析结果验证了 Parrondo 博弈的存在并给出了

悖论成立的参数空间。

(2) 综述了 Parrondo 博弈的其他发展版本，同时基于计算机模拟和离散马尔可夫链的理论分析方法对其他发展版本进行了悖论效应研究。

本章参考文献

[1] Harmer G P, Abbott D. Losing strategies can win by Parrondo's paradox. Nature, 1999, 402(6764): 864–870.

[2] Harmer G P, Abbott D. Parrondo's paradox. Statistical Science, 1999, 14: 206–213.

[3] Parrondo J M R, Harmer G P, Abbott D. New paradoxical games based on Brownian ratchets. Physical Review Letters, 2000, 85(24): 5226–5229.

[4] Arena P, Fazzino S, Fortuna L, Maniscalco P. Game theory and non-linear dynamics: the Parrondo paradox case study. Chaos, Solitons & Fractals, 2003, 17(2): 545–555.

[5] Cleuren B, C. Van den Broeck. Random walks with absolute negative mobility. Physical Review E, 2002, 65(3): 030101.

[6] Crescenzo A D. A Parrondo paradox in reliability theory. The Mathematical Scientist, 2007, 32(1): 17–22.

[7] Kocarev L, Tasev Z. Lyapunov exponents, noise-induced synchronization, and Parrondo's paradox. Physical Review E, 2002, 65(4): 046215.

[8] Tang T W, Allison A, Abbott D. Investigation of chaotic switching strategies in Parrondo's games. Fluctuation and Noise Letters, 2004, 4(4): 585–596.

[9] Allison A, Abbott D. Control systems with stochastic feedback. Chaos, 2001, 11(3): 715–724.

[10] Rosato A, Strandburg K J, Prinz F, Swendsen R H. Why the Brazil nuts are on top: Size segregation of particulate matter by shaking. Physical Review Letters, 1987, 58: 1038–1040.

[11] Kestenbaum D. Sand castles and cocktail nuts. New Scientist, 1997, 154(2083): 25–28.

[12] Pinsky R, Scheutzow M. Some remarks and examples concerning the transient and recurrence of random diffusions. Annales de L'Institut Henri Poincare—Probabilities et Statistiques, 1992,28: 519–536.

[13] Masuda N, Konno N. Subcritical behavior in the alternating supercritical Domany-Kinzel dynamics. The European Physical Journal B, 2004, 40(3): 313–319.

[14] Almeida J, Peralta-Salas D, Romera M. Can two chaotic systems give rise to order? Physica D, 2005, 200: 124–132.

[15] Harmer G P, Abbott D, Taylor P G, Parrondo J M P. Brownian ratchets and Parrondo's games. Chaos, 2001, 11(3): 705–714.

[16] Wolf D M, Vazirani V V, Arkin A P. Diversity in times of adversity:probabilistic strategies in microbial survival games. J Theor Bio, 2005, 234:227–253.

[17] Reed F A. Two-locus epistasis with sexually antagonistic selection: a genetic Parrondo's paradox. Genetics, 2007, 176:1923–1929.

[18] Masuda N, Konno N. Subcritical behavior in the alternating supercritical Domany–Kinzel dynamics. Eur Phys J B, 2004, 40:313–319.

[19] Atkinson D, Peijnenburg J. Acting rationally with irrational strategies: applications of the Parrondo effect//Galavotti M C, Scazzieri R, Suppes P, ed. Reasoning Rationality Probability. Stanford: CSLI Publications; 2007.

[20] Boman M, Johansson S J, Lyback D. Parrondo strategies for artificial traders. In: Zhong N, Liu J, Ohsuga S, Bradshaw J, editors. Intelligent Agent Technology: Research and Development. Singapore: World Scientific, publishing; 2001. 150–319.

[21] Almberg W S, Boman M. An active agent portfolio management algorithm. In: Shannon, editor. Artif Intell Comput Sci. Nova Science Publishers Inc; 2005. 123–134.

[22] Allison A, Abbott D, Pearce CEM. State-space visualisation and fractal properties of Parrondo's games. In: Nowak AS, Szajowski K, editors. Advances in dynamic games: applications to economics finance optimization and stochastic control, vol. 7. Boston: Birkhauser; 2005. 613–633.

[23] Shalosh B. Ekhad and Doron Zeilberger. Remarks on the parrondo paradox. In: The personal journal of Ekhad and Zeilberger, October 2000. URL: http://www.math.temple.edu/~ zeilberg/mamarim/mamarimhtml/parrondo.html.

[24] Harmer G P, Abbott D, Taylor P G, Pearce C E M, and Parrondo J M R, Stochastic and Chaotic Dynamics in the Lakes, STOCHAOS (2000): 544–549.

[25] Harmer G P, Abbott D, A review of Parrondo's paradox. Fluctuation and Noise Letters, 2002, 2(2): 71–107.

第 2 章　群体 Parrondo 博弈及悖论效应

2.1　引　　言

第 1 章探讨的依赖资本和依赖历史的 B 博弈结构均为个体版，在此基础上，Toral 给出了两个变化 [1,2]：①提出一种依赖空间小生境的群体版 B 博弈结构 (其 A 博弈仍为图 1.1 中最初的个体版)，博弈共有 $i=1,2,\cdots,N$ 个参与人，每个参与人占据一定的空间。对任一参与人，其所有邻居组成其空间小生境，根据空间小生境的输赢状态，B 博弈结构设计成相应的分支。目前依赖空间小生境的 B 博弈结构主要有基于一维环状网络和二维格子网络两种形式。对于一维环状网络中的任意个体 i，当他进行 B 博弈时，根据其左右邻居所处的输赢状态，可分为四个分支，具体结构如图 2.1 所示。对于二维格子网络中的任意个体 i，当他进行 B 博弈时，根据其上下左右四个邻居所处的输赢状态，若邻居的状态不考虑排列顺序，可分为五个分支，具体结构如图 2.18 所示。②提出对 A 博弈进行修改 (其 B 博弈保持为图 1.1 中依赖资本或图 1.7 中依赖历史的个体版形式)，在该模型版本中也存在 N 个参与人，A 博弈被设计为随机选出的主体 i 支付资金给随机选出的受体 j。

对于依赖空间小生境的 B 博弈，Toral[1] 基于平均场理论分析了一维环状网络的 B 博弈，给出了一个 "弱的"Parrondo 悖论条件 (即随机 $A+B$ 博弈结果比单玩 A 博弈和 B 博弈都要好)，"强的" 悖论结果 (B 博弈输，而随机 $A+B$ 博弈为赢的情况) 没有被平均场分析正确的预测到，但却在数值模拟中观察到。Mihailovic 基于离散马尔可夫链方法，分别对一维环状网络 [3] 和二维格子网络 [4] 的 B 博弈进行了理论分析，推导了 B 博弈的传递概率矩阵、平稳分布概率和数学期望，并与平均场理论分析结果及数值模拟结果进行了对比，发现基于离散马氏链的理论结果比平均场的理论结果更精确，与数值模拟结果更吻合。但在 Mihailovic 的研究中存在三点不足：①没有对随机 $A+B$ 博弈进行理论分析，未给出产生强、弱 Parrondo 悖论的条件和参数空间；②对于较大的 N，理论分析较为困难；③A 博弈采取的是个体形式。

Toral 提出的依赖空间小生境的模型版本 [1](B 博弈为群体形式) 和修改 A 博弈的模型版本 [2](A 博弈为群体形式)，已经具备了群体版的基本特征，更为严格意义上的群体版则是两者的综合，本章将分析这种严格意义上的群体 Parrondo 博弈，群体版 Parrondo 博弈带来了新的变化和问题：①既然是群体，那么就存在丰富复杂的个体之间相互作用，因此，需要根据个体的竞争和合作行为，构造相应的群体版 A 博弈模型，而不仅仅局限于 Toral[2] 提出的 A 博弈模型；②群体总是以一定的空间分布形式存在，个体之间存在空间关系；③ 群体版的理论分析存在一定困难。

2.2 基于一维环状空间的群体 Parrondo 博弈模型

综合考虑 Toral 在文献 [1] 中提出的 B 博弈结构和在文献 [2] 中提出的 A 博弈形式，本章将两者结合，建立基于一维环状空间的群体 Parrondo 博弈模型 [3]，如图 2.1 所示。

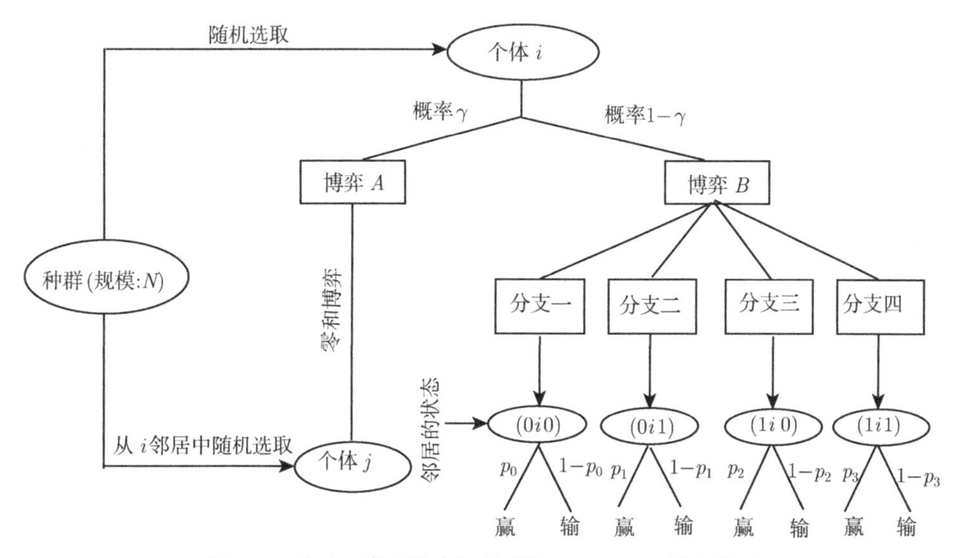

图 2.1 基于一维环状空间的群体 Parrondo 博弈模型

考虑由 N 个个体组成的种群，每个个体占据一定的空间。对任一个体 i，其空间范围内的所有邻居组成其生存的社会小生境。个体 i 与邻居之间存在两重作用关系：①个体 i 与某个邻居之间的相互竞争作用，在模型中设置为 A 博弈；②个体 i 对小生境的依赖及小生境对个体 i 的整体牵制，在模型中设置为 B 博弈。

模型的动力学过程为：随机选择个体 i 进行博弈，个体 i 随机选择进行 A 博弈 (概率 γ) 或者 B 博弈 (概率 $1-\gamma$)，结果要么是赢 (1 表示) 要么是输 (0 表示)。当进行 A 博弈时，还需从其空间邻居中随机选择个体 j。i 与 j 的互动作用假设为竞争方式，i 与 j 赢的概率各为 0.5，当 i 赢时，j 支付 1 个单位给 i，反之，i 支付

1 个单位给 j。因此，对群体而言，A 博弈为零和博弈。当进行 B 博弈时，考虑小生境状态对 i 的影响，个体 i 在不同的小生境状态，其输赢的概率不一样。在一维环状空间的情形下，i 的邻居为 $i-1$ 和 $i+1$，$i-1$ 和 $i+1$ 存在 4 种不同的输赢状态，因此 B 博弈由 4 个分支组成，个体 i 在各个分支中的赢概率分别为 p_0、p_1、p_2 和 p_3。

2.2.1 基于平均场方法的理论分析

(1) A 博弈赢的概率 P^A

$$P^A = p \tag{2-1}$$

式中：$p = 0.5$。

(2) B 博弈赢的概率 P^B

$$P^B_{(t+1)} = (1 - P^B_{(t)})^2 p_0 + P^B_{(t)}(1 - P^B_{(t)})(p_1 + p_2) + (P^B_{(t)})^2 p_3 \tag{2-2}$$

$$P^B_{(t+1)} = P^B_{(t)} = P^B(t \to \infty) \tag{2-3}$$

根据式 (2-2) 和式 (2-3) 推导可得

$$(p_0 - p_1 - p_2 + p_3)(P^B)^2 + (-1 - 2p_0 + p_1 + p_2)P^B + p_0 = 0 \quad P^B \in [0,1] \tag{2-4}$$

(3) 随机 $A+B$ 博弈赢的概率 P^{A+B}(其中随机 $A+B$ 博弈中玩 A 博弈的概率 $\gamma = 0.5$)

$$P^{A+B}_{(t+1)} = \frac{1}{2}\left\{P^A + \left[\left(1-P^{A+B}_{(t)}\right)^2 p_0 + P^{A+B}_{(t)}\left(1-P^{A+B}_{(t)}\right)(p_1+p_2) + \left(P^{A+B}_{(t)}\right)^2 p_3\right]\right\} \tag{2-5}$$

$$P^{A+B}_{(t+1)} = P^{A+B}_{(t)} = P^{A+B} \quad (t \to \infty) \tag{2-6}$$

根据式 (2-1)、式 (2-5) 和式 (2-6) 推导可得

$$(p_0-p_1-p_2+p_3)\left(P^{A+B}\right)^2 + (-2-2p_0+p_1+p_2)\,P^{A+B} + \frac{1}{2} + p_0 = 0, \quad P^{A+B} \in [0,1] \tag{2-7}$$

(4) 悖论成立的条件

悖论成立的弱形式条件为

$$P^{A+B} \geqslant P^B \tag{2-8}$$

$$P^B < 0.5 \tag{2-9}$$

悖论成立的强形式条件为

$$P^{A+B} \geqslant 0.5 \tag{2-10}$$

$$P^B < 0.5 \tag{2-11}$$

根据上述理论推导，分析结果如图 2.2 所示。

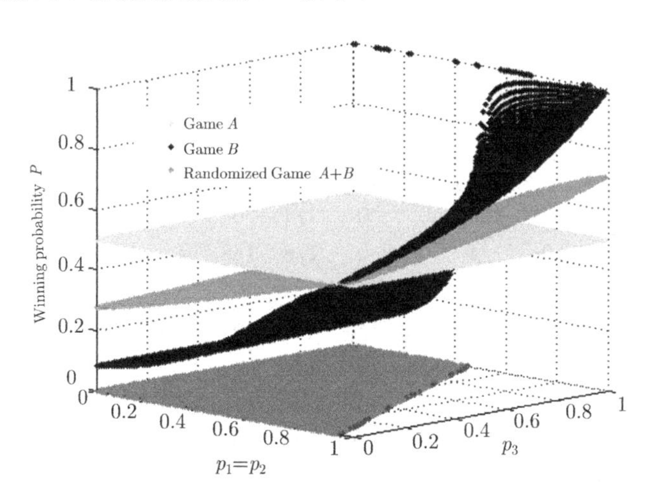

图 2.2 基于平均场方法的理论结果 ($p_0 = 0.1$, 图中绿色区域为弱 Parrondo 悖论成立空间，红色区域为强 Parrondo 悖论成立空间)(后附彩图)

2.2.2 基于离散马尔可夫链的理论分析

在群体 Parrondo 博弈模型中，每个个体都处于两种状态中的一种：状态 0(输)或状态 1(赢)。一维情况的 N 个个体的状态用长度为 N 的二进制字符串 $S = (s_1, s_2, \cdots, s_N)$, $s_i = 0, 1$ 表示，另外，我们还定义 s_1 是 s_N 右边的邻居状态 ($s_{N+1} = s_1$), s_N 是 s_1 左边的邻居状态 ($s_0 = s_N$)。N 个个体的状态共 $M = 2^N$ 种。状态也可用十进制表示，如 $N = 4$ 时，状态 $S = (1, 0, 0, 1)$ 等价于状态 S=9。

2.2.2.1 *A* 博弈分析

以 N=4 为例，整体状态有 2^4=16 种 ——(0000)、(0001)、(0010)、(0011)、···、(1110)、(1111) 分别对应十进制中的 0、1、2、3、··· 、14、15。A 博弈的转移概率矩阵为

$$[P]^{(A)} = [p_{ij}]_{i,j \in E} = \begin{bmatrix} p_{01} & p_{02} & \cdots & p_{0,15} \\ p_{10} & p_{11} & \cdots & p_{1,15} \\ \vdots & \vdots & & \vdots \\ p_{15,0} & p_{15,1} & \cdots & p_{15,15} \end{bmatrix} \tag{2-12}$$

以 p_{15} 为例，说明矩阵中各元素的计算方法。由于 A 游戏是两个相邻的个体在进行博弈，因此发生博弈的情形只有 4 种，个体 1 和个体 2，个体 2 和个体 3，个体

3 和个体 4，个体 4 和个体 1。从状态 1(0001) 到状态 5(0101) 分两种情况：① 个体 1 和个体 2 竞争，个体 2 赢 (赢的概率为 1/2)，该情况的发生概率为 $\frac{1}{4}\times\frac{1}{2}=\frac{1}{8}$；②个体 2 和个体 3 竞争，个体 2 赢 (赢的概率为 1/2)，该情况发生概率为 $\frac{1}{4}\times\frac{1}{2}=\frac{1}{8}$。所以 $p_{15}=\frac{1}{8}+\frac{1}{8}=\frac{1}{4}$。依此类推，可以得出其他矩阵元素，最后可得

$$[P]^{(A)}=$$

$$\begin{bmatrix}
0 & 1/4 & 1/4 & 0 & 1/4 & 0 & 0 & 0 & 1/4 & 0 & 0 & 0 & 0 & 0 & 0 & 0\\
0 & 1/4 & 1/8 & 1/8 & 0 & 1/4 & 0 & 0 & 1/8 & 1/8 & 0 & 0 & 0 & 0 & 0 & 0\\
0 & 1/8 & 1/4 & 1/8 & 1/8 & 0 & 1/8 & 0 & 0 & 0 & 1/4 & 0 & 0 & 0 & 0 & 0\\
0 & 1/8 & 1/8 & 1/4 & 0 & 1/8 & 0 & 1/8 & 0 & 0 & 1/8 & 1/8 & 0 & 0 & 0 & 0\\
0 & 0 & 1/8 & 0 & 1/4 & 1/4 & 1/8 & 0 & 1/8 & 0 & 0 & 0 & 1/8 & 0 & 0 & 0\\
0 & 0 & 0 & 1/8 & 0 & 1/2 & 1/8 & 0 & 0 & 1/8 & 0 & 0 & 1/8 & 0 & 0 & 0\\
0 & 0 & 1/8 & 0 & 1/8 & 1/8 & 1/4 & 1/8 & 0 & 0 & 1/8 & 0 & 0 & 0 & 1/8 & 0\\
0 & 0 & 0 & 1/8 & 0 & 1/4 & 1/8 & 1/4 & 0 & 0 & 0 & 1/8 & 0 & 0 & 1/8 & 0\\
0 & 1/8 & 0 & 0 & 1/8 & 0 & 0 & 0 & 1/4 & 1/8 & 1/4 & 0 & 1/8 & 0 & 0 & 0\\
0 & 1/8 & 0 & 0 & 0 & 1/8 & 0 & 0 & 1/8 & 1/4 & 1/8 & 1/8 & 0 & 1/8 & 0 & 0\\
0 & 0 & 0 & 1/8 & 0 & 0 & 1/8 & 0 & 0 & 1/8 & 1/2 & 0 & 1/8 & 0 & 0 & 0\\
0 & 0 & 0 & 1/8 & 0 & 0 & 0 & 1/8 & 0 & 1/8 & 1/4 & 1/4 & 0 & 1/8 & 0 & 0\\
0 & 0 & 0 & 0 & 1/8 & 1/8 & 0 & 0 & 1/8 & 0 & 1/8 & 0 & 1/4 & 1/8 & 1/8 & 0\\
0 & 0 & 0 & 0 & 0 & 1/4 & 0 & 0 & 0 & 1/8 & 0 & 1/8 & 1/8 & 1/4 & 1/8 & 0\\
0 & 0 & 0 & 0 & 0 & 0 & 1/8 & 1/8 & 0 & 0 & 1/4 & 0 & 1/8 & 1/8 & 1/4 & 0\\
0 & 0 & 0 & 0 & 0 & 0 & 0 & 1/4 & 0 & 0 & 0 & 1/4 & 0 & 1/4 & 1/4 & 0
\end{bmatrix} \tag{2-13}$$

将式 (2-13) 代入式 (1-1) 可得 A 博弈的平稳分布概率

$$\begin{aligned}\{\pi\}^{(A)}=\{&0,1/24,1/24,1/12,1/24,1/6,1/12,1/24,\\&1/24,1/12,1/6,1/24,1/12,1/24,1/24,0\}\end{aligned} \tag{2-14}$$

A 博弈的数学期望为

$$E^{(A)}=\{\pi\}^{(A)}\left(\{\lambda\}_{win}^{(A)}-\{\lambda\}_{lose}^{(A)}\right) \tag{2-15}$$

式中：$\{\lambda\}_{win}^{(A)}=\{\ \lambda_{0w}^{(A)}\quad\lambda_{1w}^{(A)}\quad\cdots\quad\lambda_{15w}^{(A)}\ \}^T$，$\{\lambda\}_{lose}^{(A)}=\{\ \lambda_{0l}^{(A)}\quad\lambda_{1l}^{(A)}\quad\cdots\quad\lambda_{15l}^{(A)}\ \}^T$ 分别为 A 博弈在 $0\sim15$ 状态下整体输赢的平均概率。

对 A 博弈的所有 16 种状态而言，其整体输的概率和赢的概率均为 0.5，即零和游戏。因此 A 博弈的数学期望 $E^{(A)}=0$。

2.2.2.2 *B* 博弈分析

以 $N=4$ 为例，整体状态有 $2^4=16$ 种 ——(0000)、(0001)、(0010)、(0011)、$\cdots$、(1110)、(1111) 分别对应十进制中的 0、1、2、3、$\cdots$ 、14、15。状态集 E 为 $\{0,1,\cdots,15\}$。转移概率矩阵为

$$[P]^{(B)}=[p_{ij}]_{i,j\in E}=\begin{bmatrix} p_{00} & p_{01} & \cdots & p_{0,15} \\ p_{10} & p_{11} & \cdots & p_{1,15} \\ \vdots & \vdots & & \vdots \\ p_{15,0} & p_{15,1} & \cdots & p_{15,15} \end{bmatrix} \tag{2-16}$$

根据 Mihailovic[4,5] 提出的计算方法，矩阵中的各元素计算如下。因为每次游戏只有一个个体参与，用海明距离表示 t 时刻状态和 t+1 状态的变化，定义如下

$$d=|S_{t+1}-S_t| \tag{2-17}$$

式中：状态 S 采用二进制表示。

显然，任意个体要么保持与 t 时刻的状态一致 (d=0)，要么改变其状态 (d=1)。

(1) d=0。设第 i 个个体的状态为 s_i(0 或 1)，其邻居状态为 $\eta_i=(s_{i-1},s_{i+1})$，邻居状态决定第 i 个个体进入的游戏分支和赢的概率 $p_{\eta_i}\in\{p_0,p_1,p_2,p_3\}$。则转移概率 $p_{S_t\to S_{t+1}}$ 为

$$p_{S_t\to S_{t+1}}=\frac{1}{4}\sum_{i=1}^{4}p\left(i\right)\quad(S_t=S_{t+1}) \tag{2-18}$$

式中：$p\left(i\right)$ 为个体 i 保持状态为 s_i 的概率。

$$p\left(i\right)=\begin{cases} 1-p_{\eta_i} & (s_i=0) \\ p_{\eta_i} & (s_i=1) \end{cases} \tag{2-19}$$

(2) d=1。表示 t 时刻整体状态 S_t 和 t+1 整体状态 S_{t+1} 不一致，不失一般性，假设这种不一致是由第 i 个个体的状态发生变化引起，则转移概率 $p_{s_i(t)\to s_i(t+1)}$ 为

$$p_{s_i(t)\to s_i(t+1)}=\frac{1}{4}\bar{p}\left(i\right) \tag{2-20}$$

式中：$\bar{p}\left(i\right)$ 为个体 i 由 t 时刻状态 $s_i\left(t\right)$ 变化为 $s_i\left(t+1\right)$ 的概率 $(s_i\left(t\right)\neq s_i\left(t+1\right))$。

$$\bar{p}\left(i\right)=\begin{cases} p_{\eta_i} & s_i\left(t\right)=0 \\ 1-p_{\eta_i} & s_i\left(t\right)=1 \end{cases} \tag{2-21}$$

根据以上计算方法获得 B 博弈的转移概率矩阵为

$$[P]^{(B)}=\frac{1}{4}\begin{bmatrix}
4p_0^1 & p_0 & p_0 & 0 & p_0 & 0 & 0 & 0 & p_0 & 0 & 0 & 0 & 0 & 0 & 0 & 0\\
p_0^1 & Q_1 & 0 & p_1 & 0 & p_0 & 0 & 0 & 0 & p_2 & 0 & 0 & 0 & 0 & 0 & 0\\
p_0^1 & 0 & Q_1 & p_2 & 0 & 0 & p_1 & 0 & 0 & 0 & p_0 & 0 & 0 & 0 & 0 & 0\\
0 & p_1^1 & p_2^1 & 2 & 0 & 0 & 0 & p_1 & 0 & 0 & 0 & p_2 & 0 & 0 & 0 & 0\\
p_0^1 & 0 & 0 & 0 & Q_1 & p_0 & p_2 & 0 & 0 & 0 & 0 & 0 & p_1 & 0 & 0 & 0\\
0 & p_0^1 & 0 & 0 & p_0^1 & Q_2 & 0 & p_3 & 0 & 0 & 0 & 0 & 0 & p_3 & 0 & 0\\
0 & 0 & p_1^1 & 0 & p_2^1 & 0 & 2 & p_2 & 0 & 0 & 0 & 0 & 0 & 0 & p_1 & 0\\
0 & 0 & 0 & p_1^1 & 0 & p_3^1 & p_2^1 & Q_3 & 0 & 0 & 0 & 0 & 0 & 0 & 0 & p_3\\
p_0^1 & 0 & 0 & 0 & 0 & 0 & 0 & 0 & Q_1 & p_1 & p_0 & 0 & p_2 & 0 & 0 & 0\\
0 & p_2^1 & 0 & 0 & 0 & 0 & 0 & 0 & p_1^1 & 2 & 0 & p_1 & 0 & p_2 & 0 & 0\\
0 & 0 & p_0^1 & 0 & 0 & 0 & 0 & 0 & p_0^1 & 0 & Q_2 & p_3 & 0 & 0 & p_3 & 0\\
0 & 0 & 0 & p_2^1 & 0 & 0 & 0 & 0 & 0 & p_1^1 & p_3^1 & Q_3 & 0 & 0 & 0 & p_3\\
0 & 0 & 0 & 0 & p_1^1 & 0 & 0 & 0 & p_2^1 & 0 & 0 & 0 & 2 & p_1 & p_2 & 0\\
0 & 0 & 0 & 0 & 0 & p_3^1 & 0 & 0 & 0 & p_2^1 & 0 & 0 & p_1^1 & Q_3 & 0 & p_3\\
0 & 0 & 0 & 0 & 0 & 0 & p_1^1 & 0 & 0 & 0 & p_3^1 & 0 & p_2^1 & 0 & Q_3 & p_3\\
0 & 0 & 0 & 0 & 0 & 0 & 0 & p_3^1 & 0 & 0 & 0 & p_3^1 & 0 & p_3^1 & p_3^1 & 4p_3
\end{bmatrix} \tag{2-22}$$

式中: $p_i^1=1-p_i, i=0,1,2,3$; $Q_1=3-p_1-p_2$; $Q_2=2-2p_3+2p_0$; $Q_3=1+p_1+p_2$。

将式 (2-22) 代入式 (1-1), 可得 B 博弈的平稳分布概率

$$\begin{aligned}\{\pi\}^{(B)}=\Bigg\{&\frac{\alpha_1(p_0-1)}{\omega},\frac{\alpha_1(-p_0)}{\omega},\frac{\alpha_1(-p_0)}{\omega},\frac{\alpha_2 p_0}{\omega},\frac{\alpha_1(-p_0)}{\omega},\frac{\alpha_3 p_0}{\omega},\\
&\frac{\alpha_2 p_0}{\omega},\frac{\alpha_4(-p_0)}{\omega},\frac{\alpha_1(-p_0)}{\omega},\frac{\alpha_2 p_0}{\omega},\frac{\alpha_3 p_0}{\omega},\frac{\alpha_4(-p_0)}{\omega},\frac{\alpha_2 p_0}{\omega},\\
&\frac{\alpha_4(-p_0)}{\omega},\frac{\alpha_4(-p_0)}{\omega},\frac{\alpha_5 p_0 p_3}{\omega}\Bigg\}\end{aligned} \tag{2-23}$$

式中:

$$\begin{aligned}\alpha_1=&6-6p_0-2p_0p_3^2+2p_0p_1p_2p_3-2p_1p_3^2p_2-4p_0p_1p_3-2p_0p_1p_2-4p_0p_2p_3\\
&+p_0p_1^2p_3+p_0p_2^2p_3-4p_2-4p_1-4p_3+p_2^2+p_1^2+2p_1p_2-p_2^2p_3^2-2p_3^2\\
&+4p_1p_3^2+4p_3^2p_2-p_1^2p_3^2-p_0p_2^2-p_0p_1^2+4p_0p_1+8p_0p_3+4p_0p_2\end{aligned}$$

$$\begin{aligned}\alpha_2=&2p_2p_3+2p_0p_3^2-3p_0p_2p_3+2p_0p_1p_2p_3+p_3^2p_2+p_0p_2^2p_3-2p_0p_3+3p_0p_2\\
&-3p_0p_1p_3-2p_0p_1p_2-p_0p_2^2-2p_1p_3^2p_2-p_2^2p_3^2+p_0p_1^2p_3+p_2^2+p_1^2\\
&+2p_1p_2+2p_1p_3-3p_1-3p_2+p_1p_3^2+3p_0p_1-p_0p_1^2-p_1^2p_3^2\end{aligned}$$

$$\alpha_3=p_0p_2^2p_3-p_0p_2^2+2p_0p_1p_2p_3-2p_0p_1p_2+4p_0p_2-4p_0p_2p_3+p_0p_1^2p_3-2p_0p_3^2$$

$$- p_0p_1^2 + 8p_0p_3 - 6p_0 - 4p_0p_1p_3 + 4p_0p_1 + 2p_2^2p_3 - p_2^2 - p_2^2p_3^2 - 2p_1p_2$$
$$- 2p_1p_3^2p_2 + 4p_1p_2p_3 - p_1^2p_3^2 - p_1^2 + 2p_1^2p_3$$

$$\alpha_4 = p_0p_2^2p_3 - p_0p_2^2 - 2p_0p_1p_2 + 2p_0p_1p_2p_3 + p_0p_1^2p_3 + 2p_0p_3 - 2p_0p_3^2 - p_0p_1^2$$
$$+ p_2^2 - p_2^2p_3^2 - 2p_1p_3^2p_2 + 2p_1p_2 + p_1^2 - p_1^2p_3^2$$

$$\alpha_5 = p_0p_2^2 + 2p_0p_1p_2 - 2p_0p_3 + p_0p_1^2 - p_2^2p_3 - p_2^2 - 2p_1p_2p_3 - 2p_1p_2 - p_1^2p_3 - p_1^2$$

$$\omega = -6 - 12p_0 - 8p_0p_3^2p_2 - 8p_0p_1p_3^2 + 8p_0p_3^2 + 4p_0p_1p_2p_3 + 2p_1p_3^2p_2 + p_0^2p_2^2 + p_0^2p_1^2$$
$$+ 8p_0^2p_1 - 24p_0^2p_3 + 8p_0^2p_2 - 8p_0^2p_1p_3 + 2p_0^2p_1p_2 - 8p_0^2p_2p_3 + 6p_0^2 + 16p_0^2p_3^2$$
$$+ 12p_0p_1p_3 - 8p_0p_1p_2 + 12p_0p_2p_3 + 2p_0p_1^2p_3 + 2p_0p_2^2p_3 + 4p_2 + 4p_1 + 4p_3$$
$$- p_2^2 - p_1^2 - 2p_1p_2 + p_2^2p_3^2 + 2p_3^2 - 4p_1p_3^2 - 4p_3^2p_2 + p_1^2p_3^2 - 4p_0p_2^2 - 4p_0p_1^2$$
$$- 4p_0p_1 + 4p_0p_3 - 4p_0p_2$$

那么，B 博弈的数学期望 $E^{(B)}$ 为

$$E^{(B)} = \{\pi\}^{(B)} \left(\{\lambda\}_{win}^{(B)} - \{\lambda\}_{lose}^{(B)}\right) \tag{2-24}$$

式中: $\{\lambda\}_{win}^{(B)} = \{\ \lambda_{0w}^{(B)}\quad \lambda_{1w}^{(B)}\quad \cdots\quad \lambda_{15w}^{(B)}\ \}^T, \{\lambda\}_{lose}^{(B)} = \{\ \lambda_{0l}^{(B)}\quad \lambda_{1l}^{(B)}\quad \cdots\quad \lambda_{15l}^{(B)}\ \}^T$ 分别为 B 博弈 $0 \sim 15$ 状态下整体输赢的平均概率。

表 2.1 为 $0 \sim 15$ 状态下 B 博弈整体赢的平均概率 $\lambda_{iw}^{(B)}$，相应的输的概率 $\lambda_{il}^{(B)} = 1 - \lambda_{iw}^{(B)}$。其中 $\lambda_{iw}^{(B)}$ 的计算公式为

$$\lambda_{iw}^{(B)} = \frac{\sum\limits_{k=1}^{4} p_{i\eta_k}}{4} \tag{2-25}$$

表 2.1　B 博弈整体赢的平均概率

状态	0000	0001	0010	0011
$\lambda_{iw}^{(B)}$	p_0	$(p_2+p_0+p_1+p_0)/4$	$(p_0+p_1+p_0+p_2)/4$	$(p_2+p_1+p_1+p_2)/4$
状态	1000	1001	1010	1011
$\lambda_{iw}^{(B)}$	$(p_0+p_2+p_0+p_1)/4$	$(p_2+p_2+p_1+p_1)/4$	$(p_0+p_3+p_0+p_3)/4$	$(p_2+p_3+p_1+p_3)/4$
状态	0100	0101	0110	0111
$\lambda_{iw}^{(B)}$	$(p_1+p_0+p_2+p_0)/4$	$(p_3+p_0+p_3+p_0)/4$	$(p_1+p_1+p_2+p_2)/4$	$(p_3+p_1+p_3+p_2)/4$
状态	1100	1101	1110	1111
$\lambda_{iw}^{(B)}$	$(p_1+p_2+p_2+p_1)/4$	$(p_3+p_2+p_3+p_1)/4$	$(p_1+p_3+p_2+p_3)/4$	p_3

式中：i 为状态序号，k 为个体序号，$\eta_k=(s_{k-1},s_{k+1})$ 为第 k 个个体的邻居类型，$p_{i\eta_k}$ 为 i 状态的第 k 个个体在邻居类型为 η_k 时赢的概率，$p_{i\eta_k}\in\{p_0,p_1,p_2,p_3\}$。以状态 0101(即状态 5) 为例，$\eta_1=(1,1)$，$\eta_2=(0,0)$，$\eta_3=(1,1)$，$\eta_4=(0,0)$，相应赢的概率 $p_{5\eta_1}=p_3$，$p_{5\eta_2}=p_0$，$p_{5\eta_3}=p_3$，$p_{5\eta_4}=p_0$，所以状态 0101 的 $\lambda_{iw}^{(B)}=(p_3+p_0+p_3+p_0)/4$。

将表 2.1 的数据和式 (2-23) 代入式 (2-24) 得

$$\begin{aligned}E^{(B)}=&(p_0^2p_1^2+2p_0^2p_1p_2-4p_0^2p_1p_3+4p_0^2p_1+p_0^2p_2^2-4p_0^2p_2p_3+4p_0^2p_2+4p_0^2p_3-6p_0^2\\&-2p_0p_1^2-4p_0p_1p_2+4p_0p_1p_3^2-4p_0p_1p_3-2p_0p_2^2+4p_0p_2p_3^2-4p_0p_2p_3-4p_0p_3^2\\&+4p_0p_3-p_1^2p_3^2+p_1^2-2p_1p_2p_3^2+2p_1p_2+4p_1p_3^2-4p_1-p_2^2p_3^2+p_2^2+4p_2p_3^2\\&-4p_2-2p_3^2-4p_3+6)/(p_0^2p_1^2+2p_0^2p_1p_2-8p_0^2p_1p_3+8p_0^2p_1+p_0^2p_2^2-8p_0^2p_2p_3\\&+8p_0^2p_2+16p_0^2p_3^2-24p_0^2p_3+6p_0^2+2p_0p_1^2p_3-4p_0p_1^2+4p_0p_1p_2p_3-8p_0p_1p_2\\&-8p_0p_1p_3^2+12p_0p_1p_3-4p_0p_1+2p_0p_2^2p_3-4p_0p_2^2-8p_0p_2p_3^2+12p_0p_2p_3-4p_0p_2\\&+8p_0p_3^2+4p_0p_3-12p_0+p_1^2p_3^2-p_1^2+2p_1p_2p_3^2-2p_1p_2-4p_1p_3^2+4p_1+p_2^2p_3^2\\&-p_2^2-4p_2p_3^2+4p_2+2p_3^2+4p_3-6)\end{aligned}\tag{2-26}$$

如果取 $p_1=p_2$，则式 (2-26) 简化为

$$\begin{aligned}E^{(B)}=&\big(2p_0^2p_1^2-4p_0^2p_1p_3+4p_0^2p_1+2p_0^2p_3-3p_0^2-4p_0p_1^2+4p_0p_1p_3^2-4p_0p_1p_3-2p_0p_3^2\\&+2p_0p_3-2p_1^2p_3^2+2p_1^2+4p_1p_3^2-4p_1-p_3^2-2p_3+3\big)\big/\big(2p_0^2p_1^2-8p_0^2p_1p_3\\&+8p_0^2p_1+8p_0^2p_3^2-12p_0^2p_3+3p_0^2+4p_0p_1^2p_3-8p_0p_1^2-8p_0p_1p_3^2\\&+12p_0p_1p_3-4p_0p_1+4p_0p_3^2+2p_0p_3-6p_0+2p_1^2p_3^2-2p_1^2\\&-4p_1p_3^2+4p_1+p_3^2+2p_3-3\big)\end{aligned}\tag{2-27}$$

2.2.2.3　随机组合 $A+B$ 博弈分析

对于随机组合 $A+B$ 博弈，我们可以采用 1.2.4.4 节中处理随机组合玩 $A+B$ 博弈的方法来分析。由于 A 博弈和 B 博弈的状态集是一致的，都为 $\{0,1,2,\cdots,14,15\}$，单独玩 A 博弈时，其传递概率矩阵为 $[P]^{(A)}$，单独玩 B 博弈时，其传递概率矩阵为 $[P]^{(B)}$，因此，我们定义参数 γ 为玩博弈 A 的概率，随机组合 $A+B$ 博弈的传递概率矩阵为

$$[P]^{(A+B)}=\gamma\cdot[P]^{(A)}+(1-\gamma)\cdot[P]^{(B)}\tag{2-28}$$

将式 (2-28) 代入式 (1-1)，可得到随机组合 $A+B$ 博弈的平稳分布概率。

随机玩 $A+B$ 博弈时的数学期望 $E^{(A+B)}$ 为

$$E^{(A+B)}=\{\pi\}^{(A+B)}\left(\{\lambda\}_{win}^{(A+B)}-\{\lambda\}_{lose}^{(A+B)}\right)\tag{2-29}$$

式中: $\{\lambda\}_{win}^{(A+B)}=\{\ \lambda_{0w}^{(A+B)}\ \ \cdots\ \ \lambda_{15w}^{(A+B)}\ \}^T$, $\{\lambda\}_{lose}^{(A+B)}=\{\ \lambda_{0l}^{(A+B)}\ \ \cdots\ \ \lambda_{15l}^{(A+B)}\ \}^T$。分别为随机 $A+B$ 博弈 0 ~ 15 状态下整体输赢的平均概率，其中 $\lambda_{il}^{(A+B)}=1-\lambda_{iw}^{(A+B)}$。

由于 A 博弈为零和博弈，因此在任何状态下的输赢概率均相同，为 0.5，因此随机 $A+B$ 博弈整体赢的平均概率为

$$\{\lambda\}_{win}^{(A+B)}=\gamma\cdot\{\lambda\}_{win}^{(A)}+(1-\gamma)\cdot\{\lambda\}_{win}^{(B)} \tag{2-30}$$

式中: $\{\lambda\}_{win}^{(A)}=\{\ 0.5\ \ 0.5\ \ \cdots\ \ 0.5\ \ 0.5\ \}^T$。

2.2.2.4 悖论成立的条件

悖论成立的弱形式条件为

$$E^{(A+B)}\geqslant E^{(B)} \tag{2-31}$$

$$E^{(B)}<0 \tag{2-32}$$

悖论成立的强形式条件为

$$E^{(A+B)}\geqslant 0 \tag{2-33}$$

$$E^{(B)}<0 \tag{2-34}$$

2.2.3 计算结果与分析

采用上述 2.2.2 节的理论方法进行计算分析，为进行对比，同时对游戏进行计算机仿真分析。基于计算机仿真分析的需要，定义群体平均得益 d(等同理论分析的数学期望 E) 为

$$d=\frac{W}{T} \tag{2-35}$$

式中: $W=\sum_{i=1}^{N}[C_i(T)-C_0]$，为群体总收益，$N$ 为群体规模，$C_i(T)$ 为个体 i 在 T 时刻的资本，C_0 为初始资本，T 为游戏时间。

计算参数为: 群体规模 N=4。计算仿真中，4 个个体的初始输赢 (0 或 1) 状态随机设置，初始资本 $C_0=1000$，游戏时间 $T=10000$，采用不同随机数重复玩 320 次游戏，以 320 次游戏结果的平均值作图。

图 2.3 和图 2.4 为计算结果，可以看出，理论分析方法与计算机仿真分析方法的结果一致。从图 2.3 可看出，强、弱 Parrondo 悖论成立空间随着 p_0 的增大逐渐变小，当 $p_0=1.0$ 时，强 Parrondo 悖论成立空间和弱 Parrondo 悖论成立空间重合，即在 $E^{(B)}<0$ 的区域，当 $E^{(A+B)}\geqslant E^{(B)}$ 时，$E^{(A+B)}$ 必然大于 0。当 $p_1=p_2<0.5$ 时，强 Parrondo 悖论不会发生，因此，只有保证 p_1 (p_2) 高于 0.5，

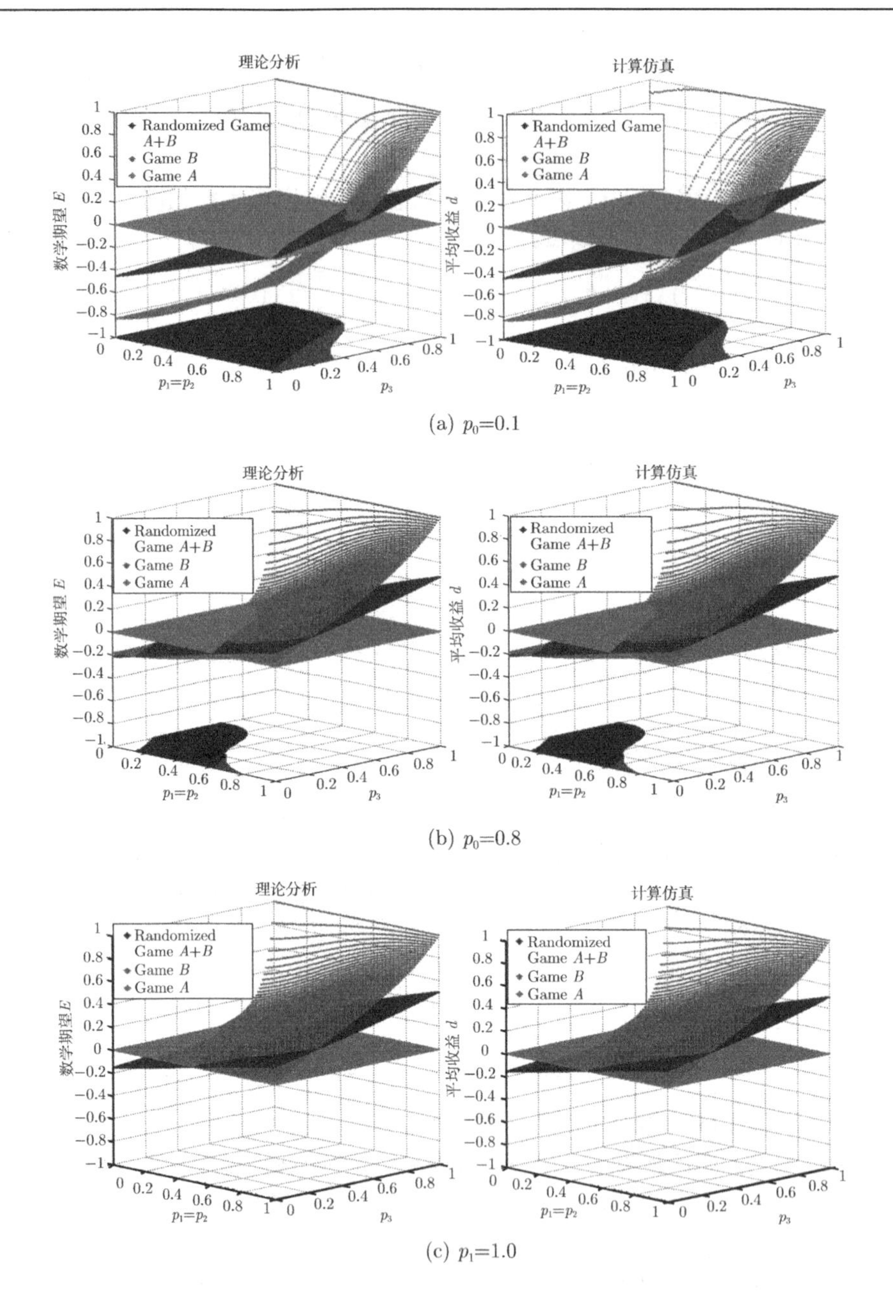

(a) p_0=0.1

(b) p_0=0.8

(c) p_1=1.0

图 2.3　游戏结果的对比 (其中随机 $A+B$ 博弈中玩 A 博弈的概率 γ 为 0.5。坐标平面中蓝色区域表示弱Parrondo悖论成立的参数空间，红色区域表示强Parrondo悖论成立的参数空间)(后附彩图)

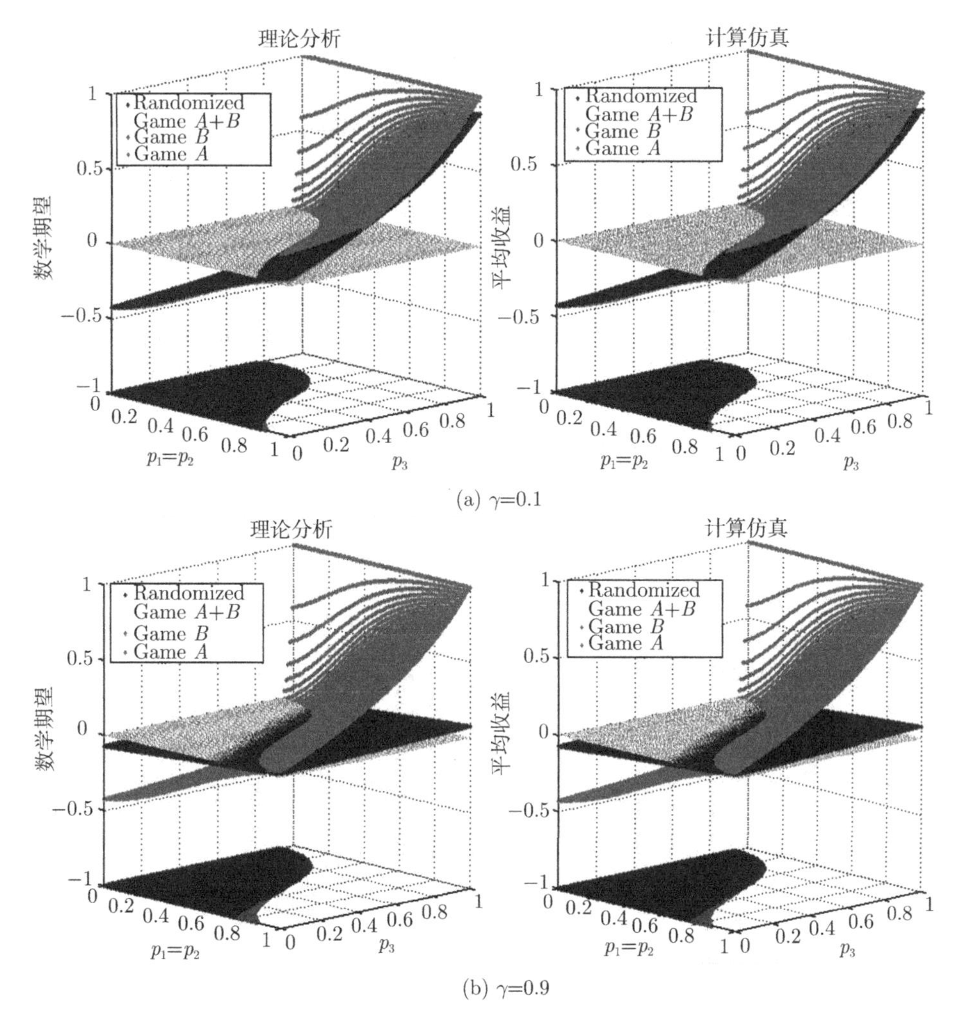

(a) γ=0.1

(b) γ=0.9

图 2.4 p_0=0.5 时的游戏结果 (坐标平面中蓝色区域表示弱 Parrondo 悖论成立的参数空间，红色区域表示强 Parrondo 悖论成立的参数空间) (后附彩图)

并且通过减小 p_0 和 p_3，使得 B 博弈为负博弈，然后利用 A 博弈 (零和博弈) 的调节，可改变群体中输赢状态的空间分布，使得邻居类型中 $0i1$ 型或 $1i\,0$ 型增多，这样就会产生赢的效果。从图 2.4 可看出，强、弱 Parrondo 悖论成立空间会随着 γ 的增加而变大。

2.3 基于系统降维的离散马氏链理论分析方法

对比图 2.2(平均场分析结果) 与图 2.3(a) 中的基于离散马尔可夫链分析结果，

可发现基于离散马氏链的理论结果比平均场的理论结果更精确，与计算仿真结果更吻合。但在 2.2.2 节的理论分析中，以所有个体的输赢状态作为系统状态，系统状态数为 2^N。以 $N=4$ 为例，系统状态数有 $2^4=16$ 种——(0000)、(0001)、(0010)、(0011)、$\cdots$ 、(1110)、(1111)，随着 N 的增加，系统状态数将以 2^N 次方增加，平稳分布概率和数学期望的理论分析将变得异常困难。因此，为了对较大的 N 也能进行理论分析，本节提出一种系统降维方法，用群体中赢的个体数目来描述系统状态，系统状态集为 $\{0,1,2,\cdots,N\}$，系统状态数为 $N+1$。

为了方便介绍，我们把方阵中平行于主对角线的元素排成的斜线称为泛对角线。如图 2.5 所示：其中平行于主对角线的右上一行称为上 1 泛对角线，平行于主对角线的右上两行称为上 2 泛对角线，$\cdots$，以此类推。平行于主对角线的左下一行称为下 1 泛对角线，平行于主对角线的左下两行称为下 2 泛对角线，$\cdots$，以此类推。

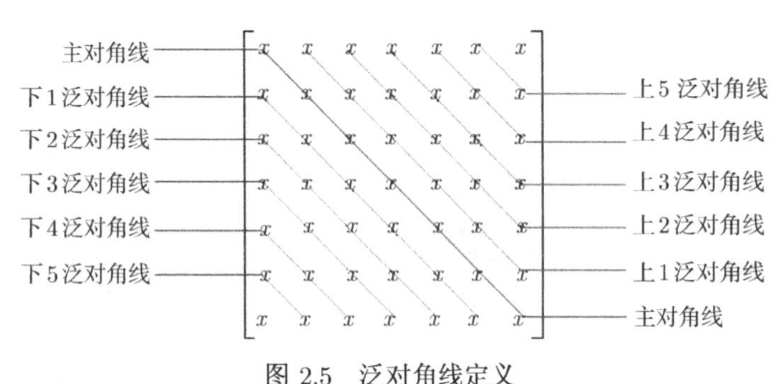

图 2.5 泛对角线定义

2.3.1 N=4 时的博弈分析

1) A 博弈

采用群体中赢的个体数目来描述系统状态，当 N=4 时，系统共有 5 种状态，状态集 $E=\{0,1,2,3,4\}$。转移概率矩阵为

$$[P]_{N=4}^{A}=\begin{bmatrix} p_{00} & p_{01} & \cdots & p_{04} \\ p_{10} & p_{11} & \cdots & p_{14} \\ \vdots & \vdots & & \vdots \\ p_{40} & p_{41} & \cdots & p_{44} \end{bmatrix} \tag{2-36}$$

以 p_{22} 为例，说明矩阵中各元素的计算方法。当系统状态为 2 时 (即有两个个体状态为赢)，有两种表现型：①两个赢的个体夹着一个输的个体，如 0101 和 1010。②两个赢的个体连在一起，如 1100,0011,1001, 0110。因此，第一种表现型的发生概

率为 $\dfrac{2}{6}$，第二种表现型的发生概率为 $\dfrac{4}{6}$。系统从状态 2 到状态 2 有两种转移方式：①从第一种表现型出发，由于 A 游戏是两个相邻的个体在进行博弈，因此发生博弈的情形只有 4 种，个体 1 和个体 2，个体 2 和个体 3，个体 3 和个体 4，个体 4 和个体 1。无论何种博弈情形，也无论谁赢，最后的状态都为 2(为两种表现型的其中之一)。该方式的转移概率为 $\dfrac{2}{6}\times 1=\dfrac{1}{3}$；② 从第二种表现型出发，以 1100 为例(其他与之相类似)，在四种 A 博弈情形中只能选择个体 2 和个体 3 或个体 4 和个体 1 之间进行博弈的情形，无论谁赢，最后的状态都为 2(为两种表现型的其中之一)。该方式的转移概率为 $\dfrac{4}{6}\times\dfrac{2}{4}=\dfrac{1}{3}$。所以 $p_{22}=\dfrac{1}{3}+\dfrac{1}{3}=\dfrac{2}{3}$。

依此类推，可以得出其他矩阵元素。

$$[P]_{N=4}^{A}=\begin{bmatrix} 0 & 1 & 0 & 0 & 0 \\ 0 & \frac{1}{2} & \frac{1}{2} & 0 & 0 \\ 0 & \frac{1}{6} & \frac{2}{3} & \frac{1}{6} & 0 \\ 0 & 0 & \frac{1}{2} & \frac{1}{2} & 0 \\ 0 & 0 & 0 & 1 & 0 \end{bmatrix} \tag{2-37}$$

根据 $\{\pi\}^{A}=\{\pi\}^{A}[P]^{A}$，可得 4 个体时 A 博弈的平稳分布概率为

$$\{\pi\}_{N=4}^{A}=[\ 0 \quad 0.2 \quad 0.6 \quad 0.2 \quad 0\ ]$$

A 博弈的数学期望为

$$E_{N=4}^{A}=\{\pi\}_{N=4}^{A}(\{\lambda\}_{win}^{A}-\{\lambda\}_{lose}^{A}) \tag{2-38}$$

式中：$\{\lambda\}_{win}^{A}=\{\ \lambda_{0w}^{A} \quad \lambda_{1w}^{A} \quad \cdots \quad \lambda_{4w}^{A}\ \}^{T}$，$\{\lambda\}_{lose}^{A}=\{\ \lambda_{0l}^{A} \quad \lambda_{1l}^{A} \quad \cdots \quad \lambda_{4l}^{A}\ \}^{T}$ 分别为 A 博弈在 $0\sim 4$ 状态下整体输赢的平均概率。

对 A 博弈的所有 5 种状态而言，其整体输的概率和赢的概率均为 0.5，即零和游戏。因此 A 博弈的数学期望 $E_{N=4}^{A}=0$。

2) B 博弈

当 $N=4$ 时，系统共有 5 种状态，状态集 $E=\{0,1,2,3,4\}$。转移概率矩阵为

$$[P]_{N=4}^{B}=\begin{bmatrix} p_{00} & p_{01} & \cdots & p_{04} \\ p_{10} & p_{11} & \cdots & p_{14} \\ \vdots & \vdots & & \vdots \\ p_{40} & p_{41} & \cdots & p_{44} \end{bmatrix} \tag{2-39}$$

以 p_{22} 为例，说明矩阵中各元素的计算方法。系统从状态 2 到状态 2 有两种转移方式：①从第一种表现型出发，以 0101 为例 (其他与之相类似)。由于 B 游戏是在群体中随机抽取一个个体进行博弈，因此其转移至状态 2(0101) 的 B 博弈可以有 4 种情形：抽取个体 1，个体 1 输 (输的概率为 $1-p_3$)；抽取个体 2，个体 2 赢 (赢的概率为 p_0)；抽取个体 3，个体 3 输 (输的概率为 $1-p_3$)；抽取个体 4，个体 4 赢 (赢的概率为 p_0)。该方式的转移概率为 $\frac{2}{6}\times\left[\frac{1}{4}\times(1-p_3)+\frac{1}{4}\times p_0+\frac{1}{4}\times(1-p_3)+\frac{1}{4}\times p_0\right]=\frac{1+p_0-p_3}{6}$；② 从第二种表现型出发，以 1100 为例 (其他与之相类似)，其转移至状态 2(1100) 的 B 博弈可以有 4 种情形：抽取个体 1，个体 1 赢 (赢的概率为 p_1)；抽取个体 2，个体 2 赢 (赢的概率为 p_2)；抽取个体 3，个体 3 输 (输的概率为 $1-p_1$)；抽取个体 4，个体 4 输 (输的概率为 p_2)。该方式的转移概率为 $\frac{4}{6}\times\frac{1}{4}\times[p_1+p_2+(1-p_1)+(1-p_2)]=\frac{1}{3}$。所以 $p_{22}=\frac{1+p_0-p_3}{6}+\frac{1}{3}=\frac{3+p_0-p_3}{6}$。

依此类推，可得转移概率矩阵为

$$[P]_{N=4}^{B}=\begin{bmatrix} 1-p_0 & p_0 & 0 & 0 & 0 \\ \frac{1}{4}(1-p_0) & \frac{1}{4}(3-p_1-p_2) & \frac{1}{4}(p_0+p_1+p_2) & 0 & 0 \\ 0 & \frac{1}{6}(3-p_0-p_1-p_2) & \frac{1}{6}(3+p_0-p_3) & \frac{1}{6}(p_1+p_2+p_3) & 0 \\ 0 & 0 & \frac{1}{4}(3-p_1-p_2-p_3) & \frac{1}{4}(1+p_1+p_2) & \frac{1}{4}p_3 \\ 0 & 0 & 0 & 1-p_3 & p_3 \end{bmatrix} \tag{2-40}$$

根据 $\{\pi\}^B=\{\pi\}^B[P]^B$，当 N=4 时，B 博弈的平稳分布概率为

$$\{\pi\}_{N=4}^{B}=\frac{1}{a+b+c+d+e}[a\ \ b\ \ c\ \ d\ \ e] \tag{2-41}$$

式中：

$$a=(1-p_0)(3-p_0-p_1-p_2)(3-p_1-p_2-p_3)(1-p_3)$$
$$b=4p_0(3-p_0-p_1-p_2)(3-p_1-p_2-p_3)(1-p_3)$$
$$c=6p_0(p_0+p_1+p_2)(3-p_1-p_2-p_3)(1-p_3)$$
$$d=4p_0(p_0+p_1+p_2)(p_1+p_2+p_3)(1-p_3)$$
$$e=p_0(p_0+p_1+p_2)(p_1+p_2+p_3)p_3$$

B 博弈的数学期望 $E_{N=4}^{B}$ 为

$$E_{N=4}^{B}=\{\pi\}_{N=4}^{B}(\{\lambda\}_{win}^{4}-\{\lambda\}_{lose}^{4}) \tag{2-42}$$

式中：$\{\lambda\}_{win}^{B}=\{\ \lambda_{0w}^{B}\quad \lambda_{1w}^{B}\quad \cdots\quad \lambda_{4w}^{B}\ \}^{T}$，$\{\lambda\}_{lose}^{B}=\{\ \lambda_{0l}^{B}\quad \lambda_{1l}^{B}\quad \cdots\quad \lambda_{4l}^{B}\ \}^{T}$ 分别为 B 博弈 $0\sim4$ 状态下整体输赢的平均概率。

其中 λ_{iw}^{B} 的计算公式为

$$\lambda_{iw}^{B}=\sum_{j=1}^{H_i}l_{ij}\frac{\sum\limits_{k=1}^{4}p_{i\eta_k}}{N}\quad(i=0,1,2,3,4) \tag{2-43}$$

式中：N 为群体规模，i 为状态序号，k 为个体序号，η_k 为第 k 个个体的邻居类型，有 (00),(01),(10) 和 (11) 四种类型，$p_{i\eta_k}$ 为处于 i 状态的系统其第 k 个个体在邻居类型为 η_k 时赢的概率，$p_{i\eta_k}\in\{p_0,p_1,p_2,p_3\}$。$H_i$ 为处于 i 状态的系统的表现型的数目，j 为表现型序号，l_{ij} 为 i 状态的系统其第 j 种表现型的发生概率。以状态 2 为例，有两种表现型 0101 型和 1100 型，$H_2=2$。①第一种表现型 0101 的发生概率占 $l_{21}=\dfrac{1}{3}$，其中 $\eta_1=(11)$，$\eta_2=(00)$，$\eta_3=(11)$，$\eta_4=(00)$，相应赢的概率 $p_{2\eta_1}=p_3$，$p_{2\eta_2}=p_0$，$p_{2\eta_3}=p_3$，$p_{2\eta_4}=p_0$，所以第一种表现型 0101 对应的赢的概率为 $\dfrac{1}{3}\times\dfrac{p_3+p_0+p_3+p_0}{4}=\dfrac{p_0+p_3}{6}$；②第二种表现型 1100 的发生概率 $l_{22}=\dfrac{2}{3}$，其中 $\eta_1=(01)$，$\eta_2=(10)$，$\eta_3=(10)$，$\eta_4=(01)$，相应赢的概率 $p_{2\eta_1}=p_1$，$p_{2\eta_2}=p_2$，$p_{2\eta_3}=p_2$，$p_{2\eta_4}=p_1$，所以第二种表现型 1100 对应的赢的概率为

$$\frac{2}{3}\times\frac{p_1+p_2+p_2+p_1}{4}=\frac{p_1+p_2}{3}$$

综上可得

$$\lambda_{2w}^{B}=\frac{p_0+p_3}{6}+\frac{p_1+p_2}{3}=\frac{p_0+2p_1+2p_2+p_3}{6}$$

依此类推，可以得出其他状态下 B 博弈整体赢的平均概率 λ_{iw}^{B}(表 2.2)，相应的输的概率 $\lambda_{il}^{B}=1-\lambda_{iw}^{B}$。

表 2.2 4 个体 B 博弈赢的概率

状态 i	0	1	2	3	4
概率 λ_{iw}^{B}	p_0	$\dfrac{2p_0+p_1+p_2}{4}$	$\dfrac{p_0+2p_1+2p_2+p_3}{6}$	$\dfrac{p_1+p_2+2p_3}{4}$	p_3

2.3.2 $N=5$ 时的博弈分析

1) A 博弈

当 N=5 时，系统共有 6 种状态，与 N=4 时的计算原理一样，可得转移概率矩阵为

$$[P]_{N=5}^{A}=\begin{bmatrix} p_{00} & p_{01} & \cdots & p_{05} \\ p_{10} & p_{11} & \cdots & p_{15} \\ \vdots & \vdots & & \vdots \\ p_{50} & p_{51} & \cdots & p_{55} \end{bmatrix}=\begin{bmatrix} 0 & 1 & 0 & 0 & 0 & 0 \\ 0 & \frac{2}{5} & \frac{3}{5} & 0 & 0 & 0 \\ 0 & \frac{1}{10} & \frac{3}{5} & \frac{3}{10} & 0 & 0 \\ 0 & 0 & \frac{3}{10} & \frac{3}{5} & \frac{1}{10} & 0 \\ 0 & 0 & 0 & \frac{3}{5} & \frac{2}{5} & 0 \\ 0 & 0 & 0 & 0 & 1 & 0 \end{bmatrix} \tag{2-44}$$

根据 $\{\pi\}^{A}=\{\pi\}^{A}[P]^{A}$，可得 5 个体时 A 博弈的平稳分布概率为

$$\{\pi\}_{N=5}^{A}=\begin{bmatrix} 0 & \frac{1}{14} & \frac{6}{14} & \frac{6}{14} & \frac{1}{14} & 0 \end{bmatrix}$$

A 博弈的数学期望与 N=4 时的计算方法一样：$E_{N=5}^{(A)}=0$。

2) B 博弈

当 N=5 时，系统共有 6 种状态，与 N=4 时的计算原理一样，可得转移概率矩阵为

$$[P]_{N=5}^{B}=\begin{bmatrix} 1-p_0 & p_0 & 0 & 0 & 0 & 0 \\ \frac{1-p_0}{5} & K_1' & \frac{Q_1'}{5} & 0 & 0 & 0 \\ 0 & \frac{4-Q_1'}{10} & K_2' & \frac{Q_2'}{10} & 0 & 0 \\ 0 & 0 & \frac{6-Q_2'}{10} & K_3' & \frac{Q_3'}{10} & 0 \\ 0 & 0 & 0 & \frac{4-Q_3'}{5} & K_4' & \frac{p_3}{5} \\ 0 & 0 & 0 & 0 & 1-p_3 & p_3 \end{bmatrix} \tag{2-45}$$

式中：$Q_1'=2p_0+p_1+p_2$；$Q_2'=p_0+2p_1+2p_2+p_3$；$Q_3'=p_1+p_2+2p_3$；$K_1'=\frac{4-p_0-p_1-p_2}{5}$；$K_2'=\frac{6+p_0-p_1-p_2-p_3}{10}$；$K_3'=\frac{4+p_0+p_1+p_2-p_3}{10}$；$K_4'=\frac{1+p_1+p_2+p_3}{5}$。

根据 $\{\pi\}^{B}=\{\pi\}^{B}[P]^{B}$，当 N=5 时，B 博弈的平稳分布概率为

$$\{\pi\}_{N=5}^{B}=\frac{1}{a'+b'+c'+d'+e'+f'}\begin{bmatrix} a' & b' & c' & d' & e' & f' \end{bmatrix} \tag{2-46}$$

式中：

$$a' = (1-p_0)(4-2p_0-p_1-p_2)(6-p_0-2p_1-2p_2-p_3)(4-p_1-p_2-p_3)(1-p_3)$$
$$b' = 5p_0(4-2p_0-p_1-p_2)(6-p_0-2p_1-2p_2-p_3)(4-p_1-p_2-p_3)(1-p_3)$$
$$c' = 10p_0(2p_0+p_1+p_2)(6-p_0-2p_1-2p_2-p_3)(4-p_1-p_2-p_3)(1-p_3)$$
$$d' = 10p_0(2p_0+p_1+p_2)(p_0+2p_1+2p_2+p_3)(4-p_1-p_2-p_3)(1-p_3)$$
$$e' = 5p_0(2p_0+p_1+p_2)(p_0+2p_1+2p_2+p_3)(p_1+p_2+p_3)(1-p_3)$$
$$f' = p_0p_3(2p_0+p_1+p_2)(p_0+2p_1+2p_2+p_3)(p_1+p_2+p_3)$$

B 博弈的数学期望 $E^B_{N=5}$ 为：$E^B_{N=5} = \{\pi\}^B_5\left(\{\lambda\}^B_{win} - \{\lambda\}^B_{lose}\right)$。与 N=4 时的计算原理一样，可得 5 个体 B 博弈赢的概率 λ^B_{iw} 如表 2.3 所示。

表 2.3 5 个体 B 博弈赢的概率

i	0	1	2	3	4	5
λ^B_{iw}	p_0	$\dfrac{3p_0+p_1+p_2}{5}$	$\dfrac{3p_0+3p_1+3p_2+p_3}{10}$	$\dfrac{p_0+3p_1+3p_2+3p_3}{10}$	$\dfrac{p_1+p_2+3p_3}{5}$	p_3

2.3.3 $N=6$ 时的博弈分析

1) A 博弈

当 N=6 时，系统共有 7 种状态，状态集 $E=\{0,1,2,3,4,5,6\}$。转移概率矩阵为

$$[P]^A_6 = \begin{bmatrix} 0 & 1 & 0 & 0 & 0 & 0 & 0 \\ 0 & \frac{1}{3} & \frac{2}{3} & 0 & 0 & 0 & 0 \\ 0 & \frac{1}{15} & \frac{8}{15} & \frac{2}{5} & 0 & 0 & 0 \\ 0 & 0 & \frac{1}{5} & \frac{3}{5} & \frac{1}{5} & 0 & 0 \\ 0 & 0 & 0 & \frac{2}{5} & \frac{8}{15} & \frac{1}{15} & 0 \\ 0 & 0 & 0 & 0 & \frac{2}{3} & \frac{1}{3} & 0 \\ 0 & 0 & 0 & 0 & 0 & 1 & 0 \end{bmatrix} \tag{2-47}$$

根据 $\{\pi\}^A = \{\pi\}^A[P]^A$，可得 6 个体时 A 博弈的平稳分布概率为

$$\{\pi\}^A_{N=6} = \begin{bmatrix} 0 & \frac{1}{42} & \frac{10}{42} & \frac{20}{42} & \frac{10}{42} & \frac{1}{42} & 0 \end{bmatrix}$$

A 博弈的数学期望为：$E^A_{N=6}=0$。

2) B 博弈

当 N=6 时，系统共有 7 种状态，状态集 E={0, 1, 2, 3, 4, 5, 6}。转移概率矩阵为

$$[P]_{N=6}^{B}=\begin{bmatrix} 1-p_0 & p_0 & 0 & 0 & 0 & 0 & 0 \\ \dfrac{1-p_0}{6} & K_1'' & \dfrac{Q_1''}{6} & 0 & 0 & 0 & 0 \\ 0 & \dfrac{5-Q_1''}{15} & K_2'' & \dfrac{Q_2''}{15} & 0 & 0 & 0 \\ 0 & 0 & \dfrac{10-Q_2''}{20} & K_3'' & \dfrac{Q_3''}{20} & 0 & 0 \\ 0 & 0 & 0 & \dfrac{10-Q_3''}{15} & K_4'' & \dfrac{Q_4''}{15} & 0 \\ 0 & 0 & 0 & 0 & \dfrac{5-Q_4''}{6} & K_5'' & \dfrac{p_3}{6} \\ 0 & 0 & 0 & 0 & 0 & 1-p_3 & p_3 \end{bmatrix} \tag{2-48}$$

式中：$Q_1''=3p_0+p_1+p_2$；$Q_2''=3p_0+3p_1+3p_2+p_3$；$Q_3''=p_0+3p_1+3p_2+3p_3$；$Q_4''=p_1+p_2+3p_3$；$K_1''=\dfrac{5-2p_0-p_1-p_2}{6}$；$K_2''=\dfrac{10-2p_1-2p_2-p_3}{15}$；$K_3''=\dfrac{10+2p_0-2p_3}{20}$；$K_4''=\dfrac{5+p_0+2p_1+2p_2}{15}$；$K_5''=\dfrac{1+p_1+p_2+3p_3}{6}$。

根据 $\{\pi\}^B=\{\pi\}^B[P]^B$，当 $N=6$ 时，B 博弈的平稳分布概率为

$$\{\pi\}_{N=6}^{B}=\frac{1}{a''+b''+c''+d''+e''+f''+g''}\begin{bmatrix} a'' & b'' & c'' & d'' & e'' & f'' & g'' \end{bmatrix} \tag{2-49}$$

式中：

$$\begin{aligned}
a'' =&(1-p_0)(5-3p_0-p_1-p_2)(10-3p_0-3p_1-3p_2-p_3)\\
&\cdot(10-p_0-3p_1-3p_2-3p_3)(5-p_1-p_2-3p_3)(1-p_3)\\
b'' =&6p_0(5-3p_0-p_1-p_2)(10-3p_0-3p_1-3p_2-p_3)(10-p_0-3p_1-3p_2-3p_3)\\
&\cdot(5-p_1-p_2-3p_3)(1-p_3)\\
c'' =&15p_0(3p_0+p_1+p_2)(10-3p_0-3p_1-3p_2-p_3)(10-p_0-3p_1-3p_2-3p_3)\\
&\cdot(5-p_1-p_2-3p_3)(1-p_3)\\
d'' =&20p_0(3p_0+p_1+p_2)(3p_0+3p_1+3p_2+p_3)(10-p_0-3p_1-3p_2-3p_3)\\
&\cdot(5-p_1-p_2-3p_3)(1-p_3)\\
e'' =&15p_0(3p_0+p_1+p_2)(3p_0+3p_1+3p_2+p_3)(p_0+3p_1+3p_2+3p_3)\\
&\cdot(5-p_1-p_2-3p_3)(1-p_3)\\
f'' =&6p_0(3p_0+p_1+p_2)(3p_0+3p_1+3p_2+p_3)(p_0+3p_1+3p_2+3p_3)
\end{aligned}$$

$$\cdot (p_1 + p_2 + 3p_3)(1 - p_3)$$

$$g'' = p_0p_3(3p_0 + p_1 + p_2)(3p_0 + 3p_1 + 3p_2 + p_3)(p_0 + 3p_1 + 3p_2 + 3p_3)$$
$$\cdot (p_1 + p_2 + 3p_3)$$

B 博弈的数学期望 $E^B_{N=6}$ 为：$E^B_{N=6} = \{\pi\}^B_{N=6}(\{\lambda\}^B_{win} - \{\lambda\}^B_{lose})$。与 N=4 时的计算原理一样，可得 6 个体 B 博弈赢的概率 λ^B_{iw} 如表 2.4 所示。

表 2.4 6 个体 B 博弈赢的概率

状态 i	0	1	2	3
概率 λ^B_{iw}	p_0	$\dfrac{4p_0 + p_1 + p_2}{6}$	$\dfrac{6p_0 + 4p_1 + 4p_2 + p_3}{15}$	$\dfrac{4p_0 + 6p_1 + 6p_2 + 4p_3}{20}$
状态 i		4	5	6
概率 λ^B_{iw}		$\dfrac{p_0 + 4p_1 + 4p_2 + 6p_3}{15}$	$\dfrac{p_1 + p_2 + 4p_3}{6}$	p_3

2.3.4 任意的种群规模 N

1) A 博弈

观察 N=4、N=5、N=6 时 A 博弈的转移概率矩阵，可以发现除了主对角线、上 1 泛对角线和下 1 泛对角线，矩阵中其他元素均为 0。对比上 1 泛对角线和下 1 泛对角线上元素，如图 2.6 所示，我们可以看到上 1 泛对角线的元素与下 1 泛对角线的元素对应相等。

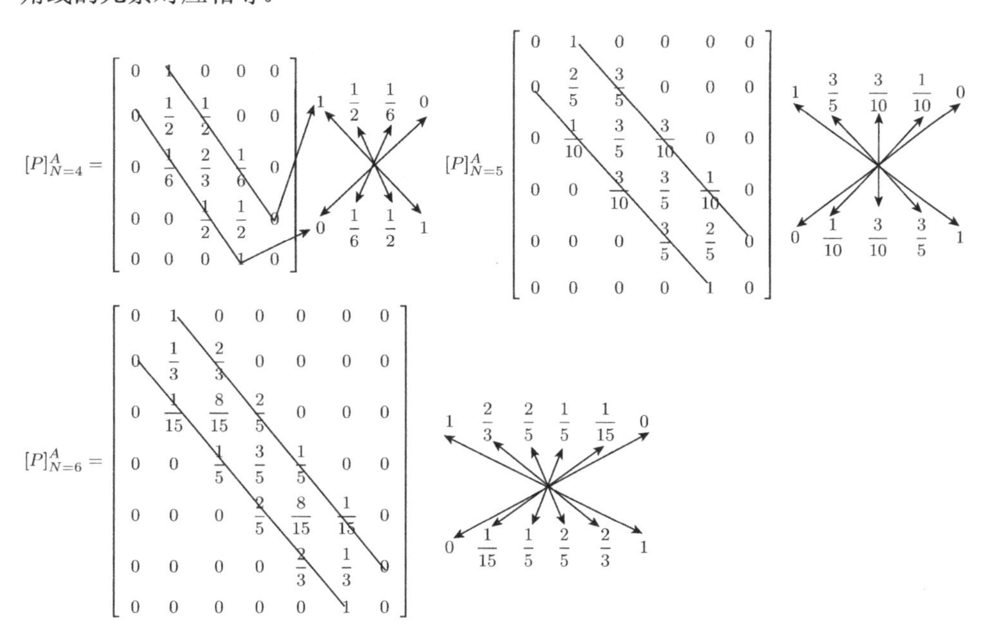

图 2.6 A 博弈转移概率矩阵元素规律

分别比较 N=4、N=5、N=6 的转移概率矩阵中的下 1 泛对角线上元素的分布规律，列举出来分别为

$$\begin{aligned}
N=4:&\ \ 0\ \ \frac{1}{6}\ \ \frac{1}{2}\ \ 1\\
N=5:&\ \ 0\ \ \frac{1}{10}\ \ \frac{3}{10}\ \ \frac{3}{5}\ \ 1\\
N=6:&\ \ 0\ \ \frac{1}{15}\ \ \frac{1}{5}\ \ \frac{2}{5}\ \ \frac{2}{3}\ \ 1
\end{aligned}$$

转化得

$$\begin{aligned}
N=4:&\ \ 0\ \ \frac{1}{6}\ \ \frac{2}{4}\ \ 1\\
N=5:&\ \ 0\ \ \frac{1}{10}\ \ \frac{3}{10}\ \ \frac{3}{5}\ \ 1\\
N=6:&\ \ 0\ \ \frac{1}{15}\ \ \frac{4}{20}\ \ \frac{6}{15}\ \ \frac{4}{6}\ \ 1
\end{aligned}$$

不难看出这些数字存在规律为

$$\begin{aligned}
N=4:&\ \ 0\ \ \frac{C_2^0}{C_4^2}\ \ \frac{C_2^1}{C_4^3}\ \ 1\\
N=5:&\ \ 0\ \ \frac{C_3^0}{C_5^2}\ \ \frac{C_3^1}{C_5^3}\ \ \frac{C_3^2}{C_5^4}\ \ 1\\
N=6:&\ \ 0\ \ \frac{C_4^0}{C_6^2}\ \ \frac{C_4^1}{C_6^3}\ \ \frac{C_4^2}{C_6^4}\ \ \frac{C_4^3}{C_6^5}\ \ 1
\end{aligned}$$

因为矩阵每行元素之和为 1，所以主对角线的元素为 1 减去所在行的其他元素。根据上述分析获得的规律，可得任意 N 时 A 博弈的转移概率矩阵为

$$[P]_N^A=\begin{bmatrix} p_{00} & p_{01} & \cdots & p_{0N}\\ p_{10} & p_{11} & \cdots & p_{1N}\\ \vdots & \vdots & & \vdots\\ p_{N0} & p_{N1} & \cdots & p_{NN}\end{bmatrix}=\begin{bmatrix} p_{00} & p_{01} & 0 & \cdots & 0 & 0\\ p_{10} & p_{11} & p_{12} & \cdots & 0 & 0\\ 0 & p_{21} & p_{22} & \cdots & 0 & 0\\ \vdots & \vdots & \vdots & & \vdots & \vdots\\ 0 & 0 & 0 & \cdots & p_{N-1,N-1} & p_{N-1,N}\\ 0 & 0 & 0 & \cdots & p_{N,N-1} & p_{N,N}\end{bmatrix} \tag{2-50}$$

式中：主对角线上元素为 $p_{ii}=\begin{cases}1-p_{i,i-1}-p_{i,i+1} & (1\leqslant i\leqslant N-1)\\ 0 & (i=0\text{或}i=N)\end{cases}$ ；上 1 泛对角线上元素为 $p_{i,i+1}=\begin{cases}1 & (i=0)\\ \dfrac{C_{N-2}^{N-2-i}}{C_N^i} & (1\leqslant i\leqslant N-2)\\ 0 & (i=N-1)\end{cases}$ ；下 1 泛对角线上元素为

$$p_{i,i-1}=\begin{cases}0 & (i=1)\\ \dfrac{C_{N-2}^{i-2}}{C_N^i} & (2\leqslant i\leqslant N-1)\\ 1 & (i=N)\end{cases}$$

。矩阵中其余元素均为零。

观察 A 博弈种群规模为 N=4、N=5、N=6 时的平稳分布概率。A 博弈平稳分布概率的每个元素的大小与种群 N 相关联，并且元素与元素之间存在一定的关系，如图 2.7 所示。

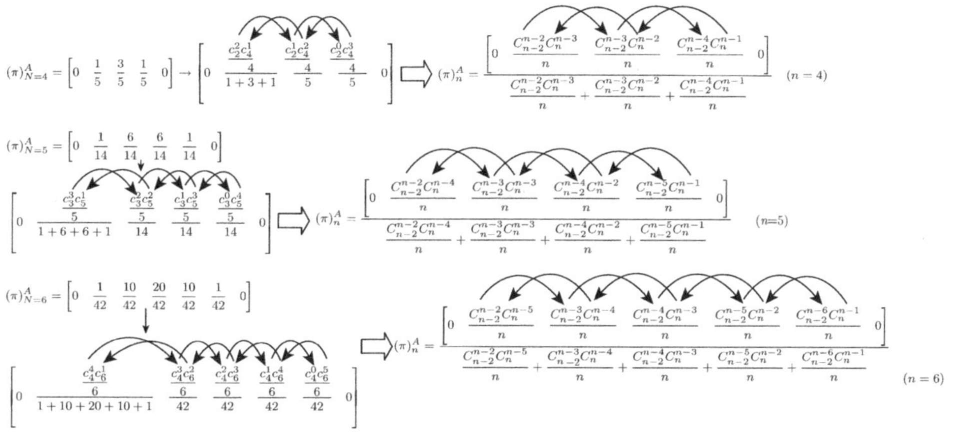

$$(\pi)_{N=4}^A=\begin{bmatrix}0 & \frac{1}{5} & \frac{3}{5} & \frac{1}{5} & 0\end{bmatrix}\rightarrow\begin{bmatrix}0 & \dfrac{\frac{c_2^2c_4^1}{4}}{1+3+1} & \dfrac{\frac{c_2^1c_4^2}{4}}{5} & \dfrac{\frac{c_2^0c_4^3}{4}}{5} & 0\end{bmatrix}\Rightarrow(\pi)_n^A=\frac{\begin{bmatrix}0 & \frac{C_{n-2}^{n-2}C_n^{n-3}}{n} & \frac{C_{n-2}^{n-3}C_n^{n-2}}{n} & \frac{C_{n-2}^{n-4}C_n^{n-1}}{n} & 0\end{bmatrix}}{\frac{C_{n-2}^{n-2}C_n^{n-3}}{n}+\frac{C_{n-2}^{n-3}C_n^{n-2}}{n}+\frac{C_{n-2}^{n-4}C_n^{n-1}}{n}}\quad(n=4)$$

$$(\pi)_{N=5}^A=\begin{bmatrix}0 & \frac{1}{14} & \frac{6}{14} & \frac{6}{14} & \frac{1}{14} & 0\end{bmatrix}$$

$$\begin{bmatrix}0 & \dfrac{\frac{c_3^3c_5^1}{5}}{1+6+6+1} & \dfrac{\frac{c_3^2c_5^2}{5}}{14} & \dfrac{\frac{c_3^1c_5^3}{5}}{14} & \dfrac{\frac{c_3^0c_5^4}{5}}{14} & 0\end{bmatrix}\Rightarrow(\pi)_n^A=\frac{\begin{bmatrix}0 & \frac{C_{n-2}^{n-2}C_n^{n-4}}{n} & \frac{C_{n-2}^{n-3}C_n^{n-3}}{n} & \frac{C_{n-2}^{n-4}C_n^{n-2}}{n} & \frac{C_{n-2}^{n-5}C_n^{n-1}}{n} & 0\end{bmatrix}}{\frac{C_{n-2}^{n-2}C_n^{n-4}}{n}+\frac{C_{n-2}^{n-3}C_n^{n-3}}{n}+\frac{C_{n-2}^{n-4}C_n^{n-2}}{n}+\frac{C_{n-2}^{n-5}C_n^{n-1}}{n}}\quad(n=5)$$

$$(\pi)_{N=6}^A=\begin{bmatrix}0 & \frac{1}{42} & \frac{10}{42} & \frac{20}{42} & \frac{10}{42} & \frac{1}{42} & 0\end{bmatrix}$$

$$\begin{bmatrix}0 & \dfrac{\frac{c_4^4c_6^1}{6}}{1+10+20+10+1} & \dfrac{\frac{c_4^3c_6^2}{6}}{42} & \dfrac{\frac{c_4^2c_6^3}{6}}{42} & \dfrac{\frac{c_4^1c_6^4}{6}}{42} & \dfrac{\frac{c_4^0c_6^5}{6}}{42} & 0\end{bmatrix}\Rightarrow(\pi)_n^A=\frac{\begin{bmatrix}0 & \frac{C_{n-2}^{n-2}C_n^{n-5}}{n} & \frac{C_{n-2}^{n-3}C_n^{n-4}}{n} & \frac{C_{n-2}^{n-4}C_n^{n-3}}{n} & \frac{C_{n-2}^{n-5}C_n^{n-2}}{n} & \frac{C_{n-2}^{n-6}C_n^{n-1}}{n} & 0\end{bmatrix}}{\frac{C_{n-2}^{n-2}C_n^{n-5}}{n}+\frac{C_{n-2}^{n-3}C_n^{n-4}}{n}+\frac{C_{n-2}^{n-4}C_n^{n-3}}{n}+\frac{C_{n-2}^{n-5}C_n^{n-2}}{n}+\frac{C_{n-2}^{n-6}C_n^{n-1}}{n}}\quad(n=6)$$

图 2.7 A 博弈的平稳分布概率规律

根据上述分析，可得任意 N 时 A 博弈的平稳分布概率为

$$\{\pi\}_N^A=\frac{\begin{bmatrix}\pi_0 & \pi_1 & \cdots & \pi_{N-1} & \pi_N\end{bmatrix}}{\sum\limits_{i=0}^{N}\pi_i}\tag{2-51}$$

式中：

$$\pi_i=\begin{cases}\dfrac{C_{N-2}^{N-i-1}C_N^i}{N} & (1\leqslant i\leqslant N-1)\\ 0 & (i=0\text{或}i=N)\end{cases}$$

2) B 博弈

观察 N=4、N=5、N=6 的转移概率矩阵，可以发现除了主对角线、上 1 泛对角线和下 1 泛对角线，矩阵中其他元素均为 0。对比上 1 泛对角线和下 1 泛对角线上元素，可以看到上 1 泛对角线的元素与下 1 泛对角线的元素存在一定的规律。其中元素大小不仅与种群 N 相关联，还与该元素所在转移概率矩阵中的位置相关联，如图 2.8 所示。

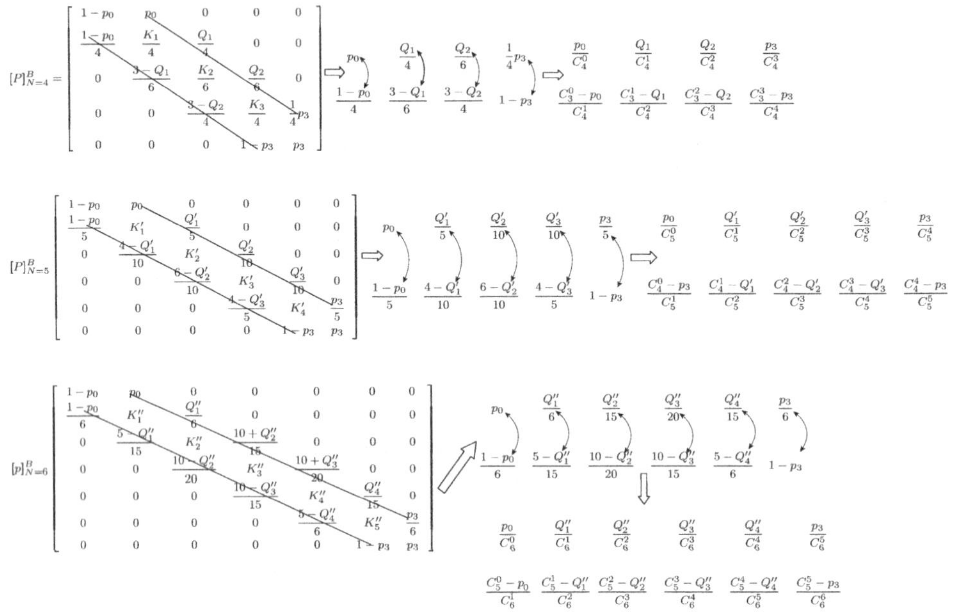

$$[P]_{N=4}^{B}=\begin{bmatrix} 1-p_0 & p_0 & 0 & 0 & 0 \\ \frac{1-p_0}{4} & \frac{K_1}{4} & \frac{Q_1}{4} & 0 & 0 \\ 0 & \frac{3-Q_1}{6} & \frac{K_2}{6} & \frac{Q_2}{6} & 0 \\ 0 & 0 & \frac{3-Q_2}{4} & \frac{K_3}{4} & \frac{1}{4}p_3 \\ 0 & 0 & 0 & 1-p_3 & p_3 \end{bmatrix} \Rightarrow \begin{matrix} p_0 & \frac{Q_1}{4} & \frac{Q_2}{6} & \frac{1}{4}p_3 \\ \frac{1-p_0}{4} & \frac{3-Q_1}{6} & \frac{3-Q_2}{4} & 1-p_3 \end{matrix} \Rightarrow \begin{matrix} \frac{p_0}{C_4^0} & \frac{Q_1}{C_4^1} & \frac{Q_2}{C_4^2} & \frac{p_3}{C_4^3} \\ \frac{C_3^0-p_0}{C_4^1} & \frac{C_3^1-Q_1}{C_4^2} & \frac{C_3^2-Q_2}{C_4^3} & \frac{C_3^3-p_3}{C_4^4} \end{matrix}$$

$$[P]_{N=5}^{B}=\begin{bmatrix} 1-p_0 & p_0 & 0 & 0 & 0 & 0 \\ \frac{1-p_0}{5} & K_1' & \frac{Q_1'}{5} & 0 & 0 & 0 \\ 0 & \frac{4-Q_1'}{10} & K_2' & \frac{Q_2'}{10} & 0 & 0 \\ 0 & 0 & \frac{6-Q_2'}{10} & K_3' & \frac{Q_3'}{10} & 0 \\ 0 & 0 & 0 & \frac{4-Q_3'}{5} & K_4' & \frac{p_3}{5} \\ 0 & 0 & 0 & 0 & 1-p_3 & p_3 \end{bmatrix} \Rightarrow \begin{matrix} p_0 & \frac{Q_1'}{5} & \frac{Q_2'}{10} & \frac{Q_3'}{10} & \frac{p_3}{5} \\ \frac{1-p_0}{5} & \frac{4-Q_1'}{10} & \frac{6-Q_2'}{10} & \frac{4-Q_3'}{5} & 1-p_3 \end{matrix} \Rightarrow \begin{matrix} \frac{p_0}{C_5^0} & \frac{Q_1'}{C_5^1} & \frac{Q_2'}{C_5^2} & \frac{Q_3'}{C_5^3} & \frac{p_3}{C_5^4} \\ \frac{C_4^0-p_3}{C_5^1} & \frac{C_4^1-Q_1'}{C_5^2} & \frac{C_4^2-Q_2'}{C_5^3} & \frac{C_4^3-Q_3'}{C_5^4} & \frac{C_4^4-p_3}{C_5^5} \end{matrix}$$

$$[P]_{N=6}^{B}=\begin{bmatrix} 1-p_0 & p_0 & 0 & 0 & 0 & 0 & 0 \\ \frac{1-p_0}{6} & K_1'' & \frac{Q_1''}{6} & 0 & 0 & 0 & 0 \\ 0 & \frac{5-Q_1''}{15} & K_2'' & \frac{10+Q_2''}{15} & 0 & 0 & 0 \\ 0 & 0 & \frac{10-Q_2''}{20} & K_3'' & \frac{10+Q_3''}{20} & 0 & 0 \\ 0 & 0 & 0 & \frac{10-Q_3''}{15} & K_4'' & \frac{Q_4''}{15} & 0 \\ 0 & 0 & 0 & 0 & \frac{5-Q_4''}{6} & K_5'' & \frac{p_3}{6} \\ 0 & 0 & 0 & 0 & 0 & 1-p_3 & p_3 \end{bmatrix} \Rightarrow \begin{matrix} p_0 & \frac{Q_1''}{6} & \frac{Q_2''}{15} & \frac{Q_3''}{20} & \frac{Q_4''}{15} & \frac{p_3}{6} \\ \frac{1-p_0}{6} & \frac{5-Q_1''}{15} & \frac{10-Q_2''}{20} & \frac{10-Q_3''}{15} & \frac{5-Q_4''}{6} & 1-p_3 \end{matrix}$$

$$\Downarrow$$

$$\begin{matrix} \frac{p_0}{C_6^0} & \frac{Q_1''}{C_6^1} & \frac{Q_2''}{C_6^2} & \frac{Q_3''}{C_6^3} & \frac{Q_4''}{C_6^4} & \frac{p_3}{C_6^5} \\ \frac{C_5^0-p_0}{C_6^1} & \frac{C_5^1-Q_1''}{C_6^2} & \frac{C_5^2-Q_2''}{C_6^3} & \frac{C_5^3-Q_3''}{C_6^4} & \frac{C_5^4-Q_4''}{C_6^5} & \frac{C_5^5-p_3}{C_6^6} \end{matrix}$$

图 2.8 B 博弈转移概率矩阵元素规律

根据上述分析，再根据前面所得 Q_1、Q_2 、Q_1' 、Q_2'、Q_3'、Q_1''、Q_2''、Q_3'' 和 Q_4'' 的表现形式和相关特征可得任意 N 个体时 B 博弈的转移概率矩阵为

$$[P]_N^B=\begin{bmatrix} p_{00} & p_{01} & \cdots & p_{0N} \\ p_{10} & p_{11} & \cdots & p_{1N} \\ \vdots & \vdots & & \vdots \\ p_{N0} & p_{N1} & \cdots & p_{NN} \end{bmatrix}=\begin{bmatrix} p_{00} & p_{01} & 0 & \cdots & 0 & 0 \\ p_{10} & p_{11} & p_{12} & \cdots & 0 & 0 \\ 0 & p_{21} & p_{22} & \cdots & 0 & 0 \\ \vdots & \vdots & \vdots & & \vdots & \vdots \\ 0 & 0 & 0 & \cdots & p_{N-1,N-1} & p_{N-1,N} \\ 0 & 0 & 0 & \cdots & p_{N,N-1} & p_{N,N} \end{bmatrix} \tag{2-52}$$

式中：

上 1 泛对角线上元素：

$$p_{i,i+1}=\begin{cases}p_0 & (i=0)\\ \dfrac{C_{N-3}^{1}p_0+p_1+p_2}{N} & (i=1)\\ \dfrac{C_{N-3}^{i}p_0+C_{N-3}^{i-1}p_1+C_{N-3}^{i-1}p_2+C_{N-3}^{i-2}p_3}{C_N^i} & (2\leqslant i\leqslant N-3)\\ \dfrac{p_1+p_2+C_{N-3}^{N-4}p_3}{C_N^{N-2}} & (i=N-2)\\ \dfrac{p_3}{N} & (i=N-1)\end{cases}$$

下 1 泛对角线上元素:

$$p_{i,i-1}=\begin{cases}\dfrac{1-p_0}{N} & (i=1)\\ \dfrac{C_{N-1}^{1}-C_{N-3}^{1}p_0-p_1-p_2}{C_N^2} & (i=2)\\ \dfrac{C_{N-1}^{i-1}-C_{N-3}^{i-1}p_0-C_{N-3}^{i-2}p_1-C_{N-3}^{i-2}p_2-C_{N-3}^{i-3}p_3}{C_N^i} & (3\leqslant i\leqslant N-2)\\ \dfrac{C_{N-1}^{N-2}-p_1-p_2-C_{N-3}^{N-4}p_3}{N} & (i=N-1)\\ 1-p_3 & (i=N)\end{cases}$$

主对角线上元素 $p_{ii}=\begin{cases}1-p_0 & (i=0)\\ 1-p_{i,i-1}-p_{i,i+1} & (1\leqslant i\leqslant N-1)\\ p_3 & (i=N)\end{cases}$ 。矩阵中其余元素都为零。

观察 B 博弈种群规模为 N=4、N=5、N=6 时的平稳分布概率，如图 2.9(a) 所示，它是一个 1 行 N+1 列的矩阵，各矩阵里每个元素都有一个共同的分母，为该矩阵各元素分子之和。分析平稳分布概率矩阵，矩阵中每个元素去掉系数部分，都由 N 个因式组成。如图 2.9(b)、(c)、(d) 所示，以实线为界，每个因式实线上面对应相等，实线下面也对应相等。平稳分布概率矩阵中的元素也存在杨辉三角的规律(以第一个元素为例)，如图 2.9(e) 所示。

$$(\pi)_{N=4}^{B}=\frac{1}{a+b+c+d+e}[a \quad b \quad c \quad d \quad e]$$

$$(\pi)_{N=5}^{B}=\frac{1}{a'+b'+c'+d'+e'+f'}[a' \quad b' \quad c' \quad d' \quad e' \quad f']$$

$$(\pi)_{N=6}^{B}=\frac{1}{a''+b''+c''+d''+e''+f''+g''}[a'' \quad b'' \quad c'' \quad d'' \quad e'' \quad f'' \quad g'']$$

(a) B 博弈平稳分布概率矩阵规律

$$(\pi)_{N=4}^{B}=\frac{1}{a+b+c+d+e}[a \quad b \quad c \quad d \quad e]$$

系数部分 因式1 因式2 因式3 因式4

$$a=\boxed{1}\ (1-p_0)(3-p_0-p_1-p_2)(3-p_1-p_2-p_3)(1-p_3)$$
$$b=\boxed{4}\ p_0(3-p_0-p_1-p_2)(3-p_1-p_2-p_3)(1-p_3)$$
$$c=\boxed{6}\ p_0(p_0+p_1+p_2)(3-p_1-p_2-p_3)(1-p_3)$$
$$d=\boxed{4}\ p_0(p_0+p_1+p_2)(p_1+p_2+p_3)(1-p_3)$$
$$e=\boxed{1}\ p_0(p_0+p_1+p_2)(p_1+p_2+p_3)p_3$$

(b) N=4 时 B 博弈平稳分布概率矩阵元素规律

$$(\pi)_{N=5}^{B}=\frac{1}{a'+b'+c'+d'+e'+f'}[a' \quad b' \quad c' \quad d' \quad e' \quad f']$$

系数部分 因式1 因式2 因式3 因式4 因式5

$$a'=1\ (1-p_0)(4-2p_0-p_1-p_2)(6-p_0-2p_1-2p_2-p_3)(4-p_1-p_2-p_3)(1-p_3)$$
$$b'=5\ p_0(4-2p_0-p_1-p_2)(6-p_0-2p_1-2p_2-p_3)(4-p_1-p_2-p_3)(1-p_3)$$
$$c'=10\ p_0(2p_0+p_1+p_2)(6-p_0-2p_1-2p_2-p_3)(4-p_1-p_2-p_3)(1-p_3)$$
$$d'=10\ p_0(2p_0+p_1+p_2)(p_0+2p_1+2p_2+p_3)(4-p_1-p_2-p_3)(1-p_3)$$
$$e'=5\ p_0(2p_0+p_1+p_2)(p_0+2p_1+2p_2+p_3)(p_1+p_2+p_3)(1-p_3)$$
$$f'=1\ p_0(2p_0+p_1+p_2)(p_0+2p_1+2p_2+p_3)(p_1+p_2+p_3)p_3$$

(c) N=5 时 B 博弈平稳分布概率矩阵元素规律

$$(\pi)_{N=6}^{B}=\frac{1}{a''+b''+c''+d''+e''+f''+g''}[a'' \quad b'' \quad c'' \quad d'' \quad e'' \quad f'' \quad g'']$$

系数部分 因式1 因式2 因式3 因式4 因式5 因式6

$$a''=1\ (1-p_0)(5-3p_0-p_1-p_2)(10-3p_0-3p_1-3p_2-p_3)(10-p_0-3p_1-3p_2-3p_3)(5-p_1-p_2-3p_3)(1-p_3)$$
$$b''=6\ p_0(5-3p_0-p_1-p_2)(10-3p_0-3p_1-3p_2-p_3)(10-p_0-3p_1-3p_2-3p_3)(5-p_1-p_2-3p_3)(1-p_3)$$
$$c''=15\ p_0(3p_0+p_1+p_2)(10-3p_0-3p_1-3p_2-p_3)(10-p_0-3p_1-3p_2-3p_3)(5-p_1-p_2-3p_3)(1-p_3)$$
$$d''=20\ p_0(3p_0+p_1+p_2)(3p_0+3p_1+3p_2+p_3)(10-p_0-3p_1-3p_2-3p_3)(5-p_1-p_2-3p_3)(1-p_3)$$
$$e''=15\ p_0(3p_0+p_1+p_2)(3p_0+3p_1+3p_2+p_3)(p_0+3p_1+3p_2+3p_3)(5-p_1-p_2-3p_3)(1-p_3)$$
$$f''=6\ p_0(3p_0+p_1+p_2)(3p_0+3p_1+3p_2+p_3)(p_0+3p_1+3p_2+3p_3)(p_1+p_2+3p_3)(1-p_3)$$
$$g''=1\ p_0(3p_0+p_1+p_2)(3p_0+3p_1+3p_2+p_3)(p_0+3p_1+3p_2+3p_3)(p_1+p_2+3p_3)p_3$$

(d) N=6 时 B 博弈平稳分布概率矩阵元素规律

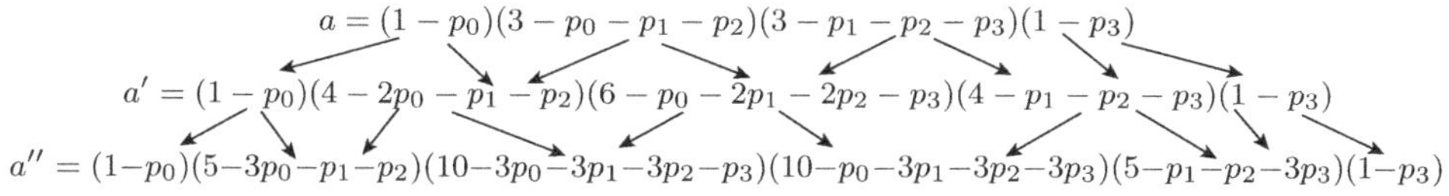

$$a = (1-p_0)(3-p_0-p_1-p_2)(3-p_1-p_2-p_3)(1-p_3)$$

$$a' = (1-p_0)(4-2p_0-p_1-p_2)(6-p_0-2p_1-2p_2-p_3)(4-p_1-p_2-p_3)(1-p_3)$$

$$a'' = (1-p_0)(5-3p_0-p_1-p_2)(10-3p_0-3p_1-3p_2-p_3)(10-p_0-3p_1-3p_2-3p_3)(5-p_1-p_2-3p_3)(1-p_3)$$

(e) B 博弈平稳分布概率矩阵元素规律

图 2.9　B 博弈平稳分布概率矩阵元素规律

分别比较 N=4、N=5、N=6 的平稳分布概率中元素系数的分布规律。

$$\begin{aligned}
&N=4: \quad 1 \quad 4 \quad 6 \quad 4 \quad 1 \\
&N=5: \quad 1 \quad 5 \quad 10 \quad 10 \quad 5 \quad 1 \\
&N=6: \quad 1 \quad 6 \quad 15 \quad 20 \quad 15 \quad 6 \quad 1 \\
&N=n: \quad C_n^0 \quad C_n^1 \quad C_n^2 \quad \cdots \quad C_n^{n-2} \quad C_n^{n-1} \quad C_n^n
\end{aligned}$$

根据上述分析获得的规律，可得任意 N 个体时 B 博弈的平稳分布概率为

$$\{\pi\}_N^B = \frac{[\ \pi_0 \quad \pi_1 \quad \cdots \quad \pi_{N-1} \quad \pi_N\ ]}{\sum\limits_{i=0}^{N} \pi_i} \tag{2-53}$$

式中：$\pi_j = C_N^j \prod\limits_{i=0}^{N-1} \omega_{ji} (j=0,1,\cdots,N)$，其中：

$$\omega_{0i} = \begin{cases}
C_{N-1}^0 - C_{N-3}^0 p_0 & (i=0) \\
C_{N-1}^1 - C_{N-3}^1 p_0 - C_{N-3}^0 p_1 - C_{N-3}^0 p_2 & (i=1) \\
C_{N-1}^i - C_{N-3}^i p_0 - C_{N-3}^{i-1} p_1 - C_{N-3}^{i-1} p_2 - C_{N-3}^{i-2} p_3 & (2 \leqslant i \leqslant N-3) \\
C_{N-1}^{N-2} - C_{N-3}^{N-3} p_1 - C_{N-3}^{N-3} p_2 - C_{N-3}^{N-4} p_3 & (i=N-2) \\
C_{N-1}^{N-1} - C_{N-3}^{N-3} p_3 & (i=N-1)
\end{cases}$$

$$\omega_{1i} = \begin{cases}
C_{N-3}^0 p_0 & (i=0) \\
C_{N-1}^1 - C_{N-3}^1 p_0 - C_{N-3}^0 p_1 - C_{N-3}^0 p_2 & (i=1) \\
C_{N-1}^i - C_{N-3}^i p_0 - C_{N-3}^{i-1} p_1 - C_{N-3}^{i-1} p_2 - C_{N-3}^{i-2} p_3 & (2 \leqslant i \leqslant N-3) \\
C_{N-1}^{N-2} - C_{N-3}^{N-3} p_1 - C_{N-3}^{N-3} p_2 - C_{N-3}^{N-4} p_3 & (i=N-2) \\
C_{N-1}^{N-1} - C_{N-3}^{N-3} p_3 & (i=N-1)
\end{cases}$$

$$\omega_{ji}=\begin{cases}C_{N-3}^{0}p_0 & (i=0)\\ C_{N-3}^{1}p_0+C_{N-3}^{0}p_1+C_{N-3}^{0}p_2 & (i=1)\\ C_{N-3}^{i}p_0+C_{N-3}^{i-1}p_1+C_{N-3}^{i-1}p_2+C_{N-3}^{i-2}p_3 & (2\leqslant i<j)\\ C_{N-1}^{i}-C_{N-3}^{i}p_0-C_{N-3}^{i-1}p_1-C_{N-3}^{i-1}p_2-C_{N-3}^{i-2}p_3 & (j\leqslant i\leqslant N-3)\\ C_{N-1}^{N-2}-C_{N-3}^{N-3}p_1-C_{N-3}^{N-3}p_2-C_{N-3}^{N-4}p_3 & (i=N-2)\\ C_{N-1}^{N-1}-C_{N-3}^{N-3}p_3 & (i=N-1)\end{cases}\quad (2\leqslant j\leqslant N-2)$$

$$\omega_{N-1,i}=\begin{cases}C_{N-3}^{0}p_0 & (i=0)\\ C_{N-3}^{1}p_0+C_{N-3}^{0}p_1+C_{N-3}^{0}p_2 & (i=1)\\ C_{N-3}^{i}p_0+C_{N-3}^{i-1}p_1+C_{N-3}^{i-1}p_2+C_{N-3}^{i-2}p_3 & (2\leqslant i\leqslant N-3)\\ C_{N-3}^{N-3}p_1+C_{N-3}^{N-3}p_2+C_{N-3}^{N-4}p_3 & (i=N-2)\\ C_{N-1}^{N-1}-C_{N-3}^{N-3}p_3 & (i=N-1)\end{cases}$$

$$\omega_{Ni}=\begin{cases}C_{N-3}^{0}p_0 & (i=0)\\ C_{N-3}^{1}p_0+C_{N-3}^{0}p_1+C_{N-3}^{0}p_2 & (i=1)\\ C_{N-3}^{i}p_0+C_{N-3}^{i-1}p_1+C_{N-3}^{i-1}p_2+C_{N-3}^{i-2}p_3 & (2\leqslant i\leqslant N-3)\\ C_{N-3}^{N-3}p_1+C_{N-3}^{N-3}p_2+C_{N-3}^{N-4}p_3 & (i=N-2)\\ C_{N-3}^{N-3}p_3 & (i=N-1)\end{cases}$$

任意 N 个体时 B 博弈的数学期望 E^B 为

$$E^B=\{\pi\}^B\left(\{\lambda\}_{win}^B-\{\lambda\}_{lost}^B\right) \tag{2-54}$$

式中：$\{\lambda\}_{win}^B=\{\ \lambda_{0w}^B\quad \lambda_{1w}^B\quad \cdots\quad \lambda_{Nw}^B\ \}^T$，$\{\lambda\}_{lose}^B=\{\ \lambda_{0l}^B\quad \lambda_{1l}^B\quad \cdots\quad \lambda_{Nl}^B\ \}^T$ 分别为 B 博弈 $0\sim N$ 状态下整体输赢的平均概率。

分析表 2.2~ 表 2.4 的输赢概率的规律，如图 2.10 所示，其元素的分布规律类似杨辉三角。

根据上述分析获得的规律，可得任意 N 个体时 λ_{iw}^B 的计算公式为

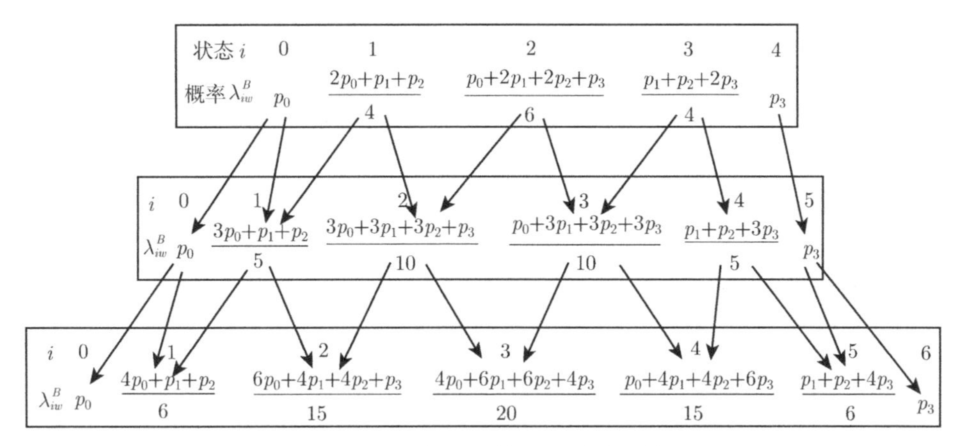

图 2.10 B 博弈 λ_{iw}^{B} 元素分布规律

$$
\lambda_{iw}^{(B)}=\sum_{j=1}^{H_i} l_{ij}\frac{\sum\limits_{k=1}^{N}p_{i\eta_k}}{N}=\begin{cases}\dfrac{C_{N-2}^{0}p_0}{C_N^0} & (i=0)\\[2ex] \dfrac{C_{N-2}^{1}p_0+C_{N-2}^{0}p_1+C_{N-2}^{0}p_2}{C_N^1} & (i=1)\\[2ex] \dfrac{C_{N-2}^{i}p_0+C_{N-2}^{i-1}p_1+C_{N-2}^{i-1}p_2+C_{N-2}^{i-2}p_3}{C_N^i} & (2\leqslant i\leqslant N-2)\\[2ex] \dfrac{C_{N-2}^{N-2}p_1+C_{N-2}^{N-2}p_2+C_{N-2}^{N-3}p_3}{C_N^{N-1}} & (i=N-1)\\[2ex] \dfrac{C_{N-2}^{N-2}p_3}{C_N^N} & (i=N)\end{cases} \tag{2-55}
$$

式中：N 为群体规模，i 为状态序号，k 为个体序号，η_k 为第 k 个体的邻居类型，有 (00),(01),(10) 和 (11) 四种类型，$p_{i\eta_k}$ 为处于 i 状态的系统其第 k 个体在邻居类型为 η_k 时赢的概率，$p_{i\eta_k}\in\{p_0,p_1,p_2,p_3\}$。$H_i$ 为处于 i 状态的系统的表现型的数目，j 为表现型序号，l_{ij} 为 i 状态的系统其第 j 种表现型的发生概率。相应的输的概率 $\lambda_{il}^{(B)}=1-\lambda_{iw}^{(B)}$。

3) 随机 $A+B$ 博弈

对于随机组合 $A+B$ 博弈，$[P]^{A+B}=\gamma\cdot[P]^{A}+(1-\gamma)\cdot[P]^{B}$。根据式 (2-50)、式 (2-52)，可得任意 N 个体时随机 $A+B$ 博弈的转移概率矩阵。
根据式 $\{\pi\}=\{\pi\}[P]$，可得 $\{\pi\}_N^{A+B}$。

$$
\{\pi\}_N^{A+B}=\frac{[\pi_0\quad \pi_1\quad \cdots\quad \pi_{N-1}\quad \pi_N]}{\sum\limits_{i=0}^{N}\pi_i} \tag{2-56}
$$

式中：$\pi_j = C_N^j \prod_{i=0}^{N-1} \omega_{ji} \quad (j=0,1,\cdots,N)$，其中

$$\omega_{0i}=\begin{cases} C_{N-1}^0 - C_{N-3}^0(1-\gamma)p_0 - C_{N-2}^0\gamma & (i=0)\\ C_{N-1}^1 - C_{N-3}^1(1-\gamma)p_0 - C_{N-3}^0(1-\gamma)p_1 & \\ \quad -C_{N-3}^0(1-\gamma)p_2 - C_{N-2}^1\gamma & (i=1)\\ C_{N-1}^i - C_{N-3}^i(1-\gamma)p_0 - C_{N-3}^{i-1}(1-\gamma)p_1 - C_{N-3}^{i-1}(1-\gamma)p_2 & \\ \quad -C_{N-3}^{i-2}(1-\gamma)p_3 - C_{N-2}^i\gamma & (2\leqslant i\leqslant N-3)\\ C_{N-1}^{N-2} - C_{N-3}^{N-3}(1-\gamma)p_1 - C_{N-3}^{N-3}(1-\gamma)p_2 & \\ \quad -C_{N-3}^{N-4}(1-\gamma)p_3 - C_{N-2}^{N-2}\gamma & (i=N-2)\\ C_{N-1}^{N-1} - C_{N-3}^{N-3}(1-\gamma)p_3 & (i=N-1) \end{cases}$$

$$\omega_{1i}=\begin{cases} C_{N-3}^0(1-\gamma)p_0 + C_{N-2}^0\gamma & (i=0)\\ C_{N-1}^1 - C_{N-3}^1(1-\gamma)p_0 - C_{N-3}^0(1-\gamma)p_1 & \\ \quad -C_{N-3}^0(1-\gamma)p_2 - C_{N-2}^1\gamma & (i=1)\\ C_{N-1}^i - C_{N-3}^i(1-\gamma)p_0 - C_{N-3}^{i-1}(1-\gamma)p_1 - C_{N-3}^{i-1}(1-\gamma)p_2 & \\ \quad -C_{N-3}^{i-2}(1-\gamma)p_3 - C_{N-2}^i\gamma & (2\leqslant i\leqslant N-3)\\ C_{N-1}^{N-2} - C_{N-3}^{N-3}(1-\gamma)p_1 - C_{N-3}^{N-3}(1-\gamma)p_2 & \\ \quad -C_{N-3}^{N-4}(1-\gamma)p_3 - C_{N-2}^{N-2}\gamma & (i=N-2)\\ C_{N-1}^{N-1} - C_{N-3}^{N-3}(1-\gamma)p_3 & (i=N-1) \end{cases}$$

$$\omega_{ji}=\begin{cases} C_{N-3}^0(1-\gamma)p_0 + C_{N-2}^0\gamma & (i=0)\\ C_{N-3}^1(1-\gamma)p_0 + C_{N-3}^0(1-\gamma)p_1 & \\ \quad +C_{N-3}^0(1-\gamma)p_2 + C_{N-2}^1\gamma & (i=1)\\ C_{N-3}^i(1-\gamma)p_0 + C_{N-3}^{i-1}(1-\gamma)p_1 + C_{N-3}^{i-1}(1-\gamma)p_2 & \\ \quad +C_{N-3}^{i-2}(1-\gamma)p_3 + C_{N-2}^i\gamma & (2\leqslant i< j)\\ C_{N-1}^i - C_{N-3}^i(1-\gamma)p_0 - C_{N-3}^{i-1}(1-\gamma)p_1 & \\ \quad -C_{N-3}^{i-1}(1-\gamma)p_2 - C_{N-3}^{i-2}(1-\gamma)p_3 - C_{N-2}^i\gamma & (j\leqslant i\leqslant N-3)\\ C_{N-1}^{N-2} - C_{N-3}^{N-3}(1-\gamma)p_1 - C_{N-3}^{N-3}(1-\gamma)p_2 & \\ \quad -C_{N-3}^{N-4}(1-\gamma)p_3 - C_{N-2}^{N-2}\gamma & (i=N-2)\\ C_{N-1}^{N-1} - C_{N-3}^{N-3}(1-\gamma)p_3 & (i=N-1) \end{cases} \quad (2\leqslant j\leqslant N-2)$$

$$\omega_{N-1,i}=\begin{cases} C_{N-3}^{0}(1-\gamma)p_0+C_{N-2}^{0}\gamma & (i=0)\\ C_{N-3}^{1}(1-\gamma)p_0+C_{N-3}^{0}(1-\gamma)p_1+C_{N-3}^{0}(1-\gamma)p_2+C_{N-2}^{1}\gamma & (i=1)\\ C_{N-3}^{i}(1-\gamma)p_0+C_{N-3}^{i-1}(1-\gamma)p_1+C_{N-3}^{i-1}(1-\gamma)p_2 & \\ \quad +C_{N-3}^{i-2}(1-\gamma)p_3+C_{N-2}^{i}\gamma & (2\leqslant i\leqslant N-3)\\ C_{N-3}^{N-3}(1-\gamma)p_1+C_{N-3}^{N-3}(1-\gamma)p_2+C_{N-3}^{N-4}(1-\gamma)p_3+C_{N-2}^{N-2}\gamma & (i=N-2)\\ C_{N-1}^{N-1}-C_{N-3}^{N-3}(1-\gamma)p_3 & (i=N-1)\end{cases}$$

$$\omega_{Ni}=\begin{cases} C_{N-3}^{0}(1-\gamma)p_0+C_{N-2}^{0}\gamma & (i=0)\\ C_{N-3}^{1}(1-\gamma)p_0+C_{N-3}^{0}(1-\gamma)p_1+C_{N-3}^{0}(1-\gamma)p_2+C_{N-2}^{1}\gamma & (i=1)\\ C_{N-3}^{i}(1-\gamma)p_0+C_{N-3}^{i-1}(1-\gamma)p_1+C_{N-3}^{i-1}(1-\gamma)p_2+C_{N-3}^{i-2} & \\ \quad \cdot(1-\gamma)p_3+C_{N-2}^{i}\gamma & (2\leqslant i\leqslant N-3)\\ C_{N-3}^{N-3}(1-\gamma)p_1+C_{N-3}^{N-3}(1-\gamma)p_2+C_{N-3}^{N-4}(1-\gamma)p_3+C_{N-2}^{N-2}\gamma & (i=N-2)\\ C_{N-3}^{N-3}(1-\gamma)p_3 & (i=N-1)\end{cases}$$

任意 N 个体时随机 $A+B$ 博弈的数学期望为

$$E^{A+B}=\{\pi\}^{A+B}\left(\{\lambda\}_{win}^{A+B}-\{\lambda\}_{lose}^{A+B}\right) \tag{2-57}$$

式中：$\{\lambda\}_{win}^{A+B}=\{\ \lambda_{0w}^{A+B}\ \ \cdots\ \ \lambda_{Nw}^{A+B}\ \}^T$，$\{\lambda\}_{lose}^{A+B}=\{\ \lambda_{0l}^{A+B}\ \ \cdots\ \ \lambda_{Nl}^{A+B}\ \}^T$ 分别为随机 $A+B$ 博弈 $0\sim N$ 状态下整体输赢的平均概率，其中 $\gamma_{il}^{A+B}=1-\gamma_{iw}^{A+B}$。

随机 $A+B$ 博弈整体赢的平均概率为

$$\{\lambda\}_{win}^{A+B}=\gamma\cdot\{\lambda\}_{win}^{A}+(1-\gamma)\cdot\{\lambda\}_{win}^{B} \tag{2-58}$$

式中：$\{\lambda\}_{\text{win}}^{A}=\{\ 0.5\ \ 0.5\ \ 0.5\ \ 0.5\ \ 0.5\ \}^T$，$\{\lambda\}_{win}^{B}$ 如表 2.2 所示。

2.3.5 结果与分析

采用上述的理论方法进行计算分析。为进行对比，本节采用了 4 种方法进行计算分析 [6]：①计算仿真方法；② 2.2.2 节的基于离散马尔可夫链的理论分析方法；③ 2.2.1 节基于平均场的理论分析方法；④本节的理论分析方法。

2.3.5.1 N=4 的情形

图 2.11 为 N=4 时 4 种方法的计算结果，从图 2.11 可看出，4 种方法都显示了强、弱悖论发生的参数空间，其中 2.2.2 节的理论分析方法与计算仿真方法的结果基本一致，说明 2.2.2 节的理论分析方法比较精确。基于平均场的理论分析方法

最不精确。本节理论分析方法的计算结果与仿真结果还存在一定差异，说明本节理论分析方法在精确性上不如 2.2.2 节的方法。但 2.2.2 节的理论分析方法存在不足，随着 N 的增加，转移概率矩阵将以 2^N 次方增加，平稳分布概率和数学期望的理论分析将无法进行。

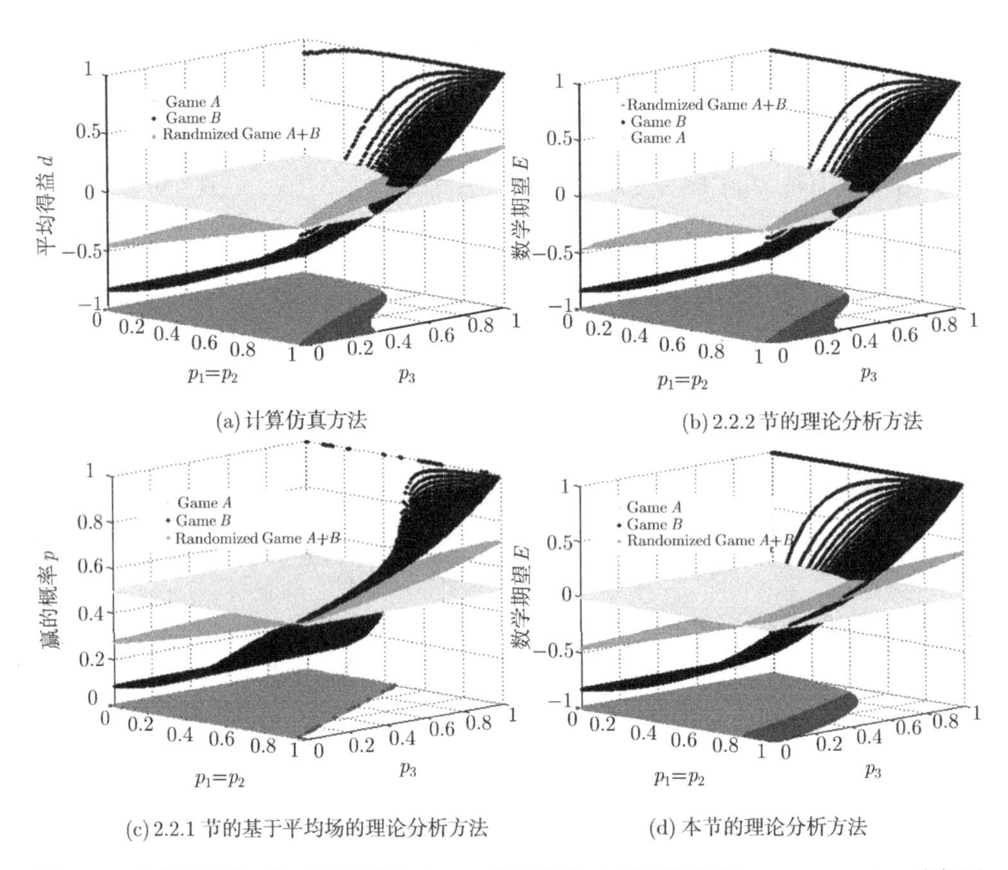

(a) 计算仿真方法　　(b) 2.2.2 节的理论分析方法

(c) 2.2.1 节的基于平均场的理论分析方法　　(d) 本节的理论分析方法

图 2.11　分析结果的对比 (其中随机 $A+B$ 博弈中玩 A 博弈的概率 γ=0.5，p_0=0.1。坐标平面中浅色区域表示弱 Parrondo 悖论成立的参数空间，深色区域表示强 Parrondo 悖论成立的参数空间)

2.3.5.2　N 较大时的情形

图 2.12 和图 2.13 分别显示了 N=100 和 N=500 时的计算结果。图 2.12 和图 2.13 只给出了计算仿真方法和本节理论分析方法的结果对比，原因是：①对于较大的 N(如 N=100 和 N=500)，2.2.2 节的理论分析方法无法进行；②对于基于平均场的理论分析方法，计算结果与 N 无关，因此 N=100 和 N=500 的结果与图 2.11(c)

一样。从图 2.12 和图 2.13 可看出，当 N 较大时，本节理论分析方法的结果与仿真结果较为吻合。

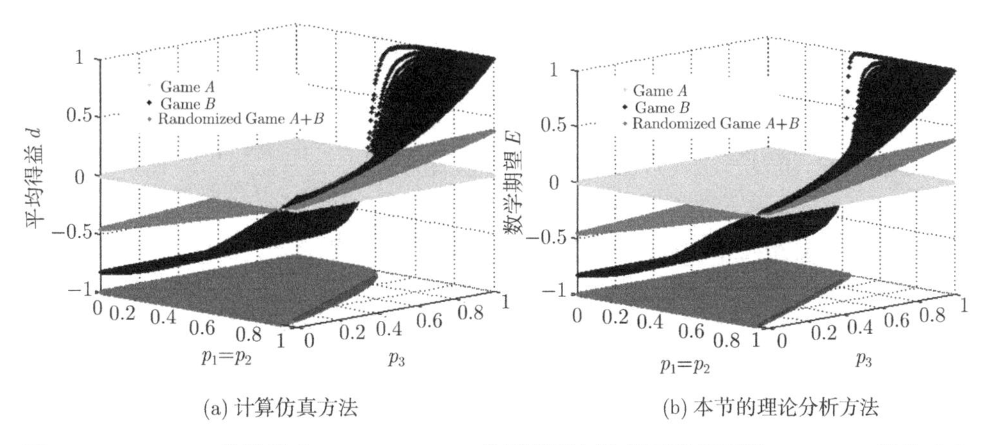

(a) 计算仿真方法　　(b) 本节的理论分析方法

图 2.12　$N=100$ 的结果 (γ=0.5，p_0=0.1。坐标平面中浅色区域表示弱 Parrondo 悖论成立的参数空间，深色区域表示强 Parrondo 悖论成立的参数空间)

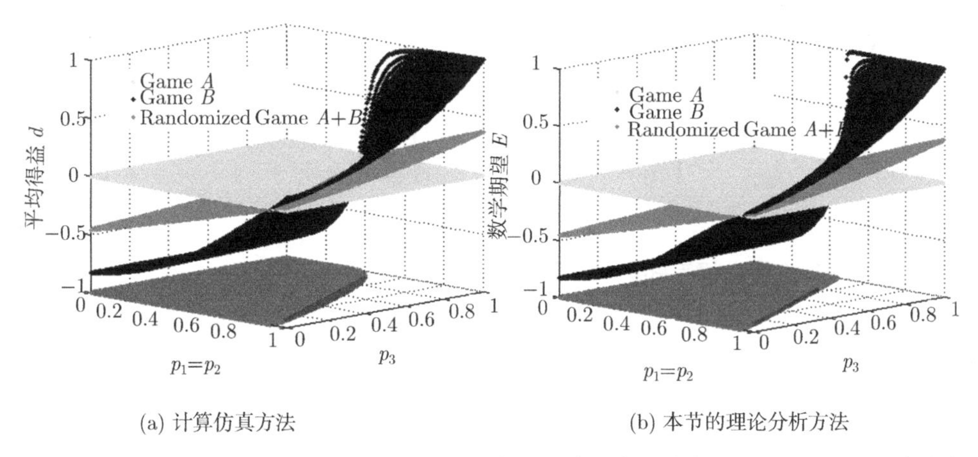

(a) 计算仿真方法　　(b) 本节的理论分析方法

图 2.13　$N=500$ 的结果 (γ=0.5，p_0=0.1。坐标平面中浅色区域表示弱 Parrondo 悖论成立的参数空间，深色区域表示强 Parrondo 悖论成立的参数空间)

2.3.6　进一步分析

2.3.6.1　群体版 A 博弈 (全连通网络)+ 依赖资本的单体版 B 博弈

A 博弈采用图 2.1 中所示的 A 游戏结构，其中空间结构采用全连通网络；B 博弈采用图 1.1 最初版本中的 B 游戏结构。当 N 较大时，利用本节的理论方法进行分析，用群体中赢的个体数目来描述系统状态。经分析推导可得

1) A 博弈的传递概率矩阵

$$[P]^A=\begin{bmatrix} p_{00} & p_{01} & \cdots & p_{0N} \\ p_{10} & p_{11} & \cdots & p_{1N} \\ \vdots & \vdots & & \vdots \\ p_{N0} & p_{N1} & \cdots & p_{NN} \end{bmatrix}=\begin{bmatrix} p_{00} & p_{01} & 0 & \cdots & 0 & 0 \\ p_{10} & p_{11} & p_{12} & \cdots & 0 & 0 \\ 0 & p_{21} & p_{22} & \cdots & 0 & 0 \\ \vdots & \vdots & \vdots & \ddots & \vdots & \vdots \\ 0 & 0 & 0 & \cdots & p_{N-1,N-1} & p_{N-1,N} \\ 0 & 0 & 0 & \cdots & p_{N,N-1} & p_{N,N} \end{bmatrix} \tag{2-59}$$

式中：上 1 泛对角线上元素

$$p_{i,i+1}=\begin{cases} \dfrac{C_{N-i}^2}{C_N^2} & (0\leqslant i\leqslant N-2) \\ 0 & (i=N-1) \end{cases}$$

下 1 泛对角线上元素

$$p_{i,i-1}=\begin{cases} 0 & (i=1) \\ \dfrac{C_i^2}{C_N^2} & (2\leqslant i\leqslant N) \end{cases}$$

主对角线上元素

$$p_{ii}=\begin{cases} 0 & (i=0) \\ 1-p_{i,i-1}-p_{i,i+1} & (1\leqslant i\leqslant N-1) \\ 0 & (i=N) \end{cases}$$

其余元素为零。

2) B 博弈的传递概率矩阵

$$[P]^B=\begin{bmatrix} p_{00} & p_{01} & \cdots & p_{0N} \\ p_{10} & p_{11} & \cdots & p_{1N} \\ \vdots & \vdots & \ddots & \vdots \\ p_{N0} & p_{N1} & \cdots & p_{NN} \end{bmatrix}=\begin{bmatrix} p_{00} & p_{01} & 0 & \cdots & 0 & 0 \\ p_{10} & p_{11} & p_{12} & \cdots & 0 & 0 \\ 0 & p_{21} & p_{22} & \cdots & 0 & 0 \\ \vdots & \vdots & \vdots & \ddots & \vdots & \vdots \\ 0 & 0 & 0 & \cdots & p_{N-1,N-1} & p_{N-1,N} \\ 0 & 0 & 0 & \cdots & p_{N,N-1} & p_{N,N} \end{bmatrix} \tag{2-60}$$

式中：上 1 泛对角线上元素 $p_{i,i+1}=\dfrac{N-i}{N}\left(\dfrac{1}{3}p_0+\dfrac{2}{3}p_1\right)$ $(0\leqslant i\leqslant N-1)$；下 1 泛对角线上元素 $p_{i,i-1}=\dfrac{i}{N}\left[\dfrac{1}{3}(1-p_0)+\dfrac{2}{3}(1-p_1)\right]$ $(1\leqslant i\leqslant N)$；$p_{ii}=\begin{cases} 1-\dfrac{1}{3}p_0-\dfrac{2}{3}p_1 & (i=0) \\ 1-p_{i,i-1}-p_{i,i+1} & (1\leqslant i\leqslant N-1) \\ \dfrac{1}{3}p_0+\dfrac{2}{3}p_1 & (i=N) \end{cases}$ 为主对角线上元素。矩阵中其余元素都为零。

B 博弈赢的概率矩阵为

$$\lambda_{iw}^{(B)} = \sum_{j=1}^{H_i} l_{ij} \frac{\sum\limits_{k=1}^{N} p_{i\eta_k}}{N} = \frac{1}{3}p_0 + \frac{2}{3}p_1 \quad (0 \leqslant i \leqslant N) \tag{2-61}$$

然后利用与 2.3.4 节分析过程相同的方法获得 B 博弈数学期望和随机 $A+B$ 博弈的数学期望。理论分析结果与计算仿真结果如图 2.14 所示。

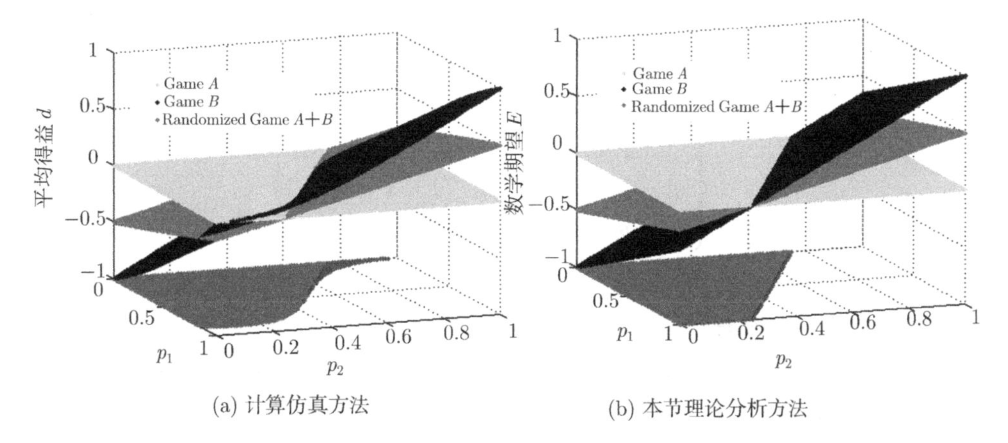

(a) 计算仿真方法　　(b) 本节理论分析方法

图 2.14 群体版 A 博弈 + 依赖资本的单体版 B 博弈结果 (N=100。其中随机 $A+B$ 博弈中玩 A 博弈的概率 γ=0.5。B 博弈的参数设置为 M=3。坐标平面中浅色区域表示弱 Parrondo 悖论成立的参数空间，深色区域表示强 Parrondo 悖论成立的参数空间)

2.3.6.2 群体版 A 博弈 (全连通网络)+ 依赖历史的单体版 B 博弈

B 博弈采用如图 1.7 所示的依赖历史的游戏结构，当 N 较大时，利用本节的理论方法进行分析，用群体中赢的个体数目来描述系统状态。经分析推导可得 B 博弈的传递概率矩阵为

$$[P]^B = \begin{bmatrix} p_{00} & p_{01} & \cdots & p_{0N} \\ p_{10} & p_{11} & \cdots & p_{1N} \\ \vdots & \vdots & & \vdots \\ p_{N0} & p_{N1} & \cdots & p_{NN} \end{bmatrix} = \begin{bmatrix} p_{00} & p_{01} & 0 & \cdots & 0 & 0 \\ p_{10} & p_{11} & p_{12} & \cdots & 0 & 0 \\ 0 & p_{21} & p_{22} & \cdots & 0 & 0 \\ \vdots & \vdots & \vdots & & \vdots & \vdots \\ 0 & 0 & 0 & \cdots & p_{N-1,N-1} & p_{N-1,N} \\ 0 & 0 & 0 & \cdots & p_{N,N-1} & p_{N,N} \end{bmatrix} \tag{2-62}$$

式中：上 1 泛对角线上元素

$$p_{i,i+1}=\begin{cases}\dfrac{2N-1}{2N}p_0+\dfrac{1}{2N}p_2 & (i=0)\\ \dfrac{(N-i)^2}{N^2}p_0+\dfrac{i(N-i)}{N^2}p_2 & (1\leqslant i\leqslant N-1)\end{cases};$$

下 1 泛对角线上元素

$$p_{i,i-1}=\begin{cases}\dfrac{(N-i)i}{N^2}(1-p_1)+\dfrac{i^2}{N^2}(1-p_3) & (1\leqslant i\leqslant N-1)\\ \dfrac{1}{2N}(1-p_1)+\dfrac{2N-1}{2N}(1-p_3) & (i=N)\end{cases};$$

主对角线上元素

$$p_{ii}=\begin{cases}1-p_{i,i+1} & (i=0)\\ 1-p_{i,i-1}-p_{i,i+1} & (1\leqslant i\leqslant N-1)\\ 1-p_{i,i-1} & (i=N)\end{cases},$$

矩阵中其余元素都为零。

B 博弈赢的概率矩阵为

$$\lambda_{iw}^{(B)}=\sum_{j=1}^{H_i}l_{ij}\frac{\sum\limits_{k=1}^{N}p_{i\eta_k}}{N}=\begin{cases}\dfrac{2N-1}{2N}p_0+\dfrac{1}{2N}p_2 & (i=0)\\ \dfrac{(N-i)^2}{N^2}p_0+\dfrac{(N-i)i}{N^2}p_1 & \\ \qquad+\dfrac{i(N-i)}{N^2}p_2+\dfrac{i^2}{N^2}p_2 & (1\leqslant i\leqslant N-1)\\ \dfrac{1}{2N}p_1+\dfrac{2N-1}{2N}p_3 & (i=N)\end{cases}\tag{2-63}$$

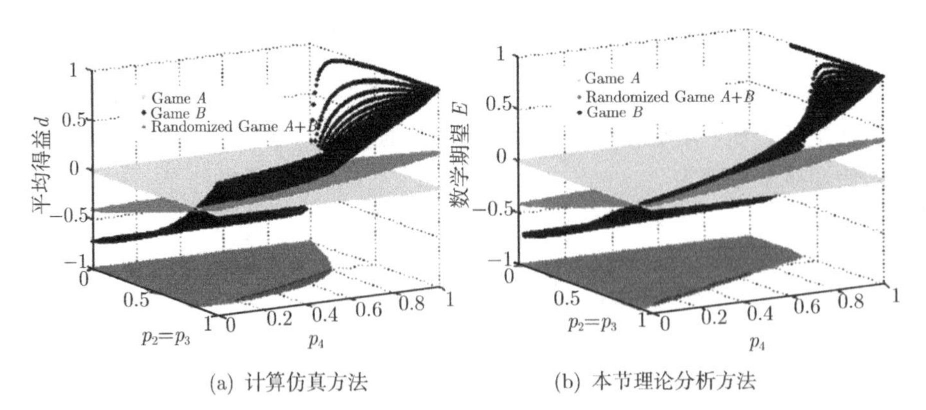

(a) 计算仿真方法　　(b) 本节理论分析方法

图 2.15　群体版 A 博弈 + 依赖历史的单体版 B 博弈结果 (N=100。其中随机 $A+B$ 博弈中玩 A 博弈的概率 γ=0.5，p_1=0.2，$p_2=p_3$。坐标平面中浅色区域表示弱 Parrondo 悖论成立的参数空间，深色区域表示强 Parrondo 悖论成立的参数空间)

然后利用与 2.3.4 节分析过程相同的方法获得 B 博弈数学期望和随机 $A+B$ 博弈的数学期望。理论分析结果与计算仿真结果如图 2.15 所示。

2.3.6.3 单体版 A 博弈 + 依赖空间小生境的群体版 B 博弈 (一维环状空间)

A 博弈采用图 1.1 最初版本中的 A 游戏结构，B 博弈采用图 2.1 中所示 B 游戏结构。利用本节的理论方法进行分析，用群体中赢的个体数目来描述系统状态，经分析推导可得 A 博弈的传递概率矩阵

$$[P]^A = \begin{bmatrix} p_{00} & p_{01} & \cdots & p_{0N} \\ p_{10} & p_{11} & \cdots & p_{1N} \\ \vdots & \vdots & & \vdots \\ p_{N0} & p_{N1} & \cdots & p_{NN} \end{bmatrix} = \begin{bmatrix} p_{00} & p_{01} & 0 & \cdots & 0 & 0 \\ p_{10} & p_{11} & p_{12} & \cdots & 0 & 0 \\ 0 & p_{21} & p_{22} & \cdots & 0 & 0 \\ \vdots & \vdots & \vdots & & \vdots & \vdots \\ 0 & 0 & 0 & \cdots & p_{N-1,N-1} & p_{N-1,N} \\ 0 & 0 & 0 & \cdots & p_{N,N-1} & p_{N,N} \end{bmatrix} \tag{2-64}$$

式中：上 1 泛对角线上元素 $p_{i,i+1} = \dfrac{N-i}{N}p \quad (0 \leqslant i \leqslant N-1)$；

下1 泛对角线上元素 $p_{i,i-1} = \dfrac{i(1-p)}{N} \quad (1 \leqslant i \leqslant N)$；

主对角线上元素$p_{ii} = \begin{cases} 1-p & (i=0) \\ 1-p_{i,i-1}-p_{i,i+1} & (1 \leqslant i \leqslant N-1) \\ p & (i=N) \end{cases}$，其余元素为零。$B$ 博弈的分析与 2.3.4 节相同。理论分析结果与计算仿真结果如图 2.16 所示。

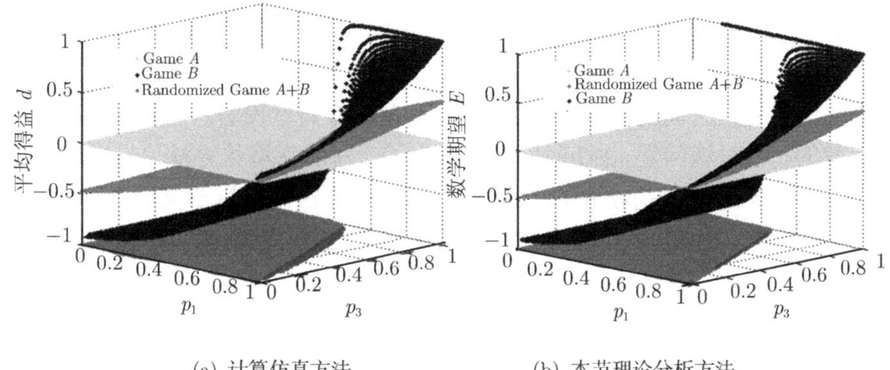

(a) 计算仿真方法 (b) 本节理论分析方法

图 2.16 单体版 A 博弈 + 依赖空间小生境的群体版 B 博弈结果 (N=50。其中随机 $A+B$ 博弈中玩 A 博弈的概率 γ=0.5。A 博弈赢的概率 p=0.5, B 博弈的参数设置为 $p_0=0.05$，$p_1=p_2$。坐标平面中浅色区域表示弱 Parrondo 悖论成立的参数空间，深色区域表示强 Parrondo 悖论成立的参数空间)

通过上述分析，可以发现本节提出的理论分析方法适用于各种形式的群体 Parrondo 博弈。根据图 2.11— 图 2.16 中本节理论分析方法的计算结果与仿真结果的对比可看出，本节方法只是一种近似方法，在精度上还存在不足，但从揭示系统强悖论这一典型特征而言，本节方法可以反映原系统的固有特性，因此是有效的。

2.3.7 小结

(1) 针对基于一维环状空间的群体 Parrondo 博弈，提出一种新的基于离散马尔可夫链的理论分析方法。该方法的特点是用群体 N 中赢的个体数目来描述系统状态，有效降低了系统状态数 (从目前理论分析方法的 2^N 降低至 $N+1$)，使得对较大的群体 N 也可以进行理论分析 (而目前的理论分析方法对于较大的 N 则无法进行计算)。

(2) 采用本节提出的理论分析方法，对一维环状网络的 A 博弈、B 博弈和随机 $A+B$ 博弈分别进行了理论分析，推导了传递概率矩阵、平稳分布概率和数学期望，给出了产生强、弱 Parrondo 悖论的条件和参数空间。通过计算分析，将本节理论分析方法与仿真方法、2.2.2 节的理论分析方法和基于平均场的理论分析方法进行了对比，发现 2.2.2 节的理论分析方法最为精确，与仿真结果基本一致。本节的理论分析方法不如 2.2.2 节方法，但比平均场的理论结果精确，在 N 较大时，与仿真结果的吻合度较好。

(3) 本节方法的实质是对系统降维，面对系统状态随着维数升高而呈指数级增长的 “维数灾难”，对其进行降维是一种有效的方法。目前降维已成为机器学习、模式识别、数据挖掘、信息检索等多个研究领域共同关注的核心课题，并已有大量的降维方法，本节方法属于降维方法中的集结法，即降维系统与原系统状态变量之间有线性关系。通过降维方法得到的系统称为降维模型，降维模型应以足够的精度逼近原系统，要能忠实反映原系统的固有特性。对于本书而言，原系统的固有特性是产生强弱悖论参数区间的位置、形状和大小，从这个特性而言，本节提出的降维方法是有效的。针对该问题，Ethier[7,8] 也提出了一种状态降维方法，与本书方法相比，在 N 较小时比本节方法精确，更接近 2.2.2 节方法的分析结果，但对于较大的 N，其分析也较为困难，原因是其维数下降有限 (当 N 为 20 时，系统状态数已达到 27012，而本节方法为 21)。

2.4 基于二维格子网络的群体 Parrondo 博弈及计算仿真

2.4.1 引言

以 2.3 节分析方法为基础，本节将 B 博弈设置为依赖参与人 i 相邻的 4 个邻居的输赢状态，建立基于二维格子网络的群体 Parrondo 博弈模型 (为了避免武断地把格子网络中上下两端和左右两端的个体分隔开，我们把格子网络封闭成一个近似的球体，这样可以保证每个个体都存在上下左右 4 个邻居)。围绕个体 i 的相邻个体输赢状态的五种可能配置如图 2.17 所示，符合图 2.17 配置的邻居状态表示为：$S_i^B = i(i = 0, 1, 2, 3, 4)$。

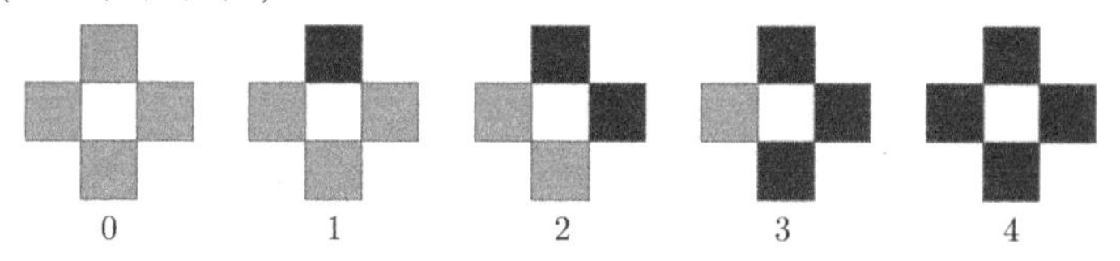

图 2.17 i 个体 (白色正方体) 四个最邻近个体状态的 5 种可能配置 (深灰色正方体表示赢的状态，为 1；浅灰色正方体表示输的状态，为 0。以 S_1^B 为例，适用于 i 邻居中只有一位赢家的情况，即不考虑该赢家在个体 i 四个邻居中的排列位置)

2.4.2 模型

基于二维格子网络的群体 Parrondo 博弈模型如图 2.18 所示。博弈的动力学过程为：随机选择个体 i 进行博弈，以 γ 的概率随机选择进行博弈 A 或者博弈 B，当进行 A 博弈时，需从其空间四个邻居中随机选择个体 j。i 与 j 的互动作用假设为竞争方式，i 与 j 赢的概率各为 0.5，当 i 赢时，j 支付 1 个单位给 i，反之，i 支付 1 个单位给 j，因此 A 博弈为零和博弈；当进行 B 博弈时，考虑小生境状态对 i 的影响，个体 i 在不同的小生境状态，其输赢的概率不一样，个体 i 获胜的概率取决于四个最邻近个体的状态。

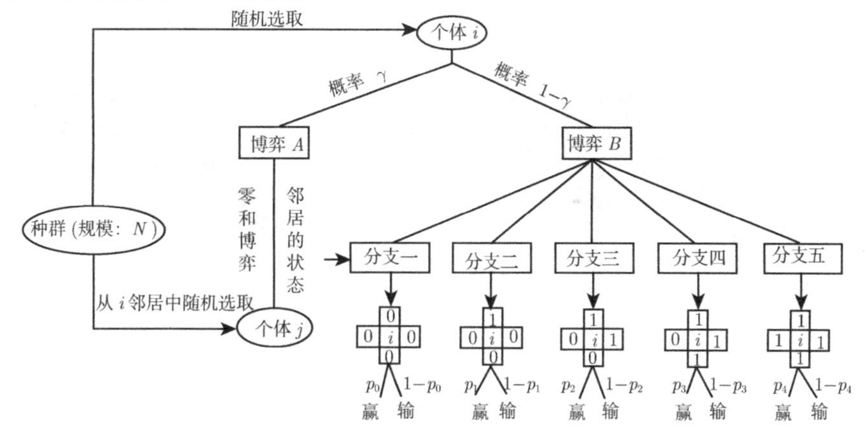

图 2.18 基于二维格子网络的群体 Parrondo 博弈模型

2.4.3 计算仿真分析

为了进行对比，博弈 A 采用了 2 种网络载体：①二维格子网络；②全连通网络。

图2.19是单独玩博弈B和随机玩A+B博弈时种群平均得益 (采用式 (2-35) 的表达形式) 的计算仿真结果。图 2.20 显示了二维情形下悖论发生的参数空间，计算结果表明博弈 A 采用二维格子网络时发生强悖论的参数空间要稍大于全连通网络。

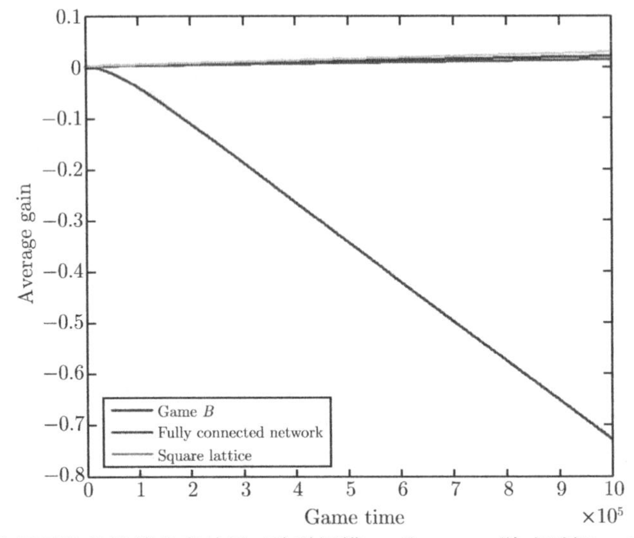

图 2.19 二维格子网络的计算仿真结果 (种群规模 N 取 1600，游戏时间 T 取 100000，个体的初始输赢 (0 或 1) 状态随机设置。玩博弈 A 的概率 $\gamma = 0.5$。B 游戏的参数为 $p_0 = 0.01, p_1 = 0.15, p_2 = p_3 = 0.7, p_4 = 0.6$。采用不同随机数重复玩 100 次游戏，以 100 次游戏结果的平均值作图)

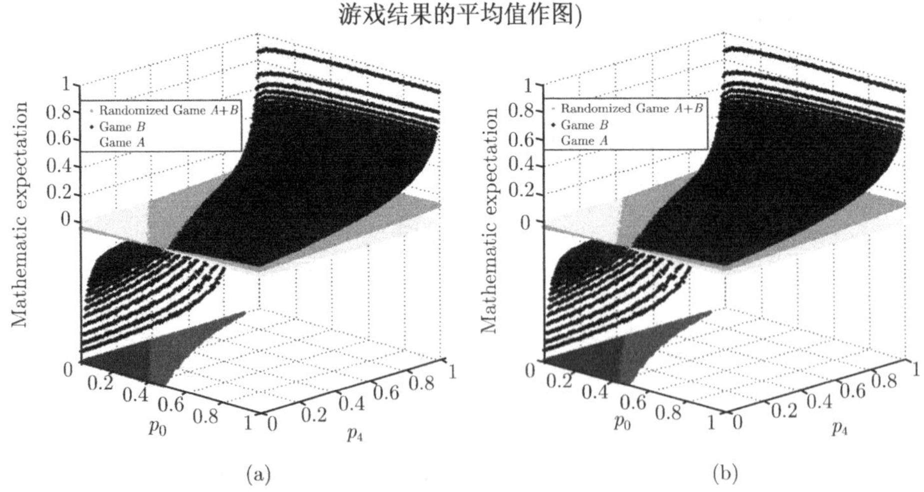

图 2.20 基于二维格子网络的 Parrondo 博弈计算仿真 ((a) A 博弈采用二维格子网络。(b) A 博弈采用全连通网络。种群规模 N 取 1600，玩博弈 A 的概率 $\gamma = 0.5$。B 博弈的参数为 p_1=0.15,p_2=p_3=0.7。坐标平面中浅色区域表示强 Parrondo 悖论成立的参数空间，深色区域表示弱 Parrondo 悖论成立的参数空间)

2.5 依赖资本奇偶性的群体 Parrondo 博弈及逆悖论效应

2.5.1 引言

在 Parrondo 博弈中，B 博弈的设计很关键，目前主要有依赖资本、依赖历史和依赖空间的版本，从这些版本可看出，B 博弈的设计基础是游戏参与人的状态特征。A 博弈对游戏参与人状态特征的影响主要有三种：①对参与人资本的影响，如果有 N 个参与人，还将影响资本的空间分布特征。我们认为，对资本的影响包括对资本值的影响 (对应基于模数 M 的初始版本) 和对资本奇偶性的影响 (对应本节将提出的版本)；②对参与人输赢历史的影响 (对应依赖历史的版本)；③在 N 个参与人的情况下，影响输赢状态的空间分布特征 (对应依赖空间小生境的版本)。

本节研究 N 个参与人的情况，其中 A 博弈与初始版本一致，B 博弈设计成依赖资本奇偶性的版本，在 B 博弈的结构设计方面借鉴囚徒困境博弈模型中得益矩阵形式 [9]。另外，基于 G.P.Harmer 和 D.Abbott[10,11] 提出的逆 Parrondo 悖论情形，本节以两个赢的游戏组合可以输的逆悖论情况为分析对象。

2.5.2 模型与仿真分析

博弈模型如图 2.21(a) 所示，由两个相关联的博弈 A 和 B 构成, 任意个体 i 可以随机或以一定次序选择进行博弈 A 或博弈 B。①A 博弈为抛不均匀的硬币#1，赢的概率为 p。其中每次输赢的收益值为 1 个单位。令 $p=0.5+\varepsilon$, 其中 ε 是一个小量，如取 0.1, 根据式 (1-2)，博弈 A 是赢的游戏。②B 博弈为个体 i 和另外随机选出的个体 j 进行博弈。首先定义个体的状态，对任意个体 i：当 i 的资本为偶数时，其状态 $\text{Rem}(i)=0$; 当 i 的资本为奇数时，其状态 $\text{Rem}(i)=1$。当个体 i 与个体 j 进行 B 博弈时：①当两者资本的状态都为偶数时 ($\text{Rem}(i)=0$ 和 $\text{Rem}(j)=0$)，两者各获得 2 个单位收益；②当 $\text{Rem}(i)=0$ 和 $\text{Rem}(j)=1$ 时，个体 i 的收益为 1，个体 j 的收益为 -3；③当 $\text{Rem}(i)=1$ 和 $\text{Rem}(j)=0$ 时，个体 i 的收益为 -3，个体 j 的收益为 1；④当两者资本的状态都为奇数时 ($\text{Rem}(i)=1$ 和 $\text{Rem}(j)=1$)，两者各获得 -5 的收益。B 博弈的设计受到囚徒困境博弈模型的启发，但博弈得益矩阵的设置不同于囚徒困境模型，我们在收益的选择上有一定的技巧，其目的是为了调节种群中个体资本的奇偶性，以保证单独玩 B 博弈赢。我们按照下述思路选择收益，当 $\text{Rem}(i)=1$ 和 $\text{Rem}(j)=1$，根据收益设置 $(-5,-5)$，它们博弈后的状态为 $\text{Rem}(i)=0$ 和 $\text{Rem}(j)=0$，这样，种群中资本奇偶性状态为 1 的个体就少了两个 (当然，此次博弈给种群带来 -10 的收益，但短暂的失利为了今后更好的得利)；倘若一个状态为 1(如 $\text{Rem}(i)=1$)，另一个状态为 0($\text{Rem}(j)=0$)，根据收益设置 $(-3,+1)$，博弈后两个个体的资本奇偶性发生了互换 (即 $\text{Rem}(i)=0$ 和

$\text{Rem}(j)=1$)，这样，种群中资本奇偶性状态为 1 的个体数目不变 (此次博弈给种群带来 -2 的收益，因此，要保证 B 博弈赢，应尽量减少这种 10 型或 01 型对阵)；倘若 $\text{Rem}(i)=0$ 和 $\text{Rem}(j)=0$，根据收益设置 (+2，+2)，它们博弈后的状态仍为 $\text{Rem}(i)=0$ 和 $\text{Rem}(j)=0$，种群中资本奇偶性状态为 1 的个体数目不变 (此次博弈给种群带来 +4 的收益，因此，要保证 B 博弈赢，应提高这种 00 型对阵的机会)。随着博弈次数的增多，种群中资本奇偶性状态为 1 的个体越来越少，最终完全消失或仅仅剩下一个，这样，种群中个体之间的博弈类型基本都是 00 型，因此，可以保证 B 博弈是赢的。图 2.21(b) 为计算仿真结果，从中可看出，A 博弈和 B 博弈都是赢的，但随机组合玩 $A+B$ 博弈和按次序玩 AB 博弈都是输的，显示出逆 Parrondo 悖论效应：赢的游戏组合会输。

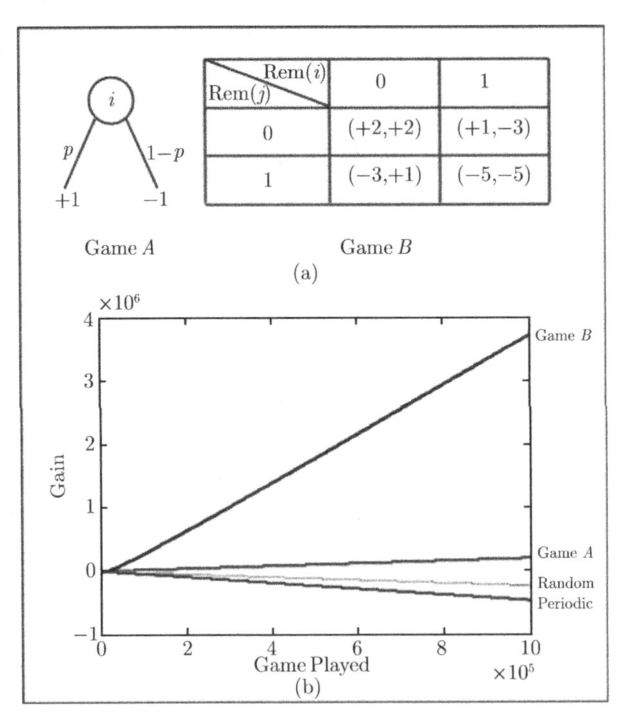

图 2.21 博弈模型与仿真结果 (种群规模 $N=10000$。对于 A 博弈，取 $p=0.5+\varepsilon$，其中 $\varepsilon=0.1$。对于随机组合 $A+B$ 博弈，随机玩 A 博弈的概率为 0.5。种群中个体的初始奇偶状态随机设置，仿真结果为 2000 次的平均)

2.5.3 理论分析

2.5.3.1 B 博弈

首先证明 B 博弈是赢的游戏。令 $x(t)$ 为 t 时刻种群中资本为奇数的个体数目。根据图 2.21(a) 的收益矩阵，从 $t-1$ 时刻到 t 时刻种群中资本为奇数的个体数目的 4 种变化和相应的发生概率如图 2.22 所示。其中 $x(t-1)$ 为 $(t-1)$ 时刻博弈结束后种群中奇偶性状态为 1 的个体数目，针对 t 时刻的博弈，从种群 N 中随机选取 i 和 j 的概率情况和博弈结束后种群中奇偶性状态为 1 的个体数目情况为：①$\text{Rem}(i)=0$ 和 $\text{Rem}(j)=0$，发生概率为 $A_{N-x(t-1)}^2\Big/A_N^2$，博弈后的状态仍为 $\text{Rem}(i)=0$ 和 $\text{Rem}(j)=0$，因此，$x(t)=x(t-1)$；②$\text{Rem}(i)=1$ 和 $\text{Rem}(j)=0$，发生概率为 $C_{x(t-1)}^1C_{N-x(t-1)}^1\Big/A_N^2$，博弈后的状态为 $\text{Rem}(i)=0$ 和 $\text{Rem}(j)=1$，两个个体的资本奇偶性发生了互换，对种群中奇偶性状态为 1 的个体数目不影响，因此，$x(t)=x(t-1)$；③$\text{Rem}(i)=0$ 和 $\text{Rem}(j)=1$，发生概率为 $C_{N-x(t-1)}^1C_{x(t-1)}^1\Big/A_N^2$，博弈后的状态为 $\text{Rem}(i)=1$ 和 $\text{Rem}(j)=0$，$x(t)=x(t-1)$；④$\text{Rem}(i)=1$ 和 $\text{Rem}(j)=1$，发生概率为 $A_{x(t-1)}^1\Big/A_N^2$，博弈后的状态为 $\text{Rem}(i)=0$ 和 $\text{Rem}(j)=0$，种群中奇偶性状态为 1 的个体数目减少两个，因此，$x(t)=x(t-1)-2$。其中：A 为排列公式的符号，C 为组合公式的符号。

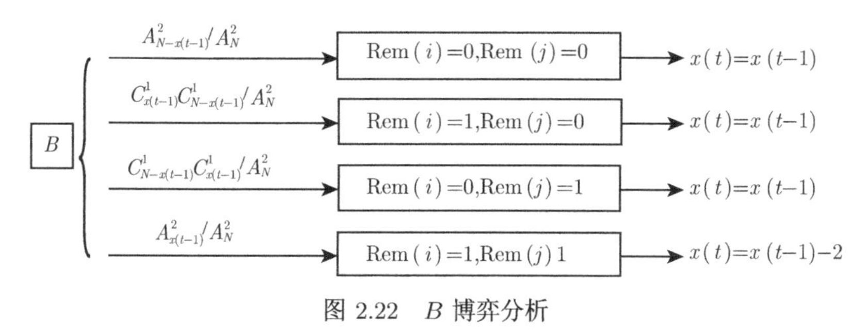

图 2.22　B 博弈分析

根据图 2.22 可得

$$x(t)=x(t-1)-\frac{A_{x(t-1)}^2}{A_N^2}\times 2 \tag{2-65}$$

根据图 2.22，t 时刻的群体收益为

$$E_B(t)=\frac{A_{N-x(t)}^2}{A_N^2}\times 4+\frac{C_{x(t)}^1C_{N-x(t)}^1}{A_N^2}\times(-2)+\frac{C_{N-x(t)}^1C_{x(t)}^1}{A_N^2}\times(-2)+\frac{A_{x(t)}^2}{A_N^2}\times(-10) \tag{2-66}$$

由于随着博弈次数的增多，种群中资本奇偶性状态为 1 的个体越来越少，最终完全消失或仅仅剩下一个。①当初始时刻种群中资本为奇数的个体数目 $x(0)$ 为奇数时，随着博弈进程的推进，最终种群中资本为奇数的个体仅剩一个，即 $\lim\limits_{t\to\infty}x(t)=1$，则根据式 (2-66) 可得 $\lim\limits_{t\to\infty}E_B(t)=4-12/N$。②当初始时刻种群中资本为奇数的个体数目 $x(0)$ 为偶数时，随着博弈进程的推进，最终种群中资本为奇数的个体

完全消失，即 $\lim\limits_{t\to\infty} x(t)=0$，则根据式 (2-66) 可得 $\lim\limits_{t\to\infty} E_B(t)=4$。因此，无论是何种情形的初始种群，$B$ 博弈的收益都是正的。

2.5.3.2　**随机组合 $A+B$ 博弈**

根据图 2.21(a) 的收益矩阵，随机组合玩 $A+B$ 博弈时，从 $t-1$ 时刻到 t 时刻种群中资本为奇数的个体数目的变化和相应的发生概率如图 2.23 所示。其中 γ 为玩 A 游戏的概率。针对 t 时刻的博弈，若玩 A 游戏，则从种群 N 中随机选取 i 的概率情况和博弈结束后种群中奇偶性状态为 1 的个体数目情况为：①$\text{Rem}(i)=0$，发生概率为 $(N-x(t-1))/N$，博弈后的状态为 $\text{Rem}(i)=1$，因此，$x(t)=x(t-1)+1$；②$\text{Rem}(i)=1$，概率为 $x(t-1)/N$，博弈后的状态为 $\text{Rem}(i)=0$，因此，$x(t)=x(t-1)-1$。若 t 时刻玩 B 游戏，还需从种群中随机选取个体 j，其博弈情况与图 2.22 相同。

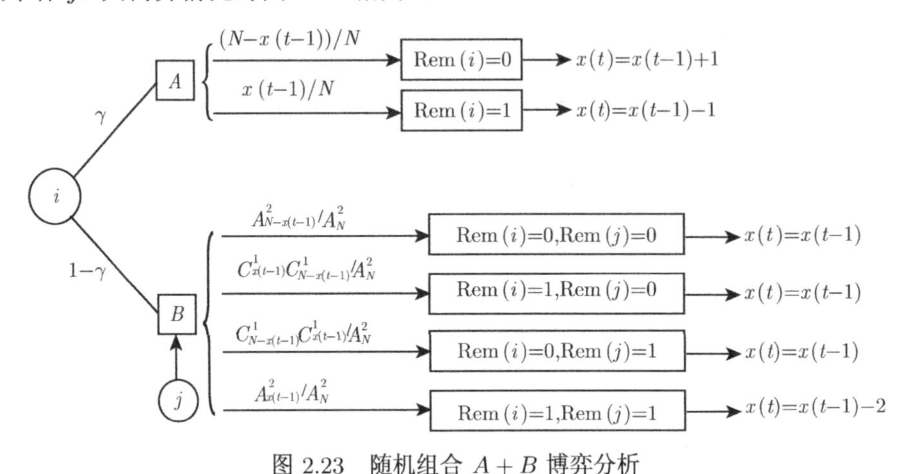

图 2.23　随机组合 $A+B$ 博弈分析

根据图 2.23 可得

$$
\begin{aligned}
x(t)=&\gamma\left\{\frac{N-x(t-1)}{N}[x(t-1)+1]+\frac{x(t-1)}{N}[x(t-1)-1]\right\}\\
&+(1-\gamma)\left[x(t-1)-\frac{A_{x(t-1)}^2}{A_N^2}\cdot 2\right]
\end{aligned}\tag{2-67}
$$

$$
\begin{aligned}
E_{random}(t)=&\gamma\left[\frac{N-x(t)}{N}+\frac{x(t)}{N}\right]\cdot(2p-1)+(1-\gamma)\\
&\cdot\left[\frac{A_{x(t)}^2}{A_N^2}\cdot(-10)+\frac{C_{x(t)}^1C_{N-x(t)}^1}{A_N^2}\cdot(-2)\right.
\end{aligned}
$$

$$
+ \frac{C^1_{N-x(t)} C^1_{x(t)}}{A^2_N} \cdot (-2) + \frac{A^2_{N-x(t)}}{A^2_N} \cdot 4 \Bigg] \tag{2-68}
$$

2.5.3.3 按次序玩 AB 博弈

根据图 2.21(a) 的收益矩阵，按次序玩 AB 博弈时，从 $t-1$ 时刻到 t 时刻种群中资本为奇数的个体数目的变化和相应的发生概率如图 2.24 所示。将 A 和 B 连玩 1 次视为一步，针对 t 时刻的博弈，首先玩 A 博弈，从种群 N 中随机选取个体 i_A，其博弈情况与图 2.23 的 A 博弈类似，A 博弈结束后种群中奇偶性状态为 1 的个体数目为 $x_A(t)$；接着玩 B 博弈，从种群 N 中随机选取个体 i_B 和 j，其中 i_B 和 i_A 没有关联，其博弈情况与图 2.22 相同，只是种群中奇偶性状态为 1 的个体数目的起始值由 $x\,(t-1)$ 变为 $x_A(t)$。

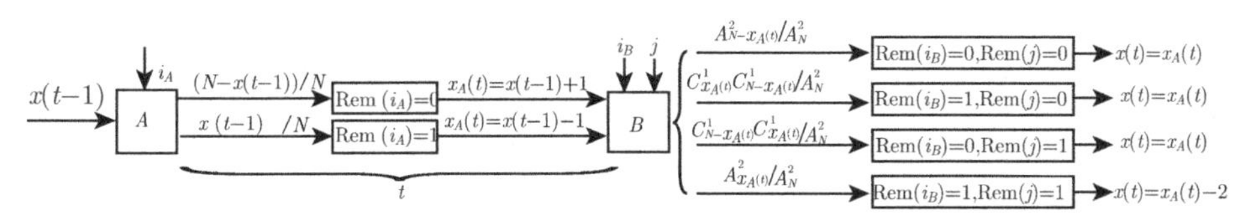

图 2.24 按次序玩 AB 博弈分析

根据图 2.24 可得 (由于将 A 和 B 连玩 1 次视为一步，因此计算收益时需除以 2。)

$$
\begin{aligned}
x(t) = & \frac{N-x(t-1)}{N} \left\{ [x(t-1)+1] - \frac{A^2_{x(t-1)+1}}{A^2_N} \cdot 2 \right\} \\
& + \frac{x(t-1)}{N} \left\{ [x(t-1)-1] - \frac{A^2_{x(t-1)-1}}{A^2_N} \cdot 2 \right\}
\end{aligned} \tag{2-69}
$$

$$
\begin{aligned}
E_{AB}(t) = & \frac{N-x(t)}{N} \cdot \left\{ \frac{A^2_{N-x(t)-1}}{A^2_N} [5 \cdot p + 3 \cdot (1-p)] \right. \\
& + 2 \cdot \frac{C^1_{N-x(t)-1} C^1_{x(t)+1}}{A^2_N} [(-1) \cdot P + (-3) \cdot (1-P)] \\
& \left. + \frac{A^2_{x(t)+1}}{A^2_N} [(-9) \cdot p + (-11) \cdot (1-p)] \right\} \\
& + \frac{x(t)}{N} \left\{ \frac{A^2_{N-x(t)+1}}{A^2_N} [5 \cdot p + 3 \cdot (1-p)] \right. \\
& + 2 \cdot \frac{C^1_{N-x(t)+1} C^1_{x(t)-1}}{A^2_N} \cdot [(-1) \cdot p + (-3) \cdot (1-p)]
\end{aligned}
$$

$$+\frac{A_{x(t)-1}^{2}}{A_{N}^{2}}[(-9)\cdot p+(-11)\cdot(1-p)]\Big\}/2 \tag{2-70}$$

2.5.3.4　理论结果

图 2.25 表明随机玩 $A+B$ 或按次序玩 AB 时都产生输的结果。按次序玩 AB 游戏比随机玩 AB 游戏输得更厉害。另外，从图 2.25 中还可看出，当博弈次数很少时，初始时刻资本为奇数的个体总数 $x(0)$ 对理论收益存在影响，随着博弈次数的增多，这种影响逐渐递减，当博弈次数足够大时，理论收益不依赖 $x(0)$。图 2.26 显示了博弈 A 中参数 ε 对按次序玩 AB 游戏收益的影响。基于理论方法的期望收益与计算机仿真结果吻合，其中悖论成立的参数空间为 $\varepsilon<1/3$ 。图 2.27 显示了参数 γ 和 ε 对随机玩 $A+B$ 游戏收益的影响。计算机仿真结果与理论值吻合，只要玩 A 游戏的概率大于 1/3，就存在使悖论成立的参数 ε，使悖论成立的最大参数 ε 区间大致发生在 γ=0.55 处。

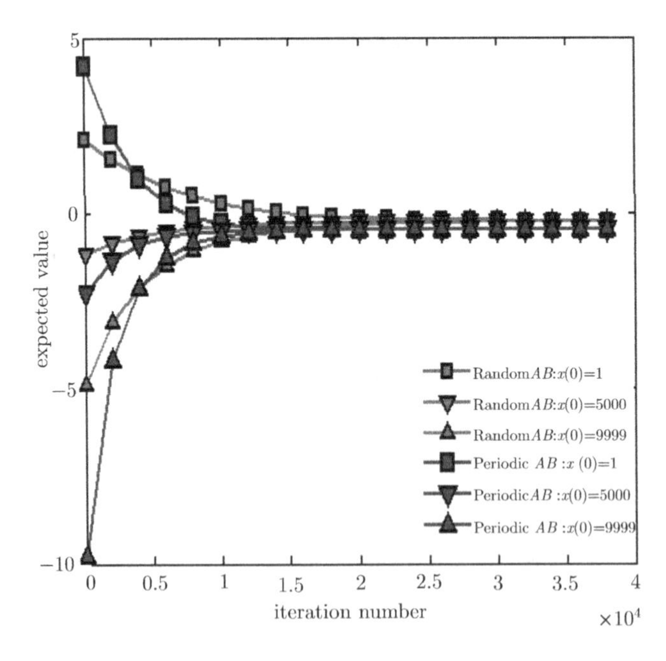

图 2.25　理论值的迭代求解 (种群规模 N =10000，初始时刻资本为奇数的个体总数 $x(0)$ 分别取 1、5000 和 9999 三种情况。随机游戏时玩 A 博弈的概率 γ=0.5。A 博弈中，ε=0.1，p=0.5+ε)

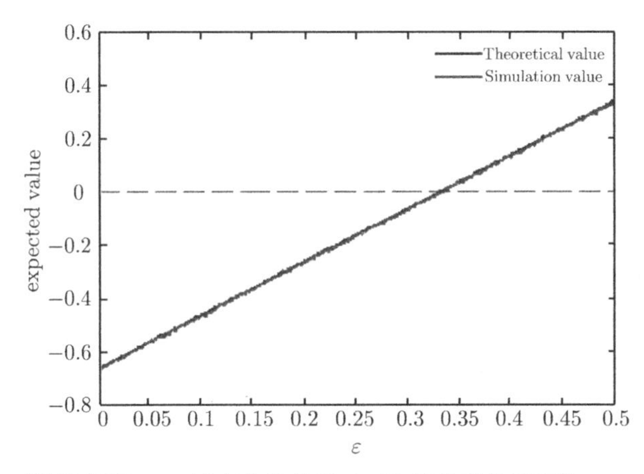

图 2.26 参数 ε 对按次序玩 AB 博弈收益的影响 (计算仿真结果平均 2000 次，种群规模 N =10000。初始时刻资本为奇数的个体总数随机生成)

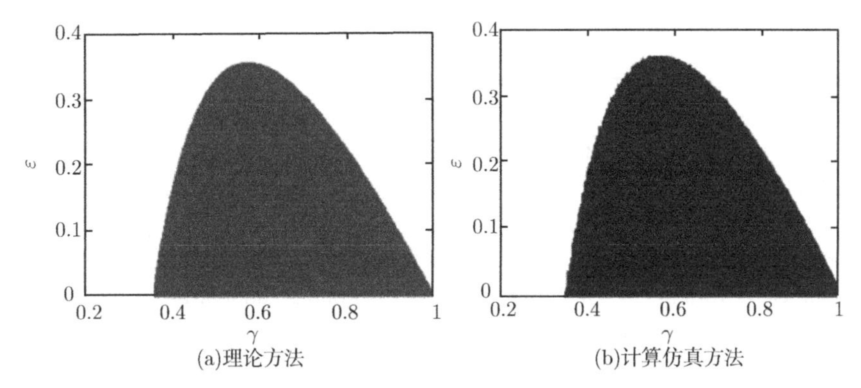

图 2.27 随机玩 $A+B$ 博弈时悖论成立的参数空间 (在此参数空间中的 γ 和 ε，可使 A 博弈和 B 博弈单独玩赢，而随机组合玩 $A+B$ 博弈时输。计算机仿真结果平均 2000 次，种群规模 N=10000。初始时刻资本为奇数的个体总数随机生成)

我们认为 A 博弈调整了个体资本的奇偶，而这是产生悖论的最关键因素。如果没有 A 博弈，B 博弈特定的得益矩阵，使得种群中存在一种进程，即资本为奇的个体逐渐变化为资本为偶的个体，直至只剩 1 个奇资本的个体或者没有奇资本的个体。伴随着这种进程，B 博弈中 00 型对阵将越来越多，产生赢的结果是很自然的。而 A 博弈的存在，调整了个体资本的奇偶性，阻碍了这种进程，增加了 B 博弈中 01 型、10 型甚至 11 型对阵的可能性，这样就造成了输的结果。这种依赖资本奇偶性的逆 Parrondo 悖论版本可能能用于解释生物系统、物理系统和社会经济系统方面的某些反直觉现象。

2.6　本 章 小 结

(1) 建立基于一维环状空间的群体 Parrondo 博弈模型，对 A 博弈、B 博弈和随机 $A+B$ 博弈分别进行了理论分析，推导了传递概率矩阵、平稳分布概率和数学期望，给出了产生强、弱 Parrondo 悖论的条件和参数空间。

(2) 提出一种新的基于离散马尔可夫链的理论分析方法。该方法的特点是用群体 N 中赢的个体数目来描述系统状态，有效降低了系统状态数 (从目前理论分析方法的 2^N 降低至 $N+1$)，使得对较大的群体 N 也可以进行理论分析 (而目前的理论分析方法对于较大的 N 则无法进行计算)。

(3) 基于囚徒困境博弈模型的启发，建立一种依赖资本奇偶性的群体 Parrondo 博弈，理论分析了 A 博弈、B 博弈、随机组合 $A+B$ 博弈和次序 AB 博弈的数学期望，研究了赢的组合会输的逆 Parrondo 悖论效应。

本章参考文献

[1] Toral R. Cooperative Parrondo's games. Fluctuation and Noise Letters, 2001, 1(1):7–12.

[2] Toral R. Capital redistribution brings wealth by Parrondo's paradox. Fluctuation and Noise Letters, 2002, 2(3): 305–311.

[3] Xie N G, Chen Y, Ye Y, Xu G, Wang L G, Wang C. Theoretical analysis and numerical simulation of Parrondo's paradox game in space. Chaos, Solitons & Fractals, 2011, 44(6):401–414.

[4] Mihailovic Z, Rajkovi M. One dimensional asynchronous cooperative Parrondo's games. Fluctuation and Noise Letters, 2003, 3(3):389–398.

[5] Mihailovic Z, Rajkovic M. Cooperative Parrondo's games on a two-dimensional lattice. Physica A, 2006, 365(1):244–251.

[6] Li Y F, Ye S Q, Zheng K X, Xie N G, Ye Y, Wang L. A new theoretical analysis approach for a multi-agent spatial Parrondo's game. Physica A,2014, 407: 369–379.

[7] Ethier S N, Lee J. Parrondo games with spatial dependence. Fluctuation and Noise Letters. 2012, 11 (2):1–22.

[8] Ethier S N, Lee J. Parrondo games with spatial dependence II. Fluctuation and Noise Letters. 2012, 11 (4): 1–18.

[9] Wang C, Xie N G, Wang L, Ye Y, Xu G. A Parrondo's paradox game depending on capital parity. Fluctuation and Noise Letters, 2011, 10(2):147–156.

[10] Harmer G P, Abbott D, A review of Parrondo's paradox. Fluctuation and Noise Letters, 2002, 2: 71–107.

[11] Allison A, Abbott D. Control systems with stochastic feedback. Chaos, 2001, 11: 715–724.

第 3 章　基于 Parrondo 博弈模型的群体行为悖论

3.1　引　　言

在传统的 Parrondo 博弈中，个体的游戏序列即如何开展游戏进程是给定的，如随机序列、$ABAB\cdots$ 交替序列等，如果给予个体自主选择游戏方式的权利，即游戏序列不事先给定，我们发现个体存在最佳的游戏选择策略。以初始版本的 Parrondo 博弈为例，最好的游戏策略是：当个体资本是模数 M 的倍数时选择 A 博弈，反之选择 B 博弈。这种策略不仅能赢，而且比周期或随机的选择 A 或 B 博弈都表现的要好。当我们将 Parrondo 博弈从个体版拓广至群体版时，会发现对个体而言最佳的游戏策略对群体是低效的。

Dinis 研究了群体 Parrondo 博弈中短期优化 [1] 和多数决定策略 [2](即投票悖论) 问题，发现对个体 "最有利的" 游戏方式将导致群体收益稳定的输。以多数决定策略为例，对于一个游戏群体，每次游戏由群体中的个体投票选择博弈 A 或博弈 B，按照多数决定原则决定此轮博弈方式 (A 或 B)，当博弈方式确定后，群体中所有个体此轮均采取此种博弈方式。研究结果显示，如果每个个体都选择能使自己获得最大收益的博弈，群体总资本反而在下降，而周期或随机策略却是稳定的赢。

Parrondo[3] 引进了在集体游戏中由单一的玩家做出博弈选择或独裁的策略，即当独裁者的资本能被 M 整除时玩 A 博弈，不能被 M 整除时玩 B 博弈，而剩余的玩家 ("公民") 必须接受他的游戏抉择，采取同样的博弈方式进行游戏。研究结果显示在某些时候，独裁比民主更利于群体发展。

在以上 Dinis[1,2] 和 Parrondo[3] 的工作中，博弈 A 和博弈 B 都是个体版本，在投票决定游戏方式时才引入集体的概念，个体之间在游戏中并未产生利益关系，因此不是真正意义上的群体博弈。在本章中，将直接引入 Toral 的群体 A 博弈版本，设计群体 Parrondo 博弈模型，使集体的概念在模型中得以体现，让个体之间在游戏中产生利益关系。本章将对此种模型进行研究，看是否也存在上述的 "投票悖论" 现象。

3.2　依赖资本的群体 Parrondo 博弈模型及投票悖论

3.2.1　依赖资本的群体 Parrondo 博弈模型

本章根据 R.Toral[4] 提出的 Parrondo 博弈版本，设计一种依赖资本的群体 Parrondo 博弈模型，如图 3.1 所示。

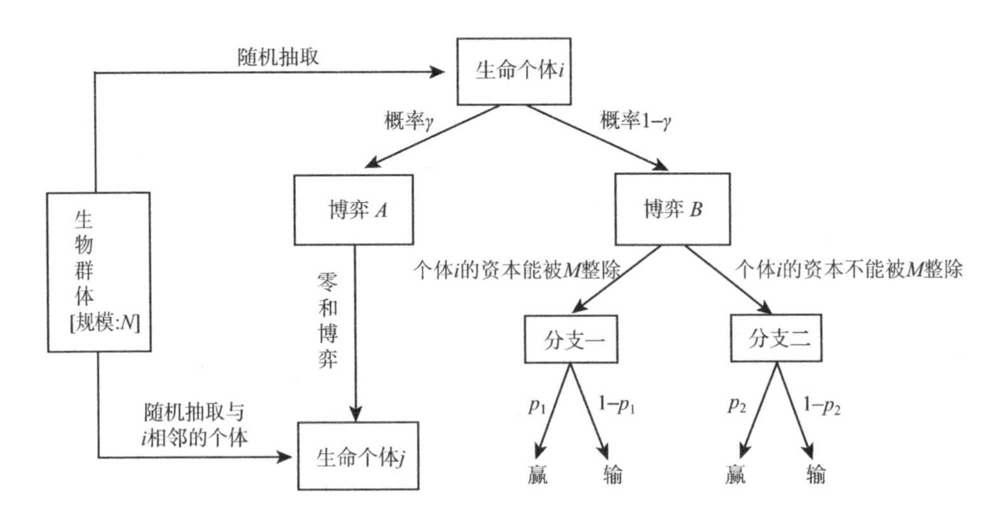

图 3.1　依赖资本的群体 Parrondo 博弈模型

模型由两个博弈组成：①A 博弈反映个体之间的作用关系；②B 博弈反映环境对个体的作用。考虑由 N 个个体组成的种群，模型的动力学过程为：随机选择个体 i(称作主体) 进行博弈，个体 i 随机选择进行 A 博弈 (概率 γ) 或者 B 博弈 (概率 $1-\gamma$)。当进行 A 博弈时，还需从与 i 节点相连的节点中 (本节中采取全连通网络) 随机选择个体 j(称作受体)。主体 i 与受体 j 之间 A 博弈的具体行为方式由两者之间的作用关系决定。

3.2.2　个体之间的零和博弈——A 博弈

A 博弈被设计为零和博弈，用以反映个体之间的作用机制。A 博弈对种群整体收益不产生影响，只是改变了收益在种群中的分配格局。本文将个体之间的博弈关系设置为以下 3 种方式。

(1) 竞争方式：主体 i 与受体 j 赢的概率各为 0.5，当主体 i 赢时，受体 j 支付 1 个单位给主体 i，反之，主体 i 支付 1 个单位给受体 j。

(2) 合作方式：主体 i 无偿支付 1 个单位给受体 j。

(3) 无为方式：主体 i 与受体 j 互不支付，保持原样。

3.2.3 环境作用机制的表达——B 博弈

为反映生存环境的恶劣性，将环境作用机制设计成 B 博弈且为负博弈。B 博弈采用图 1.1 最初版本中依赖资本的 B 博弈结构。

3.2.4 计算仿真及分析

基于仿真分析的需要，定义适应度指标 d 如下：

$$d(t) = \frac{W(t)}{n} \tag{3-1}$$

式中：$W(t) = C(t) - C_0$，$W(t)$ 为 t 时刻的收益，$C(t)$ 为 t 时刻的资本，C_0 为初始资本；n 为个体平均博弈频次，$n = T/N$，T 为游戏时间，N 为种群规模。

因此任意第 i 个个体在 t 时刻的适应度为

$$d_i(t) = \frac{W_i(t)}{n} \tag{3-2}$$

系统在 t 时刻的平均适应度为

$$\bar{d}(t) = \frac{\left(\sum\limits_{i=1}^{N} W_i(t)/N\right)}{n} \tag{3-3}$$

种群规模 N=100，游戏时间 T=20000，玩 A 博弈的概率是 0.5，B 博弈中的参数设置如下：$M = 3, p_1 = 0.1 - \varepsilon$，$p_2$=0.75$-\varepsilon$，采用不同随机数重复玩 20 次游戏，以 20 次游戏结果的平均值作图。

图 3.2 为博弈过程中种群平均适应度 $\bar{d}(t)$ 的变化情况，从图中可以观察到合作和竞争行为方式均可有效促进种群的发展 (正收益)，因此，个之间的竞争和合作是对自然的适应，完全由无为个体组成的种群将被自然淘汰 (负收益)。图 3.3 为博弈结束时种群中个体适应度的分布情况。

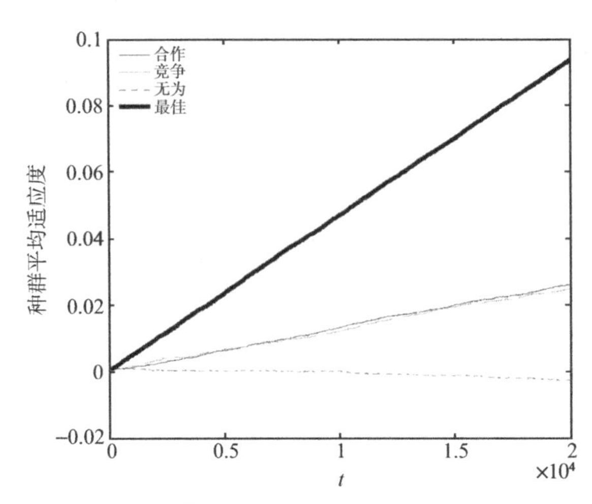

图 3.2 种群平均适应度 $\bar{d}(t)$ 的变化情况 (随机玩 $A+B$ 博弈)(后附彩图)

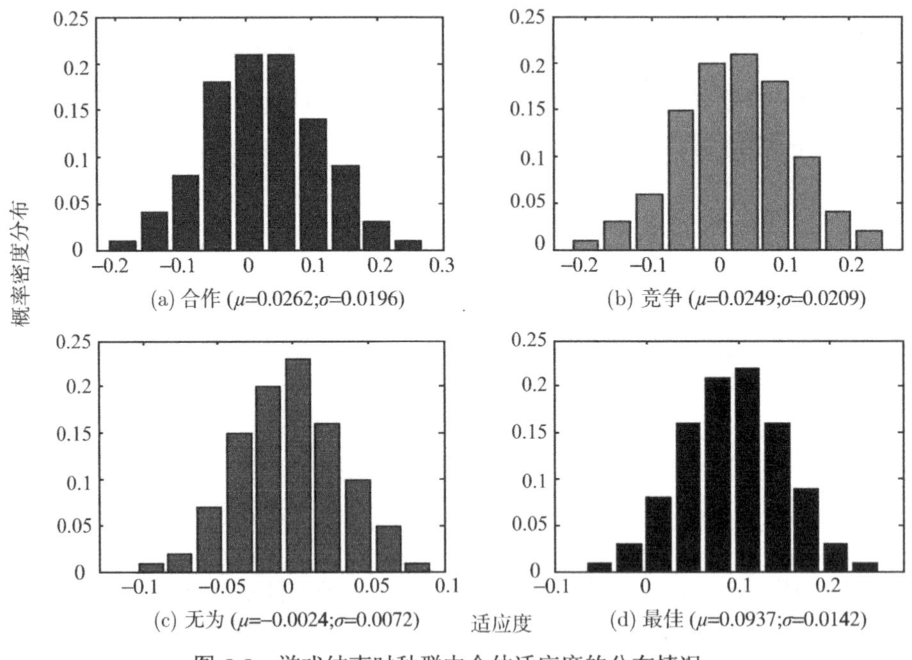

图 3.3 游戏结束时种群中个体适应度的分布情况

进一步分析该群体博弈模型的输赢机理，对种群而言，A 博弈是零和游戏 (不论 3 种方式中的何种方式)，不影响种群平均适应度，对种群中的任一个体而言，B 游戏为负博弈，那为什么零和博弈和负博弈相结合会产生赢的效果呢 (不包括无为方式)？我们仔细分析 B 博弈，分支一赢的概率为 $p_1=0.1-\varepsilon$，很低，分支二赢的

概率为 $p_2=0.75-\varepsilon$，很高，如果想要赢，就必须让群体中的个体在被挑选玩 B 博弈时，尽量多玩分支二，增加赢的机会。根据 1.2.4.3 节 B 博弈的分析结果，当模数 M=3 时，可得玩分支一的平稳分布概率为 $\pi_0=\dfrac{1-p_2+p_2^2}{3-2p_2-p_1+2p_1p_2+p_2^2}$，玩分支二的平稳分布概率为 $1-\pi_0$，将 $p_1=0.1-\varepsilon$，$p_2=0.75-\varepsilon$，ε=0，代入计算可得到 B 博弈收益公平时的理论值 (列于表 3.1)。表 3.1 还列出了仿真分析过程中玩 B 博弈时其分支一与分支二所占比例。从表 3.1 可看出合作和竞争方式导致种群平均适应度为正的原因，因为提高了玩 B 博弈分支二的比例。那么，对个体而言，是否存在最佳行为方式呢？因为，到目前为止，我们分析的都是强加于群体的行为方式。群体中的所有个体要么竞争，要么合作或无为，我们没有赋予群体中的个体在进行 A 博弈时自主选择行为方式的权利。如果我们赋予个体这个权利，那么个体就存在最佳行为方式，即当个体 i 在被选择玩 A 博弈时，如果其资金不是 3 的倍数就选择无为，否则就选择竞争 (当然选择合作在群体适应度方面的效果与竞争基本一致，竞争只是个体理性的体现)。这无疑是最好的行为方式，因为这种方式可以保证个体在被选择玩 B 博弈时，玩分支二的机会增大。图 3.2、图 3.3 和表 3.1 都显示了这种最佳行为方式的优势。当然，这是游戏异步的结果，即每轮博弈只选择一对个体 (A 博弈) 或一个个体进行 (B 博弈)，这种异步游戏存在一个矛盾，即当主体 i 和客体 j 的行为方式不一致时，如何进行 A 博弈，我们在上述图 3.2 的仿真计算中假设主体 i 的行为方式具有决定权。如果我们将游戏设计为同步，并且根据集体决定的结果来决定所有个体在同步进行一轮 A 博弈时的行为方式，那么将出现一种新的悖论情形。

表 3.1 玩 B 博弈时其分支一与分支二所占比例

比例	公平游戏的理论值	合作	竞争	无为	最佳
分支一	5/13	0.3363	0.3355	0.3836	0.2303
分支二	8/13	0.6637	0.6645	0.6164	0.7697

3.2.5 同步游戏模型

3.2.5.1 模型结构

考虑由 N 个个体组成的种群，模型的动力学过程为：首先随机选择进行 A 博弈 (概率 γ) 或者 B 博弈 (概率 $1-\gamma$)。当进行 A 博弈时，根据集体决定的结果决定行为方式 (竞争或无为)，一旦行为方式确定，群体中的所有个体两两随机配对同步玩一次 A 博弈。当进行 B 博弈时，群体中的所有个体均同步玩一次 B 博弈。

由于在同步游戏的任意 t 步，所有个体均参与博弈，因此同步状态下种群平均

适应度为

$$\bar{d}(t) = \frac{\left(\sum_{i=1}^{N} W_i(t)/N\right)}{T} \tag{3-4}$$

在进行 A 博弈时，我们考虑三个可以达到这个集体决定的策略。(a) 随机策略，竞争和无为方式以相等的概率被随机的选择。(b) 周期策略，A 博弈的行为方式以一个特定的序列被选择。我们这里用了两种序列 ICC(即无为 - 竞争 - 竞争) 和 IIC(即无为 - 无为 - 竞争)。(c) 多数决定原则 (MR) 策略，每一个参与人选择能使他们得到最大收益的那个行为方式，哪个行为方式获得了最高的选票就所有人都采取那种行为方式。

这个模型和 Dinis[1] 提出的投票悖论有相似之处。MR 策略充分利用了系统状态的信息，而周期或随机策略却没有。我们或许会期望产生一个非常好的收益。但是，对于 N 个参与人的同步游戏，图 3.4 的结果显示周期或随机策略产生稳定的赢而 MR 策略却稳定的输。

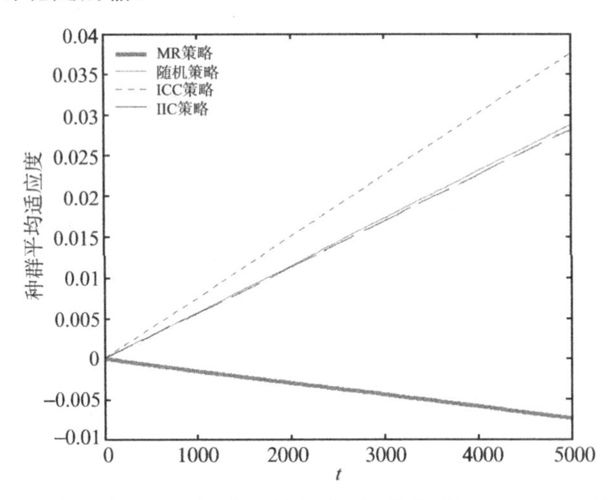

图 3.4　不同行为策略的种群适应度 $\bar{d}(t)$ 的变化图 (博弈时间 T=5000，种群规模 N=100，随机选择玩 A 博弈的概率 γ=0.5。B 博弈的参数 $p_1 = 0.9 - \varepsilon$，$p_2 = 0.75 - \varepsilon$，$\varepsilon = 0.005$。游戏样本数为 100)(后附彩图)

解释这个系统行为的关键在于 $\pi_0(t)$，即在 t 时刻时所有参与人资金数量是 3 的倍数的比率。这个比率 $\pi_0(t)$ 决定了玩 A 博弈时的 MR 策略。如果 $\pi_0(t) \geqslant 1/2$，就会有更多的人在玩 A 博弈时选择竞争方式；如果 $\pi_0(t) < 1/2$，更多的人就会倾向于在玩 A 博弈时选择无为方式。

图 3.5 显示了游戏中 $\pi_0(t)$ 的变化特征和 MR 策略情况。现在我们来解释 MR 策略为什么能产生比周期或随机策略更糟的结果。我们知道，只要 $\pi_0(t)$ 超过 1/2，

那么进入 A 博弈就会选择竞争方式，但是，玩竞争方式使得 $\pi_0(t)$ 渐渐接近于 1/3(比 1/2 小)，因为在竞争方式下资金是对称和均匀的随机游动的，如果 $\pi_0(t)$ 小于 1/2，那么进入 A 博弈就会选择无为方式，而无为方式对 $\pi_0(t)$ 不产生影响；另一方面，当群体玩 B 博弈时，$\pi_0(t)$ 渐进的接近于 5/13($\varepsilon = 0$ 时)，也比 1/2 小，这样，在许多次游戏之后，$\pi_0(t)$ 将稳定的小于 1/2(图 3.6 显示了游戏每一步 $\pi_0(t)$ 的变化)，因此进行 A 博弈时将会有多于一半的参与人会选择无为方式，A 博弈的 MR 策略陷入了永远玩无为方式的陷进中，这样，就使得 A 博弈形同虚设，群体在被选择玩 A 博弈时等于没玩，因此，群体一直在玩 B 博弈，当博弈 B 为一个负的游戏时 (如 $\varepsilon = 0.005$), MR 策略将不会产生一个赢的收益。

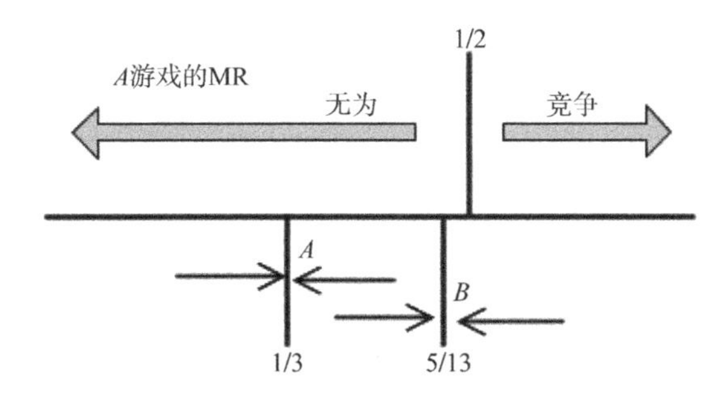

图 3.5 游戏中 $\pi_0(t)$ 的变化特征

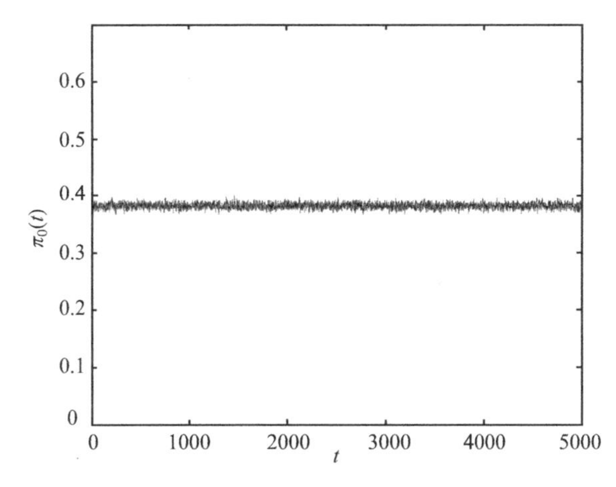

图 3.6 MR 策略中 $\pi_0(t)$ 的变化图 (博弈时间 T=5000，种群规模 N=100，随机选择玩 A 博弈的概率 γ=0.5。B 博弈的参数 $p_1 = 0.1 - \varepsilon$，$p_2 = 0.75 - \varepsilon$，$\varepsilon = 0.005$)

为了克服这种输的趋势，所有参与人必须牺牲他们的最佳行为方式，这不仅仅是为了整个群体的利益，也是为了他们未来的收益。

3.2.5.2　群体规模的影响

在这一节里，我们分析小群体赢和大群体输之间的转型。图 3.7 显示了群体规模在 4 到 1000 之间变化时的种群平均适应度。我们可以看出，种群规模越大，MR 策略表现的越差。另一方面，当 N 为 4 时，游戏的收益甚至好于随机策略。

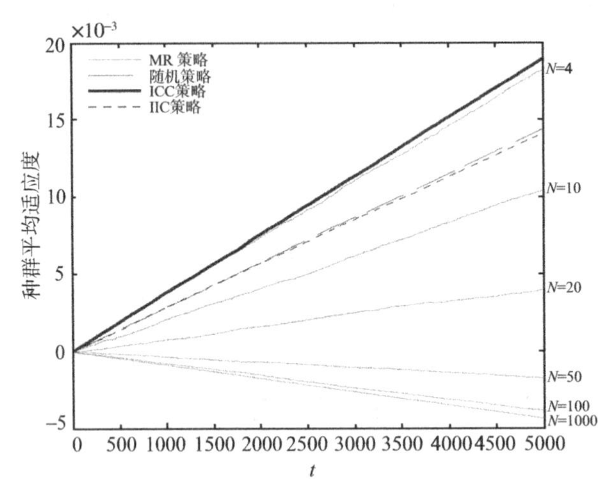

图 3.7　种群平均适应度 $\bar{d}(t)$ 计算结果 (针对 MR 策略，群体规模 N=4, 10, 20, 50, 100 和 1000。对于随机和周期策略来说，结果不依赖于种群规模)(后附彩图)

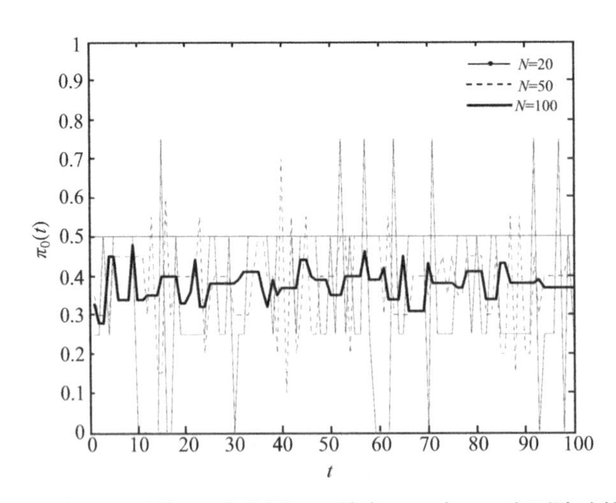

图 3.8　$N = 20$、50 和 100 时的 π_0 变化图 (N 越大，π_0 在 0.5 上面波动的概率非常小，采取竞争方式玩博弈 A 的概率是也相应小。如 N=100 时波动使得 π_0 大于 0.5 的机率几乎为零，采取竞争方式玩博弈 A 基本上不被选择到)

大小种群规模 N 之间的不同在于 $\pi_0(t)$ 在期望值周围的波动幅度不一样。如果在一组游戏中 B 博弈被玩了很多次，$\pi_0(t)$ 的期望值是 $5/13(\varepsilon=0$ 时)。另一方面，除非 $\pi_0(t)>1/2$，否则 MR 策略会使得一直在玩 B 博弈 (MR 策略使得群体在被选择玩 A 博弈时采取无为方式，这样，A 博弈等于没玩)。因此在进行 A 博弈时采取无为方式的波动范围是 $1/2-5/13=3/26$。对于 N 个参与者来说，资本是 3 倍数的比率 $\pi_0(t)$ 是服从二项式分布的随机变量，如果 $\pi_0(t)$ 的期望值是 5/13，那么 $\pi_0(t)$ 在这个值周围的波动遵循 $\sqrt{5/13\times 8/13\times 1/N}$。如果 N=20，这个波动允许 MR 策略在玩 A 博弈时选择竞争方式 ($\sqrt{5/13\times 8/13\times 1/20}$ 接近 3/26)。如果 N 远大于 20，波动使得 $\pi_0(t)>1/2$ 的几率非常小。因此，游戏序列几乎一直以 B 博弈进行，这可在图 3.8 中看出。

3.2.5.3 玩 A 博弈概率 γ 对游戏结果的影响

现在我们分析玩 A 博弈概率 γ 对游戏结果的影响。图 3.9 显示，对于周期和随机策略，γ 大约为 0.5 时，种群平均适应度最大，说明 A 博弈和 B 博弈之间的切换频率高可以产生好的结果。如果 γ 过小 (小于 0.15)，即玩 B 博弈的频率大，将导致种群平均适应度为负。图 3.10 显示了玩 A 博弈概率 γ 对不同群体规模下 MR 策略游戏结果的影响，在群体规模较小时，同样存在着 γ=0.5 时，种群平均适应度最大以及 γ 过小 (小于 0.15) 导致种群平均适应度为负的现象。另外，图 3.10 还显示，随着群体规模的增大，单峰的曲线逐渐过渡为单调上升的近似直线。

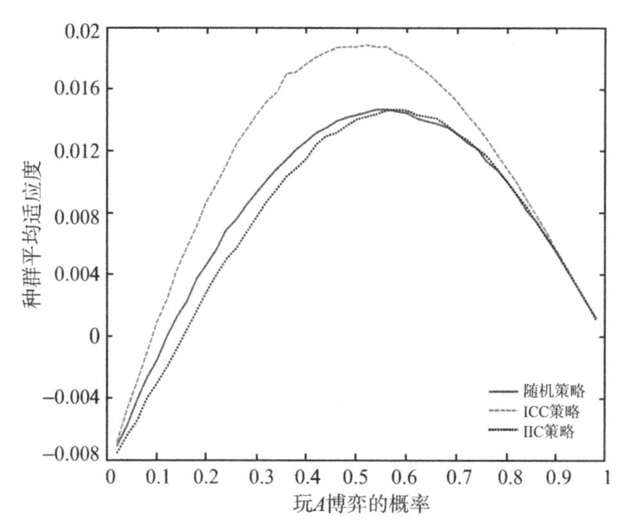

图 3.9 玩 A 博弈的概率 γ 对种群平均适应度的影响

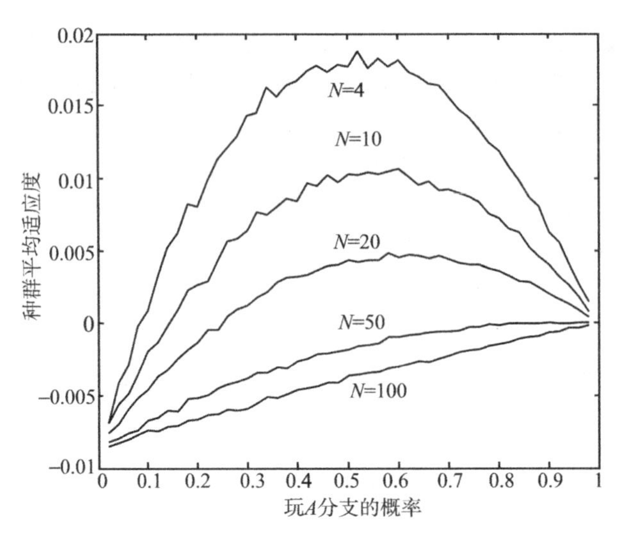

图 3.10　$N = 4, 10, 20, 50$ 和 100 时玩 A 博弈概率 γ 对 MR 策略的影响

3.2.5.4　**独裁者策略**

在参考文献 [3] 中，Parrondo 引进了在集体游戏中由单一的玩家做出游戏选择或独裁的策略。本书也采取这一思路，利用这种单一的玩家 (独裁者) 做出玩 A 博弈时的行为选择，即当独裁者的资本能被 M 整除时采取竞争方式，不能被 M

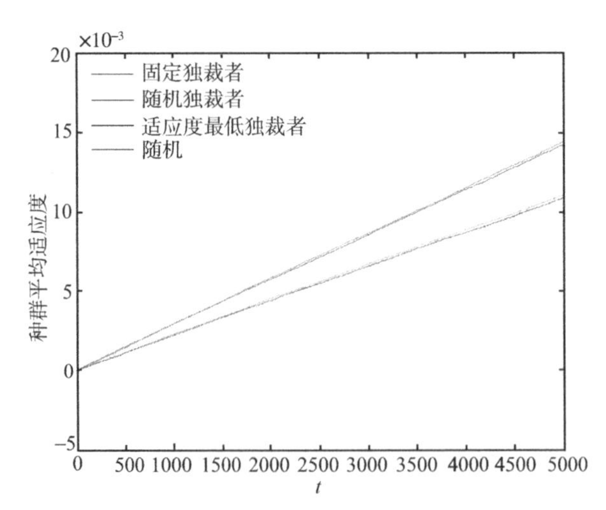

图 3.11　独裁者方式的种群平均适应度 $\bar{d}(t)$ 的变化图 (群体规模 N=100。为了对比，图中还显示了图 3.4 中随机策略的计算结果)(后附彩图)

整除时采取无为方式，而剩余的玩家 (“公民”) 必须接受他的行为抉择，采取同样

的行为方式玩 A 博弈。对于独裁者的挑选，我们采取了 3 种方式：固定独裁者方式、每轮博弈随机选择独裁者以及一种“扶弱”方式 (这种方式由适应度最低的个体决定游戏策略，直到他成为适应度最高者后再重新挑选另外一个适应度最低的个体取代上个独裁者)。计算仿真结果如图 3.11 所示。图 3.11 的结果显示采用独裁者决定群体行为方式的策略可以产生稳定的赢，因此，在某些时候，独裁比民主更利于群体发展。其中每轮随机选择独裁者方式的种群平均适应度最大，与随机策略大致相等。原因是在 A 游戏中独裁者的不停变化实际造成了类似随机策略的效果。

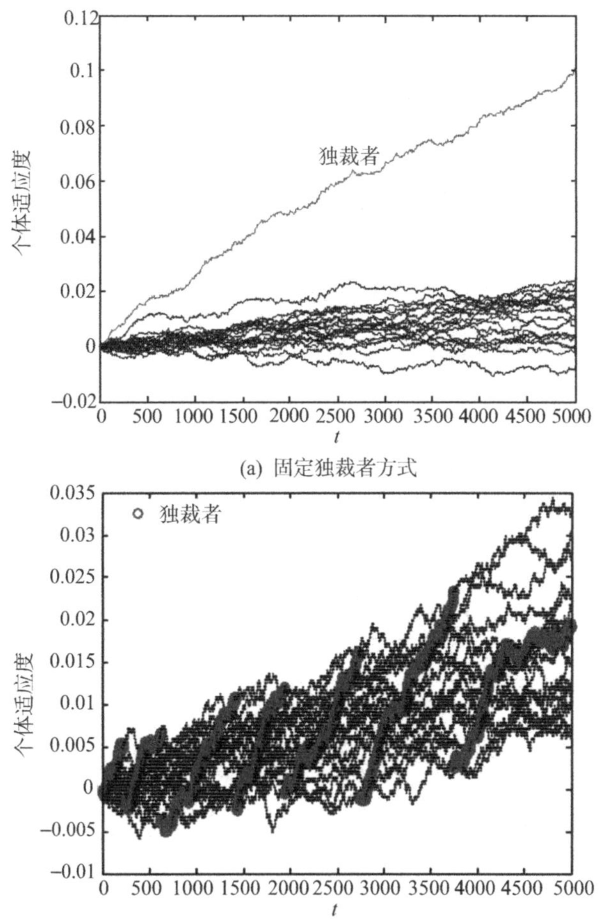

(a) 固定独裁者方式

(b) 扶弱方式选择独裁者 (独裁者不固定, 由适应度最低的个体作为独裁者, 直至他成为适应度最高者后重新挑选另外一个适应度最低的个体取代上个独裁者)

图 3.12 独裁者和“公民”的适应度变化图 (20 个参与者，19 个公民和一个独裁者)(后附彩图)

图 3.12 反映了独裁者和“公民”的收益变化情况。在固定独裁者策略中，对单一个体的独裁者来说，从他选择最优策略开始，资本增长得很快。对于剩余个体来

说，行为方式的选择不依赖于他们的资本状态，因此他们按照给定的游戏模式进行博弈。对于“扶弱”方式选择独裁者，可明显看出适应度最低的个体从被选择为独裁者后，其适应度逐渐上升并成为群体中的最高者，以及独裁者的更替情况。

3.3 依赖历史的群体 Parrondo 博弈中多数决定策略分析

Dinis 和 Parrondo 基于依赖资本的 Parrondo 博弈最初版本，研究了群体 Parrondo 博弈中多数决定策略问题，发现存在“投票悖论”现象，对个体“最有利的”游戏方式将导致群体收益稳定的输。同时，他们也分析了依赖历史的 Parrondo 博弈版本，发现同样存在“投票悖论”现象。我们在上一节中，引入 Toral 的群体 A 博弈版本，设计了一种生物群体 Parrondo 博弈模型，其中 B 博弈采用了依赖资本的结构形式，对此模型的研究结果显示，同样存在“投票悖论”现象，即对种群中大多数人而言的最佳行为模式对于种群而言并不有利。在本节中，我们将采用依赖历史的 B 博弈结构形式，探讨是否存在“投票悖论”现象。

3.3.1 依赖历史的群体 Parrondo 博弈模型

根据 Parrondo[5] 提出的博弈 B 的历史相关版本和 R.Toral [4] 提出的 A 博弈版本，本书设计一种依赖历史的群体博弈模型，如图 3.13 所示。

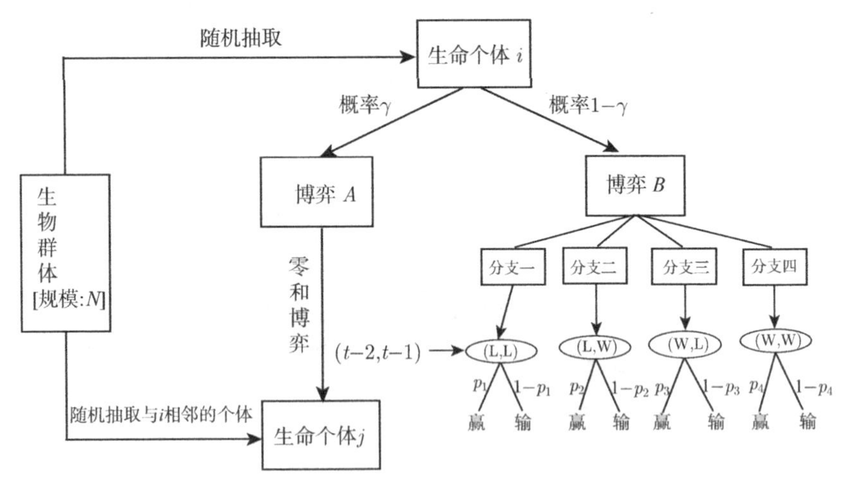

图 3.13 依赖历史的群体 Parrondo 博弈模型

模型由两个博弈组成：①A 博弈是一个零和游戏，博弈关系设置为：竞争和无为方式。用来反映个体之间的作用关系；②B 博弈反映游戏历史对个体的作用。考虑由 N 个个体组成的种群，模型的动力学过程为：随机选择个体 i(称作主体) 进行博弈，个体 i 随机选择进行 A 博弈 (概率 γ) 或者 B 博弈 (概率 $1-\gamma$)。当进行 A

博弈时，还需从与 i 节点相连的节点中 (本节采取全连通网络) 随机选择个体 j(称作受体)。主体 i 与受体 j 之间 A 博弈的具体形式由两者之间的作用关系决定。

3.3.2 计算仿真及分析

仿真时种群规模 N=100，初始资本 C_0=500，游戏时间 T=20000，博弈 B 的参数取值为：$p_1 = 0.9 - \varepsilon$，$p_2 = p_3 = 0.25 - \varepsilon$，$p_4 = 0.7 - \varepsilon$，$\varepsilon = 0.005$(参数满足式 (1-19) 中 B 博弈为负博弈条件)。游戏开始前，随机分布个体前 2 轮游戏的历史输赢情况。游戏重复玩 20 次，以 20 次游戏结果的平均值作图。图 3.14 为博弈过程中种群平均适应度 $\bar{d}(t)$ 的变化情况，从图中可以观察到竞争行为方式可有效促进种群的发展 (正收益)，完全由无为个体组成的种群将被自然淘汰 (负收益)。

对种群而言，A 博弈是零和游戏 (不论 2 种方式中的何种方式)，不影响种群平均适应度，对种群中的任一个体来说，B 游戏为负博弈，只会降低种群平均适应度，如何使零和博弈和负博弈相结合会产生赢的效果呢？我们进一步分析图 3.14 所示群体博弈模型的输赢机理，仔细观察 B 博弈，分支一赢的概率为 $p_1 = 0.9 - \varepsilon$，分支四赢的概率为 $p_4 = 0.7 - \varepsilon$，都很高，分支二和分支三赢的概率为 $p_2 = p_3 = 0.25 - \varepsilon$，很低。如果想要赢，就必须让群体中的个体在进入 B 博弈时，尽量多玩分支一和分支四，以增加赢的概率。

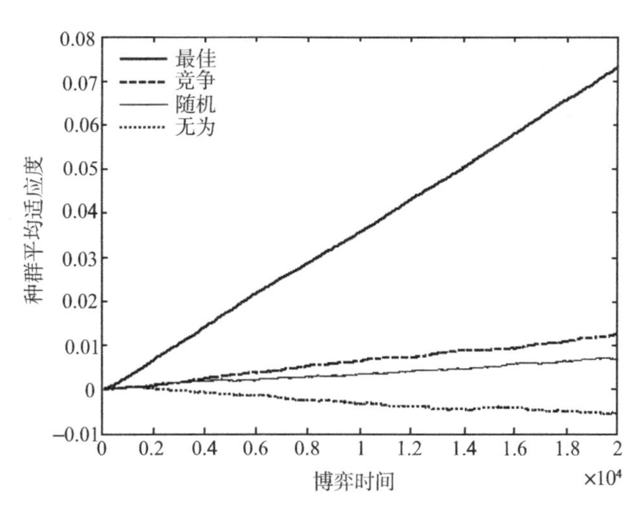

图 3.14 异步游戏的种群平均适应度 $\bar{d}(t)$ 的变化情况 (随机玩 $A + B$ 博弈，其中选择玩 A 博弈的概率 $\gamma = 0.5$)

对群体中的个体而言，如果赋予他们在进行 A 博弈时自主选择行为方式的权利，那么个体就存在最佳行为方式，即当个体 i 在被选择玩 A 博弈时，如果其前两次游戏的输赢状态是 (L，L) 和 (W，W)，则在 A 博弈中玩无为，否则玩竞争。这无疑是最好的行为方式，因为这种方式可以增加进入 B 博弈后玩分支一和分支四的概率。图 3.14 显示了这种最佳行为方式的优势 (为了进行对比，我们还设置了随机方式，即竞争和无为方式以相等的概率随机的被个体选择)。当然，这是游戏异步的结果，即每轮博弈只选择一对个体 (A 博弈) 或一个个体进行 (B 博弈)，这种异步游戏存在一个矛盾，即当主体 i 和客体 j 的行为方式不一致时，如何进行 A 博弈，我们在图 3.14 的仿真计算中假设主体 i 的行为方式具有决定权。如果我们将游戏设计为同步，并且根据集体决定的结果来决定所有个体在同步进行一轮 A 博弈时的行为方式，那么是否会出现 “投票悖论” 情形呢？

3.3.3　同步游戏分析

采用本书模型进行同步游戏分析。在进行 A 博弈时，我们考虑四个可以达到这个集体决定的策略。(a) 随机策略，竞争和无为方式以相等的概率随机的被选择。(b) 周期策略，A 博弈的行为方式以一个特定的序列被选择。我们这里用了两种序列 ICC(即无为 – 竞争 – 竞争) 和 IIC(即无为 – 无为 – 竞争)。(c) 多数决定原则 (MR) 策略，每一个参与人选择能使他们得到最大收益的那个行为方式，哪个行为方式获得了最高的选票就所有人就采取那种行为方式。(d) 竞争策略，所有参与者都采取竞争方式。

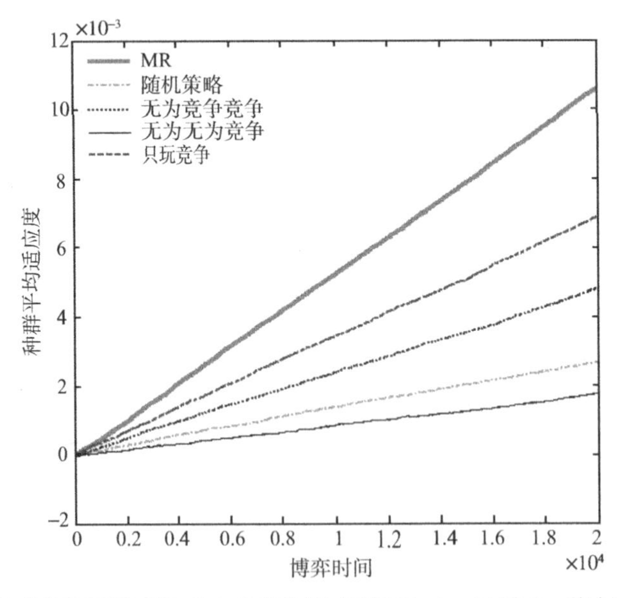

图 3.15　同步游戏的种群适应度 $\bar{d}(t)$ 的变化图 (随机玩 $A+B$ 游戏，其中选择玩 A 游戏的概率 γ=0.5)(后附彩图)

在 3.2 节中，图 3.4 的结果显示周期或随机策略产生稳定的赢而 MR 策略却稳定的输，并且在 Dinis[1] 的研究结果中，对于依赖历史的 Parrondo 博弈版本同样存在“投票悖论”现象。但是对于本书依赖历史的群体 Parrondo 博弈模型，MR 策略却表现的比周期、随机或竞争策略都要好，如图 3.15 所示，没有出现“投票悖论现象”，这个结果与 Dinis[1] 的研究结论不一致。下面我们就来分析一下本书依赖历史的群体 Parrondo 博弈模型没有出现“投票悖论现象”的原因。

我们定义 $\tilde{\pi}(t)$ 为群体中 $t-2$ 和 $t-1$ 时刻输赢状态是 (L，W) 和 (W，L) 的个体数所占比率。这个比率 $\tilde{\pi}(t)$ 决定了玩 A 博弈时的 MR 策略。如果 $\tilde{\pi}(t) \geqslant 1/2$，就会有更多的人在玩 A 博弈时选择竞争方式；如果 $\tilde{\pi}(t) < 1/2$，更多的人就会倾向于在玩 A 博弈时选择无为方式。

图 3.16 系统的描绘了游戏中 $\tilde{\pi}(t)$ 的变化趋势，同样也描绘了 MR 策略情况。现在我们来解释 MR 策略为什么能产生比周期或随机策略更好的结果。进入 A 博弈后，只要 $\tilde{\pi}(t)$ 大于 1/2，就会选择竞争方式。而竞争方式使 $\tilde{\pi}(t)$ 逐渐接近于 1/2，因为在竞争方式下资金是对称和均匀的随机游动的。如果 $\tilde{\pi}(t)$ 小于 1/2，那么进入 A 博弈就会选择无为方式，而无为方式对 $\tilde{\pi}(t)$ 不产生影响。另一方面，当群体玩 B 博弈时，$\tilde{\pi}(t)$ 逐渐接近于 6/11 (当参数取 $p_1 = 9/10-\varepsilon$，$p_2 = p_3 = 1/4-\varepsilon$，$p_4 = 7/10-\varepsilon$，$\varepsilon = 0$ 时，根据第 1 章中式 (1-17) 可得博弈 B 的四个分支的平稳分布概率为 $\pi_1 = 5/22$，$\pi_2 = 6/22$，$\pi_3 = 6/22$，$\pi_4 = 5/22$，因此，$\tilde{\pi}(t) = \pi_2 + \pi_3 = 6/11$)，而 6/11 是大于 1/2 的。所以多次游戏以后，$\tilde{\pi}(t)$ 会稳定地大于 1/2，进而导致多于一半的个体进入 A 博弈后选择竞争方式。这与图 3.5 中依赖资本模数 M 的情形完全不同，当 B 博弈为依赖资本模数情形时，A 博弈的 MR 策略将导致玩无为方式，最终产生输的结果；而当 B 博弈为依赖历史情形时，A 博弈的 MR 策略将导致玩竞争方式，最终产生赢的结果。

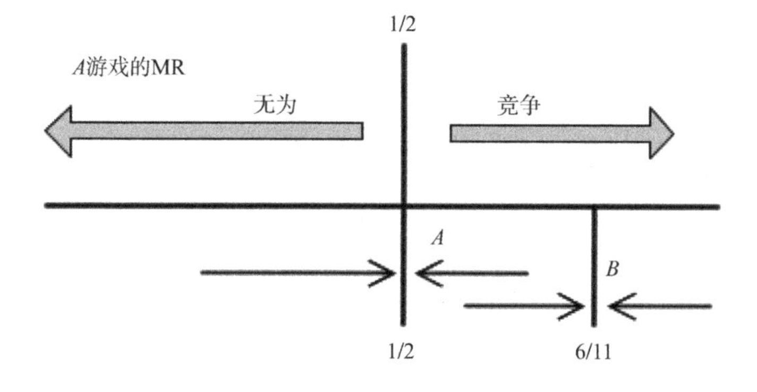

图 3.16 游戏中 $\tilde{\pi}(t)$ 的变化特征

3.3.4　同步游戏群体规模的影响

图 3.17 显示了群体规模 N 对 MR 策略计算结果的影响，N 越小，MR 策略的计算结果越好。具体原因是：种群规模 N 的大小决定了 $\tilde{\pi}(t)$ 在期望值附近的波动范围。对于 N 个个体来说，如果期望值 $\tilde{\pi}(t)$ 是 6/11，期望值会在 $\sqrt{6/11\times5/11\times1/N}$ 附近波动。所以 A 博弈中 MR 策略选择无为方式 ($\tilde{\pi}(t)<1/2$) 时，$\sqrt{6/11\times5/11\times1/N}$ 的波动会大于 $6/11-1/2=1/22$。这样，当 N 小于 120 时，进入 A 博弈后波动会使 MR 策略选择无为方式。而在玩博弈 A 时，无为方式和竞争方式之间有效的切换有利于群体收益，因此，当 N 越小时，这种切换的机会越多，因此收益也越好。当 N 的规模很大时，波动使 $\tilde{\pi}(t)$ 小于 1/2 的的几率非常小 (图 3.18)。这样 MR 策略会使 A 博弈一直陷入竞争方式。从图 3.17 可看出，MR 策略的收益随着群体规模 N 的增大而减小，并最终趋向于博弈 A 一直采用竞争方式的游戏结果。

针对博弈 B 取依赖历史的情形，本书结果与文献 [1] 结果不同的原因是：本书中的 MR 策略使得玩博弈 A 时陷入竞争方式，而游戏序列本身未变 (即玩 A 博弈的概率是 γ，玩 B 博弈的概率是 $1-\gamma$)，最差的结果等价于一直以竞争方式玩 A 博弈 (图 3.19)，而这种方式的结果是赢的。文献 [1] 中的 MR 策略使得系统陷入玩博弈 A 的困境，而博弈 A 本身是负博弈，因此 MR 策略的结果是输的。

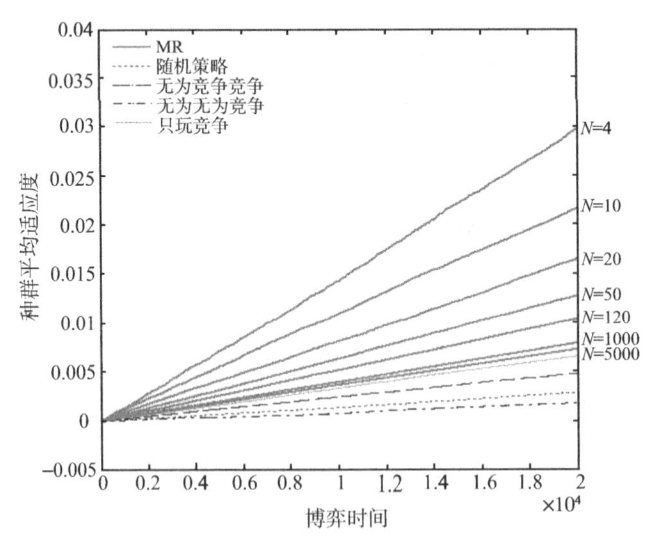

图 3.17　$N=4,10,20,50,120,1000$ 和 5000 时的种群平均适应度 $\bar{d}(t)$ 仿真图 (随机玩 $A+B$ 博弈，其中选择玩 A 博弈的概率 γ=0.5。对于随机和周期策略来说，结果不依赖于种群规模)(后附彩图)

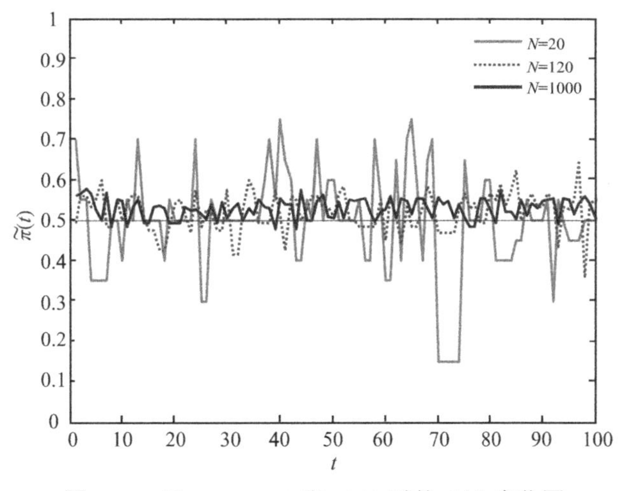

图 3.18 $N=20$、120 和 1000 时的 $\tilde{\pi}(t)$ 变化图

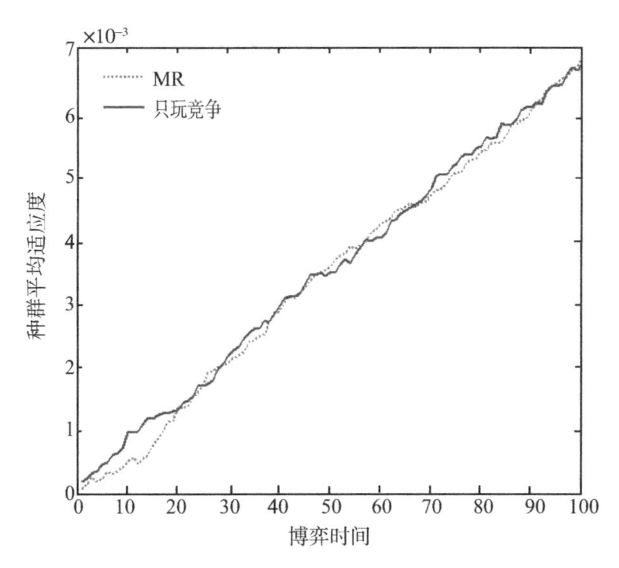

图 3.19 A 博弈采取 MR 策略和只采取竞争方式的比较图 (N=1000000，博弈时间 T=100，取 10 个样本，最后输出 10 个样本的平均值。随机玩 $A+B$ 博弈，其中选择玩 A 博弈的概率 γ=0.5)

3.3.5 同步游戏时玩 A 博弈的概率 γ 对游戏结果的影响

现在我们分析玩 A 博弈的概率 γ 对游戏结果的影响。图 3.20 显示，对于周期和随机策略，γ 大约为 0.7 时，种群平均适应度最大，说明 A 博弈和 B 博弈之间

的切换频率高可以产生好的结果。如果 γ 过小 (小于 0.3)，即玩 B 博弈的频率大，将导致种群平均适应度为负。图 3.21 显示了玩 A 博弈概率 γ 对不同群体规模下 MR 策略游戏结果的影响，在群体规模较小时，同样存在着 γ=0.6 时，种群平均适应度最大以及 γ 过小 (小于 0.2) 导致种群平均适应度为负的现象。

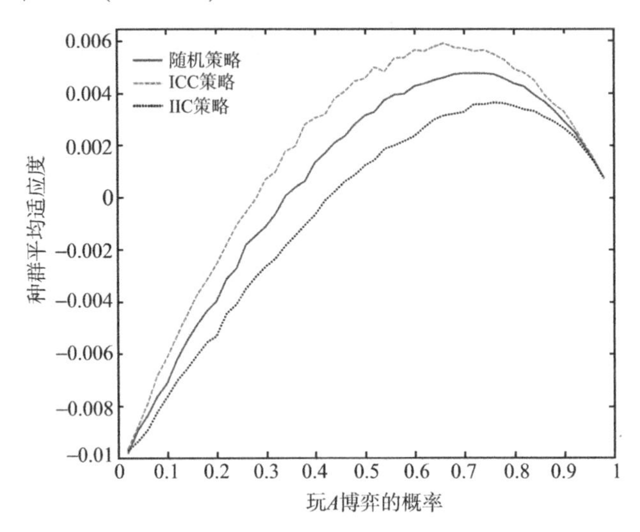

图 3.20　玩 A 博弈的概率 γ 对种群平均适应度的影响

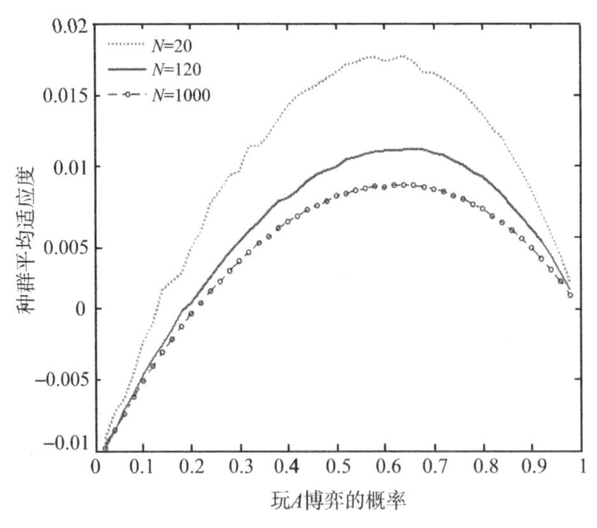

图 3.21　玩 A 博弈的概率 γ 对 MR 策略的影响 (N=20，120 和 1000)

3.4 本 章 小 结

自从 John Maynard Smith 首次把博弈理论应用到生物领域后，博弈模型开始在生态和社会科学方面去解释群体中个体的社会行为。Dinis 和 Parrondo 研究了群体 Parrondo 博弈中短期优化和多数决定策略 (即投票悖论) 问题，发现对个体“最有利的”游戏方式将导致群体收益稳定的输。本章在此基础上开展了以下研究。

(1) 设计了依赖资本的群体 Parrondo 博弈模型，体现了个体生存和进化过程的两种博弈关系：① 个体之间的零和博弈 (A 博弈)。A 博弈反映个体之间的竞合关系，我们设置了合作、竞争和无为等 3 种行为方式；②个体与环境之间的负博弈 (B 博弈)。B 博弈具有特殊结构，即根据模数 M 的整除关系产生两个分支。模型的计算机仿真分析结果表明：①合作与竞争均为适应性行为，均可有效促进种群的发展 (正收益)。②如果赋予个体在进行 A 博弈时可以选择行为方式，那么个体就存在最佳行为模式，即当个体玩 A 博弈时，如果其资金不是模数 M 的倍数就选择无为，否则就选择竞争。异步游戏的计算仿真结果显示了最佳行为方式的得益最高。③当游戏设计为同步时，根据多数决定原则 (MR) 策略决定群体行为方式 (竞争或无为)，一旦行为方式确定，群体中的所有个体两两配对同步玩一次 A 博弈。虽然 MR 策略充分利用了系统状态的信息，但是，MR 策略却使种群的平均适应度为负。这是一种由 Parrondo 博弈模型衍生出的新的悖论情形，即对种群中大多数人而言的最佳行为模式对于种群而言并不有利。④分析了种群规模 N 对投票悖论结果的影响，当 N 接近或小于 20 时，MR 策略仍然是赢的。⑤研究了由单个个体或者独裁者决定的群体行为方式。研究结果显示，独裁者的决定有时要比民主决策更有利于群体发展。

以上的研究结果与 Dinis 和 Parrondo 对“投票悖论”问题的研究结论一致，但值得强调的是本书模型与 Dinis、Parrondo 的模型不同。在 Dinis 和 Parrondo 的模型中，博弈 A 和博弈 B 都是个体版本，只是在投票决定游戏方式时才引入集体的概念。而本章直接引入 Toral 的群体 A 博弈版本，使集体的概念在模型中得以体现，使得集体投票环节更为顺理成章。

(2) 在依赖资本的群体 Parrondo 博弈模型的基础上，本章又建立了依赖历史的群体 Parrondo 博弈模型。其中 B 博弈具有特殊结构，B 博弈根据前两轮游戏历史的输赢状态产生四个分支，本章将博弈 B 四个游戏分支的赢的概率取值为：$p_1 = 0.9 - \varepsilon$，$p_2 = p_3 = 0.25 - \varepsilon$，$p_4 = 0.7 - \varepsilon$，$\varepsilon$=0.005。模型的计算机仿真分析结果表明：①如果赋予个体在进行 A 博弈时可以选择行为方式，那么个体就存在最佳行为模式。即：如果前两次游戏的输赢状态是 (W,L) 和 (L,W) 就选择竞争方式，否则选择无为方式。②当游戏设计为同步，根据多数决定原则 (MR) 策略决

定群体行为方式 (竞争或无为)，一旦行为方式确定，群体中的所有个体两两配对同步玩一次 A 博弈。由于 MR 策略充分利用了系统状态的信息，MR 策略表现得比周期、随机或竞争策略都要好，没有出现 “投票悖论” 现象，即对种群中大多数人而言的最佳行为模式对于种群而言也是有利的。因此，这一结论完全不同于本书上面所建依赖资本的群体 Parrondo 博弈模型的研究结论，即存在 “投票悖论现象”；也不同于 Dinis 的研究结论，即对于依赖历史的 Parrondo 博弈版本同样存在 “投票悖论” 现象。

本书依赖历史 (无 “投票悖论” 现象) 与依赖资金 (有 “投票悖论” 现象) 的群体 Parrondo 博弈模型结论不同的原因是：当 B 博弈为依赖资本情形时，A 博弈的 MR 策略将导致玩无为方式，最终产生输的结果；而当 B 博弈为依赖历史情形时，A 博弈的 MR 策略将导致玩竞争方式，最终产生赢的结果。

在 Dinis[1] 的研究结果中，对于依赖历史的 Parrondo 博弈版本同样存在 “投票悖论” 现象。但是对于本章所建依赖历史的群体 Parrondo 博弈模型，MR 策略却表现得比周期、随机或竞争策略都要好，没有出现 “投票悖论现象”，这个结果与 Dinis 的研究结论不一致。本章详细分析了结论不一致的原因 [6]：①博弈 A 的结构不一样，在 Dinis 的模型中，博弈 A 是个体版本；在本章模型中博弈 A 是群体版本。②MR 策略的投票标的不一样，在 Dinis 的模型中，投票选择的是游戏形式，即玩博弈 A 或博弈 B；而在本章模型中，投票选择的是玩博弈 A 时采取何种行为方式，即采取竞争方式或无为方式。③游戏的实际进程不一样。在 Dinis 的研究中，MR 策略使得系统游戏进程陷入玩博弈 A 的困境，而博弈 A 本身是负博弈，因此 MR 策略的结果是输的；在本章中，MR 策略使得玩博弈 A 时陷入竞争方式，而游戏进程和序列本身未变 (即玩 A 博弈的概率是 γ，玩 B 博弈的概率是 $1-\gamma$)，最差的结果等价于一直以竞争方式玩 A 博弈 (图 3.19)，而这种方式的结果是赢的。

本章参考文献

[1] Dinis L, Parrondo J M R. Inefficiency of voting in Parrondo games. Physica A, 2004, 343:701–711.

[2] Dinis L, Parrondo J M R. Optimal strategies in collective Parrondo games. Europhys. Lett, 2003, 63: 319–325.

[3] Parrondo J M R, Dinis L, Torano E G, Sotillo B. Collective decision making and paradoxical games. Eur. Phys. J. Special Topics, 2007, 143: 39–46.

[4] Toral R. Capital redistribution brings wealth by Parrondo's paradox.Fluctuation and Noise Letters, 2002, 2:305–311.

[5] Parrondo J M R, Harmer G P, Abbott D. New paradoxical games based on Brownian ratchets. Physical Review Letters, 2000, 85:5226–5229.

[6] Xie N G, Guo J Y, Ye Y, Wang C, Wang L. The paradox of group behaviors based on Parrondo's games. Physica A, 2012, 391 (23):6146–6155.

第4章　网络 Parrondo 博弈

4.1　引　　言

研究群体博弈的传统方法通常假设个体是均匀混合的 (简称全连通)，即群体中的任何一个个体都以同样的概率和其他个体相遇并进行博弈，然而现实中的生物个体的接触范围总是有限的，由此组成的群体具有一定的空间分布或者空间结构，在理论分析上将这种空间分布抽象为有一定拓扑结构的网络，常见的网络结构有规则格子、随机网络、小世界网络和无标度网络，同时，也有研究者采用 Bethe 树和具有三角形重叠结构的随机规则网络。在群体网络博弈中，个体占据网络中的节点，且仅与有边连接的其他节点个体发生博弈。由于网络结构被认为是影响个体行为的关键性因素之一, 因此，网络博弈被加以关注和研究，目前网络博弈研究主要集中在以下 3 个方向 [1-6]：①针对特定的博弈模型，研究各类网络拓扑结构对博弈结果的影响；②针对特定网络结构，分析各种博弈模型和策略动态演化规则，揭示竞合行为的适应性；③考虑网络结构与动态策略的协同演化，研究群体合作行为与交互结构的共同涌现现象。本章主要研究基于网络的群体 Parrondo 博弈。

4.2　基于 BA 无标度网络的群体 Parrondo 博弈分析

4.2.1　依赖资本的群体 Parrondo 博弈模型

采用第 3 章中如图 3.1 所示的依赖资本的群体 Parrondo 博弈模型。考虑由 N 个个体组成的种群，模型的动力学过程为：随机选择个体 i(称作主体) 进行博弈，个体 i 随机选择进行 A 博弈 (概率γ) 或者 B 博弈 (概率 $1-\gamma$)。当进行 A 博弈时，还需从与 i 节点相连的邻居节点中随机选择个体 j(称作受体)。主体 i 与受体 j 之间 A 博弈的具体形式由两者之间的作用关系决定。本节将个体之间的博弈关系设置为以下 6 种方式。

(1) 竞争方式。主体 i 与受体 j 赢的概率各为 0.5，当主体 i 赢时，受体 j 支付 1 个单位给主体 i，反之，主体 i 支付 1 个单位给受体 j。

(2) 合作方式。主体 i 无偿支付 1 个单位给受体 j。

(3) 基于和谐的合作方式 (以下简称和谐方式)。本方式定义为“富者”向“穷者”支付，即当 $C_i(t) \geqslant C_j(t)$ 时，主体 i 支付 1 个单位给受体 j；当 $C_i(t) < C_j(t)$ 时，受体 j 支付 1 个单位给主体 i。

(4) 考虑竞争力的竞争方式 (以下简称马太方式)。将博弈双方的输赢概率与个体当前收益相联系，主体 i 与受体 j 在 t 时刻进行竞争博弈时，主体 i 赢的概率按照式 (4-1) 进行定义，当主体 i 赢时，受体 j 支付 1 个单位给主体 i，反之，主体 i 支付 1 个单位给受体 j。

$$p_i(t)=\begin{cases}1 & \left((C_i(t)-C_j(t))\geqslant 10\times\sum_{k=1}^{N}W_k(t)/N\right)\\ \dfrac{10\times\sum_{k=1}^{N}W_k(t)/N+(C_i(t)-C_j(t))}{20\times\sum_{k=1}^{N}W_k(t)/N} & \left(-10\times\sum_{k=1}^{N}W_k(t)/N<(C_i(t)-C_j(t))<10\times\sum_{k=1}^{N}W_k(t)/N\right)\\ 0 & \left((C_i(t)-C_j(t))\leqslant -10\times\sum_{k=1}^{N}W_k(t)/N\right)\end{cases}\tag{4-1}$$

上面 4 种博弈方式都是“纯策略”，而现实中，个体策略不可能一直不变，他会适时地调整自己的策略，我们称之为“宏策略”。在此我们提出两种“宏策略”。

(5) 穷争富合方式 (以下简称 PCRC 方式)。吸收中国人文文化之精髓，根据“穷则独善其身，达则兼济天下”的修身治世哲学，提出一种“穷争富合”(poor-competition-rich-cooperation，穷则竞争、富则合作) 博弈方式。当主体 i 的收益 $C_i(t)$ 大于或等于初始资本时就合作，低于初始资本时就竞争。

(6) 随机方式。主体 i 随机性选择合作或者竞争策略进行游戏。

4.2.2 BA 无标度网络

1999 年，Barabási 和 Albert[7] 通过追踪万维网的动态演化过程，发现许多复杂网络具有大规模的高度自组织特性，即多数复杂网络的节点度服从幂律分布，并把具有幂律度分布的网络称为无标度网络。Barabási 和 Albert 提出了无标度网络产生的两个机制: ①增长特性，即网络的规模不断扩大; ②优先连接特性，即新节点更倾向于与具有较高连接度的“大”节点相连; 这种现象也称为“富者更富”。并且建立了著名的无标度网络演化模型，简称 BA 模型。

基于网络的增长和优先连接特性，BA 无标度网络模型的构造算法如下 [7]:

(1) 增长: 从一个具有 m_0 个节点的连通网络开始，每次都引入一个新节点并将其连到 $m(m\leqslant m_0)$ 个已存在的节点上;

(2) 优先连接: 一个新节点与一个已存在的节点 i 相连的概率 Π_i 与节点 i 的

度 k_i 和所有存在节点的度之间满足如下关系:

$$\Pi_i = k_i \Bigg/ \sum_{j\in\text{所有存在的节点}} k_j (\text{又称“富者更富”法则}) \tag{4-2}$$

经过 t 个时间步的演化生成之后，该算法产生一个有 $N = t+m_0$ 个节点、$C_{m_0}^2 + mt$ 条边的网络。图 4.1 显示了 $m = m_0 = 2$ 时 BA 模型的演化过程。

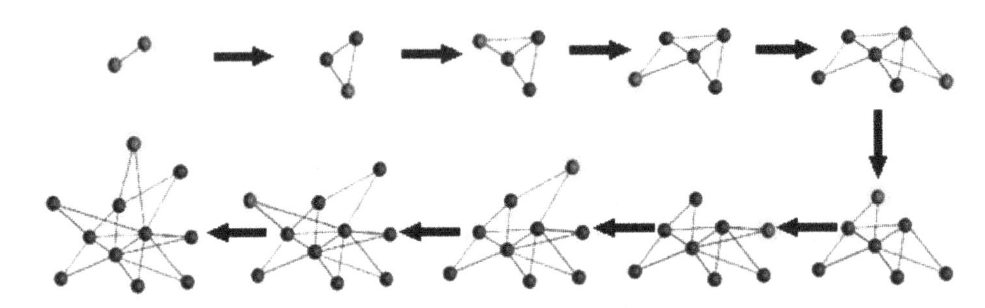

图 4.1　BA 无标度网络的演化 ($m = m_0 = 2$)

BA 网络最显著的特点是它是一个增长的网络，即是一个演化的网络。现实中的复杂系统都是开放的系统，都是不断在演化着，因而 BA 网络模型比较本质地刻画了真实复杂系统的特性。

我们根据 BA 网络的构造算法，生成了节点总数为 500 的网络 ($m = m_0 = 2$)(图 4.2)，该网络的平均度 $\langle k\rangle$=3.988，聚类系数 C=0.036332。图 4.3 为该网络中节点度的分布情况。

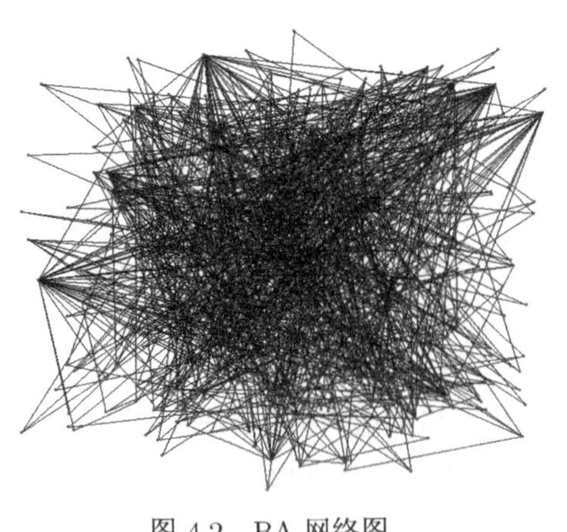

图 4.2　BA 网络图

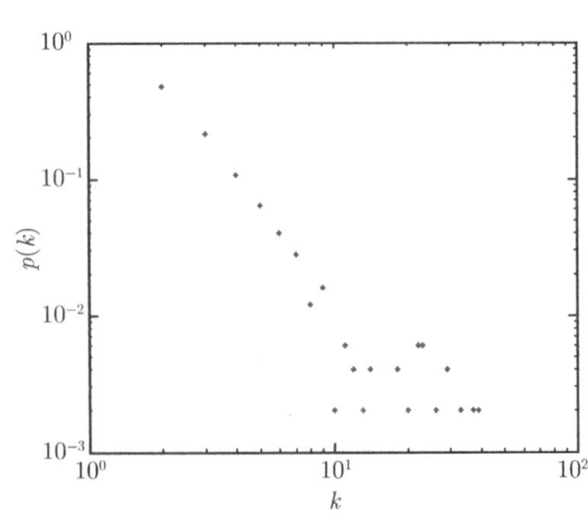

图 4.3　网络的度分布

4.2.3 BA 网络上的游戏结果分析

适应度指标采用式 (3-1) 至式 (3-3) 的定义。种群规模 N 取 500，初始资本 C_0 取 500，游戏时间 T 取 100000，玩博弈 A 的概率γ=0.5，博弈 B 的参数取 $M=3$，$p_1=0.1-\varepsilon$，$p_2=0.75-\varepsilon$，ε=0.005(此组参数满足游戏 B 为负博弈条件)。采用不同随机数重复玩 10 次游戏，以 10 次游戏结果的平均值作图。个体之间的作用机制分别为竞争方式、合作方式、和谐方式、马太方式、PCRC 方式和随机方式 [8]。

图 4.4 为 BA 网络和全连通情况下，游戏过程中种群平均适应度 $\bar{d}(t)$ 的变化情况。从图中可以观察到竞争、合作、和谐、马太、PCRC 和随机 (SJ) 方式均有效促进种群的发展 (正收益)，因此，个体之间的竞争和合作是对自然的适应。由于 A 博弈为零和博弈，B 博弈对种群中每个个体而言均为负博弈，但输的游戏组合可以产生赢，种群平均适应度的提高体现了 Parrondo 悖论违反直觉的本质。对比 6 种方式，和谐方式的种群适应度最小，说明和谐方式的社会效率不高；而 PCRC 方式的种群平均适应度最大，说明 PCRC 方式具有良好的适应性。对比 BA 网络和全连通情况的种群平均适应度，可发现 BA 网络下合作、和谐、PCRC 和随机方式比全连通情况好，而竞争与马太方式比全连通方式稍差，因此，网络有利于合作。

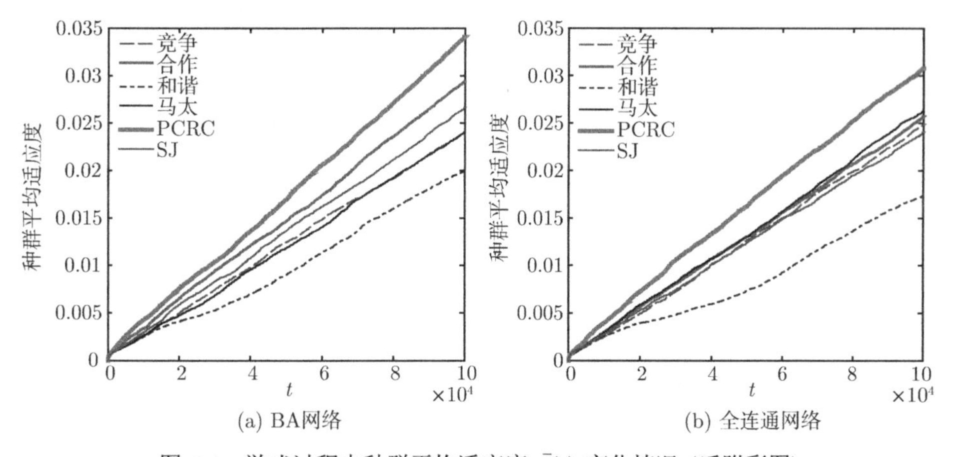

图 4.4 游戏过程中种群平均适应度 $\bar{d}(t)$ 变化情况 (后附彩图)

由图 4.5 可知，对于竞争与和谐方式，BA 网络与全连通情况下个体适应度的分布基本一致，并且分布均衡，特别是和谐方式将导致个体适应度的分布非常均衡，集中分布在一个狭窄的区间。马太方式下个体适应度的分布极端不均衡，出现“强者恒强，弱者恒弱” 的马太效应，其中 BA 网络比全连通情况更为突出。对于合作、PCRC 与随机方式，BA 网络与全连通情况下群体中个体适应度的分布差异比较大，全连通情况下分布均衡，BA 网络下分布不对称，将产生少数适应度大的个体，并且大部分个体的适应度为负。

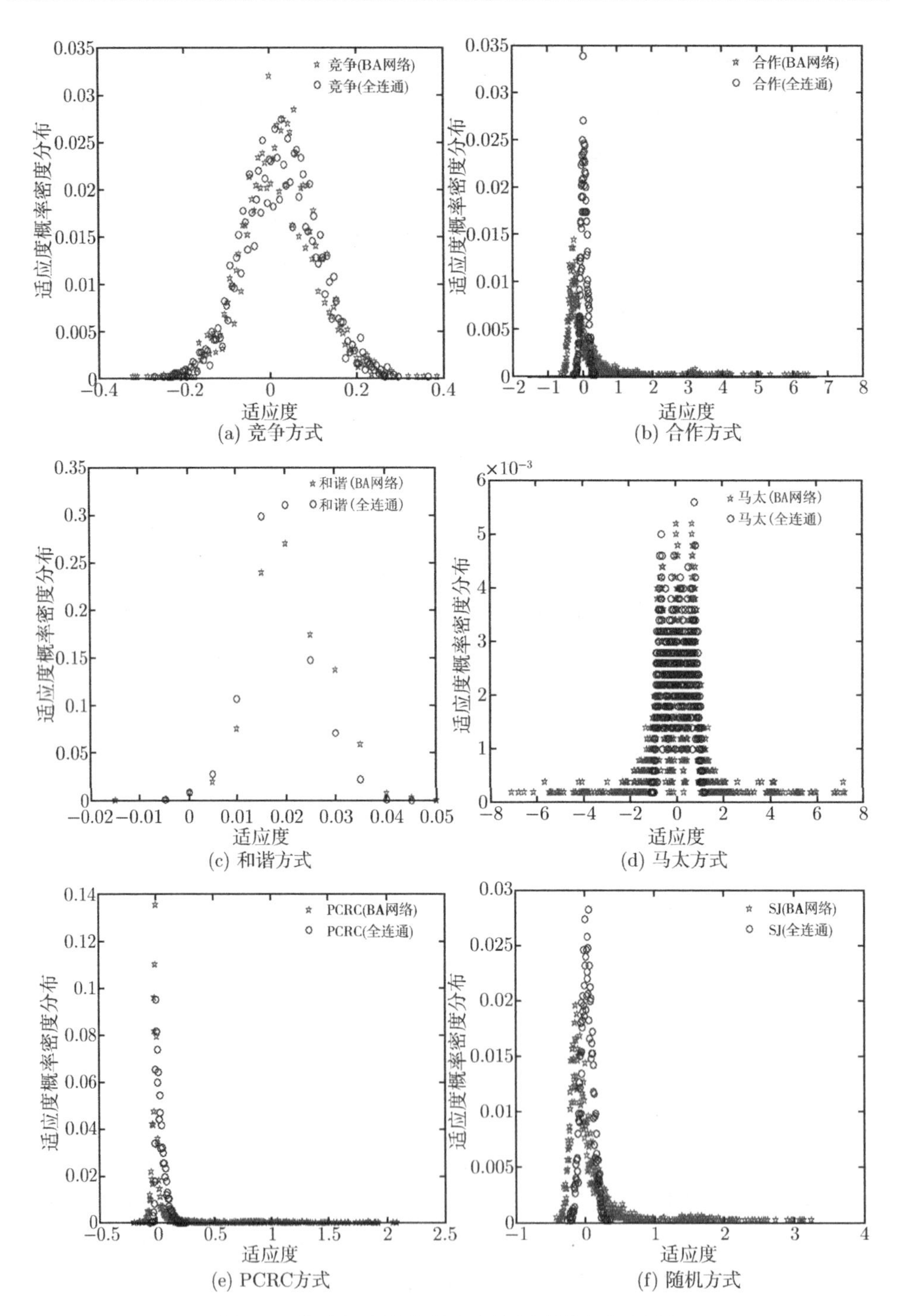

图 4.5　游戏结束时种群中个体适应度的分布情况

图 4.6 显示了个体适应度与个体 (节点) 度及聚类系数的关系。节点度及聚类系数相同的个体，其适应度存在一定的差异，分布在一个区间内，对于竞争与和谐方式，这个区间的上下界对于不同的节点度和聚类系数变化不大，因此，个体的节点度和聚类系数对适应度基本没有影响。对于合作方式，这个区间的上下界对于不同的节点度变化明显，区间的上下界随着节点度值的增大而稳步上升，表明节点度大的个体适应度大，这是因为节点度大的个体，与其相连的节点多，其被选择作为受体 j 的概率大，接受其他节点合作馈赠的机会多，因此度大的节点适应度就大。在节点度相同的情况下，区间的上下界随着聚类系数的增大而降低，这是因为节点的聚类系数大表示该节点的邻居的相互连接情况也很好，这样就相对减小了该节点被选择作为受体 j 的概率，因此度相同的节点，若聚类系数大，适应度反而小。对于 PCRC 和随机方式，变化规律与合作方式相似，但变化趋势较平缓。

对于马太方式，随着个体节点度值的增大，个体适应度出现严重的两极分化，这是因为节点度大的个体作为受体 j 的概率大，与其他个体进行马太式竞争的机

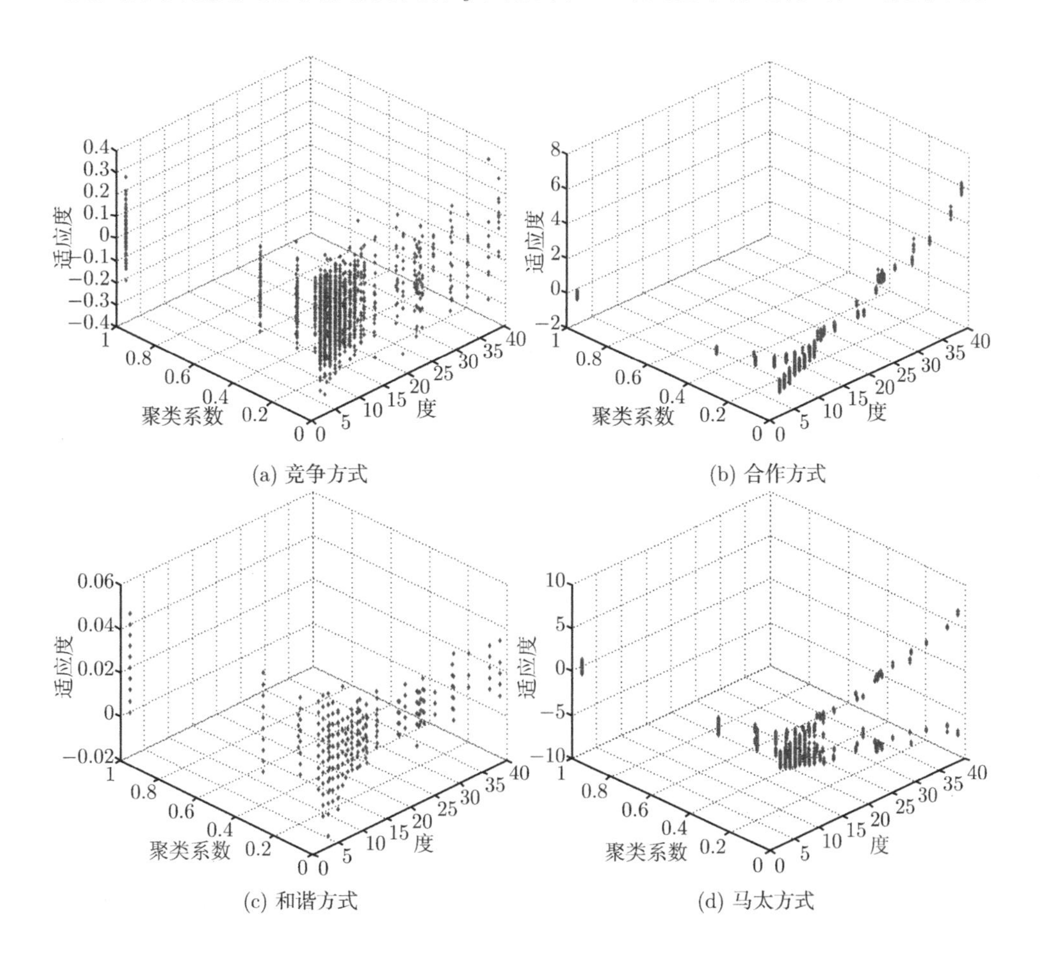

(a) 竞争方式

(b) 合作方式

(c) 和谐方式

(d) 马太方式

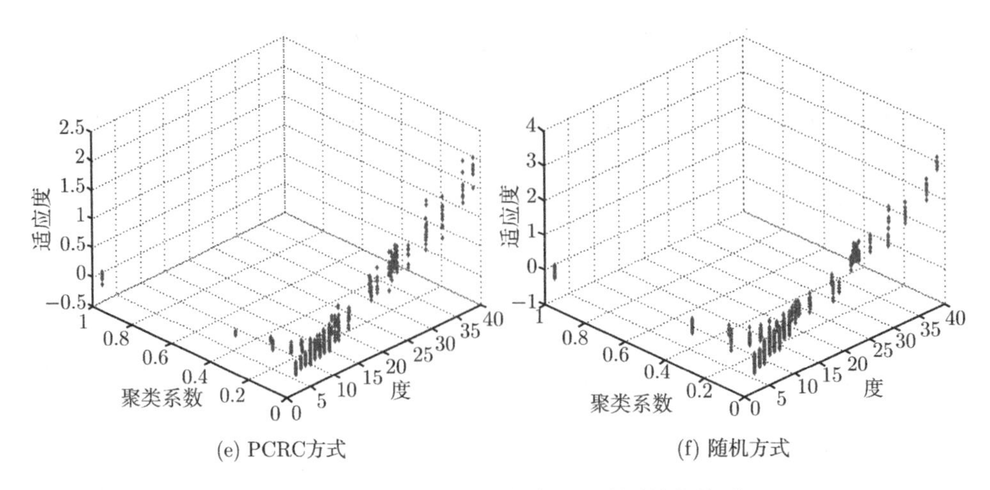

(e) PCRC方式　　(f) 随机方式

图 4.6　个体适应度与节点度及聚类系数的关系

会多，由于输赢概率与个体当前收益相关，开始几轮的随机输赢将决定“上天堂或下地狱”，显示出“蝴蝶效应”。图 4.7 显示了度为 29 的 9 号和 21 号节点在第一次和第三次游戏中的适应度变化情况，根据图 4.7，可看出个体适应度出现严重的两极分化，第一次游戏和第三次游戏的分化情况正好相反，表明分化取决于开始几轮的随机输赢。

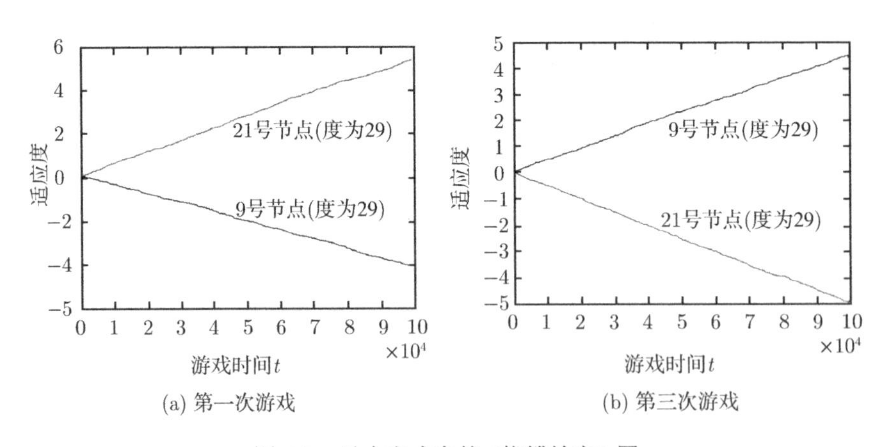

(a) 第一次游戏　　(b) 第三次游戏

图 4.7　马太方式中的“蝴蝶效应”图

4.2.4　玩 A 博弈概率 γ 的影响

图 4.8 显示了玩 A 博弈的概率 γ 对种群平均适应度的影响，从图 4.8 可看出，不论何种竞合方式，也不论何种空间载体情况 (BA 网络与全连通)，种群平均适应

度的峰值都大致发生在 γ=1/3 处，即当玩 A 博弈的概率约为 1/3 时，种群将取得最大收益。

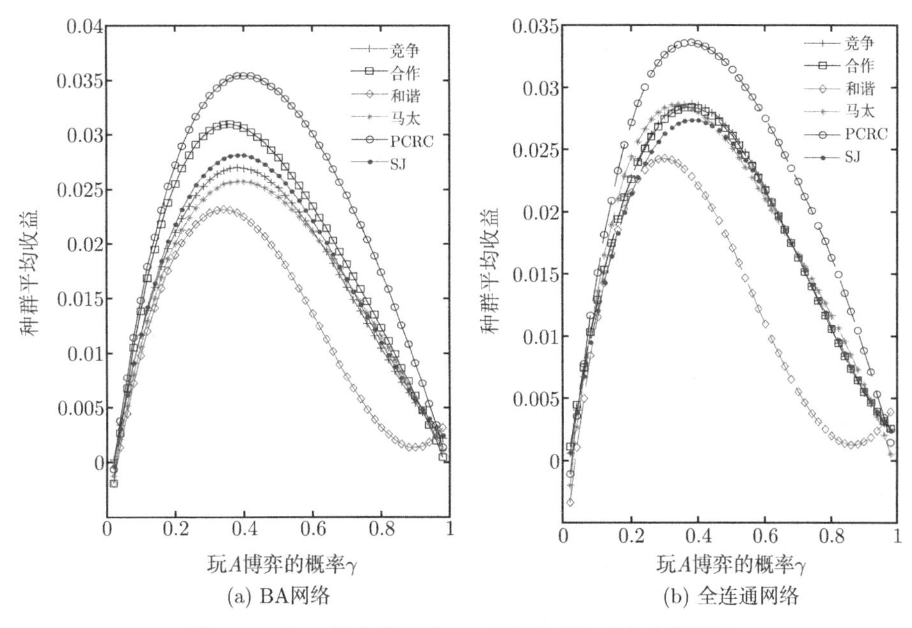

图 4.8 玩 A 博弈的概率 γ 对种群平均适应度的影响

4.2.5 游戏输赢机理分析

对于种群而言，A 博弈是零和游戏 (6 种方式都是)，不影响种群平均适应度。对种群中个体而言，B 游戏是负博弈，零和博弈与负博弈组合是怎样产生赢的效果的呢？我们分析如下：由于 B 游戏中分支二赢的概率为 $p_2 = 0.75 - \varepsilon$，很高，分支一赢的概率为 $p_1 = 0.1 - \varepsilon$，很低，要想使群体平均适应度上升，就必须尽量多玩分支二。根据 1.2.4.3 节 B 博弈的分析结果，当模数 M=3 时，可得玩分支一的平稳分布概率为 $\pi_0 = \dfrac{1 - p_2 + p_2^2}{3 - 2p_2 - p_1 + 2p_1p_2 + p_2^2}$，玩分支二的平稳分布概率为 $1 - \pi_0$。将 $p_1 = 0.1 - \varepsilon$，$p_2 = 0.75 - \varepsilon$，ε=0.005 代入，可得 B 博弈为负博弈时，分支一和分支二平稳分布概率的理论值。另外当 $\boldsymbol{B}$ 博弈为公平博弈时，根据 $E(B) = 0$，即通过分支一的比例 $\times(2p_1 - 1)+$ 分支二的比例 $\times(2p_2 - 1) = 0$ 计算可得相应的比例 (列于表 4.1 和表 4.2)。表 4.1 和表 4.2 还列出了所有 6 种方式的计算机仿真分析过程中，玩 B 博弈时其分支一与分支二所占比例。从表中可看出 6 种行为方式导致种群平均适应度为正的原因，因为提高了玩 B 博弈分支二的比例。那么，种群存在何种机制促进这一比例提高呢？通过分析可知，各种形式的竞合行为使种群中的个体产生相互作用，推动了个体之间的资本交流，造成个体资本的多样性和差异性，说明种群内部资本的流动可提高玩 B 博弈分支二的比例。因此，流动和多样性可促进适应性。

表 4.1　全连通下 (随机玩 $A+B$ 游戏)B 博弈分支一与分支二比例

比例	理论 (负博弈)	公平	竞争	合作	和谐	马太	PCRC	随机
分支一	0.3836	0.3769	0.3370	0.3384	0.3484	0.3373	0.3283	0.3377
分支二	0.6164	0.6231	0.6630	0.6616	0.6516	0.6627	0.6717	0.6623

表 4.2　BA 网络下 (随机玩 $A+B$ 游戏)B 博弈分支一与分支二比例

比例	理论 (负博弈)	公平	竞争	合作	和谐	马太	PCRC	随机
分支一	0.3836	0.3769	0.3390	0.3347	0.3456	0.3394	0.3244	0.3367
分支二	0.6164	0.6231	0.6610	0.6653	0.6544	0.6606	0.6756	0.6633

图 4.9 显示了玩博弈 A 的概率 γ 值与 B 博弈分支二比例 (玩 B 博弈分支二的次数/玩 B 游戏次数) 之间关系。由图 4.9 可看出，对于竞争、合作、马太、PCRC 和 SJ 方式，分支二的比例基本都随着 γ 值增大稳步上升；而对于和谐方式，分支二的比例与 γ 值之间不存在单调关系。这说明了对于竞争、合作、马太、PCRC 和随机方式的种群，个体与个体之间的充分作用 (玩 A 博弈)，有利于提高个体与环境机制博弈 (B 博弈) 时赢的效率。

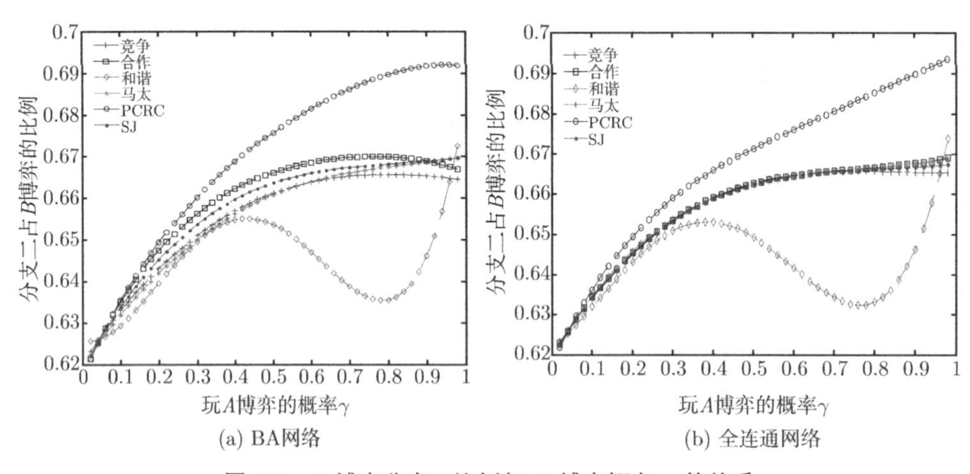

(a) BA网络　　(b) 全连通网络

图 4.9　B 博弈分支二比例与 A 博弈概率 γ 的关系

4.2.6　小结

针对全连通情况和 BA 无标度网络情况，分析依赖资本的群体 Parrondo 博弈模型，揭示个体竞合行为的合理性与适应性。群体 Parrondo 博弈模型体现了个体生存和进化过程的两种博弈关系：①个体之间的零和博弈 (A 博弈)；②个体与环

境之间的负博弈 (B 博弈)。仿真结果显示：

(1) 不论何种方式的合作与竞争均为适应性行为 (种群平均适应度为正)。从系统层面看，A 博弈为零和博弈，B 博弈对种群中的每个个体而言均为负博弈，但输的游戏组合可以产生赢，种群平均适应度的提高体现了 Parrondo 悖论违反直觉的本质。

(2) 对比 BA 网络和全连通情况，可发现 BA 网络下合作、和谐、PCRC 和随机方式比全连通情况好，而竞争与马太方式比全连通方式稍差，因此，网络有利于合作和 "宏策略"。

(3) 揭示了个体适应度与网络节点度及聚类系数的关系。对于合作方式，节点度大的个体适应度大，度相同的节点，若聚类系数大，适应度反而小。对于马太方式，随着个体节点度值的增大，个体适应度出现严重的两极分化，开始几轮的随机输赢将决定 "上天堂或下地狱"，显示出 "蝴蝶效应"。

(4) 分析了玩博弈 A 概率 γ 的影响。种群平均适应度的峰值大致发生在 $\gamma=1/3$ 处，即当玩 A 博弈的概率约为 1/3 时，种群将取得最大收益。

4.3　基于度分布可调网络的群体 Parrondo 博弈分析

随着复杂网络小世界特性与无标度特性的提出，越来越多的学者研究复杂网络的拓扑结构与动态特性之间的关系，其中，耦合动态网络的研究已经成为关注热点。Nowak 和 May[9,10] 指出网络空间结构有利于合作的产生，Santos 和 Pacheco[11] 认为网络异质性有利于合作行为。在 4.2 节中，针对全连通网络 (同质性网络) 和 BA 无标度网络 (异质性网络) 的情况，分析了群体 Parrondo 博弈模型。本节主要研究：以度分布可调网络为空间载体，分析群体 Parrondo 博弈模型，考察网络异质性的影响。

4.3.1　度分布可调网络

网络的异质性反映了节点度之间的差异情况。无标度网络服从幂律分布，是典型的异质性网络，随机网络服从泊松分布，是典型的同质性网络。为了能把网络的异质性度量化，人们提出了度分布参数可调的网络模型和相应的构造算法 [12]。该模型构造算法如下：

(a) 生长。初始网络由 N 个节点组成，其中 m_0 个节点之间完全连接构成集合 J_2；$(N-m_0)$ 个孤立节点构成一个无连接的集合 J_1。每一个时间步，从 J_1 中选取一个新节点，生成 m 条边与其他节点相连。

(b) 选择性连接。新节点的 m 条边以概率 α 从其余 $(N-1)$ 个节点中随机选取节点相连 (避免重边)；以概率 $1-\alpha$ 遵循线性的优先连接策略与集合 J_2 中的节点相连。完成连接后，将新节点从 J_1 中去掉并加入至 J_2 中。

(c) $N-m_0$ 个时间步后，产生一系列由参数 $\alpha\in[0,1]$ 标志的网络模型。其中 α=0 对应无标度网络，α=1 对应随机网络。随着 α 的减小，网络节点度从泊松分布逐步变化为幂指数分布。参数 $\alpha\in[0,1]$ 为控制度分布异质性的指标。当 α=0，对应异质性的 BA 无标度网络，当 α=1 时，对应匀质性的随机网络。

4.3.2 仿真结果分析

网络节点总数 N=500，初始资本 C_0 取 500，游戏时间 T 取 100000，玩博弈 A 的概率 γ=0.5，博弈 B 的参数取 M=3，$p_1=0.1-\varepsilon$，$p_2=0.75-\varepsilon$，ε=0.005(此组参数满足游戏 B 为负博弈条件)。以 10 次游戏结果的平均值作图。种群平均适应度与网络异质性参数 α 的关系如图 4.10 所示，网络的异质性总体上有利于合作、PCRC 和随机方式；对于竞争、和谐和马太方式，网络异质性的影响不明显。

对于竞争、和谐、马太方式的生存比例 (适应度大于 0 的个体比例) 基本在一水平线上，α 对其基本没有影响；而对于 PCRC、随机和合作方式，这三个种群的生存比例随着 α 增大而上升，说明网络同质性有利于种群生存，异质性不利于种群生存。

图 4.11 显示了个体适应度分布情况与 α 值之间的关系。由图 4.11 可知，网络异质性对于竞争与和谐方式基本没什么影响。对于合作、马太、PCRC 和随机方式，网络的异质性越大，种群中个体适应度分布就越不均衡。对于合作方式，计算结果显示个体适应度与个体的节点度呈正相关关系，即节点度大的个体适应度就大，由于异质性的增大将带来度大的节点，因此，随着 α 变小，种群平均适应度将

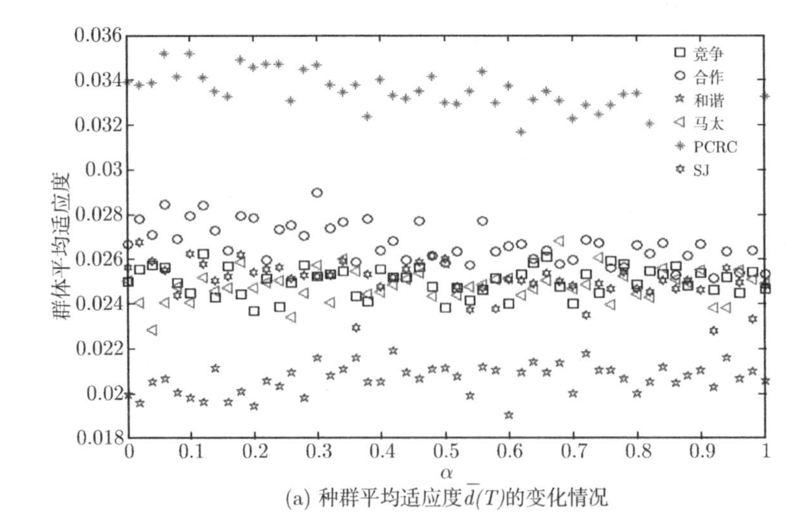

(a) 种群平均适应度 $\bar{d}(T)$ 的变化情况

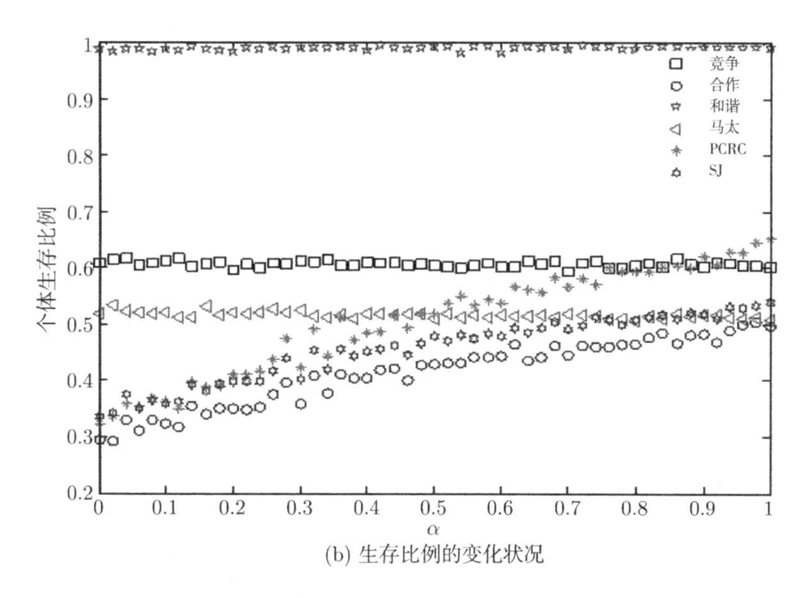

(b) 生存比例的变化状况

图 4.10 网络异质性 α 的影响 $(0\leqslant \alpha \leqslant 1)$

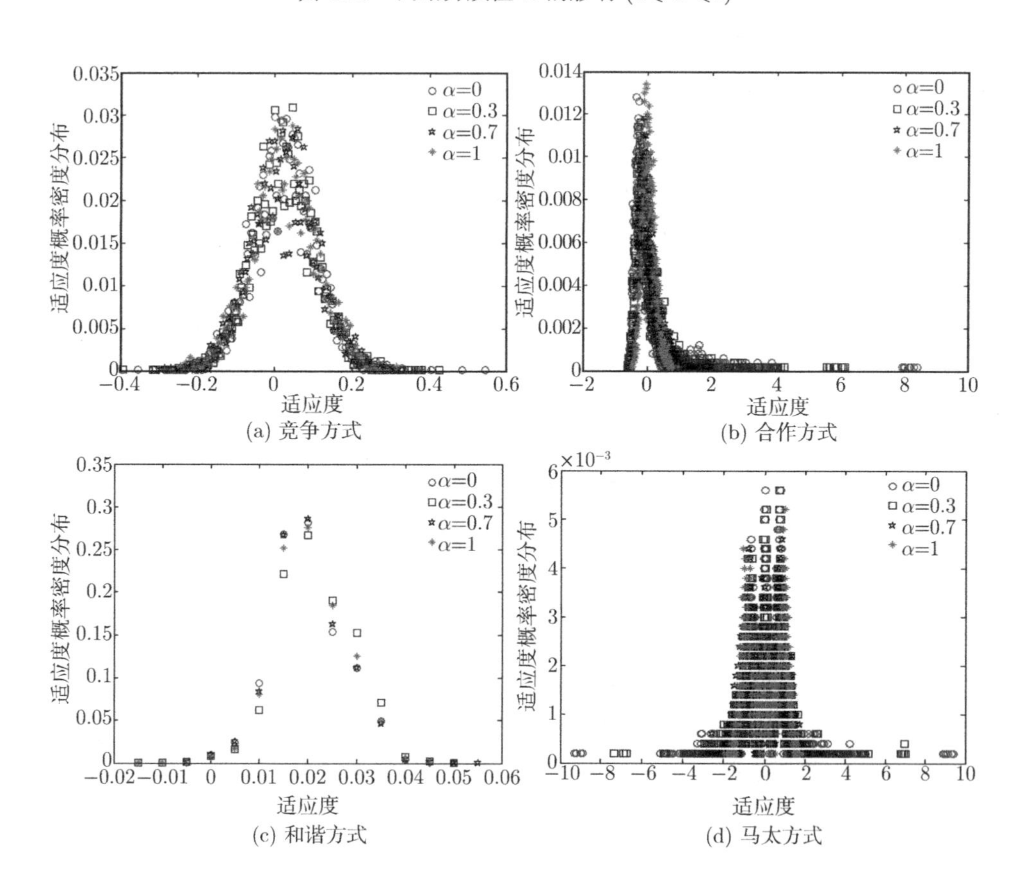

(a) 竞争方式

(b) 合作方式

(c) 和谐方式

(d) 马太方式

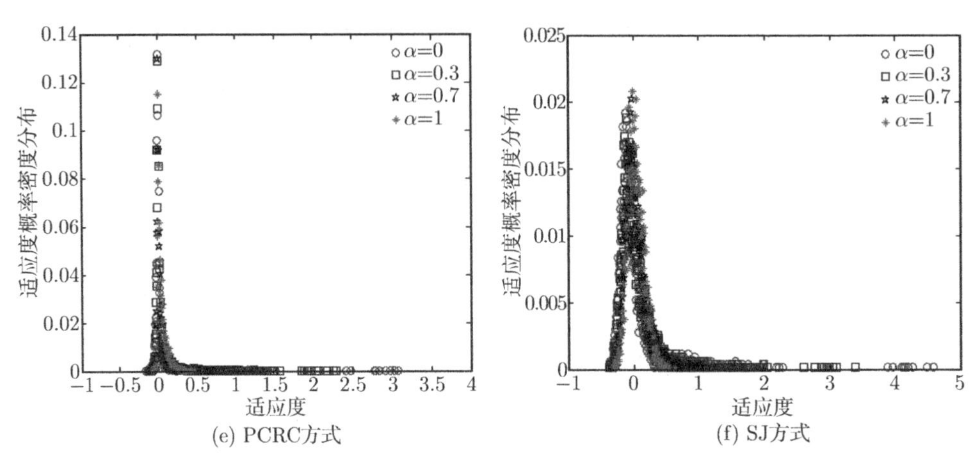

(e) PCRC方式　　(f) SJ方式

图 4.11　网络异质性 α 对个体适应度分布情况的影响 (后附彩图)

变大，且个体适应度分布更趋于不均衡。对于 PCRC 和随机方式，变化规律与合作方式相似，但变化趋势较平缓。对于马太方式，由于异质性的增大将带来度更大的节点，因此网络异质性越强，个体适应度的两极分化越严重，马太方式的 “蝴蝶效应” 越明显。

4.3.3　小结

本节针对度分布可调网络作为空间载体情况，分析依赖资本的群体 Parrondo 博弈模型，考察网络异质性的影响。仿真结果显示：网络的异质性对于竞争、和谐和马太方式基本没有影响；而对于合作、PCRC 和随机方式存在两方面的影响，一方面异质性对其种群平均适应度存在正影响，另一方面异质性对其种群生存比例存在负影响。这主要是因为随着网络异质性增强，群体中产生了少量适应度比较大的个体，这些个体成为影响种群平均适应度的关键元素 (适应度远大于平均适应度，以 α=0 的合作方式为例，个体最大的适应度比平均适应度大 300 倍左右)，使得种群平均适应度有所提高，但是种群中适应度小于零的个体也增多，导致生存比例下降，因此网络上合作方式的更恰当的称呼应为 “进贡模式”。

4.4　依赖历史的群体 Parrondo 博弈模型的网络分析

根据 B 博弈的结构形式，群体版 Parrondo 博弈可分为三种类型：依赖资本 (图 3.1)、依赖历史 (图 3.13) 和依赖空间 (如图 2.1 所示依赖一维环状网络模型和如图 2.18 所示依赖二维格子网络模型)。本节基于网络研究依赖历史的群体 Parrondo 博弈。

4.4.1 计算仿真及分析

采用如图 3.13 所示依赖历史的群体 Parrondo 博弈模型，博弈动力学过程与上述 4.2.1 节相同，A 博弈中个体之间相互作用设置为竞争和合作方式 [13]。

种群规模 N 取 500，初始资本 C_0 取 500，游戏时间 T 取 100000，玩博弈 A 的概率 $\gamma=0.5$，博弈 B 的参数取 $p_1=0.9$，$p_2=p_3=0.21$，$p_4=0.76$(此组参数满足 (1-19) 式的负博弈条件，其中分支一和分支四为有利影响，分支二和分支三为不利影响)，采用不同随机数重复玩 20 次游戏，以 20 次游戏结果的平均值作图。所有个体游戏前 2 轮的历史输赢状态随机生成。

图 4.12 反映了竞争和合作行为方式的种群平均适应度 $\bar{d}(t)$ 不断上升的变化趋势，由于 A 博弈为零和博弈，B 博弈对种群中的每个个体而言均为负博弈，但输的游戏组合可以产生赢，种群平均适应度的提高体现了 Parrondo 悖论违反直觉的本质。

从图 4.12 可看出，在 BA 网络载体下，合作方式的种群平均适应度最大，因此，BA 网络有利于合作行为的涌现；全连通环境下的合作方式和 2 种网络环境下的竞争方式的平均适应度基本一致。

图 4.13 反映了游戏结束时种群中个体适应度的分布情况，对于竞争方式，BA 网络与全连通情况下个体适应度的分布基本一致，分布较为对称。对于合作方式，BA 网络与全连通情况下群体中个体适应度的分布差异比较大，全连通情况下分布对称，BA 网络下分布不对称，将产生少数适应度极大的个体 (最大值接近 11)，并且大部分个体的适应度为负。

图 4.14 显示了个体适应度与个体 (节点) 度及聚类系数的关系。节点度及聚类系数相同的个体，其适应度存在一定的差异，分布在一个区间内，对于竞争方式，这个区间的上下界对于不同的节点度和聚类系数变化不大，因此，个体的节点度和聚类系数对适应度基本没有影响。对于合作方式，这个区间的上下界对于不同的节点度变化明显，区间的上下界随着节点度值的增大而稳步上升，表明节点度大的个体适应度大，这是因为节点度大的个体，与其相连的节点多，其被选择作为受体 j 的概率大，因此接受其他节点合作馈赠的机会多，因此度大的节点适应度就大。在节点度相同的情况下，区间的上下界随着聚类系数的增大而降低，这是因为节点的聚类系数大表示该节点的邻居的相互连接情况也很好，这样就相对减小了该节点被选择作为受体 j 的概率，因此度相同的节点，若聚类系数大，适应度反而小。

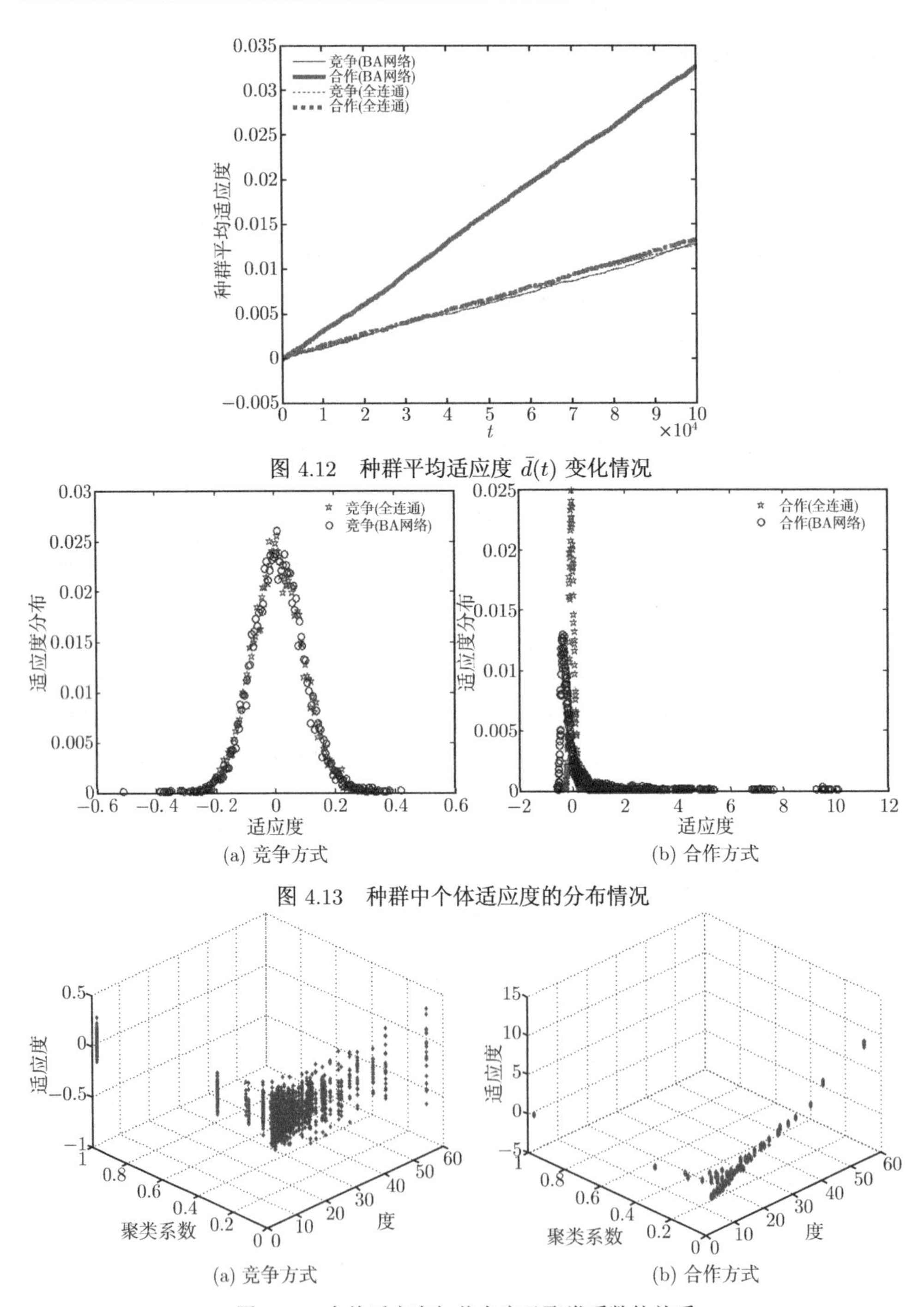

图 4.12　种群平均适应度 $\bar{d}(t)$ 变化情况

(a) 竞争方式　　(b) 合作方式

图 4.13　种群中个体适应度的分布情况

(a) 竞争方式　　(b) 合作方式

图 4.14　个体适应度与节点度及聚类系数的关系

4.4.2 网络异质性的影响

采用上述 4.3.1 节度分布参数可调的网络模型。种群平均适应度与网络异质性参数 α 的关系如图 4.15 所示，网络的异质性对合作方式的适应性存在正向影响，网络的异质性越高，合作方式的种群平均适应度就越大；对于竞争方式，网络异质性的影响不明显。

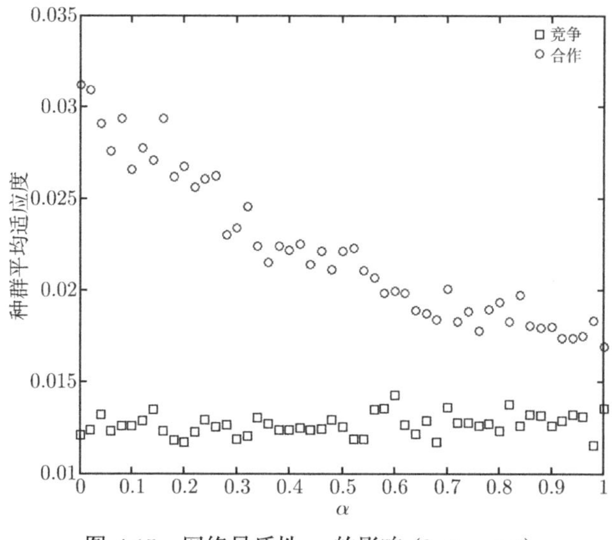

图 4.15 网络异质性 α 的影响 $(0 \leqslant \alpha \leqslant 1)$

图 4.16 显示了个体适应度分布情况与 α 值之间的关系。由图 4.16 可知，网络异质性对于竞争方式基本没影响。对于合作方式，网络的异质性越大 (α 越小)，种群中个体适应度分布就越不对称。

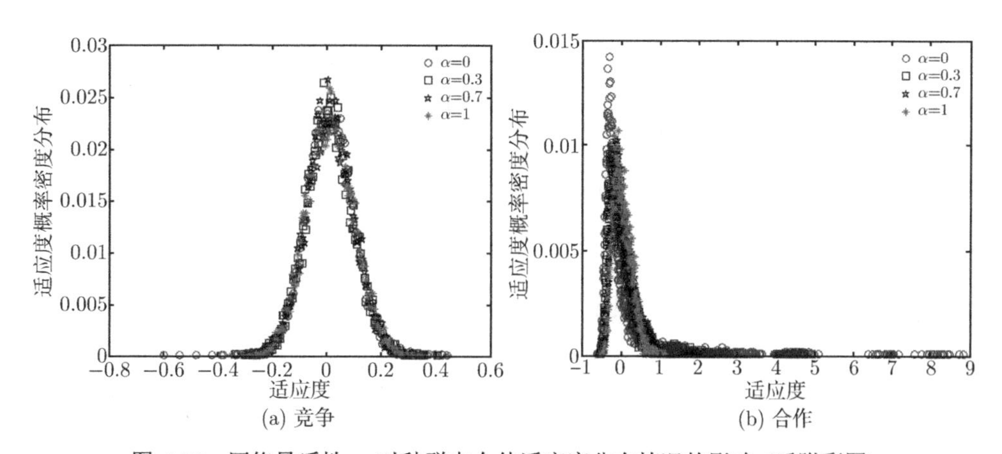

图 4.16 网络异质性 α 对种群中个体适应度分布情况的影响 (后附彩图)

4.4.3 玩 A 博弈概率 γ 的影响

图 4.17 显示了玩 A 博弈的概率 γ 对种群平均适应度的影响，从图 4.17 可看出，BA 网络载体下的合作方式的种群平均适应度最大，因此，BA 网络有利于合作行为的涌现。全连通环境下的合作方式和 2 种网络环境下的竞争方式的平均适应度基本一致。对于 BA 网络载体下的合作方式，种群平均适应度的峰值大致发生在γ=2/3 处，对于全连通环境下的合作方式和 2 种网络环境下的竞争方式，种群平均适应度的峰值都大致发生在 γ=1/3 处。

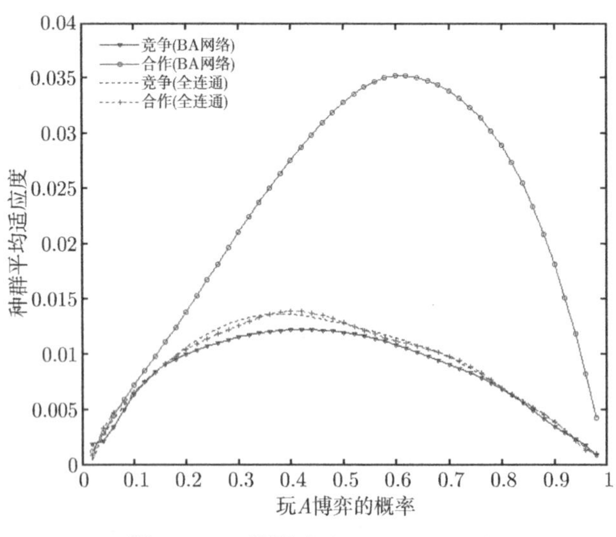

图 4.17　γ 的影响 ($0.02\leqslant \gamma \leqslant 0.98$)

4.4.4 游戏输赢机理分析

对于种群而言，A 博弈是零和游戏 (竞争和合作 2 种方式都是)，不影响种群平均适应度。对种群中个体而言，B 游戏是负博弈，零和博弈与负博弈组合是怎样产生赢的效果的呢? 我们分析如下：由于 B 游戏中分支一和分支四赢的概率为 p_1=0.9 和 p_4=0.76，是有利的分支，分支二和分支三赢的概率为 $p_2=p_3$=0.21，是不利的分支，要想使群体平均适应度上升，就必须尽量多玩有利的分支，少玩不利的分支。根据式 (1-17)，可得玩分支一的平稳分布概率为$\pi_0=\dfrac{(1-p_3)(1-p_4)}{p_1p_2+(1+2p_1-p_3)(1-p_4)}$，玩分支二和分支三的平稳分布概率相等为 $\pi_1=\pi_2=\dfrac{(1-p_4)p_1}{p_1p_2+(1+2p_1-p_3)(1-p_4)}$，玩分支四的平稳分布概率为 $\pi_0=\dfrac{p_1p_2}{p_1p_2+(1+2p_1-p_3)(1-p_4)}=1-\pi_0-\pi_1-\pi_2$。将 p_1=0.9，$p_2=p_3$=0.21，p_4=0.76，可得 B 博弈为负博弈时，分支一、分支二、分支三和分支四平稳分布概率的理论值 (列于表 4.3)。我们同时还统计了群体 Parrondo

博弈仿真分析过程中 (其中玩 A 博弈的概率为 γ=0.5)，在被选中玩 B 博弈时，其分支一、(分支二 + 分支三) 和分支四所占比例，列于表 4.3。从表 4.3 可看出合作和竞争行为方式导致种群平均适应度为正的原因，因为提高了玩 B 游戏分支一和分支四的比例，其中基于 BA 网络的合作方式，其玩分支一的比例最大，玩分支二 + 分支三的比例最小，为 0.4912。那么，种群存在何种机制促进这一比例提高呢？通过分析可知，竞合行为 (博弈 A) 使种群中的个体产生相互作用，推动了个体之间的资本交流，造成个体历史输赢状态的多样性，提高了玩 B 博弈分支一和分支四的比例。因此，流动和多样性可促进适应性。

表 4.3 玩 B 游戏时各分支的比例

比例	理论 (负博弈)	全连通网络		BA 网络	
		竞争	合作	竞争	合作
分支一	0.2339	0.2405	0.2404	0.2398	0.3045
分支二 + 三	0.5329	0.5104	0.5097	0.5109	0.4912
分支四	0.2332	0.2491	0.2499	0.2493	0.2043

4.4.5 小结

本章针对依赖历史的群体 Parrondo 博弈模型进行了仿真分析，结果显示:

(1) 合作与竞争均为适应性行为 (种群平均适应度为正)。BA 网络载体下，合作方式的种群平均适应度最大，因此，BA 网络有利于合作行为的涌现。

(2) 揭示了个体适应度与网络节点度及聚类系数的关系。对于合作方式，节点度大的个体适应度大，度相同的节点，若聚类系数大，适应度反而小。

(3) 网络的异质性对合作方式的适应性存在正向影响，网络的异质性越高，合作方式的种群平均适应度就越大。

(4) 分析了玩 A 博弈的概率 γ 对种群平均适应度的影响，对于 BA 网络载体下的合作方式，种群平均适应度的峰值大致发生在 γ=2/3 处，对于全连通环境下的合作方式和 2 种网络环境下的竞争方式，种群平均适应度的峰值都大致发生在 γ=1/3 处。

(5) 根据对游戏输赢机理的分析，竞合行为 (博弈 A) 使种群中的个体产生相互作用，推动了个体之间的资本交流，造成群体中个体历史输赢状态的多样性，使群体朝着自然有利影响的方向 (分支一和分支四) 发展，因此，竞合行为导致多样性，而多样性可促进群体的适应性。

4.5 基于群体 Parrondo 博弈模型的生物进化机制研究

竞争与合作行为方式普遍存在于生物系统中，目前对竞合行为的研究主要集中在：①对生物竞合行为的现场观察和精确描述；②生物竞合行为的遗传机制和生理机制的探索；③从生物对自然适应的角度分析竞合行为的动因，以重建竞合行为的进化路线。博弈论是一种关于竞争、合作和游戏规则的数学理论，利用博弈论分析生物行为策略，为达尔文的自然选择过程提供数理基础是非常重要的研究方向。为模拟生物和社会系统中个体之间的竞合关系，博弈论学者提出了许多著名和重要的模型，如囚徒困境模型、雪堆博弈模型和鹰鸽博弈模型等，这些模型的共同特征是非零和博弈，因此，目前的结论是，对于零和博弈 (即成本等于效益)，合作不会产生。另外，由于生物个体具有两重属性 —— 种群属性和自然属性，其种群 (社会) 属性决定了同种个体之间存在竞合关系，其自然属性揭示自然对个体存在影响。但在以上的博弈模型中只模拟了个体之间的博弈关系，未能充分反映自然在个体乃至种群生存发展中所扮演的角色，因此本节基于 Parrondo 博弈模型，提出在个体生存和进化过程中存在两种博弈关系 [14]：①个体之间通过竞争和合作方式进行的 A 博弈，根据现场观察资料，自然界中生物个体之间发生的博弈大多数是零和博弈，一个个体获得的利益 (如食物、繁殖后代的机会) 正是另外一个个体失去的，因此将个体之间的博弈设计为零和博弈，这样可以充分反映个体生命之间残酷竞争和极端自私的根源所在；②个体与自然之间的 B 博弈，自然对个体的影响存在有利和不利的两面性，有 “阳光明媚” 的一面，也有 “狂风暴雨” 的一面，因此，我们设计的 B 博弈结构将存在一些分支，其中某些分支反映自然有利的影响，另外一些分支反映自然不利的影响，分支的设计体现了自然对生物进化所具有的棘轮效应。考虑自然对个体整体影响的残酷性，我们将 B 博弈设计为负博弈。B 博弈结构的设计与自然对个体的影响机制有关，根据目前 Parrondo 博弈版本，我们认为影响机制主要有基于个体生存状态 (如依赖资本，以下简称状态机制)、基于个体历史经历 (如依赖历史，以下简称时间机制) 和基于个体邻居环境 (如依赖空间，以下简称环境机制) 三种。

本节以二维格子网络为空间载体，建立群体 Parrondo 博弈模型。群体中所有个体处于二维格子网络中。模型由两个博弈组成：①A 博弈反映个体之间的作用关系；②B 博弈反映自然对个体的影响。考虑由 N 个个体组成的种群，模型的动力学过程为：随机选择个体 i(称作主体) 进行博弈，个体 i 随机选择进行 A 博弈 (概率 γ) 或者 B 博弈 (概率 $1-\gamma$)。当进行 A 博弈时，还需从个体 i 的 4 个邻居中随机选择个体 j(称作受体)。主体 i 与受体 j 之间 A 博弈的采用竞争和合作两种个体作用方式。B 博弈的结构采用状态机制 (依赖资本图 3.1)、时间机制 (依赖历史图 3.13) 和环境机制 (依赖空间图 2.16) 三种模式构建，通过计算仿真分析，诠释个体竞合行为的合理性与适应性，揭示自然对个体进化的棘轮效应。

4.5.1 仿真计算及分析

种群规模 N=100，二维格子网络为 10×10，个体的初始资本 C_0 取 500，游戏时间 T 取 20000。3 种群体 Parrondo 博弈模型中游戏 B 的参数取值为：①状态机制，M=3，p_1=0.06，p_2=0.79，此组参数满足式 (1-6); ②时间机制，p_1=1, p_2=0.09, $p_3=p_2$, p_4=0.9, 此组参数满足式 (1-19); ③环境机制，p_0 =0.01, p_1 =0.15, p_2 =0.71, $p_3=p_2$，p_4 =0.8，此组参数满足 B 博弈为负博弈。采用不同随机数重复玩 20 次游戏，以 20 次游戏结果的平均值作图。对于基于时间机制的群体 Parrondo 博弈模型，所有个体游戏前 2 轮的历史输赢状态随机生成。对于基于环境机制的群体 Parrondo 博弈模型，所有个体的输赢状态随机生成。

图 4.18 显示了单玩博弈 B 过程中，种群平均适应度的变化情况，从图 4.18 可看出，在所选的参数下，B 游戏均为负博弈，其中基于环境机制的 B 博弈输的最多。

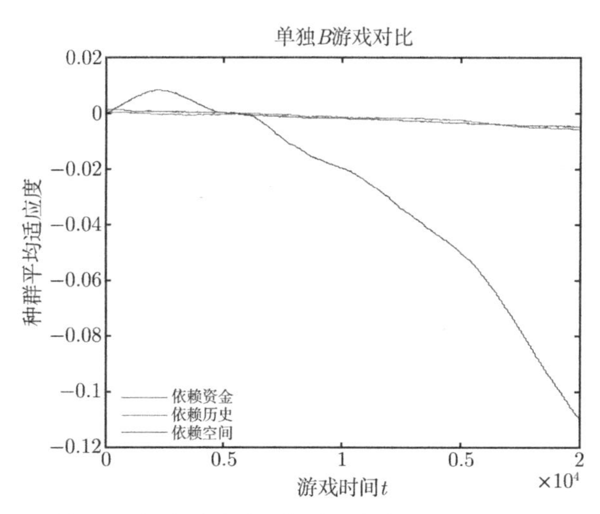

图 4.18 单玩 B 博弈时种群平均适应度 $\bar{d}(t)$ 变化情况 (后附彩图)

图 4.19 为 3 种群体 Parrondo 博弈模型的种群平均适应度 $\bar{d}(t)$ 的变化情况，其中玩 A 博弈的概率为 0.5。从图 4.19 中可以看出竞争和合作方式均有效促进种群的发展 (正收益)，因此，个体之间的竞争和合作是对自然的适应。在单独玩 B 博弈时，基于环境机制的 B 博弈模式输的最厉害，但随机玩 $A+B$ 组合时，不论是竞争方式，还是合作方式，都是基于环境机制的群体 Parrondo 博弈模型赢的最多。

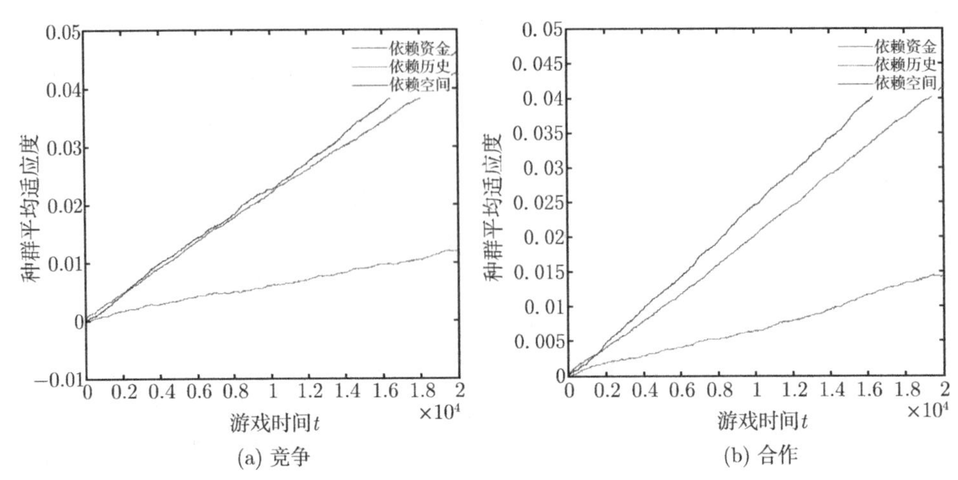

(a) 竞争　　(b) 合作

图 4.19　基于群体 Parrondo 博弈模型的种群平均适应度变化情况（随机 $A+B$ 博弈）(后附彩图)

4.5.2　玩 A 游戏概率 γ 的影响

图 4.20 显示了 A 博弈的概率对种群平均适应度的影响，由图 4.20 可以看出，不论是竞争方式，还是合作方式，对于基于状态机制的群体 Parrondo 博弈模型，其种群平均适应度的峰值都大致发生在 $\gamma=1/3$ 处，即当玩 A 博弈的概率约为 1/3 时，种群将取得最大收益；对于基于时间机制的群体 Parrondo 博弈模型，其种群平均适应度的峰值发生在 $\gamma=[0.2，0.6]$ 的区间。对于基于环境机制的群体 Parrondo 博弈模型，其种群平均适应度的峰值都大致发生在 $\gamma=0.1$ 处。

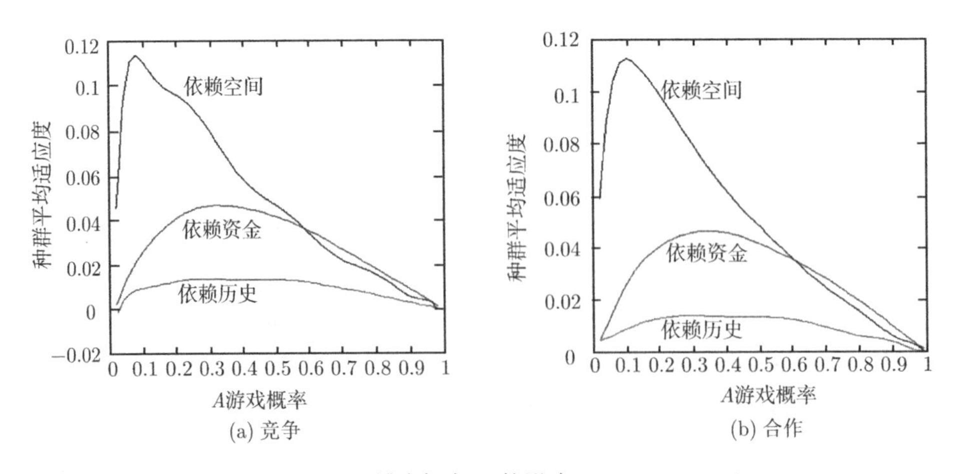

(a) 竞争　　(b) 合作

图 4.20　玩 A 博弈概率 γ 的影响 $(0.02\leqslant \gamma \leqslant 0.98)$

4.5.3 小结

我们综合考虑生物个体的两重属性 —— 社会属性和自然属性，建立群体 Parrondo 博弈模型，模型反映了个体生存和进化过程中的两种博弈关系：①A 博弈反映个体之间竞争和合作的相互作用，并且将相互作用的空间载体设置为二维格子网络情况。A 博弈对种群整体收益不产生影响，只是改变了收益在种群中的分配格局，因此为零和博弈。②B 博弈反映自然对个体生存进化的影响，影响机制 (对人类而言，可解释为命运) 采用基于个体生存状态 (状态机制，如我们常说的“否极泰来，乐极生悲”可以反映这种依赖状态的机制)、基于个体历史经历 (时间机制，如中国谚语中的“福无双至，祸不单行”可以反映这种依赖历史的机制) 和基于个体邻居环境 (环境机制，如中国谚语中的“近朱者赤，近墨者黑”可以反映这种依赖环境的机制) 等三种模式，B 博弈的结构中同时存在自然有利影响和不利影响的分支，并且考虑到自然的整体影响是不利的，我们将 B 博弈设计为负博弈。群体 Parrondo 博弈模型仿真计算结果显示：

(1) 合作与竞争均为适应性行为 (种群平均适应度为正)。从系统层面看，A 博弈为零和博弈，B 博弈对种群中的每个个体而言均为负博弈，但输的游戏组合可以产生赢，种群平均适应度的提高体现了 Parrondo 悖论违反直觉的本质。Abbott 博士指出，生命本身或许就是通过棘轮的方式自我引导的，当某种进化方向偶然形成的时候，自然的力量很容易毁灭这种最初的秩序。那些扮演棘轮角色的因素可以阻止这种毁灭，帮助生命沿着进化的道路形成更高的复杂性。特殊的 B 博弈结构表现了自然对生物进化所具有的棘轮效应，而竞争和合作均为成功的进化方向。

(2) 我们将自然的棘轮效应设计成状态模式、时间模式和环境模式三种，计算仿真结果显示，环境模式的棘轮效应最强，即对个体的自然选择最残酷 (个体单玩环境模式的 B 博弈时输的最多)，但一旦个体采用适应性行为 (相互竞争或合作)，该模式最高效 (基于环境机制的群体 Parrondo 博弈模型赢的最多)，种群平均适应度最高。因此，在生物进化历程中，自然一般会采用高效的机制引导进化，正是由于环境模式的引导，形成了个体组成种群、种群组成群落、群落组成生态系统、生态系统组成生物圈这种协同进化模式。

(3) 对于基于环境机制的群体 Parrondo 博弈模型而言，玩 A 博弈的最佳概率为 0.1，即个体之间的相互作用时间较短，个体的大部分时间依赖 B 博弈的引导。在真实的自然界，我们发现大型肉食动物吃饱后，并不会再以杀戮为快，而是让以其捕食对象构成的其自身生存的社会小生境休养生息，以实现对其发展有利的棘轮效应 (即有利的 B 博弈分支)。因此，玩 A 博弈最佳概率的存在可能是这种现象的一种合理解释。

(4)“物竞天择”体现了竞争是个体层面的适应性行为，本节结果显示，竞争能够使种群平均适应度上升，因此我们的研究揭示了竞争也可能是群体层面的适应性行为。

(5) 目前的研究显示，合作产生的必要条件是成本小于效益，对于成本等于效益的零和博弈，合作不会产生。而本节的研究结果显示零和博弈也可能产生合作，因为合作能带来群体的正收益。

4.6 群体 Parrondo 博弈中空间网络异构性的影响

对于依赖空间的群体 Parrondo 博弈，其中博弈 A 的网络结构可采取多种形式，而博弈 B 的网络载体因为游戏结构的限制，只能采用一维环状网络 (图 2.1) 和二维格子网络 (图 2.18)。第 2 章已分析了同构网络下群体 Parrondo 博弈的结果。本节针对博弈 A 与博弈 B 空间网络载体不一致 (网络异构) 的情形，通过理论分析，揭示网络异构性的影响。

4.6.1 博弈 *A* 分析

基于一维网络载体的群体 Parrondo 博弈模型如图 2.1 所示。其中博弈 B 采用一维环状网络；博弈 A 采用两种网络载体：①一维环状网络 (与博弈 B 同构)；②全连通网络 (与博弈 B 异构)。针对一维环状网络载体，个体 i 的邻居为 $i-1$ 和 $i+1$；针对全连通网络，个体 i 的邻居为种群中除 i 外的所有其他个体。

以 $N=4$ 为例，整体状态有 $2^4=16$ 种 ——(0000)、(0001)、(0010)、(0011)、···、(1110)、(1111) 分别对应十进制中的 0、1、2、3、··· 、14、15。因此，状态集也可以记为 $E=\{0, 1, 2, \cdots, 14, 15\}$。$A$ 博弈的转移概率矩阵 $[P]^{(A)}$ 为

$$[P]^{(A)} = [P_{ab}]_{a,b\in E} = \begin{bmatrix} p_{00} & p_{01} & \cdots & p_{0,15} \\ p_{10} & p_{11} & \cdots & p_{1,15} \\ \vdots & \vdots & & \vdots \\ p_{15,0} & p_{15,1} & \cdots & p_{15,15} \end{bmatrix} \tag{4-3}$$

一维环状网络载体的 $[P]^{(A)}$ 在 2.2.2.1 节中已推导，下面推导全连通网络载体的 $[P]^{(A)}$。当博弈 A 采用全连通网络载体时，任意个体 i 可以与种群中所有其他个体发生相互竞争。以 p_{15} 为例，说明矩阵中各元素的计算方法。由于 A 博弈是任意两个个体在进行博弈，因此发生博弈的情形共有 $C_4^2=6$ 种。从状态 1(0001) 到状态 5(0101) 分两种情况：①个体 1 和个体 2 竞争，个体 2 赢 (赢的概率为 1/2)，该情况的发生概率为 $\frac{1}{6}\times\frac{1}{2}=\frac{1}{12}$；②个体 2 和个体 3 竞争，个体 2 赢 (赢的概率为 1/2)，该情况发生概率为 $\frac{1}{6}\times\frac{1}{2}=\frac{1}{12}$。所以 $p_{15}=\frac{1}{12}+\frac{1}{12}=\frac{1}{6}$。依此类推，可以得出其

他矩阵元素，最后可得博弈 A 的转移概率矩阵为

$$[P]^{(A)} = \begin{bmatrix}
0 & 1/4 & 1/4 & 0 & 1/4 & 0 & 0 & 0 & 1/4 & 0 & 0 & 0 & 0 & 0 & 0 & 0 \\
0 & 1/4 & 1/12 & 1/6 & 1/12 & 1/6 & 0 & 0 & 1/12 & 1/6 & 0 & 0 & 0 & 0 & 0 & 0 \\
0 & 1/12 & 1/4 & 1/6 & 1/12 & 0 & 1/6 & 0 & 1/12 & 0 & 1/6 & 0 & 0 & 0 & 0 & 0 \\
0 & 1/12 & 1/12 & 1/3 & 0 & 1/12 & 1/12 & 1/12 & 0 & 1/12 & 1/12 & 1/12 & 0 & 0 & 0 & 0 \\
0 & 1/12 & 1/12 & 0 & 1/4 & 1/6 & 1/6 & 0 & 1/12 & 0 & 0 & 0 & 1/6 & 0 & 0 & 0 \\
0 & 1/12 & 0 & 1/12 & 1/12 & 1/3 & 1/12 & 1/12 & 0 & 1/12 & 0 & 0 & 1/12 & 1/12 & 0 & 0 \\
0 & 0 & 1/12 & 1/12 & 1/12 & 1/12 & 1/3 & 1/12 & 0 & 0 & 1/12 & 0 & 1/12 & 0 & 1/12 & 0 \\
0 & 0 & 0 & 1/6 & 0 & 1/6 & 1/6 & 1/4 & 0 & 0 & 0 & 1/12 & 0 & 1/12 & 1/12 & 0 \\
0 & 1/12 & 1/12 & 0 & 1/12 & 0 & 0 & 0 & 1/4 & 1/6 & 1/6 & 0 & 1/6 & 0 & 0 & 0 \\
0 & 1/12 & 0 & 1/12 & 0 & 1/12 & 0 & 0 & 1/12 & 1/3 & 1/12 & 1/12 & 1/12 & 1/12 & 0 & 0 \\
0 & 0 & 1/12 & 1/12 & 0 & 0 & 1/12 & 0 & 1/12 & 1/12 & 1/3 & 1/12 & 1/12 & 0 & 1/12 & 0 \\
0 & 0 & 0 & 1/6 & 0 & 0 & 0 & 1/12 & 0 & 1/6 & 1/6 & 1/4 & 0 & 1/12 & 1/12 & 0 \\
0 & 0 & 0 & 0 & 1/12 & 1/12 & 1/12 & 0 & 1/12 & 1/12 & 1/12 & 0 & 1/3 & 1/12 & 1/12 & 0 \\
0 & 0 & 0 & 0 & 0 & 1/6 & 0 & 1/12 & 0 & 1/6 & 0 & 1/12 & 1/6 & 1/4 & 1/12 & 0 \\
0 & 0 & 0 & 0 & 0 & 0 & 1/6 & 1/12 & 0 & 0 & 1/6 & 1/12 & 1/6 & 1/12 & 1/4 & 0 \\
0 & 0 & 0 & 0 & 0 & 0 & 0 & 1/4 & 0 & 0 & 0 & 1/4 & 0 & 1/4 & 1/4 & 0
\end{bmatrix} \tag{4-4}$$

相应的博弈 A 的平稳分布概率为

$$\{\pi\}^{(A)} = \{0, 1/20, 1/20, 1/10, 1/20, 1/10, 1/10, 1/20, 1/20, 1/10, 1/10, 1/20, 1/10, 1/20, 1/20, 0\}$$

4.6.2 计算结果

取 N=4 的情形，其中 B 博弈和随机 A+B 博弈的分析方法与 2.2.2.2 节和 2.2.2.3 节相同。图 4.21 计算结果表明博弈 A 采用一维环状网络 (与博弈 B 同构) 时，发生强悖论的参数空间小于采用全连通网络 (与博弈 B 异构)，因此，对于采用一维环状网络的 B 博弈而言，博弈 A 与博弈 B 异构扩大了强悖论发生的参数区域。

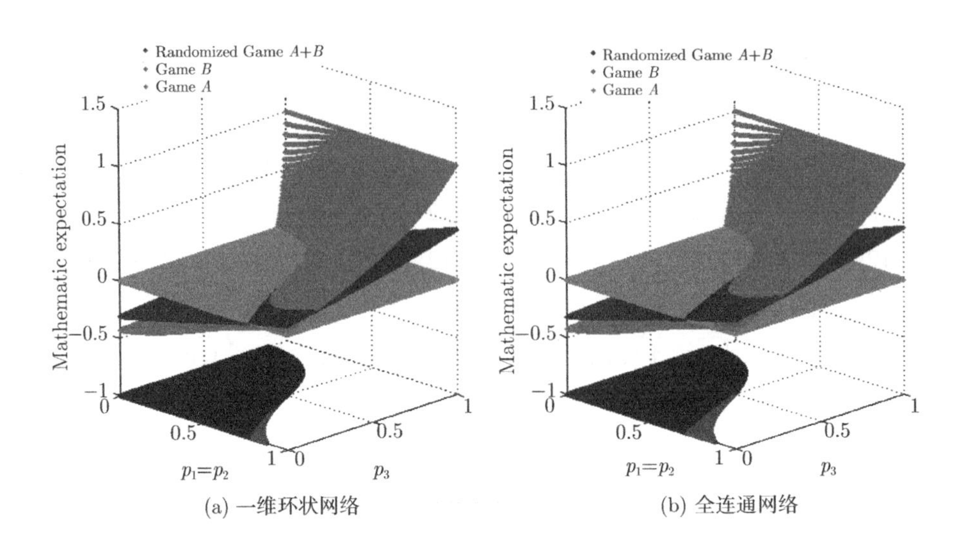

图 4.21 基于一维网络群体 Parrondo 博弈的理论结果 ((a) 博弈 A 采用一维环状网络。(b) 博弈 A 采用全连通网络。其中：种群规模 $N=4$，玩 A 博弈概率为 0.5。B 博弈采用一维环状网络，$p_0=0.5$。坐标平面中深色区域为弱 Parrondo 悖论成立空间，浅色区域为强 Parrondo 悖论成立空间)

4.7 网络演化带来的福利

Parrondo 博弈中 A 博弈充当 "搅动" 角色，B 博弈充当 "棘轮" 角色。在 B 博弈的结构中一般存在不对称的若干分支，其中一些是有利的分支 (即赢的概率大)，另外一些是不利的分支 (即输的概率大)，这种不对称的结构形成了一种 "棘轮机制"。当单玩 B 博弈时，通过输赢概率参数的设置，使得 B 博弈输，而随机或按一定周期进行 A 博弈 $+B$ 博弈时，通过 A 博弈的 "搅动" 作用，使得资本或输赢状态发生变化，这样轮到玩 B 博弈时，增加了进入有利分支的机会，最终产生了赢的反直觉现象。从参与者的规模看，A 博弈分为个体版和群体版。对于个体版的 A 博弈，其 "搅动" 作用体现在个体通过 A 博弈使得资本或输赢状态发生变化。对于群体版的 A 博弈，在该版本中存在 N 个参与人，A 博弈被设计为随机选出的两个个体之间的零和博弈，A 博弈的搅动作用通过个体之间的相互博弈实现，个体之间的零和博弈造成了群体中个体资本或输赢状态的分布变化。由于群体一般都占据着一定的网络空间，因此个体之间的相互作用只发生在具有网络连接关系的个体之间，那么有趣的问题是：由于 A 博弈起的是 "搅动" 作用，那么能否依靠网络结构演化 (如断边重连) 替代 A 博弈的 "搅动" 作用？是否可以利用一种 A 环节 (即网络结构演化)$+B$ 博弈 (采用基于个体邻居环境的结构) 的动力学过程来产生 Parrondo 悖论效应呢？

4.7.1 计算仿真及分析

种群由 N 个个体组成，给群体赋予初始网络结构，本节采用两种网络结构 [15]：一维环状网络和二维格子网络。每一轮，随机玩 A 环节 (概率 γ) 或 B 博弈 (概率 $1-\gamma$)。当玩 A 环节时, 采取断边重连机制进行网络演化。当玩 B 博弈时，个体赢或输的概率在不同的邻居环境下是不同的。

基于计算机仿真的需要，定义群体平均得益 $d=\dfrac{W}{T}$，其中 $W=\sum\limits_{i=1}^{N}[C_i(T)-C_0]$，为群体总收益，$C_i(T)$ 为 T 时刻的资本，C_0 为初始资本，T 为游戏时间。

对 A 环节 $+B$ 博弈的群体 Parrondo 博弈模型进行计算机仿真分析。图 4.22

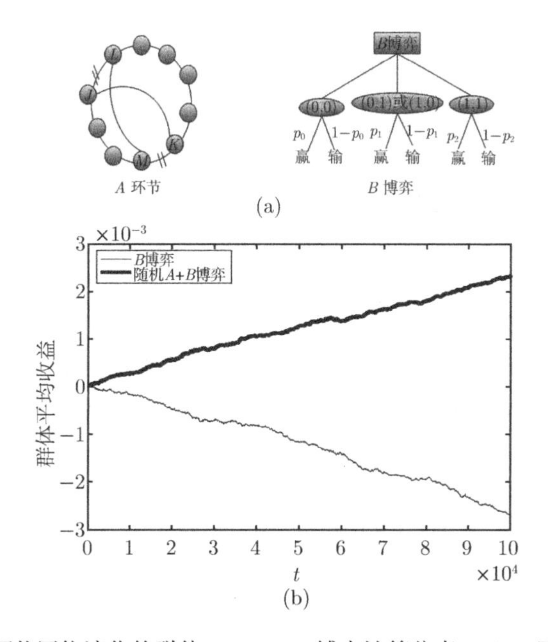

图 4.22 基于一维环状网络演化的群体 Parrondo 博弈计算仿真 ((a)A 环节和 B 博弈。针对 A 环节, 采用一维环状网络，其结构演化的断边重连方法为 [12]：从网络中随机选择出两个无连接关系的节点 J 和节点 K，然后再从节点 J 和节点 K 的 2 个邻居中随机选择出节点 L 和节点 M(L 和 M 不能为同一点，也不能存在连接关系)，断开 JL 之间的连接和 KM 之间的连接，重新连接 JK 和 LM。对 B 博弈而言，个体 i 的邻居为 $i-1$ 和 i+1。该两个邻居拥有 3 种不同的赢 (以 1 代表) 和输 (以 0 代表) 状态。因此，B 博弈由 3 个分支组成。对应的个体 i 赢的概率分别为 p_0，p_1 和 p_2。(b) 单独玩 B 博弈和随机玩 A 环节和 B 博弈的种群平均收益情况。B 博弈的参数为 p_0=0.5、p_1=0.74 和 p_2=0.04。个体的初始输赢 (0 或 1) 状态随机设置，初始资本 C_0=500，游戏时间 T 取 10^5，其中玩 A 环节的概率 γ=0.5。种群规模 N=1000，以 100 次游戏结果的平均值作图。个体的初始输赢状态随机设置)

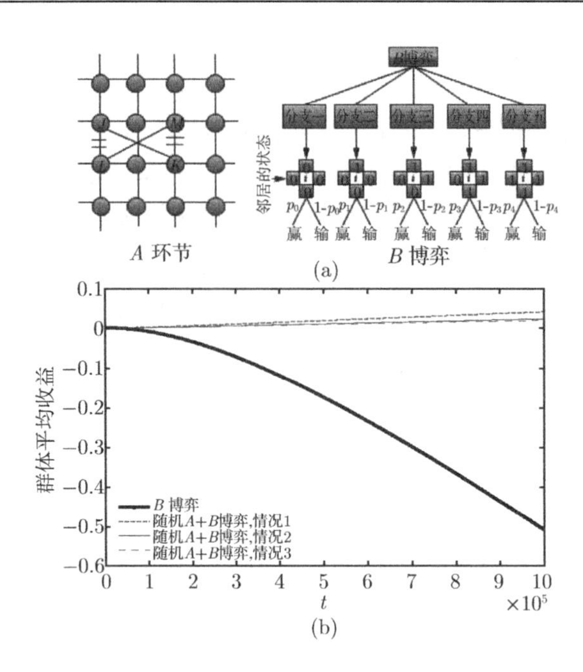

图 4.23　基于二维格子网络演化的群体 Parrondo 博弈计算仿真 ((a)A 环节和 B 博弈。针对二维格子网络的 A 环节，我们采用了三种断边重连机制。对 B 博弈而言，个体 i 的邻居拥有 5 种不同的赢 (以 1 代表) 和输 (以 0 代表) 状态。因此，B 博弈由 5 个分支组成。对应的个体 i 赢的概率分别为 p_0，p_1，p_2，p_3 和 p_4。(b) 单独玩 B 博弈和随机玩 A 环节和 B 博弈的种群平均收益情况。B 博弈的参数为 p_0=0.01、p_1=0.15、$p_2 = p_3$=0.7 和 p_4=0.6。个体的初始输赢 (0 或 1) 状态随机设置，初始资本 C_0=500 游戏时间 T 取 10^6，其中玩 A 环节的概率 γ=0.5。种群规模 N=10000 和 100×100 的二维格子网络，以 1000 次游戏结果的平均值作图。个体的初始输赢状态随机设置)

和图 4.23 为计算仿真结果，可以看出，单玩 B 博弈是输的，而随机玩 A 环节 +B 博弈是赢的，因此，仿真结果反映了通过 A 环节的 “搅动” 作用可以产生 Parrondo 悖论效应。特别地, 针对二维格子网络，我们在 A 环节中采用了三种断边重连机制。第 1 种情况：随机重连。采用如图 4.23(a) 所示的断边重连方法，即从网络中随机选择出两个无连接关系的节点 J 和节点 K，然后再分别从节点 J 和节点 K 的 4 个邻居中随机选择出节点 L 和节点 M(L 和 M 不能为同一点，也不能存在连接关系)，断开 JL 之间的连接和 KM 之间的连接，重新连接 JK 和 LM。第 2 种情况：利己趋向的择优重连。该重连方法与随机重连方法的不同点在于节点 K 和节点 M 的选择，即节点 K 和节点 M 必须是状态为赢的个体，由于 B 博弈的参数为 p_0=0.01、p_1=0.15、$p_2 = p_3$=0.7 和 p_4=0.6，因此赢状态邻居数多的环境有利于提升个体在 B 博弈中赢的概率，而这种重连方式对于节点 J 和节点 L 而言，重连后的邻居环境不劣于重连前，如果将节点 J 和节点 L 视为断边重连的主动节点，这类似于一种利己式的择优连接。第 3 种情况：利他趋向的择劣重连。该重连方法的节点 K 和节点 M 必须是状态为输的个体。这种重连方式正好与第 2 种情况相反，对于节点 K 和节点 M 而言，重连后的邻居环境不劣于重连前，这类似于一种利他式的择劣连接。上述三种断边重连方法都有一个共同的特点，即所有节点的邻居数目在网络演化过程中保持 4 个不变，这样能够保证 A 环节对 B 博弈结构的适应。

4.7.2 输赢机理讨论

A 环节的搅动作用通过个体之间的断边重连实现，个体之间的断边重连造成了个体邻居 (以及由此带来的邻居输赢状态) 环境的变化。因此，当随机或按一定周期进行 A 环节 $+B$ 博弈时，通过 A 环节的网络结构演化，使得群体中个体邻居环境发生变化，这样轮到玩 B 博弈时，增加了进入有利分支的机会，最终产生了赢的反直觉现象。

表 4.4 列出了图 4.23 仿真分析过程中玩 B 博弈时其各分支所占比例。从表 4.4 可看出通过 A 环节的搅动，大幅度提高了玩 B 博弈分支三、分支四和分支五的比例 (分支三和分支四的赢的概率为 $p_2 = p_3$=0.7，分支五的赢的概率为 p_4=0.6，均为有利分支)。

表 4.4 玩 B 博弈时各分支所占比例

游戏方式	分支一	分支二	分支三	分支四	分支五
单玩 B 博弈	0.67742	0.17202	0.08854	0.04807	0.01397
A 环节 (情况 1)+B 博弈	0.04764	0.20735	0.35943	0.29317	0.09241
A 环节 (情况 2)+B 博弈	0.06381	0.22264	0.35107	0.27534	0.08714
A 环节 (情况 3)+B 博弈	0.06051	0.23488	0.35919	0.25521	0.09021

从个体 (节点) 层面看，断边重连的动机和目的都是为了提升自身收益，这种由个体理性驱动的网络演化只能从微观层面理解其演化的目的和意义。而本节的研究有助于从宏观和整体层面理解网络演化的合理性与适应性，因为网络演化能带来福利，有利于提升群体收益，使群体收益由负变为正。另外，如果群体中的个体采取一致趋向的重连机制 (不论是择优连接还是择劣连接)，其群体收益反而小于随机重连方式，这表明多样性 (随机重连意味着连接方式的多样性) 有利于提升群体效率，而所有个体都理性 (择优连接) 反而降低了群体效率。

4.7.3 理论分析

上述计算机仿真结果表明，断边重连可以实现类似个体之间相互博弈 (A 博弈) 那样的搅动效果，使得群体中部分个体的邻居环境发生改变。下面，我们基于离散马尔可夫链的理论分析方法，以一维环状网络为例，定量表达断边重连的扰动效果，建立 A 环节的传递概率矩阵，研究 A 环节 $+B$ 博弈产生 Parrondo 悖论效应的条件和参数空间。

在一维环状网络中，每个个体处于两种状态，即 0(输) 或 1(赢)。N 个个体所组成的整体状态可以用二进制字符串 $S=(s_1,s_2,\cdots,s_N),s_i=0,1$ 表示。另外，定义 s_1 为 s_N 右边的邻居状态 $(s_{N+1}=s_1)$，s_N 为 s_1 左边的邻居状态 $(s_0=s_N)$。N 个个体所组成的整体状态共有 $M=2^N$ 种类型。也可以采用十进制形式来表示整体状态。例如，当 $N=4$ 时，二进制状态 (0101) 等价于十进制状态 5。

以 N=4 为例，整体状态有 2^4=16 种 ——(0000)、(0001)、(0010)、(0011)、$\cdots$、(1110)、(1111) 分别对应十进制中的 0、1、2、3、$\cdots$、14、15。

对个体进行编号：个体 1 编号为 1，个体 2 编号为 2，个体 3 编号为 3，个体 4 编号为 4。初始状态时种群一维环状序列为 1234，即个体 1 的邻居为个体 2 和 4，个体 2 的邻居为 1 和 3，个体 3 的邻居为 2 和 4，4 的邻居为 3 和 1，如图 4.24 所示。当 A 环节采取断边重连机制进行网络演化后，种群的一维环状序列存在两种变化情况：①1243；②1324。

如果种群整体输赢状态为 (0010)，即个体 1 的状态为 0，个体 2 的状态为 0，个体 3 的状态为 1，个体 4 的状态为 0。经过 A 环节的断边重连后，种群整体状态相应的两种变化情况为：①(0001)(对应序列 1243)；②(0100)(对应序列 1324)。所以，种群整体状态 (0010) 经过 A 环节的一步断边重连后到达 (0001) 状态的转移概率为 $p_{21}=1/2$；到达 (0100) 状态的转移概率为 $p_{24}=1/2$。到达其余状态的转移概率均为 0。

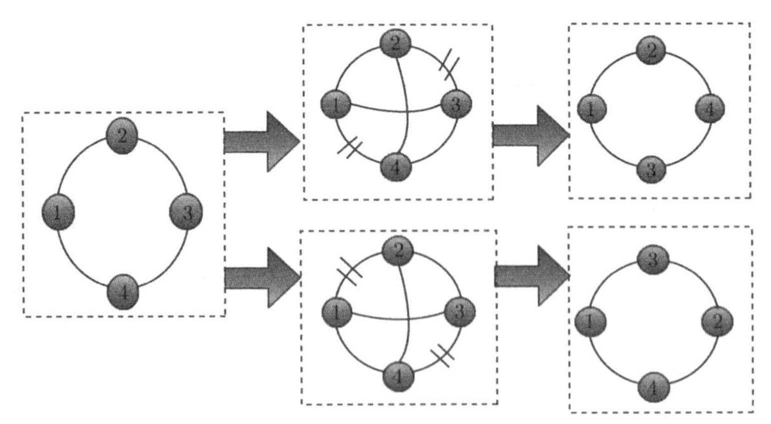

图 4.24　基于断边重连的一维环状网络 (N=4) 结构演化

依此类推，可以得出 A 环节的转移概率矩阵为

$$[P]^{(A)} = \begin{bmatrix}
1 & 0 & 0 & 0 & 0 & 0 & 0 & 0 & 0 & 0 & 0 & 0 & 0 & 0 & 0 & 0 \\
0 & 1/2 & 1/2 & 0 & 0 & 0 & 0 & 0 & 0 & 0 & 0 & 0 & 0 & 0 & 0 & 0 \\
0 & 1/2 & 0 & 0 & 1/2 & 0 & 0 & 0 & 0 & 0 & 0 & 0 & 0 & 0 & 0 & 0 \\
0 & 0 & 0 & 1/2 & 0 & 1/2 & 0 & 0 & 0 & 0 & 0 & 0 & 0 & 0 & 0 & 0 \\
0 & 0 & 1/2 & 0 & 1/2 & 0 & 0 & 0 & 0 & 0 & 0 & 0 & 0 & 0 & 0 & 0 \\
0 & 0 & 0 & 1/2 & 0 & 0 & 1/2 & 0 & 0 & 0 & 0 & 0 & 0 & 0 & 0 & 0 \\
0 & 0 & 0 & 0 & 0 & 1/2 & 1/2 & 0 & 0 & 0 & 0 & 0 & 0 & 0 & 0 & 0 \\
0 & 0 & 0 & 0 & 0 & 0 & 0 & 1 & 0 & 0 & 0 & 0 & 0 & 0 & 0 & 0 \\
0 & 0 & 0 & 0 & 0 & 0 & 0 & 0 & 1 & 0 & 0 & 0 & 0 & 0 & 0 & 0 \\
0 & 0 & 0 & 0 & 0 & 0 & 0 & 0 & 0 & 1/2 & 1/2 & 0 & 0 & 0 & 0 & 0 \\
0 & 0 & 0 & 0 & 0 & 0 & 0 & 0 & 0 & 1/2 & 0 & 0 & 1/2 & 0 & 0 & 0 \\
0 & 0 & 0 & 0 & 0 & 0 & 0 & 0 & 0 & 0 & 0 & 1/2 & 0 & 1/2 & 0 & 0 \\
0 & 0 & 0 & 0 & 0 & 0 & 0 & 0 & 0 & 0 & 1/2 & 0 & 1/2 & 0 & 0 & 0 \\
0 & 0 & 0 & 0 & 0 & 0 & 0 & 0 & 0 & 0 & 0 & 1/2 & 0 & 0 & 1/2 & 0 \\
0 & 0 & 0 & 0 & 0 & 0 & 0 & 0 & 0 & 0 & 0 & 0 & 1/2 & 1/2 & 0 & 0 \\
0 & 0 & 0 & 0 & 0 & 0 & 0 & 0 & 0 & 0 & 0 & 0 & 0 & 0 & 0 & 1
\end{bmatrix} \tag{4-5}$$

根据 $\{\pi\}^{(A)} = \{\pi\}^{(A)}[P]^{(A)}$，可得 A 环节的平稳分布概率 $\{\pi\}^{(A)}$ 为

$$\{\pi\}^{(A)} = \{0,0,0,1/3,0,1/3,1/3,0,0,0,0,0,0,0,0,0\}$$

通过上述理论分析可知，断边重连改变了个体之间的连接关系，也导致了群体状态的变化，我们定量推导了由断边重连带来的状态之间相互转移的概率，建立了 A 环节的转移概率矩阵以定量体现搅动作用。

A 环节 $+B$ 博弈的转移概率矩阵为

$$[P]^{(A+B)} = \gamma \cdot [P]^{(A)} + (1-\gamma) \cdot [P]^{(B)} \tag{4-6}$$

式中：γ 为玩 A 环节的概率。$[P]^{(B)}$ 为玩 B 博弈的传递概率矩阵，具体表达见 2.2.2 节。

A 环节 $+B$ 博弈的数学期望 $E^{(A+B)}$ 为

$$E^{(A+B)} = \{\pi\}^{(A+B)} \left(\{\lambda\}_{\text{win}}^{(A+B)} - \{\lambda\}_{\text{lose}}^{(A+B)}\right) \tag{4-7}$$

其中: $\{\pi\}^{(A+B)}$ 为 A 环节 $+B$ 博弈的平稳分布概率, 可根据 $\{\pi\}^{(A+B)}=\{\pi\}^{(A+B)}\cdot[P]^{(A+B)}$ 计算。$\{\lambda\}_{\text{win}}^{(A+B)}$ 和 $\{\lambda\}_{\text{lose}}^{(A+B)}$ 分别为 A 环节 $+B$ 博弈整体赢和输的平均概率。并且 $\{\lambda\}_{\text{lose}}^{(A+B)}=I-\{\lambda\}_{\text{win}}^{(A+B)}$

$$\{\lambda\}_{\text{win}}^{(A+B)}=\gamma\cdot\{\lambda\}_{\text{win}}^{(A)}+(1-\gamma)\cdot\{\lambda\}_{\text{win}}^{(B)} \tag{4-8}$$

其中: $\{\lambda\}_{\text{win}}^{(A)}$ 和 $\{\lambda\}_{\text{win}}^{(B)}$ 分别为 A 环节和 B 博弈整体赢的概率。

A 环节我们可以看成零和博弈。所以, 无论处于什么状态, 赢或输的概率均为 0.5。因此, A 环节整体赢的平均概率 $\{\lambda\}_{\text{win}}^{(A)}=\left\{\begin{array}{ccccc}0.5 & 0.5 & \cdots & 0.5 & 0.5\end{array}\right\}^{T}$。$\{\lambda\}_{\text{win}}^{(B)}$ 的具体表达见 2.2.2 节。

B 博弈的数学期望 $E^{(B)}$ 的具体计算公式可见 2.2.2 节。

图 4.25 为本节 (A 环节 $+B$ 博弈) 和 2.2.2 节 (A 博弈 $+B$ 博弈) 的理论分析结果对比, 可以看出, 本节方法的强、弱 Parrondo 悖论成立空间均大于 2.2.2 节, 特别是强悖论成立空间, 说明断边重连的搅动作用优于个体之间的零和博弈。图 4.26 为本节和 2.2.2 节的强悖论参数空间, 可以看出, 本节方法的强悖论参数空间分为两部分, 与 2.2.2 节的强悖论参数空间相比, 明显不同之处是: 本节有部分参数空间分布在 $p_0<0.5$、$p_1<0.5$ 和 $p_2>0.5$ 的区域, 而 2.2.2 节有部分参数空间分布在 $p_0<0.5$、$p_1>0.5$ 和 $p_2>0.5$ 的区域。

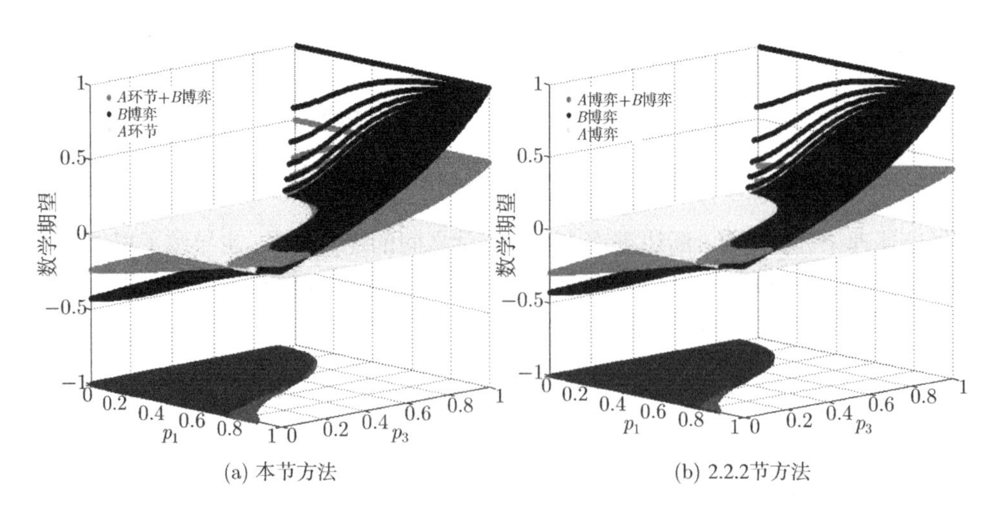

图 4.25　理论分析结果对比 (图 (a), 随机玩 A 环节的概率 γ 为 0.5。图 (b), 随机玩 A 博弈的概率 γ 为 0.5。B 博弈的参数 p_0=0.5。图中蓝色为弱 Parrondo 悖论成立的参数空间, 红色为强 Parrondo 悖论成立的参数空间)(后附彩图)

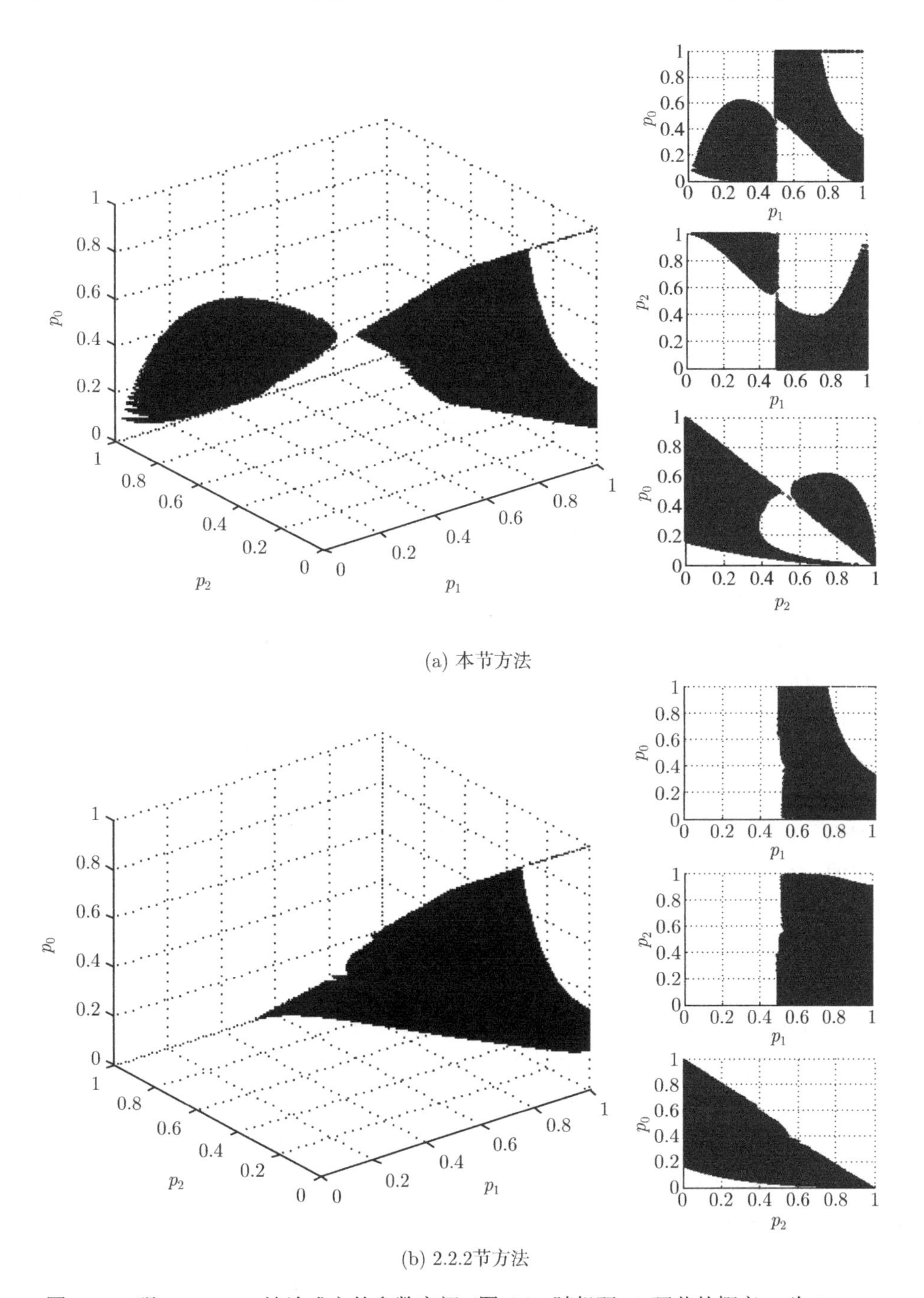

图 4.26 强 Parrondo 悖论成立的参数空间 (图 (a)，随机玩 A 环节的概率 γ 为 0.5。图 (b)，随机玩 A 博弈的概率 γ 为 0.5。图中的小窗口为参数空间的三视图)

4.7.4 小结

(1) 基于离散马尔可夫链，本节提出了一种 A 环节和随机 A 环节 $+B$ 博弈的分析方法。通过比较计算仿真结果，验证了该分析方法的有效性。计算仿真结果和理论分析结果均表明，网络演化能带来福利，可以使输的 B 博弈产生赢的悖论效果。

(2) 因为网络演化能带来福利，有利于提升群体收益，使群体收益由负变为正。本节的研究有助于从宏观和整体层面理解网络演化的合理性与适应性，另外，基于随机重连方式的多样性有利于提升群体效率。

(3) 分别得到强、弱 Parrondo 悖论发生的参数空间。该空间大于现有的 A 博弈 $+B$ 博弈的群体 Parrondo 博弈结果，显示断边重连的 “搅动” 效果优于个体之间的零和博弈。

4.8 基于复杂网络的 Parrondo 博弈及悖论效应研究

对于依赖空间的群体 Parrondo 博弈，其中博弈 B 的网络载体目前主要采用一维环状网络 (图 2.1) 和二维格子网络 (图 2.18)。在此两种网络连接方式下，节点的邻居数目固定 (即所有节点的小生境同构)，因此 B 博弈的分支结构便于设计，如一维环状网络，小生境由左右两个邻居组成，其输赢状态存在四个分支；对于二维格子网络，小生境由上下左右四个邻居组成，在区分位置排序下，其输赢状态存在 16 个分支，在不区分位置时，存在五个分支。但由于现实网络的复杂性，还存在随机网络、小世界网络和无标度网络等多种复杂网络拓扑结构。这些复杂网络与规则网络的一个重要不同点是节点的度不一样，即各个节点的邻居数目不一致，很难按照规则网络的方法根据邻居的输赢状态来设计 B 博弈结构。因此，针对基于任意复杂网络的群体 Parrondo 博弈，如何构造依赖空间小生境的 B 博弈结构是关键技术。Norihito Toyota[16] 针对无标度网络，提出了一种 B 博弈的构造方法，其存在两个游戏分支 $B1$ 和 $B2$，位于无标度网络中的参与人根据与之相连的赢的邻居的数目来决定是玩游戏 $B1$ 还是游戏 $B2$，当赢的邻居数大于等于 R(一个给定的阈值) 时，玩游戏 $B1$；否则，玩游戏 $B2$。文献 [16] 的计算仿真和理论分析结果表明 Parrondo 悖论不存在。本节提出一种适用于任意网络载体的依赖空间小生境的 B 博弈结构方案，仿真计算结果表明 Parrondo 悖论是存在的，且 Parrondo 悖论成立的参数空间与网络异质性相关，网络的异质性越高，悖论成立的参数空间越大。

4.8.1 模型

本节提出的基于任意复杂网络的 Parrondo 博弈模型如图 4.27 所示 [17]。模型由 A、B 两个博弈组成。考虑由 N 个节点组成的复杂网络，游戏方式分为单玩 A

博弈、单玩 B 博弈和随机玩 $A+B$ 博弈。随机玩 $A+B$ 博弈定义为 A 博弈和 B 博弈的随机序列组合。其游戏机制如下：随机选择节点 i 进行博弈，节点 i 随机选择进行 A 博弈 (概率 γ) 或者 B 博弈 (概率 $1-\gamma$)。当进行 A 博弈时，还需从节点 i 的邻居中 (即与 i 节点相连的节点) 随机选择节点 j。节点 i 与节点 j 赢的概率各为 0.5，当节点 i 赢时，节点 j 支付 1 个单位给节点 i，反之，节点 i 支付 1 个单位给节点 j。当进行 B 博弈时，根据节点 i 的资本以及其所有邻居的资本情况，分为两个分支：分支一，节点 i 的资本不大于其所有邻居资本的平均数时，赢的概率为 p_1；分支二，节点 i 的资本大于其所有邻居资本的平均数时，赢的概率为 p_2。

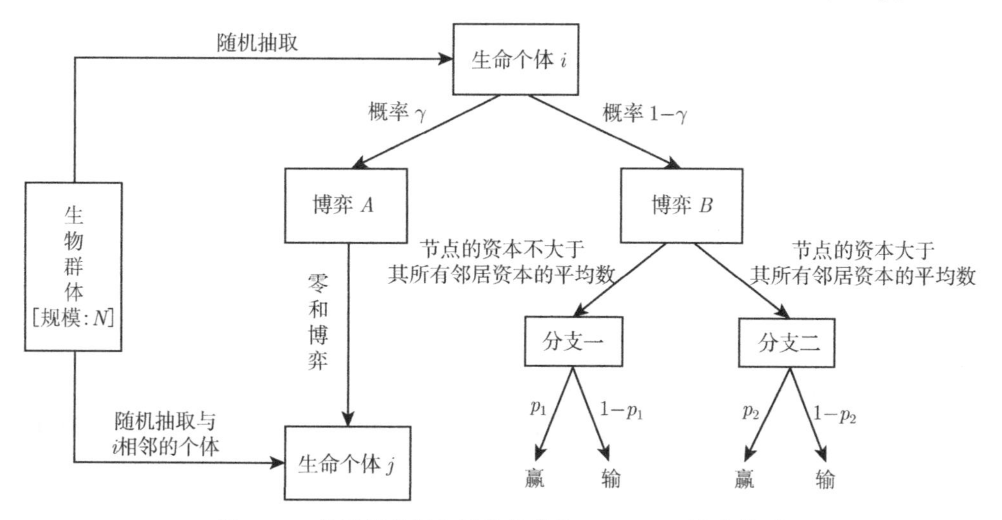

图 4.27　基于任意复杂网络的群体 Parrondo 博弈模型

4.8.2　计算机仿真及分析

4.8.2.1　网络度分布异质性的影响

基于复杂网络，进行 Parrondo 博弈的计算仿真研究。我们猜想网络度分布的异质性可能对悖论效应产生影响。为了便于异质性变化的可控性，我们采用以下两种方法。

(1) 为了反映二维格子网络和随机网络之间的渐进变化情况，我们从二维格子网络出发，采取断边重连机制生成随机网络。基本步骤为 [18]：(a) 生成初始二维格子网络；(b) 随机选择一个节点 E，然后随机选择其邻居节点 F，断开 E 和 F 之间的连接；(c) 在网络中随机选择 2 个节点 G 和 H，建立 E 和 G 或 F 和 H 之间的连接；(d) 重复 (b)、(c) 过程 L 次，随着断边重连次数 L 的增大，网络的随机化程度越来越高，网络节点度从 δ 分布逐步变化为泊松分布，并且网络平均度始终保持为 4。断边重连次数 L 为控制度分布异质性的指标。图 4.28 为相应的网络度

分布 (其中 k 为度，$p(k)$ 为概率)。

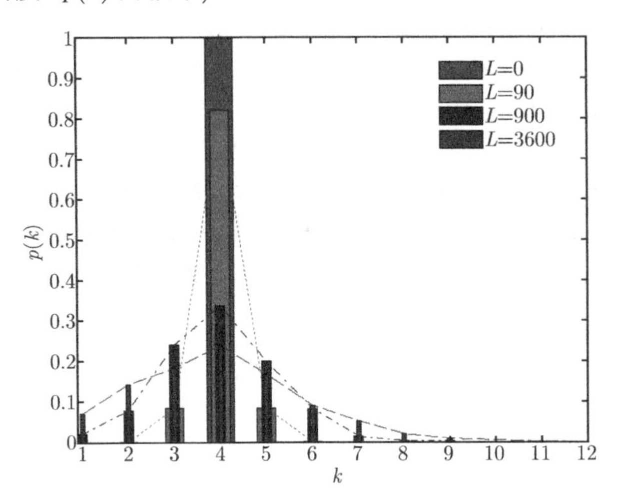

图 4.28　从二维格子网络到随机网络的度分布 (网络规模 900。断边重连次数 L 分别取 0，90，900 和 3600。L=0 对应二维格子网络，网络节点度为 δ 分布，所有节点的度均为 4。随着 L 的增加，网络节点度逐步变化为泊松分布，在此过程中，网络的节点平均度保持为 4)

(2) 为了反映随机网络和无标度网络之间的渐进变化情况，我们采用 4.3 节中度分布参数可调的网络模型和相应的构造算法。参数 $\alpha \in[0,1]$ 为控制度分布异质性的指标。图 4.29 为相应的网络度分布。

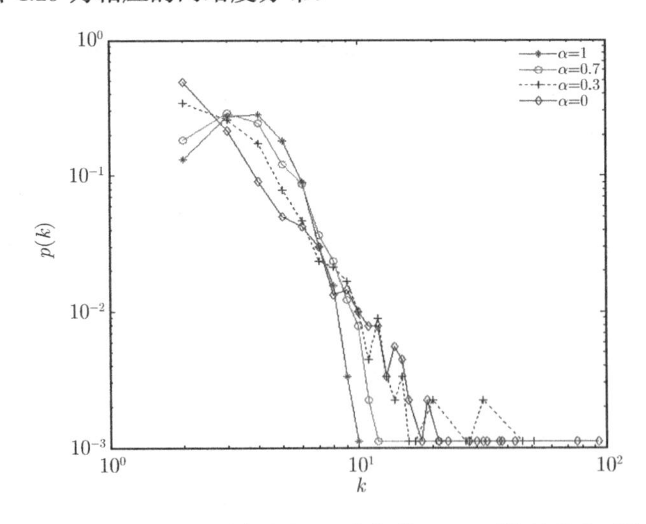

图 4.29　从随机网络到无标度网络的度分布 (网络规模 900。网络的节点平均度均为 4。参数 α 分别取 0.0，0.3，0.7 和 1.0。α=1.0 对应随机网络，网络节点度为泊松分布。随着 α 的减少，网络节点度逐步变化为幂指数分布。α=0.0 对应无标度网络，网络度分布的胖尾现象明显)

计算仿真结果如图 4.30 和图 4.31 所示 (群体平均得益 d 按照式 (3-3) 进行计算)。结果表明无论什么网络，本书所提出的 B 博弈结构都可产生 Parrondo 悖论。图 4.30 显示了从二维格子网络渐进变化至随机网络的 Parrondo 博弈结果。随着断边重连次数 L 的增大，网络节点度从 δ 分布逐步变化为泊松分布，强悖论发生的参数空间逐渐增长。弱悖论发生的参数空间 (图 4.30 中区域 1) 被分割为大小两块区域，左边的大块区，其特点是 $0>d^{(A+B)}>d^{(B)}$。右边的小块区，其特点是 $d^{(A+B)}>d^{(B)}>0$。随着断边重连次数 L 的增大，$d^{(A+B)}>d^{(B)}>0$ 对应的区逐渐增长。图 4.31 显示了从随机网络渐进变化至无标度网络的 Parrondo 博弈结果。随着参数 α 的减小，网络节点度从泊松分布逐步变化为幂指数分布，强悖论发生的参数空间 (图 4.31 中浅色区域) 逐渐增长，弱悖论发生的参数空间 (图 4.31 中 $d^{(A+B)}>d^{(B)}>0$ 对应的区) 也有所增长。因此，Parrondo 悖论发生的参数空间与网络的异质性有关。网络的异质性越高，强悖论和弱悖论成立的参数空间越大。

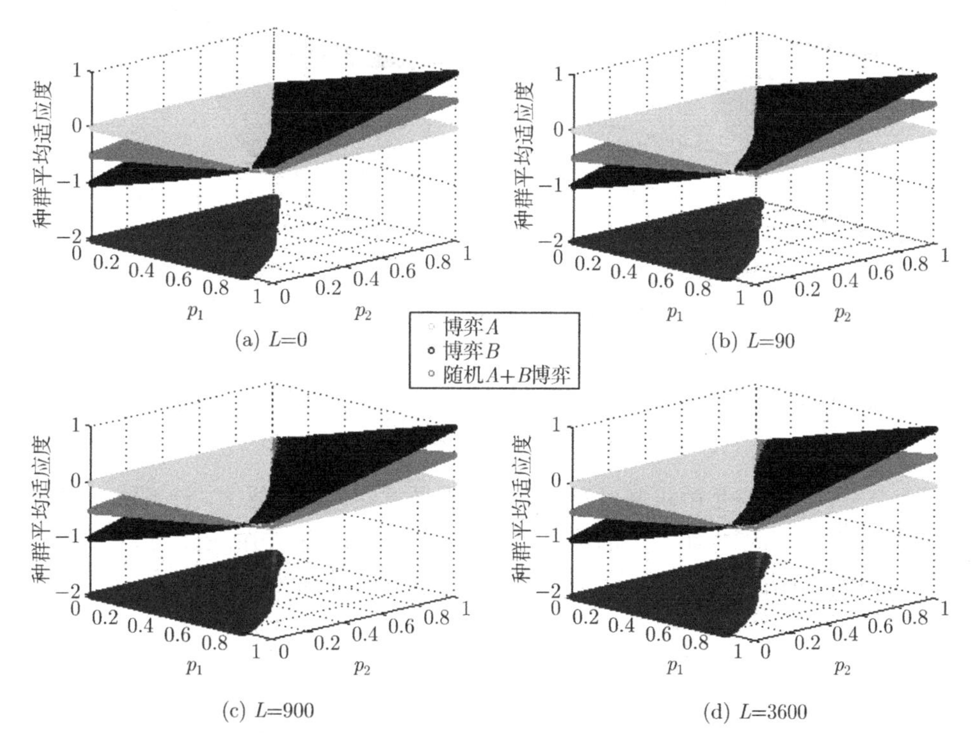

图 4.30 从二维格子网络到随机网络的计算仿真结果 (种群规模 N 取 900，网络平均度为 4，个体平均游戏次数 n 取 100，玩游戏 A 的概率 γ=0.5。采用不同随机数重复玩 30 次游戏，以 30 次游戏结果的平均值作图。蓝色区域为弱 Parrondo 悖论成立的参数空间，红色区域为强 Parrondo 悖论成立的参数空间。图 (a)、(b)、(c) 和 (d) 分别对应断边重连次数 L=0，90，900 和 3600 的网络)(后附彩图)

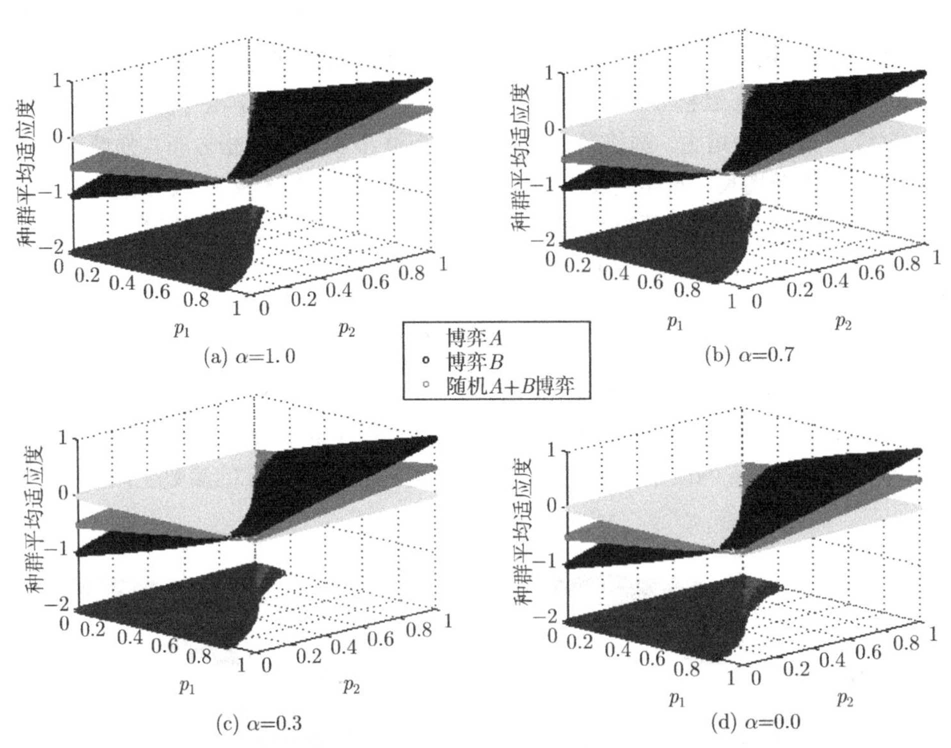

图 4.31　从随机网络到无标度网络的计算仿真结果 (种群规模 N 取 900，网络平均度为 4，个体平均游戏次数 n 取 100，玩游戏 A 的概率 γ=0.5。采用不同随机数重复玩 30 次游戏，以 30 次游戏结果的平均值作图。蓝色区域为弱 Parrondo 悖论成立的参数空间，红色区域为强 Parrondo 悖论成立的参数空间。图 (a)、(b)、(c) 和 (d) 分别对应参数 α=1.0，0.7，0.3 和 0.0 的网络)(后附彩图)

为了分析悖论产生的机制以及网络度分布异质性影响的原因，针对图 4.30 和图 4.31 的结果，取了一组具体的参数 (即 p_1=0.175，p_2=0.870)，统计了玩 B 博弈有利分支的时间占玩 B 博弈时间的比例 (在参数 p_1=0.175 和 p_2=0.870，分支 2 为有利分支)，结果如表 4.5 和表 4.6 所示。

表 4.5　种群适应度及玩分支 2 的比例 (从随机网络到二维格子网络)

	L=0		L=90		L=900		L=3600	
	d	比例	d	比例	d	比例	d	比例
B 博弈	0.0339	49.20%	0.0328	49.12%	0.0240	48.48%	0.0179	48.05%
随机 $A+B$ 博弈	0.0187	49.47%	0.0186	49.44%	0.0172	49.25%	0.0166	49.15%

表 4.6 种群适应度及玩分支 2 的比例 (从随机网络到无标度网络)

	$\alpha=1.0$		$\alpha=0.7$		$\alpha=0.3$		$\alpha=0.0$	
	d	比例	d	比例	d	比例	d	比例
B 博弈	0.0207	48.26%	0.0157	47.89%	−0.0092	46.10%	−0.0459	43.44%
随机 $A+B$ 博弈	0.0172	49.23%	0.0163	49.11%	0.0155	48.99%	0.0138	48.75%

观察表 4.5 和表 4.6，可以发现：

(a) 随机 $A+B$ 博弈中玩有利分支的比例均高于 B 博弈，说明 A 博弈的 "搅动" 增加了玩有利分支的机会。

(b) 随着网络度分布异质性的增加，这组参数 (p_1=0.175 , p_2=0.870) 从不发生悖论效应 (当 L=0，90，900，3600 以及 α=1.0 时，$d^{(B)} > d^{(A+B)} > 0$)，逐渐变化为发生弱悖论 (当 α=0.7 时，$d^{(A+B)} > d^{(B)} > 0$)，最后变化为发生强悖论 (当 α=0.3 和 α=0.0 时，$d^{(A+B)} > 0$ 和 $d^{(B)} < 0$)。这种变化趋势与图 4.30 和图 4.31 中强弱悖论区域的变化情况是一致的，其主要原因是随着度分布异质性的增加，B 博弈以及随机 $A+B$ 博弈中玩有利分支的比例均有所下降，但其中 B 博弈中玩有利分支的比例下降得大，从 α=1.0 时的 48.26%下降至 α=0.0 时的 43.64%，而 $A+B$ 博弈下降的少，从 α=1.0 时的 49.23%下降至 α=0.0 时的 48.75%，这种非同步下降显示了 A 博弈的 "搅动" 对增加玩有利分支机会的贡献，而这种贡献与网络度分布的异质性正相关。因此，两者的非同步下降导致 $d^{(B)}$ 逐渐由正变为负，而同时 $d^{(A+B)}$ 依然能保持为正，使得原先不发生悖论的参数逐渐变化为发生弱悖论或者强悖论的参数。

(c) 当 L=0，90，900，3600 以及 α=1.0 时，可以发现 B 博弈中玩有利分支的比例要略低于随机 $A+B$ 博弈但 $d^{(B)} > d^{(A+B)}$。其原因是在随机 $A+B$ 博弈中有一半的时间用来玩零和的 A 博弈，虽然 B 博弈玩有利分支的比例略小，但玩有利分支的总时间多于 $A+B$ 博弈 (当然玩不利分支的总时间也同样多于 $A+B$ 博弈)，当 B 博弈玩有利分支的比例足够高时，玩有利分支获得的收益足够弥补玩不利分支的损失，使得 $d^{(B)} > d^{(A+B)}$。

下面我们以 BA 网络为例，尝试从微观层面说明：①为什么度分布的异质性越高，B 博弈中玩有利分支的机会就越少？②为什么 A 博弈的 "搅动" 增加了玩有利分支的机会？③为什么 A 博弈的 "搅动" 对增加玩有利分支机会的贡献与网络度分布的异质性正相关？

基于 10000 个节点的 BA 网络，对一组参数 (p_1=0.175, p_2=0.870) 进行了计算仿真，该组参数可以产生 Parrondo 悖论，其中 B 博弈的种群平均适应度 d 为 −0.0456，随机 $A+B$ 博弈的种群平均适应度 d 为 0.0141。图 4.32 显示了节点度与资本的关系。从中可以看出，单玩 B 博弈时，资本与节点度存在正向关系，节点度越大，资本就越大，其中节点度为 2 和 3 的资本为负，其他节点度的资本均为正值 (但由于节点度为 2 和 3 的节点数占群体 70%，因此种群平均适应度依然为负)，产生这一结果的原因是：针对 p_1=0.175 和 p_2=0.870 这组参数，当某个节点的周围邻居资本平均值不小于自身资本时，该节点的小生境是不利的 (因为此时玩 B 游戏的分支一，赢的概率为 p_1=0.175)。反之，如果某个节点的周围邻居资本平均值小于自身资本时，该节点的小生境是有利的 (因为此时玩 B 游戏的分支二，赢的概率为 p_2=0.870)。由于大度节点的小生境主要由小度节点构成 (节点度为 2 和 3)，小度节点的资本小使得大度节点进入有利分支 (分支二) 的概率变大，进而导致大度节点资本增加，而大度节点的资本增加使得与之相连的小度节点的小生境进一步恶化 (因为小度节点的邻居只有 2 至 3 个节点，大度节点的资本增加导致小生境的资本平均值产生较明显的上升)，使得小度节点进入不利分支 (分支一) 的概率加大，进而导致小度节点的资本减少。大度节点有利的小生境和小度节点不利的小生境在博弈过程中不断强化，最终导致度越大的节点资本越大，度越小的节点资本越小 (节点度为 2 和 3 的节点资本为负)。当随机玩 $A+B$ 时，从图 4.32 可看出资本与节点度没有明显关系，其中占群体 70%的节点度为 2 和 3 的节点资本为正值 (使得种群平均适应度为正)。产生这一结果的原因是 A 博弈的 “搅动” 作用，由于大度节点和小度节点之间要发生零和博弈，两者的输赢概率一样，这就使得小度节点产生资本增值的可能，进而打乱了大度节点形成有利小生境和小度节点形成不利小生境的强化过程。甚至在网络中的局部区域，可能出现某些大度或中度节点形成不利小生境 (其小度节点邻居的资本平均值高)，而与之相连的小度节

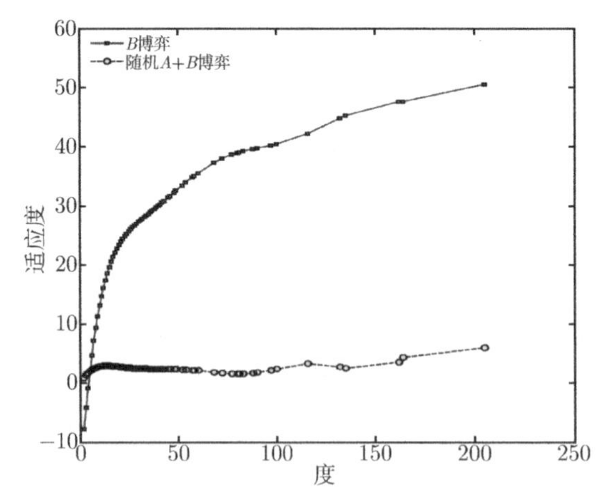

图 4.32　节点度与资本的关系 (基于 BA 无标度网络。种群规模 N 取 10000，网络平均度为 4，个体平均游戏次数 n 取 100，玩博弈 A 的概率 γ=0.5。玩 B 博弈分支一和分支二的赢的概率分别为 p_1=0.175，p_2=0.870。采用不同随机数重复玩 1000 次游戏，以 1000 次游戏结果的平均值作图。对于相同度的节点取所有节点资本的平均值)

点形成有利小生境的逆强化过程 (在本算例中就存在节点度为 49、81、83 和 97 的节点资本为负的现象)。从群体层面看，A 博弈的搅动作用使得小度节点增加了进入 B 博弈分支二的机会，整个系统环境呈现良性，导致随机 $A+B$ 博弈结果为正。因此，B 博弈的棘轮机制 (结构中存在不对称的若干分支) 和 A 博弈的搅动作用是产生 Parrondo 悖论的关键。

节点度分布的异质性影响主要体现在 A 博弈的搅动作用上，节点度分布的异质性越高，网络中由大度节点和小度节点构成的邻居对的比例就越大，在大度节点和小度节点之间发生 A 博弈的概率也就越大，也就越能打乱大度节点形成有利小生境和小度节点形成不利小生境的强化进程，提高了小度节点进入 B 博弈有利分支的概率。同时，节点度分布的异质性越高，小度节点占群体的比例就越大，A 博弈的搅动作用使整个系统环境呈现良性的机会就越大，也就越容易发生悖论效应。

4.8.2.2 BA 无标度网络规模的影响

为考察无标度网络的规模对 Parrondo 悖论效应的影响，我们保持网络的平均度 4 和网络度分布的异质性不变，网络规模扩大至 N=400 和 10000，计算仿真结果如图 4.33 所示。对比图 4.31(d) 和图 4.33(a)(b)，可以发现，不论网络规模多大，

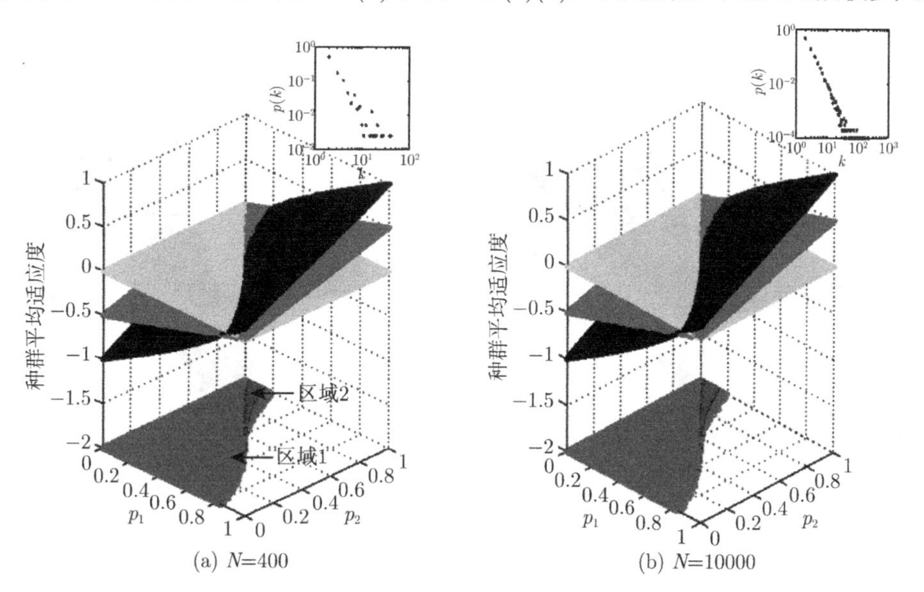

图 4.33 网络规模对悖论效应的影响 (BA 无标度网络，网络平均度为 4，单个个体平均游戏次数 n 取 100。玩博弈 A 的概率 γ=0.5。采用不同随机数重复玩 30 次游戏，以 30 次游戏结果的平均值作图。图中的小窗口是网络节点的度分布，区域 1 为弱 Parrondo 悖论成立的参数空间，区域 2 为强 Parrondo 悖论成立的参数空间。图 (a) 的种群规模 N=400，图 (b) 的种群规模 N=10000)

均能产生 Parrondo 悖论，且强、弱悖论成立的参数空间随着网络规模的扩大无明显变化 (在强悖论成立的参数区域里, 图 4.31(d) 与图 4.33(a)、(b) 所占的百分比分别为 1.71%，1.74% 以及 1.72 %；在弱悖论成立的参数区域里, 图 4.31(d) 与图 4.33(a)、(b) 所占的百分比分别为 50.38%，50.46% 以及 50.53%)。原因在于节点的平均度保持不变，而无标度网络规模的增大并不能有效地改变网络度分布的异质性。

4.8.2.3　BA 无标度网络平均度的影响

为考察无标度网络的平均度对 Parrondo 悖论效应的影响，我们保持网络规模 (N=900) 以及网络度分布的异质性不变，网络平均度增大，计算仿真结果如图 4.34 所示。对比图 4.31(d)(网络的平均度为 4) 和图 4.34(a)(网络的平均度为 5.9867) 和 (b)(网络的平均度为 7.9756)，可以发现，强、弱悖论成立的参数空间随着网络平均度的增大无明显变化 (在强悖论成立的参数区域里，图 4.31(d) 和图 4.34(a)、(b) 所占的比例分别为 1.71%，1.37% 以及 1.17%；在弱悖论成立的参数区域里，

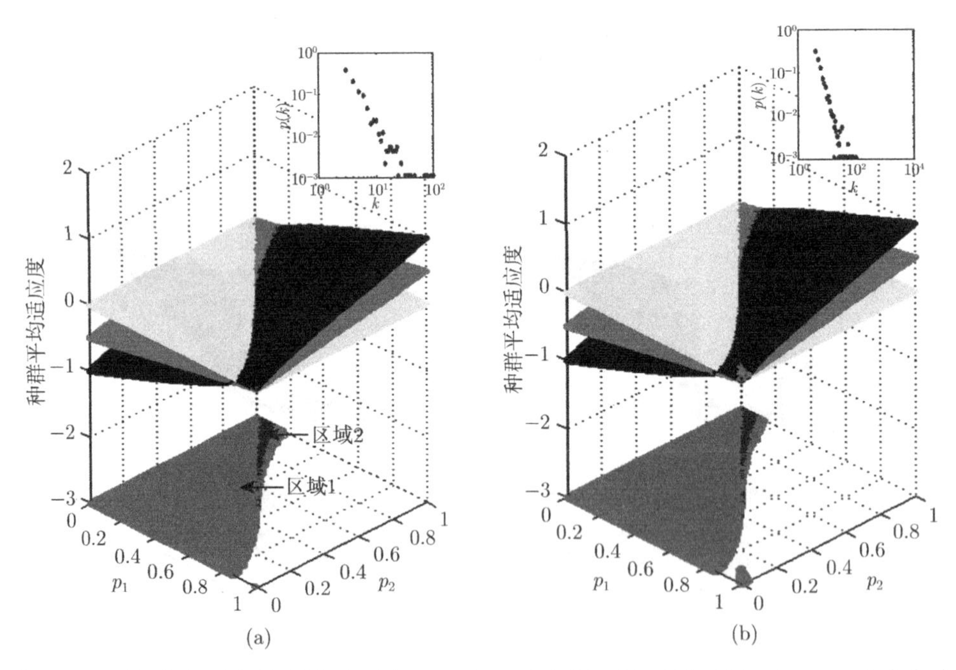

图 4.34　网络节点平均度对悖论效应的影响 (BA 无标度网络，种群规模 N=900。单个个体平均游戏次数 n 取 100。玩博弈 A 的概率 γ=0.5。采用不同随机数重复玩 30 次游戏，以 30 次游戏结果的平均值作图。图中的小窗口是网络节点的度分布，区域 1 为弱 Parrondo 悖论成立的参数空间，区域 2 为强 Parrondo 悖论成立的参数空间。图 (a) 的网络平均度为 5.9867，图 (b) 的网络平均度为 7.9756)

图 4.31(d) 和图 4.34(a) 、(b) 所占的比例分别为 50.38%，50.37% 以及 50.40%)。另外，在 $p_1 \to 1$ 以及 $p_2 \to 0$ 的区域，对比图 4.31(d) 和图 4.34(a)，(b)，可以发现，弱悖论成立的参数空间随着网络平均度的增大有小幅度增长 (图 4.31(d) 和图 4.34(a) 、(b) 所占的比例分别为 0%，0.005% 以及 0.25%)。资本所对应的区域为 $d^{(A+B)} > d^{(B)} > 0$。

4.8.2.4 玩 A 博弈概率 γ 的影响

为反映玩 A 博弈概率 γ 的影响，我们基于无标度网络，计算了不同的 γ 对应的强弱悖论区域，如图 4.35 所示。从图 4.35 和图 4.31(d) 可看出，在 $\gamma \leqslant 0.5$ 时，强悖论区域随着 γ 的增大逐渐增大，梯形形状的弱悖论区域随着 γ 的增大，其梯形的上底部分 (对应 $d^{(A+B)} > d^{(B)} > 0$ 区域) 逐渐缩小，梯形的下底部分 (对应 $0 > d^{(A+B)} > d^{(B)}$ 区域) 逐渐增长。在 $\gamma > 0.5$ 时，强悖论区域随着 γ 的增大无明显变化，$d^{(A+B)} > d^{(B)} > 0$ 对应的弱悖论区随着 γ 的增大逐渐缩小至消失，$0 > d^{(A+B)} > d^{(B)}$ 对应的弱悖论区无明显变化。因此，以较大的概率 ($\gamma \geqslant 0.5$) 玩 A 博弈有利于强悖论的产生。

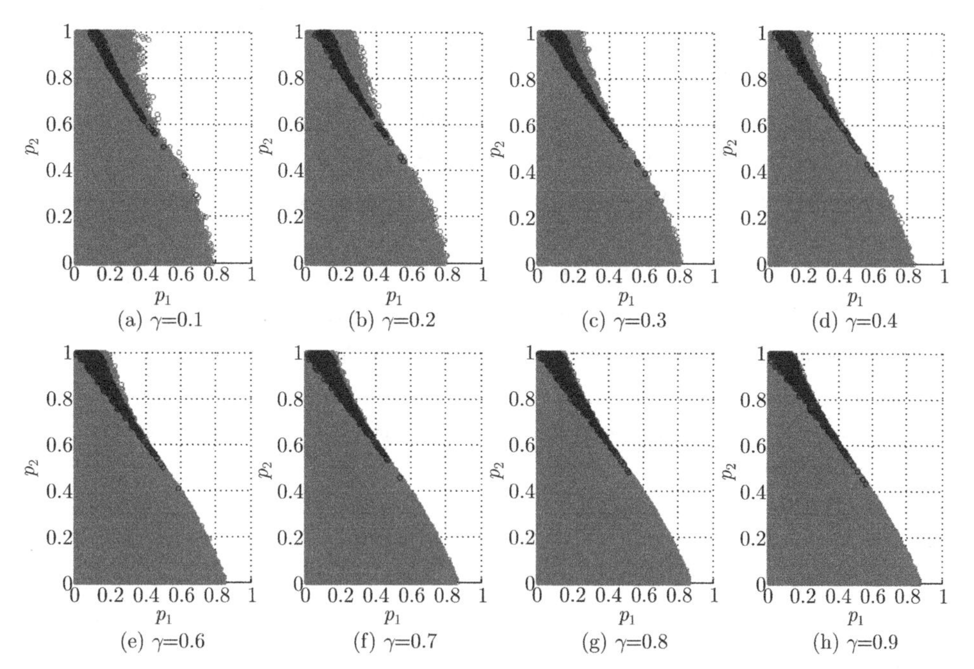

(a) γ=0.1 (b) γ=0.2 (c) γ=0.3 (d) γ=0.4

(e) γ=0.6 (f) γ=0.7 (g) γ=0.8 (h) γ=0.9

图 4.35 玩博弈 A 的概率 γ 对悖论效应的影响 (BA 无标度网络，种群规模 N=900。网络平均度为 4，单个个体平均游戏次数 n 取 100。采用不同随机数重复玩 30 次游戏，以 30 次游戏结果的平均值作图。浅色区域为弱 Parrondo 悖论成立的参数空间，深色区域为强 Parrondo 悖论成立的参数空间)

4.8.3　小结

(1) 本节提出一种基于复杂网络的 Parrondo 博弈模型，构造了适用于任意网络载体的依赖空间小生境的 B 博弈结构方案。仿真计算结果表明 Parrondo 悖论存在，且 Parrondo 悖论成立的参数空间与网络异质性相关。网络的异质性越高，强悖论成立的参数空间越大。因此，网络度分布的异质性有利于棘轮机制的发挥，这可能也是现实中大多数网络呈现高异质性的原因。

(2) 无标度网络的规模对强、弱悖论成立的参数空间无明显影响。强悖论存在的参数空间随着网络平均度的增大有稍微的减小，而弱悖论成立的参数空间随着网络平均度的增大有小幅度增长。另外，以较大的概率 ($\gamma \geqslant 0.5$) 玩 A 博弈有利于强悖论的产生。

本章参考文献

[1] Zimmermann M G, Eguíluz V M, Miguel M S.Coevolution of dynamical states and interactions in dynamic networks. Phys.Rev.E, 2004, 69(6): 065102(1–4).

[2] Zimmermann M G, Eguíluz V M. Cooperation, social networks, and the emergence of leadership in a prisoner's dilemma with adaptive local interactions.Phys.Rev.E, 2005, 72(5): 056118(1–15).

[3] Pacheco J M, Traulsen A, Nowak M A.Coevolution of strategy and structure in complex networks with dynamical linking. Phys.Rev.Lett., 2006, 97(25): 258103(1–4).

[4] Pacheco J M, Traulsen A, Nowak M A.Active linking in evolutionary games.Journal of Theoretical Biology, 2006, 243(3): 437–443.

[5] Fu F, Chen X J, Liu L H, Wang L.Promotion of cooperation induced by the interplay between structure and game dynamics. Physica A, 2007, 383(2): 651–659.

[6] Li W, Zhang X M, Hu G.How scale-free networks and large-scale collective cooperation emerge in complex homogeneous social systems.Phys.Rev.E, 2007,76(4): 045102(1–4).

[7] Barabási AL, Albert R.Emergence of scaling in random networks.Science, 1999, 286(5439): 509–512.

[8] Wang L G, Xie N G, Xu G, Wang C, Chen Y, Ye Y. Game-model research on coopetition behavior of Parrondo's paradox based on network. Fluctuation and Noise Letters, 2011, 10(1): 77–91.

[9] Nowak M A, May R M. Evolutionary games and spatial chaos. Nature, 1992, 359(6398): 826–829.

[10] Nowak M A, May R M.The spatial dilemmas of evolution. International Journal of Bifurcation and Chaos, 1993, 3(1): 35–78.

[11] Santos F C, Pacheco J M. Scale-free networks provide a unifying framework for the emergence of cooperation. Physical Review Letters,2005, 95(9): 098–104.

[12] Jesús Gómez-Gardeñes, Moreno Y.From scale-free to Erdos-Rényi networks. Phys. Rev. E, 2006, 73: 056124(1–7).

[13] Ye Y, Xie N G, Wang L G, Wang L, Cen Y W. Cooperation and competition in history-dependent Parrondo's game on networks. Fluctuation and Noise Letters, 2011, 10(3): 323–336.

[14] Ye Y, Xie N G, Wang L G, Meng R, Cen Y W. Study of biotic evolutionary mechanisms based on the multi-agent Parrondo's games. Fluctuation and Noise Letters, 2012, 11(2): 352–364.

[15] Ye Y, Xie N G, Wang L, Cen Y W. The multi-agent Parrondo's model based on the network evolution. Physica A, 2013, 392(21): 5414–5421.

[16] Toyota N. Does Parrondo paradox occur in scale free networks?–A simple Consideration. arXiv:1204.5249v1 Physics and Society, 2012.

[17] Ye Y, Wang L, Xie N G. Parrondo's games based on complex networks and the paradoxical effect. PLOS ONE, 2013, 8(7)e67924: 1–11.

[18] Szabo G, Szolnoki A, Izsak R. Rock-scissors-paper game on regular small-world networks. Journal of Physics A: Mathematical and General, 2004, 37: 2599–2609.

第 5 章　Parrondo 博弈中具有吸收壁的随机游走问题研究

针对如图 2.1 所示基于一维环状空间的群体 Parrondo 博弈模型，进一步研究发现在某组特定参数下 B 博弈拥有两个吸收壁而不存在确定的平稳分布概率，但玩随机 $A+B$ 博弈时，却可以跳出 B 博弈的吸收状态而具有确定的平稳分布概率 [1]。本章对这一现象进行了理论研究。

5.1　Parrondo 博弈中随机游走问题的理论分析

5.1.1　*A* 博弈分析

基于一维环状空间的群体 Parrondo 博弈模型，以 N=4 为例，整体状态有 2^4=16 种 ——S=(0000)、(0001)、(0010)、(0011)、$\cdots$、(1110)、(1111) 分别对应十进制中的 0、1、2、3、$\cdots$、14、15。因此，状态集也可以记为 $S=\{S_0, S_1, S_2, \cdots, S_{14}, S_{15}\}$。根据 2.2.2 节的分析，$A$ 博弈的转移概率矩阵 P^A 为

$$P^A = \begin{bmatrix}
0 & 1/4 & 1/4 & 0 & 1/4 & 0 & 0 & 0 & 1/4 & 0 & 0 & 0 & 0 & 0 & 0 & 0 \\
0 & 1/4 & 1/8 & 1/8 & 0 & 1/4 & 0 & 0 & 1/8 & 1/8 & 0 & 0 & 0 & 0 & 0 & 0 \\
0 & 1/8 & 1/4 & 1/8 & 1/8 & 0 & 1/8 & 0 & 0 & 0 & 1/4 & 0 & 0 & 0 & 0 & 0 \\
0 & 1/8 & 1/8 & 1/4 & 0 & 1/8 & 0 & 1/8 & 0 & 0 & 1/8 & 1/8 & 0 & 0 & 0 & 0 \\
0 & 0 & 1/8 & 0 & 1/4 & 1/4 & 1/8 & 0 & 1/8 & 0 & 0 & 0 & 1/8 & 0 & 0 & 0 \\
0 & 0 & 0 & 1/8 & 0 & 1/2 & 1/8 & 0 & 0 & 1/8 & 0 & 0 & 1/8 & 0 & 0 & 0 \\
0 & 0 & 1/8 & 0 & 1/8 & 1/8 & 1/4 & 1/8 & 0 & 0 & 1/8 & 0 & 0 & 0 & 1/8 & 0 \\
0 & 0 & 0 & 1/8 & 0 & 1/4 & 1/8 & 1/4 & 0 & 0 & 0 & 1/8 & 0 & 0 & 1/8 & 0 \\
0 & 1/8 & 0 & 0 & 1/8 & 0 & 0 & 0 & 1/4 & 1/8 & 1/4 & 0 & 1/8 & 0 & 0 & 0 \\
0 & 1/8 & 0 & 0 & 0 & 1/8 & 0 & 0 & 1/8 & 1/4 & 1/8 & 1/8 & 0 & 1/8 & 0 & 0 \\
0 & 0 & 0 & 1/8 & 0 & 0 & 1/8 & 0 & 0 & 1/8 & 1/2 & 0 & 1/8 & 0 & 0 & 0 \\
0 & 0 & 0 & 1/8 & 0 & 0 & 0 & 1/8 & 0 & 1/8 & 1/4 & 1/4 & 0 & 1/8 & 0 & 0 \\
0 & 0 & 0 & 0 & 1/8 & 1/8 & 0 & 0 & 1/8 & 0 & 1/8 & 0 & 1/4 & 1/8 & 1/8 & 0 \\
0 & 0 & 0 & 0 & 0 & 1/4 & 0 & 0 & 0 & 1/8 & 0 & 1/8 & 1/8 & 1/4 & 1/8 & 0 \\
0 & 0 & 0 & 0 & 0 & 0 & 1/8 & 1/8 & 0 & 0 & 1/4 & 0 & 1/8 & 1/8 & 1/4 & 0 \\
0 & 0 & 0 & 0 & 0 & 0 & 0 & 1/4 & 0 & 0 & 0 & 1/4 & 0 & 1/4 & 1/4 & 0
\end{bmatrix} \tag{5-1}$$

由 $\{\pi\}^{(A)}=\{\pi\}^{(A)}P^A$，得到博弈 A 的平稳分布概率

$$\{\pi\}^{(A)}=\{0,1/24,1/24,1/12,1/24,1/6,1/12,1/24,1/24,1/12,1/6,1/24,1/12,1/24,1/24,0\}.$$

5.1.2 *B* 博弈分析

B 博弈结构由四个分支组成。任意个体 i 每个分支赢的概率分别为 p_0，p_1，p_2 和 p_3。本节假设 $p_0=0$，$p_1=p_2=p$，$p_3=1$，$1\geqslant p\geqslant 0$。马尔可夫链如图 5.1 所示。根据 2.2.2 节的分析，B 博弈的转移概率矩阵 P^B 为

$$P^B=\begin{bmatrix}
1&0&0&0&0&0&0&0&0&0&0&0&0&0&0&0\\
\frac{1}{4}&\frac{3-2p}{4}&0&\frac{p}{4}&0&0&0&0&0&\frac{p}{4}&0&0&0&0&0&0\\
\frac{1}{4}&0&\frac{3-2p}{4}&\frac{p}{4}&0&0&\frac{p}{4}&0&0&0&0&0&0&0&0&0\\
0&\frac{1-p}{4}&\frac{1-p}{4}&\frac{1}{2}&0&0&0&\frac{p}{4}&0&0&0&\frac{p}{4}&0&0&0&0\\
\frac{1}{4}&0&0&0&\frac{3-2p}{4}&0&\frac{p}{4}&0&0&0&0&0&\frac{p}{4}&0&0&0\\
0&\frac{1}{4}&0&0&\frac{1}{4}&0&0&\frac{1}{4}&0&0&0&0&0&\frac{1}{4}&0&0\\
0&0&\frac{1-p}{4}&0&\frac{1-p}{4}&0&\frac{1}{2}&\frac{p}{4}&0&0&0&0&0&0&\frac{p}{4}&0\\
0&0&0&\frac{1-p}{4}&0&0&\frac{1-p}{4}&\frac{1+2p}{4}&0&0&0&0&0&0&0&\frac{1}{4}\\
\frac{1}{4}&0&0&0&0&0&0&0&\frac{3-2p}{4}&\frac{p}{4}&0&0&\frac{p}{4}&0&0&0\\
0&\frac{1-p}{4}&0&0&0&0&0&0&\frac{1-p}{4}&\frac{1}{2}&0&\frac{p}{4}&0&\frac{p}{4}&0&0\\
0&0&\frac{1}{4}&0&0&0&0&0&\frac{1}{4}&0&0&\frac{1}{4}&0&0&\frac{1}{4}&0\\
0&0&0&\frac{1-p}{4}&0&0&0&0&0&\frac{1-p}{4}&0&\frac{1+2p}{4}&0&0&0&\frac{1}{4}\\
0&0&0&0&\frac{1-p}{4}&0&0&0&\frac{1-p}{4}&0&0&0&\frac{1}{2}&\frac{p}{4}&\frac{p}{4}&0\\
0&0&0&0&0&0&0&0&0&\frac{1-p}{4}&0&0&\frac{1-p}{4}&\frac{1+2p}{4}&0&\frac{1}{4}\\
0&0&0&0&0&0&\frac{1-p}{4}&0&0&0&0&0&\frac{1-p}{4}&0&\frac{1+2p}{4}&\frac{1}{4}\\
0&0&0&0&0&0&0&0&0&0&0&0&0&0&0&1
\end{bmatrix} \tag{5-2}$$

根据 $\{\pi\}^{(B)}=\{\pi\}^{(B)}P^B$，得到博弈 B 的平稳分布概率

$$\{\pi\}^{(B)}=\{1-\pi_{15},0,0,0,0,0,0,0,0,0,0,0,0,0,0,\pi_{15}\}$$

式中 π_{15} 为待定参数。

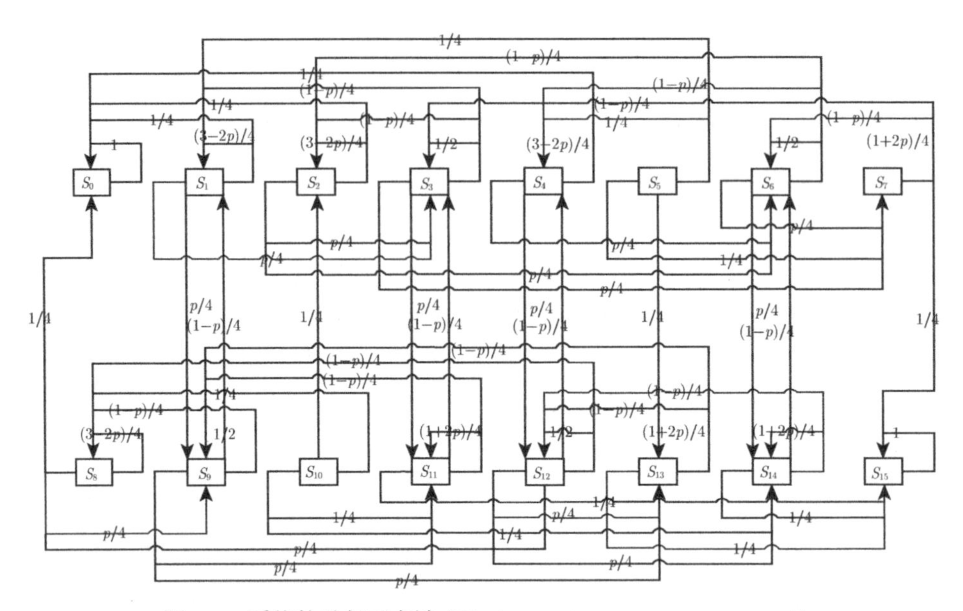

图 5.1　系统的马尔可夫链 (N=4，p_0=0，$p_1 = p_2 = p$，p_3=1)

从博弈 B 的平稳分布概率可看出，状态 S_0 和状态 S_{15} 为两个吸收态，这就相当于具有两个吸收壁的随机游动问题。从任何一种初始状态出发，经过若干次游戏 (状态的随机游动)，其终态必然是 (0000) 或 (1111)，即被两个吸收壁吸收 (图 5.2)。

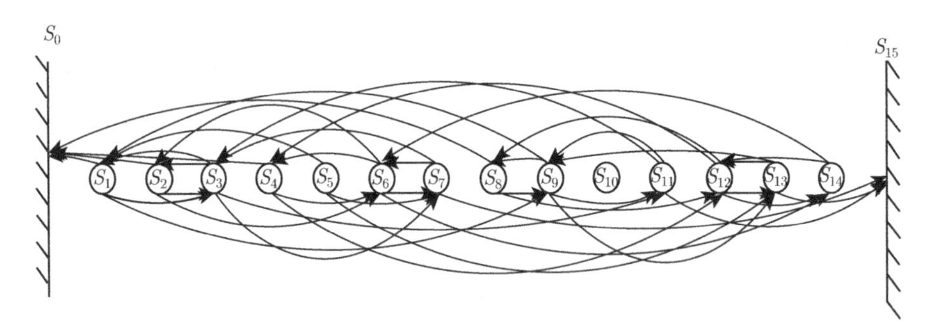

图 5.2　从初始状态 S_5 出发的随机游动及被吸收过程 (上方箭头表示从右到左的随机游走，下方箭头表示从左到右的随机游走。状态 S_0 和状态 S_{15} 为两个吸收态。从初始状态 S_5 出发，经过若干次 B 博弈，即被两个吸收壁吸收)

5.1.3　随机 $\boldsymbol{A+B}$ 博弈分析

定义参数 γ 为玩 A 博弈的概率，随机组合 $A+B$ 博弈的传递概率矩阵为

$$P^{A+B} = \gamma \cdot P^A + (1-\gamma) \cdot P^B \tag{5-3}$$

根据 $\{\pi\}^{(A+B)}=\{\pi\}^{(A+B)}P^{A+B}$，得到随机 $A+B$ 博弈的平稳分布概率 $\{\pi\}^{(A+B)}$

$$\{\pi\}^{(A+B)}=\{\alpha_0,\alpha_1,\alpha_1,\alpha_2,\alpha_1,\alpha_3,\alpha_2,\alpha_4,\alpha_1,\alpha_2,\alpha_3,\alpha_4,\alpha_2,\alpha_4,\alpha_4,\alpha_5\} \tag{5-4}$$

式中：

$$\alpha_0=\frac{(1-\gamma)XD[XC(1-\gamma)+2XY\gamma+YD(1-\gamma)]+(1-\gamma)^2X[8XY-XCD-2XY(2-\gamma)-YCD]}{F}$$

$$\alpha_1=\frac{\gamma XD[XC(1-\gamma)+2XY\gamma+YD(1-\gamma)]+(1-\gamma)\gamma X[8XY-XCD-2XY(2-\gamma)-YCD]}{F}$$

$$\alpha_2=\frac{2\gamma XY[XC(1-\gamma)+2XY\gamma+YD(1-\gamma)]}{F}$$

$$\alpha_3=\frac{2\gamma XY[8XY-XCD-2XY(2-\gamma)-YCD]}{F}$$

$$\alpha_4=\frac{\gamma YC[XC(1-\gamma)+2XY\gamma+YD(1-\gamma)]+\gamma(1-\gamma)Y[8XY-XCD-2XY(2-\gamma)-YCD]}{F}$$

$$\alpha_5=\frac{(1-\gamma)YC[XC(1-\gamma)+2XY\gamma+YD(1-\gamma)]+(1-\gamma)^2Y[8XY-XCD-2XY(2-\gamma)-YCD]}{F}$$

$$X=1-p+p\gamma,Y=\gamma+p-p\gamma,C=2-2p\gamma+\gamma,D=2-\gamma-2p+2p\gamma$$

$$\begin{aligned}F=&[(1+3\gamma)(XD+YC)+8\gamma XY][XC(1-\gamma)+2XY\gamma+YD(1-\gamma)]\\&+[(1+3\gamma)[X(1-\gamma)+Y(1-\gamma)]+4\gamma XY]\\&\cdot[8XY-XCD-2XY(2-\gamma)-YCD]\end{aligned}$$

通过以上分析我们发现：①A 博弈具有确定的平稳分布概率，并且在状态 S_0 和 S_{15} 的平稳分布概率分别为 0。这一结果表明博弈 A 中状态 S_0 和 S_{15} 不可达。②当 p_0=0 及 p_3=1 时，博弈 B 没有确定的平稳分布概率。状态 S_0 和 S_{15} 为两个吸收态。③随机 $A+B$ 博弈具有确定的稳态分布概率。这主要是由于博弈 A 的“搅动”作用，使得随机 $A+B$ 博弈可以跳出博弈 B 的吸收态。所以，当单玩博弈 A 时，可以看成一个多态系统 (本书中，博弈 A 由于状态 S_0 和 S_{15} 不可达，所以是一个具有 14 个状态的系统)。当单玩博弈 B 时，可以看成一个两态系统。当进行随机 $A+B$ 博弈时，可以看成一个全态系统，这意味着所有状态均可达。

5.1.4 吸收概率

5.1.4.1 吸收概率简化

根据式 (5-2)，状态 S_0 被 S_0 吸收的概率为 1，被 S_{15} 吸收的概率为 0。状态 S_{15} 被 S_0 吸收的概率为 0，被 S_{15} 吸收的概率为 1。同时，根据式 (5-2) 可得 S_1 至 S_{14} 状态经一步游动后到达其他状态的概率 (图 5.3)。

$$S_0 \to S_0 \quad 1 \quad S_1\begin{cases} S_0 & \dfrac{1}{4} \\ S_1 & \dfrac{3-2p}{4} \\ S_3 & \dfrac{p}{4} \\ S_9 & \dfrac{p}{4} \end{cases} \quad S_2\begin{cases} S_0 & \dfrac{1}{4} \\ S_2 & \dfrac{3-2p}{4} \\ S_3 & \dfrac{p}{4} \\ S_6 & \dfrac{p}{4} \end{cases} \quad S_3\begin{cases} S_1 & \dfrac{1-p}{4} \\ S_2 & \dfrac{1-p}{4} \\ S_3 & \dfrac{1}{2} \\ S_7 & \dfrac{p}{4} \\ S_{11} & \dfrac{p}{4} \end{cases}$$

$$S_4\begin{cases} S_0 & \dfrac{1}{4} \\ S_4 & \dfrac{3-2p}{4} \\ S_6 & \dfrac{p}{4} \\ S_{12} & \dfrac{p}{4} \end{cases} \quad S_5\begin{cases} S_1 & \dfrac{1}{4} \\ S_4 & \dfrac{1}{4} \\ S_7 & \dfrac{1}{4} \\ S_{13} & \dfrac{1}{4} \end{cases} \quad S_6\begin{cases} S_2 & \dfrac{1-p}{4} \\ S_4 & \dfrac{1-p}{4} \\ S_6 & \dfrac{1}{2} \\ S_7 & \dfrac{p}{4} \\ S_{14} & \dfrac{p}{4} \end{cases}$$

$$S_7\begin{cases} S_3 & \dfrac{1-p}{4} \\ S_6 & \dfrac{1-p}{4} \\ S_7 & \dfrac{1+2p}{4} \\ S_{15} & \dfrac{1}{4} \end{cases} \quad S_8\begin{cases} S_0 & \dfrac{1}{4} \\ S_8 & \dfrac{3-2p}{4} \\ S_9 & \dfrac{p}{4} \\ S_{12} & \dfrac{p}{4} \end{cases} \quad S_9\begin{cases} S_1 & \dfrac{1-p}{4} \\ S_8 & \dfrac{1-p}{4} \\ S_9 & \dfrac{1}{2} \\ S_{11} & \dfrac{p}{4} \\ S_{13} & \dfrac{p}{4} \end{cases}$$

$$S_{10}\begin{cases} S_2 & \dfrac{1}{4} \\ S_8 & \dfrac{1}{4} \\ S_{11} & \dfrac{1}{4} \\ S_{14} & \dfrac{1}{4} \end{cases} \quad S_{11}\begin{cases} S_3 & \dfrac{1-p}{4} \\ S_9 & \dfrac{1-p}{4} \\ S_{11} & \dfrac{1+2p}{4} \\ S_{15} & \dfrac{1}{4} \end{cases} \quad S_{12}\begin{cases} S_4 & \dfrac{1-p}{4} \\ S_8 & \dfrac{1-p}{4} \\ S_{12} & \dfrac{1}{2} \\ S_{13} & \dfrac{p}{4} \\ S_{14} & \dfrac{p}{4} \end{cases}$$

$$S_{13}\begin{cases} S_9 & \dfrac{1-p}{4} \\ S_{12} & \dfrac{1-p}{4} \\ S_{13} & \dfrac{1+2p}{4} \\ S_{15} & \dfrac{1}{4} \end{cases} \quad S_{14}\begin{cases} S_6 & \dfrac{1-p}{4} \\ S_{12} & \dfrac{1-p}{4} \\ S_{14} & \dfrac{1+2p}{4} \\ S_{15} & \dfrac{1}{4} \end{cases} \quad S_{15} \to S_{15} \quad 1$$

图 5.3　一步游动所到达的状态及相应概率 (以初始状态 S_1 为例。从状态 S_1 出发，通过一步游动可到达状态 S_0, S_1, S_3 和 S_9。对应的到达概率分别为 $1/4$，$(3-2p)/4$，$p/4$ 和 $p/4$)

从图 5.3 可知，一些状态可通过一步游动到达自身状态。以初始状态 S_1 为例。它可通过一步游动到达自身状态。因此，我们将 $S_1 \to S_0$，$S_1 \to S_1 \to S_0$，$\cdots$，$\overbrace{S_1 \to S_1 \to S_1 \cdots \to S_1}^{n+1} \to S_0, \cdots$ 统称为 $\bar{S}_1 \to S_0$(初始状态 S_1 的自循环过程)。$\bar{S}_1 \to S_0$ 的概率为

$$\begin{aligned}&\frac{1}{4}+\frac{3-2p}{4}\frac{1}{4}+\left(\frac{3-2p}{4}\right)^2\frac{1}{4}+\cdots+\left(\frac{3-2p}{4}\right)^n\frac{1}{4}+\cdots\\&=\frac{1}{4}\lim_{n\to\infty}\frac{1-\left(\frac{3-2p}{4}\right)^n}{1-\frac{3-2p}{4}}=\frac{1}{4}\times\frac{4}{1+2p}=\frac{1}{1+2p}\end{aligned} \tag{5-5}$$

同理对类似的自循环情况进行同样的处理，可将图 5.3 简化成图 5.4。

$$S_0 \to S_0 \quad 1 \qquad S_1\begin{cases} S_0 & \dfrac{1}{1+2p} \\ S_3 & \dfrac{p}{1+2p} \\ S_9 & \dfrac{p}{1+2p} \end{cases} \qquad S_2\begin{cases} S_0 & \dfrac{1}{1+2p} \\ S_3 & \dfrac{p}{1+2p} \\ S_6 & \dfrac{p}{1+2p} \end{cases} \qquad S_3\begin{cases} S_1 & \dfrac{1-p}{2} \\ S_2 & \dfrac{1-p}{2} \\ S_7 & \dfrac{p}{2} \\ S_{11} & \dfrac{p}{2} \end{cases}$$

$$S_4\begin{cases} S_0 & \dfrac{1}{1+2p} \\ S_6 & \dfrac{p}{1+2p} \\ S_{12} & \dfrac{p}{1+2p} \end{cases} \qquad S_5\begin{cases} S_1 & \dfrac{1}{4} \\ S_4 & \dfrac{1}{4} \\ S_7 & \dfrac{1}{4} \\ S_{13} & \dfrac{1}{4} \end{cases} \qquad S_6\begin{cases} S_2 & \dfrac{1-p}{2} \\ S_4 & \dfrac{1-p}{2} \\ S_7 & \dfrac{p}{2} \\ S_{14} & \dfrac{p}{2} \end{cases}$$

$$S_7\begin{cases} S_3 & \dfrac{1-p}{3-2p} \\ S_6 & \dfrac{1-p}{3-2p} \\ S_{15} & \dfrac{1}{3-2p} \end{cases} \qquad S_8\begin{cases} S_0 & \dfrac{1}{1+2p} \\ S_9 & \dfrac{p}{1+2p} \\ S_{12} & \dfrac{p}{1+2p} \end{cases} \qquad S_9\begin{cases} S_1 & \dfrac{1-p}{2} \\ S_8 & \dfrac{1-p}{2} \\ S_{11} & \dfrac{p}{2} \\ S_{13} & \dfrac{p}{2} \end{cases}$$

$$S_{10}\begin{cases} S_2 & \dfrac{1}{4} \\ S_8 & \dfrac{1}{4} \\ S_{11} & \dfrac{1}{4} \\ S_{14} & \dfrac{1}{4} \end{cases} \qquad S_{11}\begin{cases} S_3 & \dfrac{1-p}{3-2p} \\ S_9 & \dfrac{1-p}{3-2p} \\ S_{15} & \dfrac{1}{3-2p} \end{cases} \qquad S_{12}\begin{cases} S_4 & \dfrac{1-p}{2} \\ S_8 & \dfrac{1-p}{2} \\ S_{13} & \dfrac{p}{2} \\ S_{14} & \dfrac{p}{2} \end{cases}$$

$$S_{13}\begin{cases} S_9 & \dfrac{1-p}{3-2p} \\ S_{12} & \dfrac{1-p}{3-2p} \\ S_{15} & \dfrac{1}{3-2p} \end{cases} \qquad S_{14}\begin{cases} S_6 & \dfrac{1-p}{3-2p} \\ S_{12} & \dfrac{1-p}{3-2p} \\ S_{15} & \dfrac{1}{3-2p} \end{cases} \qquad S_{15} \to S_{15} \quad 1$$

图 5.4 简化后的一步游动所到达的状态及相应概率

5.1.4.2 吸收概率计算

下面以初始状态 S_1 为例，详细推导其被状态 S_0 和状态 S_{15} 吸收的概率。

图 5.5 的第 I 部分为从状态 S_1 出发，3 步游动过程中经历的所有状态及相应概率。可以发现，从状态 S_1 出发经过 3 步游动后其能到达的状态只有 S_0, S_3, S_6, S_9, S_{12} 和 S_{15} 等 6 个状态，其相应的到达概率为

(1) 到达状态 S_0 的概率为 $\dfrac{2p(1-p)}{(1+2p)^2}$；

(2) 令到达状态 S_3 的概率为 a，$a=\dfrac{6p^2(1-p)}{(1+2p)^2(3-2p)}$；

(3) 令到达状态 S_6 的概率为 b，$b=\dfrac{2p^2(1-p)}{(1+2p)^2(3-2p)}$；

(4) 令到达状态 S_9 的概率为 c，$c=\dfrac{6p^2(1-p)}{(1+2p)^2(3-2p)}$；

(5) 令到达状态 S_{12} 的概率为 d，$d=\dfrac{2p^2(1-p)}{(1+2p)^2(3-2p)}$；

(6) 到达状态 S_{15} 的概率为 $\dfrac{2p^2}{(1+2p)(3-2p)}$；

根据上述结果，可得 $a+b+c+d=\dfrac{16p^2(1-p)}{(1+2p)^2(3-2p)}$。

图 5.5 的第 II 部分为从状态 S_3, S_6, S_9 和 S_{12} 出发游动一步后到达的状态及相应概率，可以发现能到达的状态有 S_1、S_2、S_4、S_7、S_8、S_{11}、S_{13} 和 S_{14} 等 8 种状态。图 5.5 的第 III 部分为从 S_1、S_2、S_4、S_7、S_8、S_{11}、S_{13} 和 S_{14} 等 8 种状态出发游动一步后到达的状态和相应概率，可以发现能到达的状态又回到了 S_0、S_3、S_6、S_9、S_{12} 和 S_{15} 等 6 个状态。因此，从初始状态 S_1 出发游动 5 步后其能到达的状态只有 S_0、S_3、S_6、S_9、S_{12} 和 S_{15} 等 6 个状态，其相应的到达概率为

(1) 到达状态 S_0 的概率为 $\dfrac{1-p}{1+2p}(a+b+c+d)$；

(2) 到达状态 S_3 的概率为 $\dfrac{2p(1-p)(2a+b+c)}{(1+2p)(3-2p)}$；

(3) 到达状态 S_6 的概率为 $\dfrac{2p(1-p)(a+2b+d)}{(1+2p)(3-2p)}$；

(4) 到达状态 S_9 的概率为 $\dfrac{2p(1-p)(a+2c+d)}{(1+2p)(3-2p)}$；

(5) 到达状态的 S_{12} 概率为 $\dfrac{2p(1-p)(b+c+2d)}{(1+2p)(3-2p)}$；

(6) 到达状态 S_{15} 的概率为 $\dfrac{p}{3-2p}(a+b+c+d)$。

I

- S_1
  - S_0　$\frac{1}{1+2p}$
  - S_3　$\frac{p}{1+2p}$
    - S_1　$\frac{1-p}{2}$
      - S_0　$\frac{1}{1+2p}$
      - S_3　$\frac{p}{1+2p}$
      - S_9　$\frac{p}{1+2p}$
    - S_2　$\frac{1-p}{2}$
      - S_0　$\frac{1}{1+2p}$
      - S_3　$\frac{p}{1+2p}$
      - S_6　$\frac{p}{1+2p}$
    - S_7　$\frac{p}{2}$
      - S_3　$\frac{1-p}{3-2p}$
      - S_6　$\frac{1-p}{3-2p}$
      - S_{15}　$\frac{1}{3-2p}$
    - S_{11}　$\frac{p}{2}$
      - S_3　$\frac{1-p}{3-2p}$
      - S_9　$\frac{1-p}{3-2p}$
      - S_{15}　$\frac{1}{3-2p}$
  - S_9　$\frac{p}{1+2p}$
    - S_1　$\frac{1-p}{2}$
      - S_0　$\frac{1}{1+2p}$
      - S_3　$\frac{p}{1+2p}$
      - S_9　$\frac{p}{1+2p}$
    - S_8　$\frac{1-p}{2}$
      - S_0　$\frac{1}{1+2p}$
      - S_9　$\frac{p}{1+2p}$
      - S_{12}　$\frac{p}{1+2p}$
    - S_{11}　$\frac{p}{2}$
      - S_3　$\frac{1-p}{3-2p}$
      - S_9　$\frac{1-p}{3-2p}$
      - S_{15}　$\frac{1}{3-2p}$
    - S_{13}　$\frac{p}{2}$
      - S_9　$\frac{1-p}{3-2p}$
      - S_{12}　$\frac{1-p}{3-2p}$
      - S_{15}　$\frac{1}{3-2p}$

II

- S_3　a
  - S_1　$\frac{1-p}{2}$
  - S_2　$\frac{1-p}{2}$
  - S_7　$\frac{p}{2}$
  - S_{11}　$\frac{p}{2}$
- S_6　b
  - S_2　$\frac{1-p}{2}$
  - S_4　$\frac{1-p}{2}$
  - S_7　$\frac{p}{2}$
  - S_{14}　$\frac{p}{2}$
- S_9　c
  - S_1　$\frac{1-p}{2}$
  - S_8　$\frac{1-p}{2}$
  - S_{11}　$\frac{p}{2}$
  - S_{13}　$\frac{p}{2}$
- S_{12}　d
  - S_4　$\frac{1-p}{2}$
  - S_8　$\frac{1-p}{2}$
  - S_{13}　$\frac{p}{2}$
  - S_{14}　$\frac{p}{2}$

III

- S_1　$\frac{(1-p)}{2}(a+c)$
  - S_0　$\frac{1}{1+2p}$
  - S_3　$\frac{p}{1+2p}$
  - S_9　$\frac{p}{1+2p}$
- S_2　$\frac{(1-p)}{2}(a+b)$
  - S_0　$\frac{1}{1+2p}$
  - S_3　$\frac{p}{1+2p}$
  - S_6　$\frac{p}{1+2p}$
- S_4　$\frac{(1-p)}{2}(b+d)$
  - S_0　$\frac{1}{1+2p}$
  - S_6　$\frac{p}{1+2p}$
  - S_{12}　$\frac{p}{1+2p}$
- S_7　$\frac{p}{2}(a+b)$
  - S_3　$\frac{1-p}{3-2p}$
  - S_6　$\frac{1-p}{3-2p}$
  - S_{15}　$\frac{1}{3-2p}$
- S_8　$\frac{(1-p)}{2}(c+d)$
  - S_0　$\frac{1}{1+2p}$
  - S_9　$\frac{p}{1+2p}$
  - S_{12}　$\frac{p}{1+2p}$
- S_{11}　$\frac{p}{2}(a+c)$
  - S_3　$\frac{1-p}{3-2p}$
  - S_9　$\frac{1-p}{3-2p}$
  - S_{15}　$\frac{1}{3-2p}$
- S_{13}　$\frac{p}{2}(c+d)$
  - S_9　$\frac{1-p}{3-2p}$
  - S_{12}　$\frac{1-p}{3-2p}$
  - S_{15}　$\frac{1}{3-2p}$
- S_{14}　$\frac{p}{2}(b+d)$
  - S_6　$\frac{1-p}{3-2p}$
  - S_{12}　$\frac{1-p}{3-2p}$
  - S_{15}　$\frac{1}{3-2p}$

图 5.5　从初始状态 S_1 出发的 5 步随机游动及相应概率 (第 I 部分为从状态 S_1 出发，3 步游动过程中经历的所有状态及相应概率。第II部分为从状态 S_3, S_6, S_9 和 S_{12} 出发游动一步后到达的状态及相应概率。第III部分为从 S_1、S_2、S_4、S_7、S_8、S_{11}、S_{13} 和 S_{14} 等 8 种状态出发游动一步后到达的状态和相应概率)

我们将 S_3、S_6、S_9、S_{12} 统称为 L，那么我们可以将 II 和 III 进行简化，如图 5.6 所示：

$$L \quad a+b+c+d\begin{cases} S_0, & \dfrac{1-p}{1+2p}(a+b+c+d) \\ L, & \dfrac{8p(1-p)}{(1+2p)(3-2p)}(a+b+c+d) \\ S_{15}, & \dfrac{p}{3-2p}(a+b+c+d) \end{cases}$$

图 5.6　简化图 (S_3、S_6、S_9、S_{12} 统称为 L，则 II 和 III 的简化)

从上面我们可以看出，如果初始状态为 S_1，三步之后将不断进行图 5.6 的循环。下面我们将 $L \to S_0, L \to L \to S_0, \cdots, L \to L \to L \to \cdots \to L \to S_0, \cdots$ 称为 $\bar{L} \to S_0$，它的概率为

$$\begin{aligned}
&\left\{\frac{1-p}{1+2p}+\frac{8p(1-p)}{(1+2p)(3-2p)}\frac{1-p}{1+2p}+\left[\frac{8p(1-p)}{(1+2p)(3-2p)}\right]^2\frac{1-p}{1+2p}\right.\\
&\left.+\cdots+\left[\frac{8p(1-p)}{(1+2p)(3-2p)}\right]^n\frac{1-p}{1+2p}+\cdots\right\}(a+b+c+d)\\
=&\frac{1-p}{1+2p}\lim_{n\to\infty}\left\{1+\frac{8p(1-p)}{(1+2p)(3-2p)}+\left[\frac{8p(1-p)}{(1+2p)(3-2p)}\right]^2\right.\\
&\left.+\cdots+\left[\frac{8p(1-p)}{(1+2p)(3-2p)}\right]^n\right\}(a+b+c+d)\\
=&\frac{1-p}{1+2p}\frac{1}{1-\dfrac{8p(1-p)}{(1+2p)(3-2p)}}(a+b+c+d)\\
=&\frac{1-p}{1+2p}\frac{(1+2p)(3-2p)}{(1+2p)(3-2p)-8p(1-p)}(a+b+c+d)\\
=&\frac{(1-p)(3-2p)}{4p^2-4p+3}(a+b+c+d)
\end{aligned}$$

同理，这里我们将 $L \to S_{15}, L \to L \to S_{15}, \cdots, L \to L \to L \to \cdots \to L \to S_{15}, \cdots$ 称为 $\bar{L} \to S_{15}$，它的概率为

$$\begin{aligned}
&\left\{\frac{p}{3-2p}+\frac{8p(1-p)}{(1+2p)(3-2p)}\frac{p}{3-2p}+\left[\frac{8p(1-p)}{(1+2p)(3-2p)}\right]^2\frac{p}{3-2p}\right.\\
&\left.+\cdots+\left[\frac{8p(1-p)}{(1+2p)(3-2p)}\right]^n\frac{p}{3-2p}+\cdots\right\}(a+b+c+d)\\
=&\frac{p}{3-2p}\lim_{n\to\infty}\left\{1+\frac{8p(1-p)}{(1+2p)(3-2p)}+\left[\frac{8p(1-p)}{(1+2p)(3-2p)}\right]^2\right.\\
&\left.+\cdots+\left[\frac{8p(1-p)}{(1+2p)(3-2p)}\right]^n\right\}(a+b+c+d)
\end{aligned}$$

$$=\frac{p}{3-2p}\frac{1}{1-\dfrac{8p(1-p)}{(1+2p)(3-2p)}}(a+b+c+d)$$
$$=\frac{(1+2p)p}{4p^2-4p+3}(a+b+c+d)$$

根据以上分析，可得初始状态为 S_1 被 S_0 吸收的概率 $\lambda_{S_1\to S_0}$ 为 (一步到达状态 S_0+ 三步到达状态 S_0+ 五步到达状态 $S_0+\cdots$)

$$\lambda_{S_1\to S_0}=\frac{1}{1+2p}+\frac{2p(1-p)}{(1+2p)^2}+(a+b+c+d)\frac{(1-p)(3-2p)}{4p^2-4p+3}=\frac{8p^4-8p^3-2p^2+8p+3}{(1+2p)^2(4p^2-4p+3)}$$

同理可得初始状态为 S_1 被 S_{15} 吸收的概率 $\lambda_{S_1\to S_{15}}$ 为

$$\lambda_{S_1\to S_{15}}=\frac{2p^2}{(1+2p)(3-2p)}+(a+b+c+d)\frac{(1+2p)p}{4p^2-4p+3}$$
$$=\frac{-8p^4+8p^3+6p^2}{(1+2p)(3-2p)(4p^2-4p+3)}$$

根据同样的分析可得其他初始状态被 S_0 和 S_{15} 吸收的概率为

$$\lambda_{S_1\to S_0}=\lambda_{S_2\to S_0}=\lambda_{S_4\to S_0}=\lambda_{S_8\to S_0}=\frac{8p^4-8p^3-2p^2+8p+3}{(1+2p)^2(4p^2-4p+3)}$$
$$\lambda_{S_1\to S_{15}}=\lambda_{S_2\to S_{15}}=\lambda_{S_4\to S_{15}}=\lambda_{S_8\to S_{15}}=\frac{-8p^4+8p^3+6p^2}{(1+2p)(3-2p)(4p^2-4p+3)}$$
$$\lambda_{S_3\to S_0}=\lambda_{S_6\to S_0}=\lambda_{S_9\to S_0}=\lambda_{S_{12}\to S_0}=\frac{(1-p)(3-2p)}{4p^2-4p+3}$$
$$\lambda_{S_3\to S_{15}}=\lambda_{S_6\to S_{15}}=\lambda_{S_9\to S_{15}}=\lambda_{S_{12}\to S_{15}}=\frac{p(1+2p)}{4p^2-4p+3}$$
$$\lambda_{S_5\to S_0}=\lambda_{S_{10}\to S_0}=\frac{8p^3-12p^2+2p+5}{2(1+2p)(4p^2-4p+3)}$$
$$\lambda_{S_5\to S_{15}}=\lambda_{S_{10}\to S_{15}}=\frac{-8p^3+12p^2-2p+3}{2(3-2p)(4p^2-4p+3)}$$
$$\lambda_{S_7\to S_0}=\lambda_{S_{11}\to S_0}=\lambda_{S_{13}\to S_0}=\lambda_{S_{14}\to S_0}=\frac{2(1-p)^2(-4p^2+4p+3)}{(1+2p)(3-2p)(4p^2-4p+3)}$$
$$\lambda_{S_7\to S_{15}}=\lambda_{S_{11}\to S_{15}}=\lambda_{S_{13}\to S_{15}}=\lambda_{S_{14}\to S_{15}}=\frac{8p^4-24p^3+22p^2-12p+9}{(3-2p)^2(4p^2-4p+3)}$$

5.1.5 结果与分析

为了验证理论推导结果，我们还进行了计算仿真。计算仿真过程为：从某一特定初始状态 $(S_1, S_2, \cdots, S_{14})$ 出发，每回合从 4 个个体中随机选择 1 个个体进行

B 博弈，博弈直至 4 个个体状态为 S_0 或为 S_{15} 结束，重复上述过程 10000000 次，分别记录回到状态 S_0 和回到状态 S_{15} 的次数，则被状态 S_0 吸收的概率定义为回到状态 S_0 的次数/总次数 (10000000)，被状态 S_{15} 吸收的概率定义为回到状态 S_{15} 的次数/总次数 (10000000)。理论结果和仿真计算结果如图 5.7 所示。

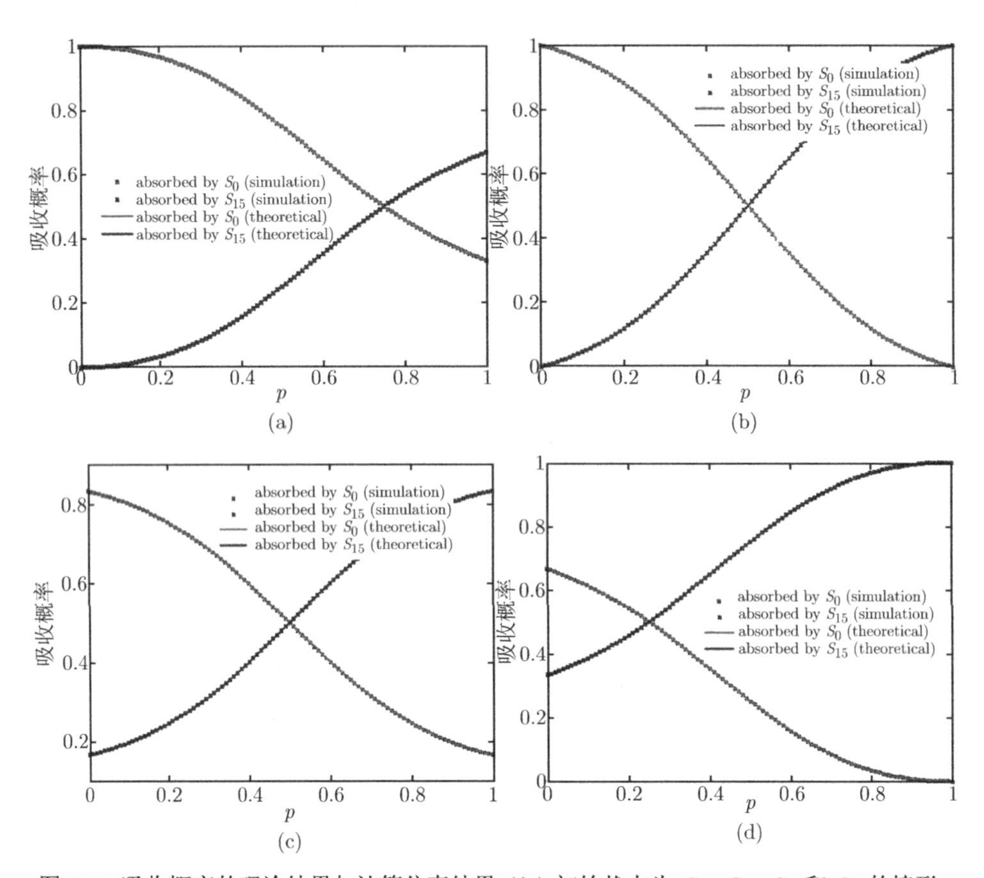

图 5.7　吸收概率的理论结果与计算仿真结果 ((a) 初始状态为 S_1，S_2，S_4 和 S_8 的情形。(b) 初始状态为 S_3，S_6，S_9 和 S_{12} 的情形。(c) 初始状态为 S_5 和 S_{10} 的情形。(d) 初始状态为 S_7，S_{11}，S_{13} 和 S_{14} 的情形)

从图 5.7 中我们可以得出以下几点结论：

(1) 理论结果和仿真计算结果完全吻合，说明本节的理论推导正确。另外，对于传统的带吸收态的随机游动问题 (如赌徒输光问题)，由于其状态的游动一般在相邻状态间进行，因此其传递概率矩阵的形式一般如下：

$$[P] = \begin{bmatrix} p_{00} & p_{01} & 0 & \cdots & 0 & 0 \\ p_{10} & p_{11} & p_{12} & \cdots & 0 & 0 \\ 0 & p_{21} & p_{22} & \cdots & 0 & 0 \\ \vdots & \vdots & \vdots & & \vdots & \vdots \\ 0 & 0 & 0 & \cdots & p_{N-1,N-1} & p_{N-1,N} \\ 0 & 0 & 0 & \cdots & p_{N,N-1} & p_{N,N} \end{bmatrix}$$

即只有主对角线和上下两个副对角线的元素有值，而其他元素均为零。对于该类随机游动问题，吸收概率的理论分析方法已非常成熟。而本节的状态游动不一定发生在相邻状态之间 (这从本节中的图 5.2 和图 5.3 均可看出)，传递概率矩阵也更为复杂 (式 (5-2))。我们在理论推导中也提出了一些较为独特的处理方法，如本章中式 (5-5) 和图 5-6。因此希望用仿真结果来验证理论分析方法。

(2) 吸收概率具有单调性。随着 p 值的增大，被状态 S_0 吸收的概率单调减小，被状态 S_{15} 吸收的概率单调增加。

(3) 对于 (a) 图 (初始状态为 S_1，S_2，S_4 和 S_8)，当 p=0 时，被状态 S_0 吸收的概率为 1，被状态 S_{15} 吸收的概率为 0；当 p=1 时，被状态 0 吸收的概率为 1/3，被状态 S_{15} 吸收的概率为 2/3。对于 (d) 图 (初始状态为 S_7，S_{11}，S_{13} 和 S_{14})，情况与 (a) 正好相反，当 p=0 时，被状态 S_0 吸收的概率为 2/3，被状态 S_{15} 吸收的概率为 1/3；当 p=1 时，被状态 S_0 吸收的概率为 0，被状态 S_{15} 吸收的概率为 1。(b) 图 (初始状态为 S_3，S_6，S_9 和 S_{12}) 和 (c) 图 (初始状态为 S_5 和 S_{10}) 具有明显的对称性，两者的区别在于：对于 (b)，当 p=0 时，被状态 S_0 吸收的概率为 1，被状态 S_{15} 吸收的概率为 0；当 p=1 时，被状态 S_0 吸收的概率为 0，被状态 S_{15} 吸收的概率为 1。对于 (c)，当 p=0 时，被状态 S_0 吸收的概率为 5/6，被状态 S_{15} 吸收的概率为 1/6；当 p=1 时，被状态 S_0 吸收的概率为 1/6，被状态 S_{15} 吸收的概率为 5/6。

5.2 随机游走问题的吸收时间分析

在上一节中，我们对特殊参数下 Parrondo 博弈中随机游走问题的吸收概率进行了推导，本节则是和上一节采用相同的模型对吸收时间的数学期望进行推导。吸收时间的数学期望即吸收时间的平均值，主要反映从任意初始状态出发被 S_0 或 S_{15} 吸收的快慢程度。例如 S_0 被 S_0 吸收就很快，只需要一步，S_{15} 被 S_{15} 吸收也很快，只需要一步，但从其他初始转态开始则不能立即被吸收，需要一定的吸收时间。根据上一节的分析我们得出该数学模型有 S_0, S_1, S_2, $\cdots$, S_{14}, S_{15} 共 16 个初始状态，我们将这 16 个状态归为五类：S_1，S_2，S_4 和 S_8 归为一类称为 X

类；S_3，S_6，S_9 和 S_{12} 归为一类称为 Y 类；S_7，S_{11}，S_{13} 和 S_{14} 归为一类称为 Z 类；S_5 和 S_{10} 归为一类，从上一节的分析发现它们只会在初始状态出现；S_0 和 S_{15} 归为一类，从上一节的分析发现它们是两个吸收状态。

5.2.1　理论分析

5.2.1.1　*初始状态为 X 类的吸收步数*

根据图 5.3 可发现，状态 S_1 经过一步只能到达状态 S_0、S_1、S_3 和 S_9；状态 S_2 经过一步只能到达状态 S_0、S_2、S_3 和 S_6；状态 S_4 经过一步只能到达状态 S_0、S_4、S_6 和 S_{12}；状态 S_8 经过一步只能到达状态 S_0、S_8、S_9 和 S_{12}，也就是说 X 类经过一步有三种到达情况：①X 类到达状态 S_0，到达概率为 $\frac{1}{4}$；②X 类到达 X 类状态，其概率为 $\frac{3-2p}{4}$(这里 X 类到达 X 类有 4 种表现型：S_1 到达 S_1、S_2 到达 S_2、S_4 到达 S_4、S_8 到达 S_8，都是自循环，其概率都为 $\frac{3-2p}{4}$)；③X 类到达 Y 类状态，其概率为 $\frac{p}{4}$(这里 X 类到达 Y 类有 6 种表现型：S_1 到达 S_3、S_1 到达 S_9、S_2 到达 S_3、S_2 到达 S_6、S_4 到达 S_6、S_4 到达 S_{12}、S_8 到达 S_9、S_4 到达 S_{12}，概率都为 $\frac{p}{4}$)。同理 Y 类经过一步有三种到达情况：①Y 类到达 X 类，其概率为 $\frac{1-p}{2}$；②Y 类到达 Y 类，其概率为 $\frac{1}{2}$；③Y 类到达 Z 类，其概率为 $\frac{p}{2}$。同理 Z 类经过一步有三种到达情况：①Z 类到达 S_{15}，到达概率为 $\frac{1}{4}$；②Z 类到达 Z 类，其概率为 $\frac{1+2p}{4}$；③Z 类到达 Y 类，其概率为 $\frac{1-p}{4}$。同理 S_5 或 S_{10} 经过一步有二种到达情况：①S_5 或 S_{10} 到达 X 类，到达概率为 $\frac{1}{4}$；②S_5 或 S_{10} 到达 Z 类，到达概率为 $\frac{1}{4}$。那么图 5.3 可以转化为图 5.8，如图 5.8 所示。

$$
X\begin{cases} S_0 & \frac{1}{4} \\ X & \frac{3-2p}{4} \\ Y & \frac{p}{4} \end{cases}
\quad
Y\begin{cases} X & \frac{1-p}{4} \\ Y & \frac{1}{2} \\ Z & \frac{p}{4} \end{cases}
\quad
Z\begin{cases} Y & \frac{1-p}{4} \\ Z & \frac{1+2p}{4} \\ S_{15} & \frac{1}{4} \end{cases}
\quad
S_5(\text{或}S_{10})\begin{cases} X & \frac{1}{4} \\ Z & \frac{1}{4} \end{cases}
$$

图 5.8　一步游动所到达的状态及相应概率

我们把自循环 $X\to X, X\to X\to X,\cdots,\overbrace{X\to X\cdots\to X}^{m\text{个}X},\cdots$ 称为 $\bar{X}$(这里 $\bar{X}$ 有四种表现型：$\bar{S_1}$、$\bar{S_2}$、$\bar{S_4}$、$\bar{S_8}$)，根据图 5.8，X 类被 S_0 吸收的一般路径可表示为 $\overbrace{\bar{X}\to\bar{Y}\to\bar{X}(\text{或}\bar{Z})\to\cdots\to\bar{X}(\text{或}\bar{Z})\to\bar{X}}^{2n(n\to\infty)}\to S_0$(其中 $n-1$ 个 $\bar{Y}$，x 个 $\bar{X}$，z 个 $\bar{Z}$，且 $x+z=n$)

根据一般路径，可发现存在以下基本型：

(1)$n=1$，即 $\bar{X}\to S_0$，计算 X 类通过自循环 $\Big(X\to S_0, X\to X\to S_0,\cdots,$ $\overbrace{X\to X\to\cdots\to X}^{m\text{个}X}\to S_0,\cdots\Big)$ 被 S_0 吸收步数的平均值 $E\left(\bar{X}S_0\right)$。

$$E\left(\bar{X}S_0\right)=E\left(X\to S_0\right)+E\left(X\to X\to S_0\right)+E\Big(\overbrace{X\to X\to\cdots\to X}^{m\text{个}X}\to S_0\Big)+\cdots \tag{5-6}$$

根据图 5.8 上式可转化为

$$E\left(\bar{X}S_0\right)=\frac{1}{4}\cdot 1+\frac{1}{4}\cdot\frac{3-2p}{4}\cdot 2+\frac{1}{4}\cdot\left(\frac{3-2p}{4}\right)^2\cdot 3+\cdots+\frac{1}{4}\cdot\left(\frac{3-2p}{4}\right)^{m-1}\cdot m+\cdots \tag{5-7}$$

将式 (5-7) 乘以 $\dfrac{3-2p}{4}$, 可得

$$\begin{aligned}\frac{3-2p}{4}E\left(\bar{X}S_0\right)=&\frac{3-2p}{4}\cdot\frac{1}{4}\cdot 1+\frac{1}{4}\left(\frac{3-2p}{4}\right)^2\cdot 2+\frac{1}{4}\left(\frac{3-2p}{4}\right)^3\cdot 3+\cdots\\&+\frac{1}{4}\cdot\left(\frac{3-2p}{4}\right)^m\cdot m+\cdots\end{aligned} \tag{5-8}$$

用式 (5-7) 减去式 (5-8) 可得

$$\begin{aligned}\frac{1+2p}{4}E\left(\bar{X}S_0\right)=&\frac{1}{4}\cdot 1+\frac{1}{4}\cdot\frac{3-2p}{4}+\frac{1}{4}\cdot\left(\frac{3-2p}{4}\right)^2+\cdots+\frac{1}{4}\cdot\left(\frac{3-2p}{4}\right)^{m-1}\\&+\frac{1}{4}\left(\frac{3-2p}{4}\right)^m+\cdots\\=&\frac{1}{4}\cdot\lim_{m\to\infty}\frac{1-\left(\dfrac{3-2p}{4}\right)^m}{1-\dfrac{3-2p}{4}}\end{aligned} \tag{5-9}$$

由于 $\dfrac{3-2p}{4}<1$，因此 $\lim\limits_{m\to\infty}\left(\dfrac{3-2p}{4}\right)^m\to 0$, 式 (5-9) 简化为

$$E\left(\bar{X}S_0\right)=\frac{4}{(1+2p)^2} \tag{5-10}$$

(2)$n=2$ 即 $\bar{X}\to\bar{Y}\to\bar{X}\to S_0$，计算通过 $\bar{X}\bar{Y}\bar{X}$ 方式被 S_0 吸收步数的平均值 $E\left(\bar{X}\bar{Y}\bar{X}S_0\right)$。

(a) 首先计算 $E\left(XYXS_0\right)$, 根据图 5.8 可得

$$E\left(XYXS_0\right)=\frac{p}{4}\cdot\frac{1-p}{4}\cdot\frac{1}{4}\cdot 3=3\cdot\frac{p\left(1-p\right)}{4^3} \tag{5-11}$$

(b) 其次计算 $E\left(\bar{X}YXS_0\right)$

$$\begin{aligned}E\left(\bar{X}YXS_0\right) =&E\left(XYXS_0\right)+E\left(XXYXS_0\right)+E\left(\overbrace{XX\cdots X}^{m\text{个}X}YXS_0\right)+\cdots\\ =&3\cdot\frac{p\left(1-p\right)}{4^3}+4\cdot\frac{3-2p}{4}\cdot\frac{p\left(1-p\right)}{4^3}\\ &+\cdots+\left(m+2\right)\cdot\left(\frac{3-2p}{4}\right)^{m-1}\cdot\frac{p\left(1-p\right)}{4^3}+\cdots\end{aligned}\tag{5-12}$$

与式 (5 - 7) 处理方法类似，采用错位相消法可得

$$E\left(\bar{X}YXS_0\right)=\frac{p\left(1-p\right)}{4^3}\cdot\frac{4}{1+2p}\left(3+\frac{3-2p}{1+2p}\right)\tag{5-13}$$

(c) 再其次计算 $E\left(\bar{X}\bar{Y}XS_0\right)$

与式 (5-11) 同理，我们先计算

$$E\left(XYYXS_0\right)=\frac{p}{4}\cdot\frac{1}{2}\cdot\frac{1-p}{4}\cdot\frac{1}{4}\cdot 4=4\cdot\frac{1}{2}\cdot\frac{p\left(1-p\right)}{4^3}$$

再与式 (5-12) 和 (5-13) 同理可得 $E\left(\bar{X}YYXS_0\right)$。

$$E\left(\bar{X}YYXS_0\right)=\frac{p\left(1-p\right)}{4^3}\cdot\frac{4}{1+2p}\cdot\frac{1}{2}\left(4+\frac{3-2p}{1+2p}\right)\tag{5-14}$$

与式 (5-11) 同理，我们先计算

$$E\left(X\overbrace{Y\cdots Y}^{m\text{个}Y}XS_0\right)=\left(m+2\right)\cdot\frac{1}{2^{m-1}}\frac{p\left(1-p\right)}{4^3}$$

再与 (5-12) 和 (5-13) 同理，可得 $E\left(\bar{X}\overbrace{Y\cdots Y}^{m\text{个}Y}XS_0\right)$。

$$E\left(\bar{X}\overbrace{Y\cdots Y}^{m\text{个}Y}XS_0\right)=\frac{p\left(1-p\right)}{4^3}\cdot\frac{4}{1+2p}\cdot\left(\frac{1}{2}\right)^{m-1}\cdot\left[\left(m+2\right)+\frac{3-2p}{1+2p}\right]\tag{5-15}$$

根据式 (5-13)~(5-15) 应用错位相消法，可得 $E\left(\bar{X}\bar{Y}XS_0\right)$。

$$\begin{aligned}E\left(\bar{X}\bar{Y}XS_0\right) =&E\left(\bar{X}YXS_0\right)+E\left(\bar{X}YYXS_0\right)+\cdots+E\left(\bar{X}\overbrace{YY\cdots Y}^{m\text{个}Y}XS_0\right)+\cdots\\ =&\frac{p(1-p)}{4^3}\frac{4}{1+2p}\left(3+\frac{3-2p}{1+2p}\right)+\frac{p(1-p)}{4^3}\frac{4}{1+2p}\frac{1}{2}\left(4+\frac{3-2p}{1+2p}\right)+\cdots\end{aligned}$$

$$
\begin{aligned}
&+\frac{p(1-p)}{4^3}\frac{4}{1+2p}\left(\frac{1}{2}\right)^{m-1}\left[(m+2)+\frac{3-2p}{1+2p}\right]+\cdots\\
=&\frac{p(1-p)}{4^3}\frac{4}{1+2p}\left[3+\frac{1}{2}\cdot 4+\cdots+\left(\frac{1}{2}\right)^{m-1}(m+2)+\cdots\right]\\
&+\frac{p(1-p)}{4^3}\frac{4}{1+2p}\frac{3-2p}{1+2p}\left[1+\frac{1}{2}+\cdots+\left(\frac{1}{2}\right)^{m-1}+\cdots\right]
\end{aligned}
$$

其中，令 $3+\frac{1}{2}\cdot 4+\cdots+\left(\frac{1}{2}\right)^{m-1}(m+2)+\cdots=A$, 那么

$$
\frac{1}{2}\cdot 3+\cdots+\left(\frac{1}{2}\right)^{m-1}(m+1)+\left(\frac{1}{2}\right)^{m}(m+2)+\cdots=\frac{1}{2}A
$$

上两式相减可得

$$
3+\frac{1}{2}+\left(\frac{1}{2}\right)^{2}+\cdots+\left(\frac{1}{2}\right)^{m-1}+\cdots=\frac{1}{2}A
$$

化简可得

$$
\frac{1}{2}A=3+\lim_{n\to\infty}\frac{\frac{1}{2}\left[1-\left(\frac{1}{2}\right)^{n}\right]}{1-\frac{1}{2}}\Rightarrow\frac{1}{2}A=3+1\Rightarrow A=2(3+1)
$$

那么

$$
\begin{aligned}
E(\bar{X}\bar{Y}XS_0)&=\frac{p(1-p)}{4^3}\cdot\frac{4}{1+2p}\cdot 2(3+1)+\frac{p(1-p)}{4^3}\cdot\frac{4}{1+2p}\cdot\frac{3-2p}{1+2p}\cdot 2\\
&=\frac{p(1-p)}{4^3}\cdot\frac{4}{1+2p}\cdot 2\left(3+\frac{3-2p}{1+2p}+1\right)
\end{aligned}\tag{5-16}
$$

(d) 最后计算 $E\left(\bar{X}\bar{Y}\bar{X}S_0\right)$

与式 (5-13)~(5-16) 同理可得 $E\left(\bar{X}\bar{Y}\bar{X}S_0\right)$。

$$
\begin{aligned}
E\left(\bar{X}\bar{Y}\bar{X}S_0\right)=&E\left(\bar{X}\bar{Y}XS_0\right)+E\left(\bar{X}\bar{Y}XXS_0\right)+\cdots+E\left(\bar{X}\bar{Y}\overbrace{XX\cdots X}^{m\text{个}X}S_0\right)+\cdots\\
=&\frac{p\left(1-p\right)}{4^3}\cdot\frac{4}{1+2p}\cdot 2\cdot\left(3+\frac{3-2p}{1+2p}+1\right)\\
&+\frac{p\left(1-p\right)}{4^3}\cdot\frac{4}{1+2p}\cdot\frac{3-2p}{4}\cdot 2\cdot\left(4+\frac{3-2p}{1+2p}+1\right)+\cdots\\
&+\frac{p\left(1-p\right)}{4^3}\cdot\frac{4}{1+2p}\cdot\left(\frac{3-2p}{4}\right)^{m-1}\cdot 2\cdot\left[(m+2)+\frac{3-2p}{1+2p}+1\right]+\cdots
\end{aligned}
$$

令 $B=3+\frac{3-2p}{4}\cdot 4+\cdots+\left(\frac{3-2p}{4}\right)^{m-1}(m+2)+\cdots$

上式两边同乘以 $\frac{3-2p}{4}$ 可得

$$\frac{3-2p}{4}B=\frac{3-2p}{4}\cdot 3+\cdots+\left(\frac{3-2p}{4}\right)^{m-1}(m+1)+\left(\frac{3-2p}{4}\right)^{m}(m+2)+\cdots$$

$$\Rightarrow\frac{1+2p}{4}B=3+\frac{3-2p}{4}+\cdots+\left(\frac{3-2p}{4}\right)^{m-1}+\cdots$$

$$\Rightarrow\frac{1+2p}{4}B=3+\frac{3-2p}{1+2p}$$

$$\Rightarrow B=3\cdot\frac{4}{1+2p}+\frac{4(3-2p)}{(1+2p)^2}$$

由此可得

$$\begin{aligned}E\left(\bar{X}\bar{Y}\bar{X}S_0\right)=&\frac{p(1-p)}{4^3}\cdot\frac{4}{1+2p}\cdot 2\cdot\left[3\cdot\frac{4}{1+2p}+\frac{4(3-2p)}{(1+2p)^2}\right]\\&+\frac{p(1-p)}{4^3}\cdot\frac{4}{1+2p}\cdot 2\cdot\frac{3-2p}{1+2p}\cdot\frac{4}{1+2p}+\frac{p(1-p)}{4^3}\cdot\frac{4}{1+2p}\cdot 2\cdot\frac{4}{1+2p}\\=&\frac{p(1-p)}{4^3}\cdot\left(\frac{4}{1+2p}\right)^2\cdot 2\cdot\left[3+2\cdot\frac{3-2p}{1+2p}+1\right]\end{aligned}\tag{5-17}$$

(3)$n=3$，即 $\bar{X}\to\bar{Y}\to\bar{Z}\to\bar{Y}\to\bar{X}\to S_0$ 或 $\bar{X}\to\bar{Y}\to\bar{X}\to\bar{Y}\to\bar{X}\to S_0$ 采用上述分析方法同理可得

$$\begin{aligned}&E\left(\bar{X}\bar{Y}\bar{Z}\bar{Y}\bar{X}S_0\right)\\=&\frac{p^2(1-p)^2}{4^5}\cdot\left(\frac{4}{1+2p}\right)^2\cdot\left(\frac{4}{3-2p}\right)\cdot 2^2\cdot\left[5+2\cdot\frac{3-2p}{1+2p}+\frac{1+2p}{3-2p}+2\right]\\&E\left(\bar{X}\bar{Y}\bar{X}\bar{Y}\bar{X}S_0\right)\\=&\frac{p^2(1-p)^2}{4^5}\cdot\left(\frac{4}{1+2p}\right)^3\cdot 2^2\cdot\left[5+3\cdot\frac{3-2p}{1+2p}+2\right]\end{aligned}\tag{5-18}$$

(4) 根据式 (5-10)、(5-17)、(5-18) 的规律，可得任意 n 时的吸收步数为

$$\begin{aligned}&E\left(\overbrace{\bar{X}\bar{Y}\bar{X}\text{或}\bar{Z}\cdots\bar{X}\text{或}Z\bar{Y}\bar{X}S_0}^{2n\text{位}}\right)=E\left(\overbrace{\bar{X}\bar{Y}\bar{X}\text{或}\bar{Z}\cdots\bar{X}\text{或}\bar{Z}\bar{Y}\bar{X}S_0}^{\text{其中}n-1\text{个}\bar{Y},x\text{个}\bar{X},z\text{个}\bar{Z},x+z=n}\right)\\=&\frac{p^{n-1}(1-p)^{n-1}}{4^{2n-1}}\left(\frac{4}{1+2p}\right)^x\left(\frac{4}{3-2p}\right)^z(2)^{n-1}\\&\cdot\left[(2n-1)+x\cdot\frac{3-2p}{1+2p}+z\cdot\frac{1+2p}{3-2p}+(n-1)\right]\end{aligned}\tag{5-19}$$

5.2.1.2 初始状态为 X 类的吸收时间

对于 X 类被 S_0 吸收的一般路径 $\overbrace{\bar{X}\to\bar{Y}\to\bar{X}(\bar{Z})\to\cdots\to\bar{X}(\bar{Z})\to\bar{X}\to S_0}^{2n(n\to\infty)\text{位}}$(其中 $n-1$ 个 $\bar{Y}$，x 个 $\bar{X}$，z 个 $\bar{Z}$，且 $x+z=n$)，可以看出第一位和倒数第二位必须是 $\bar{X}$，最后一位必须是 S_0，所以除了倒数第二位外其余偶数位全为 $\bar{Y}$，除了第一位和倒数第二位，其余奇数位为 $\bar{X}$ 或 $\bar{Z}$(共有 $n-2$ 个，其中 $\bar{Z}$ 有 z 个)，所以共有 C_{n-2}^{z} 种可能。同时，我们发现在吸收的一般路径中，从第二位开始到倒数第二位，每大类状态 ($\bar{X}$、$\bar{Y}$ 或 $\bar{Z}$) 中又会出现两种状态选择，例如：从初始状态 S_1(属于 X 类) 出发，根据图 5.3 第二位 Y 类可以有 S_3 或 S_9 两种选择，若第二位 Y 类为 S_3，那么第三位 X 类可以有 S_1 或 S_2 两种选择，若第二位 Y 类为 S_9，那么第三位 X 类可以有 S_1 或 S_8 两种选择，$\cdots$，如此共有 $2n-2$ 位，因此存在 2^{2n-2} 种可能。那么 X 类被 S_0 吸收时间的数学期望 T 为

$$
\begin{aligned}
T(X\to S_0)=&\frac{1}{\lambda_{X\to S_0}}\Big\{E\left(\bar{X}S_0\right)+2^2E\left(\bar{X}\bar{Y}\bar{X}S_0\right)\\
&+2^4\left[E\left(\bar{X}\bar{Y}\bar{X}\bar{Y}\bar{X}S_0\right)+E\left(\bar{X}\bar{Y}\bar{Z}\bar{Y}\bar{X}S_0\right)\right]\\
&+2^6\left[C_2^0E\left(\bar{X}\bar{Y}\bar{X}\bar{Y}\bar{X}\bar{Y}\bar{X}S_0\right)+C_2^1E\left(\bar{X}\bar{Y}\bar{Z}\bar{Y}\bar{X}\bar{Y}\bar{X}S_0\right)\right.\\
&\left.+C_2^2E\left(\bar{X}\bar{Y}\bar{Z}\bar{Y}\bar{Z}\bar{Y}\bar{X}S_0\right)\right]\\
&+2^8\left[C_3^0E\left(\bar{X}\bar{Y}\bar{X}\bar{Y}\bar{X}\bar{Y}\bar{X}\bar{Y}\bar{X}S_0\right)+C_3^1E\left(\bar{X}\bar{Y}\bar{Z}\bar{Y}\bar{X}\bar{Y}\bar{X}\bar{Y}\bar{X}S_0\right)\right.\\
&\left.+C_3^2E\left(\bar{X}\bar{Y}\bar{Z}\bar{Y}\bar{Z}\bar{Y}\bar{X}\bar{Y}\bar{X}S_0\right)+C_3^3E\left(\bar{X}\bar{Y}\bar{Z}\bar{Y}\bar{Z}\bar{Y}\bar{Z}\bar{Y}\bar{X}S_0\right)\right]+\cdots\\
&+2^{2n-2}\left[C_{n-2}^0E\left(\overbrace{\bar{X}\bar{Y}\bar{X}\cdots\bar{X}\bar{Y}\bar{X}S_0}^{2n\text{位}}\right)\right.\\
&+C_{n-2}^1E\left(\overbrace{\bar{X}\bar{Y}\bar{Z}\cdots\bar{X}\bar{Y}\bar{X}S_0}^{2n\text{位}}\right)+\cdots\\
&\left.\left.+C_{n-2}^{n-2}E\left(\overbrace{\bar{X}\bar{Y}\bar{Z}\cdots\bar{Z}\bar{Y}\bar{X}S_0}^{2n\text{位}}\right)\right]\right\}\\
=&\frac{1}{\lambda_{X\to S_0}}\left\{\frac{4}{(1+2p)^2}+2^2\frac{p(1-p)}{4^3}\left(\frac{4}{1+2p}\right)^2 2\left(3+2\cdot\frac{3-2p}{1+2p}+1\right)\right.\\
&+2^4\frac{p^2(1-p)^2}{4^5}\left[\left(\frac{4}{1+2p}\right)^3 2^2\left(5+3\cdot\frac{3-2p}{1+2p}+2\right)\right.\\
&\left.+\left(\frac{4}{1+2p}\right)^2\frac{4}{3-2p}2^2\left(5+2\cdot\frac{3-2p}{1+2p}+\frac{1+2p}{3-2p}+2\right)\right]
\end{aligned}
$$

$$+2^6\frac{p^3(1-p)^3}{4^7}\left[C_2^0\left(\frac{4}{1+2p}\right)^4 2^3\left(7+4\cdot\frac{3-2p}{1+2p}+3\right)\right.$$

$$+C_2^1\left(\frac{4}{1+2p}\right)^3\frac{4}{3-2p}2^3\left(7+3\cdot\frac{3-2p}{1+2p}+\frac{1+2p}{3-2p}+3\right)$$

$$\left.+C_2^2\left(\frac{4}{1+2p}\right)^2\left(\frac{4}{3-2p}\right)^2 2^3\left(7+2\cdot\frac{3-2p}{1+2p}+2\cdot\frac{1+2p}{3-2p}+3\right)\right]$$

$$+2^8\frac{p^4(1-p)^4}{4^9}\left[C_3^0\left(\frac{4}{1+2p}\right)^5 2^4\left(9+5\cdot\frac{3-2p}{1+2p}+4\right)\right.$$

$$+C_3^1\left(\frac{4}{1+2p}\right)^4\frac{4}{3-2p}2^4\left(9+4\cdot\frac{3-2p}{1+2p}+\frac{1+2p}{3-2p}+4\right)$$

$$+C_3^2\left(\frac{4}{1+2p}\right)^3\left(\frac{4}{3-2p}\right)^2 2^4\left(9+3\cdot\frac{3-2p}{1+2p}+2\cdot\frac{1+2p}{3-2p}+4\right)$$

$$\left.+C_3^3\left(\frac{4}{1+2p}\right)^2\left(\frac{4}{3-2p}\right)^3 2^4\left(9+2\cdot\frac{3-2p}{1+2p}+3\cdot\frac{1+2p}{3-2p}+4\right)\right]$$

$$+\cdots+2^{2n-2}\frac{p^{n-1}(1-p)^{n-1}}{4^{2n-1}}\left[C_{n-2}^0\left(\frac{4}{1+2p}\right)^n 2^{n-1}\left[(2n-1)\right.\right.$$

$$\left.+n\cdot\frac{3-2p}{1+2p}+(n-1)\right]+C_{n-2}^1\left(\frac{4}{1+2p}\right)^{n-1}\frac{4}{3-2p}2^{n-1}\left[(2n-1)\right.$$

$$\left.+(n-1)\cdot\frac{3-2p}{1+2p}+\frac{1+2p}{3-2p}+(n-1)\right]$$

$$+C_{n-2}^2\left(\frac{4}{1+2p}\right)^{n-2}\left(\frac{4}{3-2p}\right)^2 2^{n-1}\left[(2n-1)\right.$$

$$\left.+(n-2)\cdot\frac{3-2p}{1+2p}+2\cdot\frac{1+2p}{3-2p}+(n-1)\right]+\cdots$$

$$+C_{n-2}^{n-2}\left(\frac{4}{1+2p}\right)^2\left(\frac{4}{3-2p}\right)^{n-2}2^{n-1}\left[(2n-1)\right.$$

$$\left.\left.\left.+2\cdot\frac{3-2p}{1+2p}+(n-2)\cdot\frac{1+2p}{3-2p}+(n-1)\right]\right]\right\}$$

$$=\frac{1}{\lambda_{X\to S_0}}\left\{\frac{4}{(1+2p)^2}\right.$$

$$
\begin{aligned}
&+2^{3}\frac{p\,(1-p)}{4^{3}}\left(\frac{4}{1+2p}\right)^{2}\cdot 4\\
&+2^{3}\frac{p\,(1-p)}{4^{3}}\frac{3-2p}{1+2p}\left(\frac{4}{1+2p}\right)^{2}\cdot 2\\
&+2^{6}\frac{p^{2}\,(1-p)^{2}}{4^{5}}\cdot 7\left(\frac{4}{1+2p}\right)^{2}\left(\frac{4}{1+2p}+\frac{4}{3-2p}\right)\\
&+2^{6}\frac{p^{2}\,(1-p)^{2}}{4^{5}}\frac{3-2p}{1+2p}\left(\frac{4}{1+2p}\right)^{2}\left[2\left(\frac{4}{1+2p}+\frac{4}{3-2p}\right)+\frac{4}{1+2p}\right]\\
&+2^{6}\frac{p^{2}\,(1-p)^{2}}{4^{5}}\frac{1+2p}{3-2p}\left(\frac{4}{1+2p}\right)^{2}\left[\left(\frac{4}{1+2p}+\frac{4}{3-2p}\right)-\frac{4}{1+2p}\right]\\
&+2^{9}\frac{p^{3}\,(1-p)^{3}}{4^{7}}\cdot 10\left(\frac{4}{1+2p}\right)^{2}\left(\frac{4}{1+2p}+\frac{4}{3-2p}\right)^{2}\\
&+2^{9}\frac{p^{3}\,(1-p)^{3}}{4^{7}}\frac{3-2p}{1+2p}\left(\frac{4}{1+2p}\right)^{2}\left[2\left(\frac{4}{1+2p}+\frac{4}{3-2p}\right)^{2}\right.\\
&\left.+2\cdot\frac{4}{1+2p}\left(\frac{4}{1+2p}+\frac{4}{3-2p}\right)\right]\\
&+2^{9}\frac{p^{3}\,(1-p)^{3}}{4^{7}}\frac{1+2p}{3-2p}\cdot 2\left(\frac{4}{1+2p}\right)^{2}\left[\left(\frac{4}{1+2p}+\frac{4}{3-2p}\right)^{2}\right.\\
&\left.-\frac{4}{1+2p}\left(\frac{4}{1+2p}+\frac{4}{3-2p}\right)\right]+\cdots\\
&+2^{3n-3}\frac{p^{n-1}\,(1-p)^{n-1}}{4^{2n-1}}\,(3n-2)\left(\frac{4}{1+2p}\right)^{2}\left(\frac{4}{1+2p}+\frac{4}{3-2p}\right)^{n-2}\\
&+2^{3n-3}\frac{p^{n-1}\,(1-p)^{n-1}}{4^{2n-1}}\frac{3-2p}{1+2p}\left(\frac{4}{1+2p}\right)^{2}\left[2\left(\frac{4}{1+2p}+\frac{4}{3-2p}\right)^{n-2}\right.\\
&\left.+(n-2)\frac{4}{1+2p}\left(\frac{4}{1+2p}+\frac{4}{3-2p}\right)^{n-3}\right]\\
&+2^{3n-3}\frac{p^{n-1}\,(1-p)^{n-1}}{4^{2n-1}}\frac{1+2p}{3-2p}\,(n-2)\left(\frac{4}{1+2p}\right)^{2}\\
&\left.\cdot\left[\left(\frac{4}{1+2p}+\frac{4}{3-2p}\right)^{n-2}-\frac{4}{1+2p}\left(\frac{4}{1+2p}+\frac{4}{3-2p}\right)^{n-3}\right]\right\}
\end{aligned}
$$

令

$$T(X \to S_0) = \frac{1}{\lambda_{X\to S_0}}\left[\frac{4}{(1+2p)^2} + A + B + C\right] \tag{5-20}$$

式 (5-20) 中:

$$\begin{aligned}
A =& 2^3\frac{p(1-p)}{4^3}\left(\frac{4}{1+2p}\right)^2 \cdot 4 \\
&+ 2^6\frac{p^2(1-p)^2}{4^5}\cdot 7\left(\frac{4}{1+2p}\right)^2\left(\frac{4}{1+2p}+\frac{4}{3-2p}\right) \\
&+ 2^9\frac{p^3(1-p)^3}{4^7}\cdot 10\left(\frac{4}{1+2p}\right)^2\left(\frac{4}{1+2p}+\frac{4}{3-2p}\right)^2 \\
&+ \cdots + 2^{3n-3}\frac{p^{n-1}(1-p)^{n-1}}{4^{2n-1}}(3n-2)\left(\frac{4}{1+2p}\right)^2\left(\frac{4}{1+2p}+\frac{4}{3-2p}\right)^{n-2} \\
=& 2^3\frac{p(1-p)}{4^3}\left(\frac{4}{1+2p}\right)^2\cdot\left[4 + 2^3\frac{p(1-p)}{4^2}\frac{4^2}{(1+2p)(3-2p)}\cdot 7\right. \\
&\left.+ \cdots + 2^{3(n-2)}\frac{p^{n-2}(1-p)^{n-2}}{4^{2(n-2)}}\frac{4^{2(n-2)}}{(1+2p)^{n-2}(3-2p)^{n-2}}\cdot(3n-2)\right] \\
=& \frac{2p(1-p)}{(1+2p)^2}\cdot\left[4 + \left[\frac{2^3p(1-p)}{(1+2p)(3-2p)}\right]\cdot 7 + \left[\frac{2^3p(1-p)}{(1+2p)(3-2p)}\right]^2\cdot 10\right. \\
&\left.+ \cdots + \left[\frac{2^3p(1-p)}{(1+2p)(3-2p)}\right]^{n-2}\cdot(3n-2)\right]
\end{aligned}$$

令

$$\begin{aligned}
D =& 4 + \left[\frac{2^3p(1-p)}{(1+2p)(3-2p)}\right]\cdot 7 + \left[\frac{2^3p(1-p)}{(1+2p)(3-2p)}\right]^2\cdot 10 + \cdots \\
&+ \left[\frac{2^3p(1-p)}{(1+2p)(3-2p)}\right]^{n-2}\cdot(3n-2)
\end{aligned}$$

那么

$$\begin{aligned}
&D - \left[\frac{2^3p(1-p)}{(1+2p)(3-2p)}\right]D \\
=& 1 + 3\left\{1 + \left[\frac{2^3p(1-p)}{(1+2p)(3-2p)}\right] + \left[\frac{2^3p(1-p)}{(1+2p)(3-2p)}\right]^2 + \cdots\right. \\
&\left.+ \left[\frac{2^3p(1-p)}{(1+2p)(3-2p)}\right]^{n-2}\right\}
\end{aligned}$$

可以求得 $D=\dfrac{(1+2p)(3-2p)}{(4p^2-4p+3)}+\dfrac{3(1+2p)^2(3-2p)^2}{(4p^2-4p+3)^2}$

则

$$
\begin{aligned}
A=&\frac{2p(1-p)(3-2p)}{(1+2p)(4p^2-4p+3)}+\frac{6p(1-p)(3-2p)^2}{(4p^2-4p+3)^2}\\
=&\frac{8p(1-p)(3-2p)\left(-2p^2+2p-3\right)}{(1+2p)(4p^2-4p+3)^2}
\end{aligned}
$$

式 (5-20) 中：

$$
\begin{aligned}
B=&2^3\frac{p(1-p)}{4^3}\frac{3-2p}{1+2p}\left(\frac{4}{1+2p}\right)^2\cdot 2\\
&+2^6\frac{p^2(1-p)^2}{4^5}\frac{3-2p}{1+2p}\left(\frac{4}{1+2p}\right)^2\left[2\left(\frac{4}{1+2p}+\frac{4}{3-2p}\right)+\frac{4}{1+2p}\right]\\
&+2^9\frac{p^3(1-p)^3}{4^7}\frac{3-2p}{1+2p}\left(\frac{4}{1+2p}\right)^2\left[2\left(\frac{4}{1+2p}+\frac{4}{3-2p}\right)^2\right.\\
&\left.+2\cdot\frac{4}{1+2p}\left(\frac{4}{1+2p}+\frac{4}{3-2p}\right)\right]\\
&+\cdots+2^{3n-3}\frac{p^{n-1}(1-p)^{n-1}}{4^{2n-1}}\frac{3-2p}{1+2p}\left(\frac{4}{1+2p}\right)^2\left[2\left(\frac{4}{1+2p}+\frac{4}{3-2p}\right)^{n-2}\right.\\
&\left.+(n-2)\frac{4}{1+2p}\left(\frac{4}{1+2p}+\frac{4}{3-2p}\right)^{n-3}\right]\\
=&\frac{4p(1-p)(3-2p)^2}{(1+2p)^2(4p^2-4p+3)}+\frac{4p^2(1-p)^2(3-2p)^3}{(1+2p)^2(4p^2-4p+3)^2}\\
C=&2^6\frac{p^2(1-p)^2}{4^5}\frac{1+2p}{3-2p}\left(\frac{4}{1+2p}\right)^2\left[\left(\frac{4}{1+2p}+\frac{4}{3-2p}\right)-\frac{4}{1+2p}\right]\\
&+2^9\frac{p^3(1-p)^3}{4^7}\frac{1+2p}{3-2p}\cdot 2\left(\frac{4}{1+2p}\right)^2\left[\left(\frac{4}{1+2p}+\frac{4}{3-2p}\right)^2\right.\\
&\left.-\frac{4}{1+2p}\left(\frac{4}{1+2p}+\frac{4}{3-2p}\right)\right]\\
&+\cdots+2^{3n-3}\frac{p^{n-1}(1-p)^{n-1}}{4^{2n-1}}\frac{1+2p}{3-2p}(n-2)\left(\frac{4}{1+2p}\right)^2\\
&\cdot\left[\left(\frac{4}{1+2p}+\frac{4}{3-2p}\right)^{n-2}-\frac{4}{1+2p}\left(\frac{4}{1+2p}+\frac{4}{3-2p}\right)^{n-3}\right]
\end{aligned}
$$

$$=\frac{2^4p^2(1-p)^2}{(4p^2-4p+3)^2}-\frac{4p^2(1-p)^2(3-2p)}{(4p^2-4p+3)^2}$$

将上述 A、B、C 代入 (5-20) 式可得

$$\begin{aligned}
&T(X\to S_0)\\
=&\left[\frac{4}{(1+2p)^2}+\frac{8p(1-p)(3-2p)\left(-2p^2+2p+3\right)}{(1+2p)(4p^2-4p+3)^2}+\frac{4p(1-p)(3-2p)^2}{(1+2p)^2(4p^2-4p+3)}\right.\\
&+\frac{4p^2(1-p)^2(3-2p)^3}{(1+2p)^2(4p^2-4p+3)^2}+\frac{2^4p^2(1-p)^2}{(4p^2-4p+3)^2}\\
&\left.-\frac{2^2p^2(1-p)^2(3-2p)}{(4p^2-4p+3)^2}\right]/\lambda_{X\to S_0}\\
=&\frac{(4p-10)}{2p^2-4p+3}+\frac{16}{4p^2-4p+3}+2
\end{aligned}$$

式中：$\lambda_{X\to S_0}=\lambda_{S_1\to S_0}=\lambda_{S_2\to S_0}=\lambda_{S_4\to S_0}=\lambda_{S_8\to S_0}=\dfrac{8p^4-8p^3-2p^2+8p+3}{(1+2p)^2(4p^2-4p+3)}$

同理可得初始状态为 X 类被状态 S_{15} 吸收时间的数学期望为

$$\begin{aligned}
&T(X\to S_{15})\\
=&\left[\frac{8p^2\left(-2p^2+2p+3\right)}{(4p^2-4p+3)^2}+\frac{2p^2(3-2p)}{(1+2p)(4p^2-4p+3)}\right.\\
&+\frac{4p^3(1-p)(3-2p)^2}{(1+2p)(4p^2-4p+3)^2}+\frac{2p^2(1+2p)^2}{(4p^2-4p+3)^2}\\
&\left.-\frac{4p^3(1-p)(1+2p)}{(4p^2-4p+3)^2}\right]/\lambda_{X\to S_{15}}\\
=&\frac{16}{4p^2-4p+3}+2
\end{aligned}$$

式中：

$$\begin{aligned}
\lambda_{X\to S_{15}}&=\lambda_{S_1\to S_{15}}=\lambda_{S_2\to S_{15}}=\lambda_{S_4\to S_{15}}\\
&=\lambda_{S_8\to S_{15}}=\frac{-8p^4+8p^3+6p^2}{(1+2p)(3-2p)(4p^2-4p+3)}
\end{aligned}$$

5.2.1.3　其他初始状态的吸收时间

根据上述方法，同理我们可以得到其他初始状态的吸收时间

$$T(Y\to S_0)$$

$$
\begin{aligned}
=&\left[\frac{3(1-p)(1+2p)(3-2p)^2}{(4p^2-4p+3)^2}+\frac{(1-p)(3-2p)^2}{(1+2p)(4p^2-4p+3)}\right.\\
&+\frac{2p(1-p)^2(3-2p)^3}{(1+2p)(4p^2-4p+3)^2}+\frac{2^3p(1-p)^2(1+2p)}{(4p^2-4p+3)^2}\\
&\left.-\frac{2p(1-p)^2(1+2p)(3-2p)}{(4p^2-4p+3)^2}\right]/\lambda_{Y\to S_0}\\
=&\frac{4}{2p-3}+\frac{16}{4p^2-4p+3}+2\\
&T(Y\to S_{15})\\
=&\left[\frac{3p(1+2p)^2(3-2p)}{(4p^2-4p+3)^2}+\frac{p(1+2p)^2}{(3-2p)(4p^2-4p+3)}\right.\\
&+\frac{p(1+2p)^2}{(3-2p)(4p^2-4p+3)}+\frac{2p^2(1-p)(1+2p)^3}{(3-2p)(4p^2-4p+3)^2}\\
&\left.+\frac{2^3p^2(1-p)(3-2p)}{(4p^2-4p+3)^2}-\frac{2p^2(1-p)(1+2p)(3-2p)}{(4p^2-4p+3)^2}\right]/\lambda_{Y\to S_{15}}\\
=&\frac{16}{4p^2-4p+3}-\frac{4}{2p+1}+2
\end{aligned}
$$

式中:

$$
\lambda_{Y\to S_0}=\lambda_{S_3\to S_0}=\lambda_{S_6\to S_0}=\lambda_{S_9\to S_0}=\lambda_{S_{12}\to S_0}=\frac{(1-p)(3-2p)}{4p^2-4p+3}
$$

$$
\lambda_{Y\to S_{15}}=\lambda_{S_3\to S_{15}}=\lambda_{S_6\to S_{15}}=\lambda_{S_9\to S_{15}}=\lambda_{S_{12}\to S_{15}}=\frac{p(1+2p)}{4p^2-4p+3}
$$

$$
\begin{aligned}
&T(S_{10}\to S_0)=T(S_5\to S_0)\\
=&\left[\frac{5+2p}{2(1+2p)^2}+\frac{p(1-p)(3-2p)\left(-4p^2+4p+15\right)}{(1+2p)(4p^2-4p+3)^2}\right.\\
&+\frac{2p(1-p)(3-2p)^2}{(1+2p)^2(4p^2-4p+3)}+\frac{2p^2(1-p)^2(3-2p)^3}{(1+2p)^2(4p^2-4p+3)^2}+\frac{2^3p^2(1-p)^2}{(4p^2-4p+3)^2}\\
&-\frac{2p^2(1-p)^2(3-2p)}{(4p^2-4p+3)^2}+\frac{(1-p)^2\left(-4p^2+4p+15\right)}{(4p^2-4p+3)^2}+\frac{(1-p)^2(3-2p)}{(1+2p)(4p^2-4p+3)}\\
&\left.+\frac{2p(1-p)^3(3-2p)^2}{(1+2p)(4p^2-4p+3)^2}+\frac{(1-p)^2(1+2p)^2}{(4p^2-4p+3)^2}-\frac{2p(1-p)^3(1+2p)}{(4p^2-4p+3)^2}\right]/\lambda_{S_5\to S_0}\\
=&\frac{(4p-10)}{4p^2-8p+5}+\frac{16}{4p^2-4p+3}+3\\
&T(S_{10}\to S_{15})=T(S_5\to S_{15})
\end{aligned}
$$

$$
\begin{aligned}
=&\left[\frac{7-2p}{2(3-2p)^2}+\frac{p(1-p)(1+2p)\left(-4p^2+4p+15\right)}{(3-2p)\left(4p^2-4p+3\right)^2}\right.\\
&+\frac{2p(1-p)(1+2p)^2}{(3-2p)^2\left(4p^2-4p+3\right)}+\frac{2p^2(1-p)^2(1+2p)^3}{(3-2p)^2\left(4p^2-4p+3\right)^2}+\frac{2^3p^2(1-p)^2}{\left(4p^2-4p+3\right)^2}\\
&-\frac{2p^2(1-p)^2(1+2p)}{\left(4p^2-4p+3\right)^2}+\frac{p^2\left(-4p^2+4p+15\right)}{\left(4p^2-4p+3\right)^2}+\frac{p^2(1+2p)}{(3-2p)\left(4p^2-4p+3\right)}\\
&\left.+\frac{2p^3(1-p)(1+2p)^2}{(3-2p)\left(4p^2-4p+3\right)^2}+\frac{p^2(3-2p)^2}{\left(4p^2-4p+3\right)^2}-\frac{2p^3(1-p)(3-2p)}{\left(4p^2-4p+3\right)^2}\right]\Big/\lambda_{S_5\to S_{15}}\\
=&\frac{16}{4p^2-4p+3}-\frac{4p+6}{4p^2+1}+3
\end{aligned}
$$

$$
\begin{aligned}
&T(Z\to S_0)\\
=&\left[\frac{8(1-p)^2\left(-2p^2+2p+3\right)}{\left(4p^2-4p+3\right)^2}+\frac{2(1-p)^2(3-2p)}{(1+2p)\left(4p^2-4p+3\right)}\right.\\
&\left.+\frac{4p(1-p)^3(3-2p)^2}{(1+2p)\left(4p^2-4p+3\right)^2}+\frac{2(1-p)^2(1+2p)^2}{\left(4p^2-4p+3\right)^2}-\frac{4p(1-p)^3(1+2p)}{\left(4p^2-4p+3\right)^2}\right]\Big/\lambda_{Z\to S_0}\\
=&\frac{16}{4p^2-4p+3}+2
\end{aligned}
$$

$$
\begin{aligned}
&T(Z\to S_{15})\\
=&\left[\frac{4}{(3-2p)^2}+\frac{8p(1-p)(1+2p)\left(-2p^2+2p+3\right)}{(3-2p)\left(4p^2-4p+3\right)^2}\right.\\
&+\frac{4p(1-p)(1+2p)^2}{(3-2p)^2\left(4p^2-4p+3\right)}\frac{4p^2(1-p)^2(1+2p)^3}{(3-2p)^2\left(4p^2-4p+3\right)^2}\\
&\left.+\frac{2^4p^2(1-p)^2}{\left(4p^2-4p+3\right)^2}-\frac{2^2p^2(1-p)^2(1+2p)}{\left(4p^2-4p+3\right)^2}\right]\Big/\lambda_{Z\to S_{15}}\\
=&\frac{16}{4p^2-4p+3}-\frac{4p+6}{2p^2+1}+2
\end{aligned}
$$

式中:

$$
\begin{aligned}
\lambda_{Z\to S_0}&=\lambda_{S_7\to S_0}=\lambda_{S_{11}\to S_0}=\lambda_{S_{13}\to S_0}\\
&=\lambda_{S_{14}\to S_0}=\frac{2(1-p)^2\left(-4p^2+4p+3\right)}{(1+2p)(3-2p)\left(4p^2-4p+3\right)}\\
\lambda_{Z\to S_{15}}&=\lambda_{S_7\to S_{15}}=\lambda_{S_{11}\to S_{15}}=\lambda_{S_{13}\to S_{15}}\\
&=\lambda_{S_{14}\to S_{15}}=\frac{8p^4-24p^3+22p^2-12p+9}{(3-2p)^2\left(4p^2-4p+3\right)}
\end{aligned}
$$

5.2.2 结果与分析

为了验证理论推导结果，我们还进行了计算仿真。计算仿真过程为：从某一特定初始状态 $(S_1, S_2, \cdots, S_{14})$ 出发，每回合从 4 个个体中随机选择 1 个个体进行 B 博弈，博弈直至 4 个个体状态为 S_0 或为 S_{15} 结束，重复上述过程 10000000 次，分别记录回到状态 S_0 和回到状态 S_{15} 的步数和次数，则被状态 S_0 吸收的时间定义为：$\sum$ 每次回到状态 S_0 的步数/回到状态 S_0 的次数，被状态 S_{15} 吸收的时间定义为：$\sum$ 每次回到状态 S_{15} 的步数/回到状态 S_{15} 的次数。理论结果和仿真计算结果如图 5.9 所示。

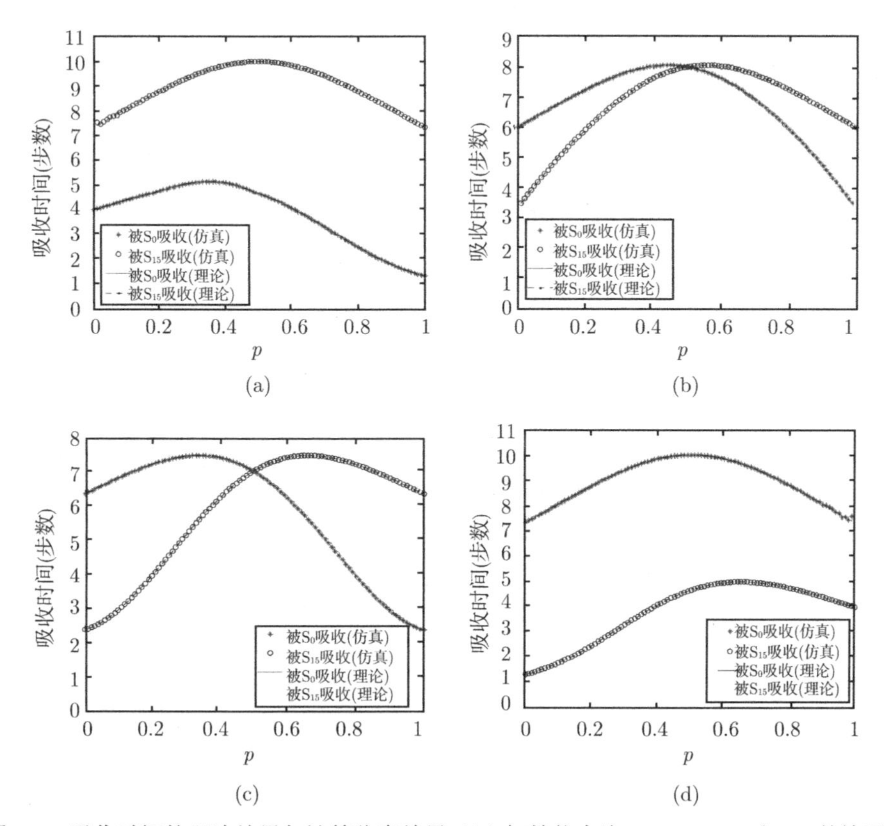

图 5.9 吸收时间的理论结果与计算仿真结果 ((a) 初始状态为 S_1，S_2，S_4 和 S_8 的情形。(b) 初始状态为 S_3，S_6, S_9 和 S_{12} 的情形。(c) 初始状态为 S_5 和 S_{10} 的情形。(d) 初始状态为 S_7，S_{11}，S_{13} 和 S_{14} 的情形)

从图 5.9 中可看出：①理论结果和仿真计算结果完全吻合，说明理论推导正确；②不论从何种初始状态出发，最终被吸收所需的时间都不超过 10 步；③吸收时间不像吸收概率那样具备单调性，而是先增大至最大值，然后再逐渐减小，最大值一

般出现在 p 值的中段；④吸收时间和吸收概率 (图 5.3(a)) 的相关性不大，例如从初始状态 X 类 (S_1，S_2，S_4 和 S_8 的情形) 出发，当 p 很小时，被 S_0 状态吸收的概率很大，但吸收时间却较长，当 p 接近 1 时，虽然被 S_0 状态吸收的概率小，但吸收时间却很快；同时，小的 p 值和大的 p 值时被 S_{15} 状态吸收的概率相差很大，但吸收时间基本相同。

5.3　本章小结

针对图 2.1 所示一维环状空间的群体 Parrondo 博弈模型，基于离散马尔可夫链的理论分析结果表明：A 博弈具有确定的平稳分布概率。当 p_0=0 及 p_3=1 时，B 博弈没有确定的平稳分布概率但却存在一种 “吸收” 机制。状态 S_0 和 S_{15} 为博弈 B 的两个吸收态。而随机 $A+B$ 博弈可以跳出博弈 B 的吸收态 (状态 S_0 和 S_{15}) 而具有确定的平稳分布概率，这主要是由于博弈 A 的 “搅动” 作用。另外，从不同的初始状态出发，我们还分别推导出被两个吸收壁吸收的概率和时间。目前关于 Parrondo 博弈的研究结果显示了丰富的非线性现象：①两个输的游戏可以产生赢的结果；②分形图像学 [2]；③有序过程可产生一个不确定的值；而无序过程可产生一个确定值；④混沌 + 混沌 +···+ 混沌 = 有序 [3]。本章的研究结果又显示了 Parrondo 博弈中两个吸收态的随机游走问题。虽然本章是以 N=4 为例进行推导的，但对于任意的 N ($N \geqslant 3$)，当 p_0=0 以及 p_3=1 时，博弈 B 都存在两个吸收态，是一种具有吸收态的马尔可夫链系统。目前，具有吸收态的马尔可夫链已经在连续流动系统的停留时间分布研究 [4]、有限人口的情形下的 Moran 过程 (生死过程) 模拟 [5] 以及具有吸收态的非平衡态的相变分析 [6] 等方面得到应用。

本章参考文献

[1] Yang L, Zheng K X, Ye Y, Wang L, Xie N G. Random walk in the presence of absorbing barriers in Parrondo's games. Fluctuation and Noise Letters, 2015, 14(1): 1–17.

[2] Allison A, Abbott D, Pearce C E M . State-space visualisation and fractal properties of Parrondo's games//Nowak A S, Szajowski K, ed. Advances in Dynamic Games: Applications to Economics Finance Optimization and Stochastic Control. Boston: Birkhauser, 2005, 7: 613–633.

[3] Danca M F, Feckan M, Romera M. Generalized form of Parrondo's paradoxical game with applications to chaos control. International Journal of Bifurcation and Chaos 2014, 24(1), 1450008: 1–17.

[4] Bar T, Tamir A. An impinging-streams reactor with two pairs of tangential air feeds. The Canadian Journal of Chemical Engineering, 1990, 68(4): 541–552.

[5] Nowak M A, Sasaki A, Taylor C, Fuden-Berg D. Emergence of cooperation and evolutionary stability in finite populations. Nature, 2004, 428(6983): 646–650.

[6] Marques M C and Mendes J F F. A parity conserving dimer model with infinitely many absorbing states. The European Physical Journal B, 1999, 12:123–127.

第 6 章　量子 Parrondo 博弈

量子博弈是以量子信息论为工具研究博弈论的一门交叉学科，1999 年，Eisert 等人和 Meyer 分别对囚徒困境博弈 [1] 和翻硬币博弈问题 [2] 进行了量子化处理，成功地解决了经典博弈论中出现的困境。此后，量子博弈作为独立的研究方向受到了越来越多的关注，一些博弈的量子模型相继产生，如：性别之战模型 [3−6]、猎鹿博弈模型 [7]、少数者博弈模型 [8,9]、伪感应模型 [10,11]、Monty Hall 博弈模型 [12,13]、量子骰子 [14] 以及其他量子博弈模型等 [15−24]。

建立量子 Parrondo 博弈模型是近期研究的热点 [25−35]。Flitney 和 Abbott[36] 研究了一个与资本有关的 Parrondo 悖论的量子化问题。Flitney[37] 还研究了一个与历史有关的 Parrondo 悖论的量子操作。Faisal[38] 于 2008 年讨论了依赖历史的 Parrondo 悖论的另一种量子化方法。

6.1　Parrondo 博弈中一种新的反直觉现象及量子博弈解释

6.1.1　模数 M=4 时交替玩 AB 博弈分析

针对图 1.1 最初版本的 Parrondo 博弈模型，令模数 M=4，基于离散的马尔可夫链对交替玩 AB 博弈进行理论分析。

1) 转移概率矩阵

将博弈 A 和博弈 B 连玩 1 次称为一步，设在 t 步时的资金为 $X(t)$，$Y(t)=X(t)$ mod 4，则余数 $Y(t)$ 的状态集为 $E=\{0,1,2,3\}$。交替玩博弈 AB 的一步转移概率计算如下：

(1) $Y(t)=0\rightarrow Y(t+1)=0$。分两种情况：$A$ 赢 B 输 $(0\rightarrow 1\rightarrow 0)$，概率为 $p(1-p_2)$；A 输 B 赢 $(0\rightarrow 3\rightarrow 0)$，概率为 $(1-p)p_2$。因此，转移概率为两者相加得 $p-2pp_2+p_2$。

(2) $Y(t)=0\rightarrow Y(t+1)=1$。此种情况不可能发生。

(3) $Y(t)=0\rightarrow Y(t+1)=2$。分两种情况：$A$ 赢 B 赢 $(0\rightarrow 1\rightarrow 2)$，概率为 pp_2；A 输 B 输 $(0\rightarrow 3\rightarrow 2)$，转移概率为 $(1-p)(1-p_2)$。因此，转移概率为两者相加得 $1-p-p_2+2pp_2$。

(4) $Y(t)=0\rightarrow Y(t+1)=3$。此种情况不可能发生。

(5) $Y(t)=1\rightarrow Y(t+1)=0$。此种情况不可能发生。

(6) $Y(t)=1\rightarrow Y(t+1)=1$。分两种情况：$A$ 赢 B 输 $(1\rightarrow 2\rightarrow 1)$，概率为 $p(1-p_2)$；A 输 B 赢 $(1\rightarrow 0\rightarrow 1)$，概率为 $(1-p)p_1$。因此，转移概率为两者相加得 $p+p_1-pp_2-pp_1$。

(7) $Y(t)=1\rightarrow Y(t+1)=2$。此种情况不可能发生。

(8) $Y(t)=1\rightarrow Y(t+1)=3$。分两种情况：$A$ 赢 B 赢 $(1\rightarrow 2\rightarrow 3)$，概率为 pp_2；A 输 B 输 $(1\rightarrow 0\rightarrow 3)$，概率为 $(1-p)(1-p_1)$。因此，转移概率为两者相加得 $1-p-p_1+pp_1+pp_2$。

(9) $Y(t)=2\rightarrow Y(t+1)=0$。分两种情况：$A$ 赢 B 赢 $(2\rightarrow 3\rightarrow 0)$，概率为 pp_2；A 输 B 输 $(2\rightarrow 1\rightarrow 0)$，概率为 $(1-p)(1-p_2)$。因此，转移概率为两者相加得 $1-p-p_2+2pp_2$。

(10) $Y(t)=2\rightarrow Y(t+1)=1$。此种情况不可能发生。

(11) $Y(t)=2\rightarrow Y(t+1)=2$。分两种情况：$A$ 赢 B 输 $(2\rightarrow 3\rightarrow 2)$，概率为 $p(1-p_2)$；A 输 B 赢 $(2\rightarrow 1\rightarrow 2)$，转移概率为 $(1-p)p_2$。因此，转移概率为两者相加得 $p-2pp_2+p_2$。

(12) $Y(t)=2\rightarrow Y(t+1)=3$。此种情况不可能发生。

(13) $Y(t)=3\rightarrow Y(t+1)=0$。此种情况不可能发生。

(14) $Y(t)=3\rightarrow Y(t+1)=1$。分两种情况：$A$ 赢 B 赢 $(3\rightarrow 0\rightarrow 1)$，概率为 pp_1；A 输 B 输 $(3\rightarrow 2\rightarrow 1)$，概率为 $(1-p)(1-p_2)$。因此，转移概率为两者相加得 $1-p-p_2+pp_2+pp_1$。

(15) $Y(t)=3\rightarrow Y(t+1)=2$。此种情况不可能发生。

(16) $Y(t)=3\rightarrow Y(t+1)=3$。分两种情况：$A$ 赢 B 输 $(3\rightarrow 0\rightarrow 3)$，概率为 $p(1-p_1)$；A 输 B 赢 $(3\rightarrow 2\rightarrow 3)$，概率为 $(1-p)p_2$。因此，转移概率为两者相加得 $p-pp_1+p_2-pp_2$。

以余数 $Y(t)$ 状态定义的离散马尔可夫链如图 6.1 所示，其中顺时针方向是赢的方向。

根据以上计算，转移概率矩阵为

$$
\begin{aligned}
P&=\begin{bmatrix} p_{00} & p_{01} & p_{02} & p_{03}\\ p_{10} & p_{11} & p_{12} & p_{13}\\ p_{20} & p_{21} & p_{22} & p_{23}\\ p_{30} & p_{31} & p_{32} & p_{33}\end{bmatrix}\\
&=\begin{bmatrix} p-2pp_2+p_2 & 0 & 1-p-p_2+2pp_2 & 0\\ 0 & p+p_1-pp_2-pp_1 & 0 & 1-p-p_1+pp_1+pp_2\\ 1-p-p_2+2pp_2 & 0 & p-2pp_2+p_2 & 0\\ 0 & 1-p-p_2+pp_2+pp_1 & 0 & p-pp_1+p_2-pp_2\end{bmatrix}
\end{aligned}
\tag{6-1}
$$

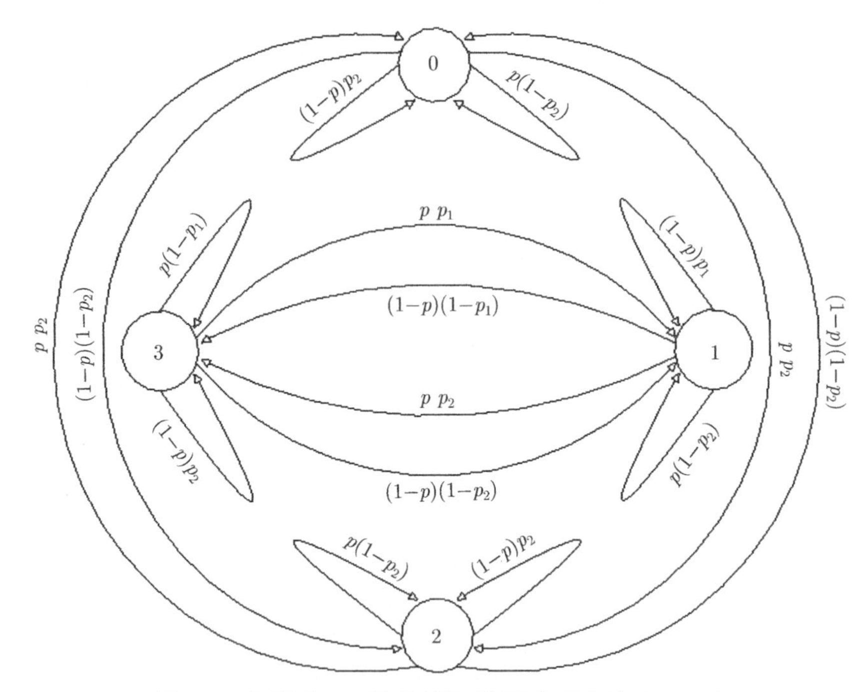

图 6.1　交替玩 AB 博弈离散时间马尔可夫链 ($M=4$)

2) 平稳分布概率

将式 (6-1) 代入式 (1-1)，可得交替玩 AB 博弈时的平稳分布概率 π_0、π_1、π_2 和 π_3。

$$\begin{cases} \pi_0=(p-2pp_2+p_2)\pi_0+(1-p-p_2+2pp_2)\pi_2 \\ \pi_1=(p+p_1-pp_2-pp_1)\pi_1+(1-p-p_2+pp_2+pp_1)\pi_3 \\ \pi_2=(1-p-p_2+2pp_2)\pi_0+(p-2pp_2+p_2)\pi_2 \\ \pi_3=(1-p-p_1+pp_1+pp_2)\pi_1+(p-pp_1+p_2-pp_2)\pi_3 \\ \pi_0+\pi_1+\pi_2+\pi_3=1 \end{cases} \tag{6-2}$$

式 (6-2) 只有 3 个独立，可解得：

$$\pi_0=\pi_2=\frac{1}{2}-\frac{2-2p-p_1-p_2+2pp_2+2pp_1}{2-2p-2p_1+2pp_2+2pp_1}\pi_3$$

$$\pi_1=\frac{1-p-p_2+pp_2+pp_1}{1-p-p_1+pp_2+pp_1}\pi_3$$

其中 π_3 为待定参数，$\pi_i\in[0,1](i=0,1,2,3)$。

3) 期望值计算

$$E(AB)=\{\pi_0[(2)\times pp_2+(-2)\times(1-p)(1-p_2)]$$

$$
\begin{aligned}
&+ \pi_1[(2) \times pp_2 + (-2) \times (1-p)(1-p_1)] \\
&+ \pi_2[(2) \times pp_2 + (-2) \times (1-p)(1-p_2)] \\
&+ \pi_3[(2) \times pp_1 + (-2) \times (1-p)(1-p_2)]\}/2
\end{aligned} \tag{6-3}
$$

6.1.2 游戏的计算机仿真分析

根据上述理论分析可知，π_3 为待定参数，因此交替玩 AB 没有确定的平稳分布概率，对应的物理解释就是交替玩 AB 的得益结果依赖游戏初始时刻的状态，即初始本金影响最终的得益情况，下面我们用计算机仿真分析验证这一点。

对游戏进行计算机仿真分析，采用不同随机数重复玩 100 次游戏，以 100 次游戏结果的平均值作图。为了对比，取随机玩 $A+B$(玩博弈 A 的概率 γ=0.5) 和交替玩 AB 两种情况进行计算机仿真分析。图 6.2 表明，当模数 $M=4$ 时，随机玩 $A+B$ 确实是赢的，并且不依赖初值，而交替玩 AB 的输赢则依赖初始本金的奇偶性。在随机玩 $A+B$ 与交替玩 AB 这两种游戏方式中，A 博弈和 B 博弈的概率都是 50%，只是游戏过程不一样，分析结果显示了一种新的反直觉现象 [39]："确定性过程 (交替玩法) 产生非确定性结果 (依赖初值)，非确定性过程 (随机玩法) 产生确定性结果 (不依赖初值)。"

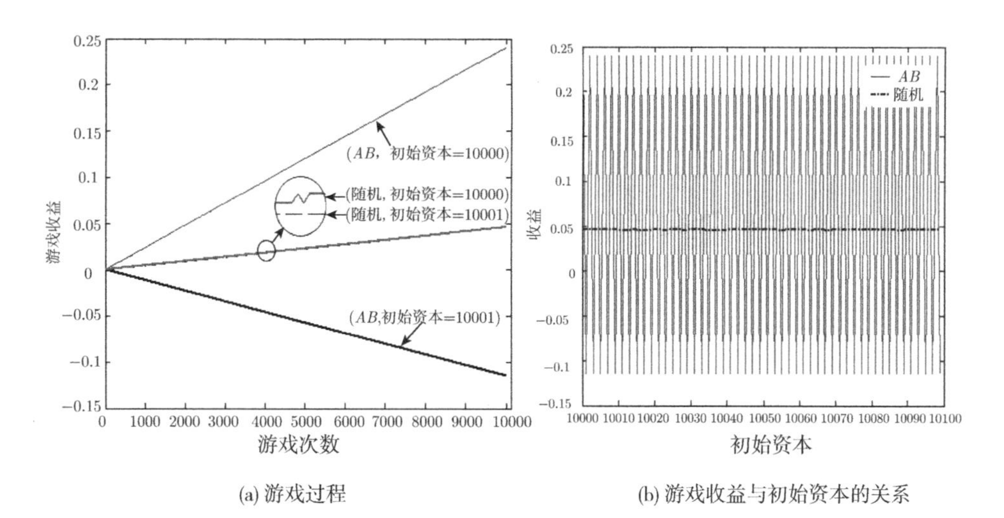

(a) 游戏过程　　(b) 游戏收益与初始资本的关系

图 6.2 计算机仿真分析 ($M=4$，$p=1/2-e$，$p_1=1/28-e$，$p_2=3/4-e$，$e=0.005$。此组参数满足 $p_1<\dfrac{(1-p_2)^3}{p_2^3+(1-p_2)^3}$。随机玩 $A+B$ 时 γ=0.5)

我们对这种现象进行进一步分析，将游戏分为奇数次和偶数次，奇偶奇偶……。令奇数次玩 A 博弈的概率为 α，偶数次玩 B 博弈的概率为 β。那么交替 AB 的博弈方式对应 $\alpha=1$，$\beta=1$ 的情形。随机玩 $A+B$ 博弈方式 (其中玩 A 博弈的概率

为 γ) 对应 $\alpha=\gamma$，$\beta=1-\gamma$ 的情形。图 6.3 显示了 α 和 β 的变化对游戏结果的影响，对于大多数 α 和 β 而言，初值取 10000 和初值取 10001 的游戏收益不一样，但图中存在 1 条交线，当取该交线对应的 α 和 β 值进行游戏时，游戏结果不依赖初值的奇偶性。根据对计算结果的分析，该交线的 α 和 β 值满足 $\alpha=1-\beta$，而这正是随机玩 $A+B$ 博弈方式 ($\gamma=\alpha$)。为了更有效地确认此点，我们同时计算了随机玩 $A+B$ 博弈的结果，确实与交线重合。我们认为，当 $\alpha\neq 1-\beta$ 时，即奇数次玩 A 博弈的概率与偶数次玩 A 博弈的概率不一致，这就使得游戏结构蕴含了一定的次序性 (以一定的概率偏向 AB 或 BA 结构)，而这种次序性的存在导致了游戏结果依赖初值，只有无序 ($\alpha=1-\beta$)，奇数次玩 A 博弈的概率与偶数次玩 A 博弈的概率一致，才能使游戏结果不依赖初值。因此这种现象更确切的表达是“有序过程产生非确定性结果 (依赖初值)，无序过程 (随机玩法) 产生确定性结果 (不依赖初值)”。

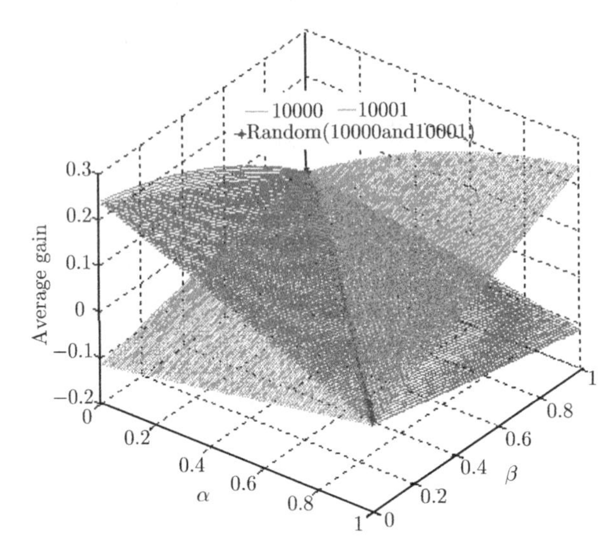

图 6.3　游戏的次序性与游戏结果确定性的关系

($M=4$，$p=1/2-e$，$p_1=1/28-e$，$p_2=3/4-e$，$e=0.005$)(后附彩图)

6.1.3　讨论

平稳分布概率的理论分析表明，π_3 为待定参数，我们取两种极端情况进行研究，分别为最小值情况：$\pi_3=0$ (此时 $\pi_0+\pi_2=1$，$\pi_1+\pi_3=0$) 和最大值情况：

$$\pi_3=\frac{2-2p-2p_1+2pp_2+2pp_1}{4-4p-2p_1-2p_2+4pp_2+4pp_1}\ (\text{此时}\ \pi_0+\pi_2=0,\pi_1+\pi_3=1)$$

根据式 (6-3) 计算所得的两种极端情况的数学期望结果如图 6.4(a) 所示，初始资本分别取 10000(偶) 和 10001(奇) 时的计算机仿真分析结果如图 6.4(b) 所示，可以发现理论结果与计算机仿真结果吻合，因此，我们就猜想平稳分布概率和初始资本的奇偶性之间应存在某种对应关系，根据图 6.4，我们大胆假设 $\pi_0+\pi_2$ 对应初始资本取偶数的概率 ($\pi_1+\pi_3$ 对应初始资本取奇数的概率) 。图 6.5(a) 的理论分析结果和图 6.5(b) 的计算机仿真结果验证了猜想的正确性，下面我们将基于量子博弈方法给出更为严密的数学证明。

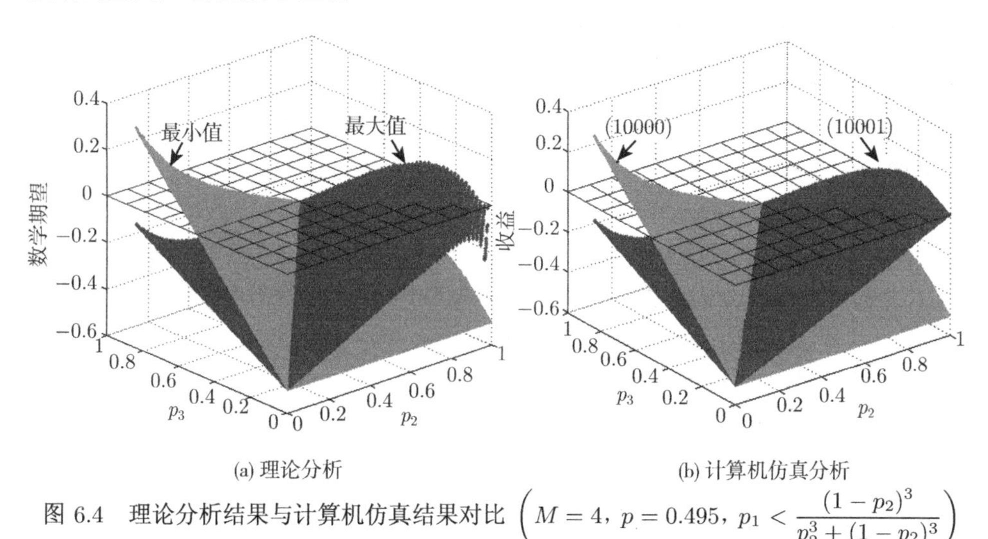

(a) 理论分析　(b) 计算机仿真分析

图 6.4　理论分析结果与计算机仿真结果对比 $\left(M=4,\ p=0.495,\ p_1<\dfrac{(1-p_2)^3}{p_2^3+(1-p_2)^3}\right)$

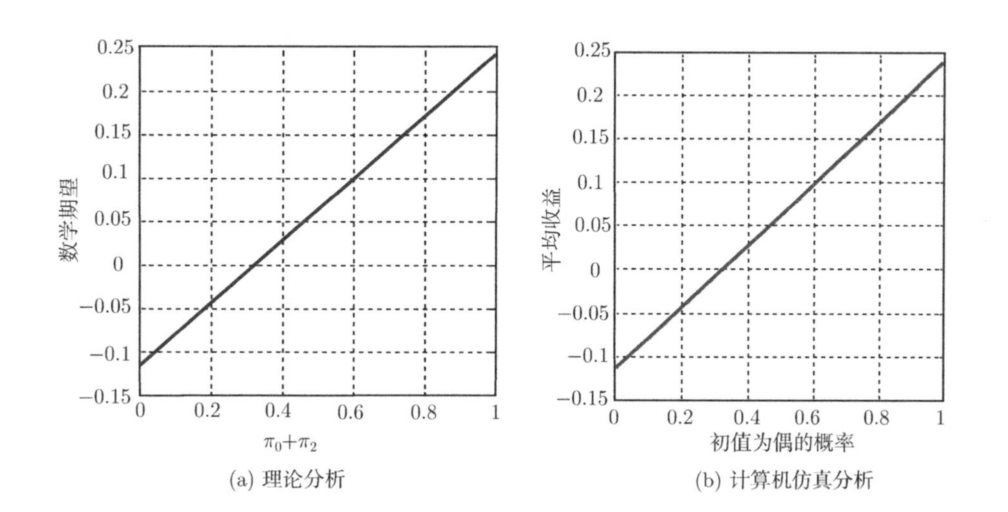

(a) 理论分析　(b) 计算机仿真分析

图 6.5　$\pi_0+\pi_2$ 的物理意义对应初始资本取偶数的概率

$(M=4,\ p=1/2-e,\ p_1=1/28-e,\ p_2=3/4-e,\ e=0.005)$

6.1.4 基于量子博弈方法的解释

量子博弈是对经典博弈理论的拓展，后者建立在经典的概率体系基础上, 而量子博弈把它扩展到量子概率体系, 引入了纠缠、干涉等概念。在数学表述上, 量子化过程将经典概率空间扩展至 Hilbert 空间, 用复向量振幅的模的平方表示参与者行为的概率, 而策略就是这些复向量的线性组合 (用量子态表示)。

量子态 根据量子力学理论，物理系的每一个微观状态可以用一个抽象的 Hilbert 空间中的矢量来描述，这种矢量为态矢，全体态矢构成态矢空间。态矢空间包括右矢空间与共轭的左矢空间。右矢 (ket) 符号为 $|\rangle$，左矢 (bra) 符号为 $\langle|$。

态叠加原理 物理系的任何一种状态 (波函数 ψ) 总可以认为是由某些其他状态 (波函数 ψ_1，ψ_2，$\cdots$) 线性叠加而成，即 $\psi = c_1\psi_1 + c_2\psi_2 + \cdots$，$c_1, c_2, \cdots$ 为常数 (可以是复数)；如果 ψ 由一组完备函数系 ψ_1，ψ_2，$\cdots$，ψ_n 组成且 ψ 已归一化，则系统在 ψ_1 的概率为 $|c_1|^2$，在 ψ_2 的概率为 $|c_2|^2$，$\cdots$。其中 $|c_1|^2+|c_2|^2+\cdots+|c_n|^2=1$。

在一轮 AB 博弈中，系统所有可能的状态变化只有 16 种，我们称为系统的 16 个基态，它们的量子形式定义为 $|010\rangle$，$|030\rangle$，$|012\rangle$，$|032\rangle$，$|121\rangle$，$|101\rangle$，$|123\rangle$，$|103\rangle$，$|230\rangle$，$|210\rangle$，$|232\rangle$，$|212\rangle$，$|301\rangle$，$|321\rangle$，$|303\rangle$，$|323\rangle$。

我们令系统初始状态为 16 种基态的叠加态，其量子形式为

$$|\psi(0)\rangle = c_1\,|010\rangle + c_2\,|030\rangle + \cdots + c_{16}\,|323\rangle \quad \text{且} \quad \sum_{j=1}^{16} |c_j|^2 = 1 \tag{6-4}$$

根据式 (6-4)，系统初始资本取偶数 (对应式 (6-4) 中各个基态的第一个数字为偶数，即系统处于 $|010\rangle$，$|030\rangle$，$|012\rangle$，$|032\rangle$，$|230\rangle$，$|210\rangle$，$|232\rangle$，$|212\rangle$ 态上) 的概率为

$$P_e = |c_1|^2 + |c_2|^2 + |c_3|^2 + |c_4|^2 + |c_9|^2 + |c_{10}|^2 + |c_{11}|^2 + |c_{12}|^2 \tag{6-5}$$

同理系统初始资本取奇数的概率为

$$P_o = |c_5|^2 + |c_6|^2 + |c_7|^2 + |c_8|^2 + |c_{13}|^2 + |c_{14}|^2 + |c_{15}|^2 + |c_{16}|^2 \tag{6-6}$$

系统在 t 时刻的量子状态为 $|\psi(t)\rangle$，根据量子博弈理论，其与系统初始时刻的量子状态 $|\psi(0)\rangle$ 的关系可以表达为

$$|\psi(t)\rangle = X\,|\psi(0)\rangle \tag{6-7}$$

式中：$X = \begin{bmatrix} X_1 & & & \\ & X_2 & & \\ & & \ddots & \\ & & & X_8 \end{bmatrix}$，为幺正矩阵，其中 $X_j = \begin{bmatrix} a_j & b_j \\ -\bar{b}_j & \bar{a}_j \end{bmatrix}$ $(j = 1, 2, \cdots, 8)$，$a_j, b_j \in C$，$|a_j|^2 + |b_j|^2 = 1$。

式 (6-7) 展开可得

$$
\begin{aligned}
|\psi(t)\rangle =&(a_1c_1+b_1c_2)\,|010\rangle+(-\overline{b_1}c_1+\overline{a_1}c_2)\,|030\rangle+(a_2c_3+b_2c_4)\,|012\rangle\\
&+(\overline{a_2}c_4-\overline{b_2}c_3)\,|032\rangle+(a_3c_5+b_3c_6)\,|121\rangle+(\overline{a_3}c_6-\overline{b_3}c_5)\,|101\rangle\\
&+(a_4c_7+b_4c_8)\,|123\rangle+(\overline{a_4}c_8-\overline{b_4}c_7)\,|103\rangle+(a_5c_9+b_5c_{10})\,|230\rangle\\
&+(\overline{a_5}c_{10}-\overline{b_5}c_9)\,|210\rangle+(a_6c_{11}+b_6c_{12})\,|232\rangle+(\overline{a_6}c_{12}-\overline{b_6}c_{11})\,|212\rangle\\
&+(a_7c_{13}+b_7c_{14})\,|301\rangle+(\overline{a_7}c_{14}-\overline{b_7}c_{13})\,|321\rangle+(a_8c_{15}+b_8c_{16})\,|303\rangle\\
&+(\overline{a_8}c_{16}-\overline{b_8}c_{15})\,|323\,\rangle
\end{aligned}
\tag{6-8}
$$

因此，系统在 t 时刻的余数状态处于 0，1，2，3(对应式 (6-8) 中各个基态的第三个数字) 的分布概率 π_0、π_1、π_2 和 π_3 分别为

$$
\begin{cases}
\pi_0=|a_1c_1+b_1c_2|^2+|-\overline{b_1}c_1+\overline{a_1}c_2|^2+|a_5c_9+b_5c_{10}|^2+\left|\overline{a_5}c_{10}-\overline{b_5}c_9\right|^2\\
\pi_1=|a_3c_5+b_3c_6|^2+\left|\overline{a_3}c_6-\overline{b_3}c_5\right|^2+|a_7c_{13}+b_7c_{14}|^2+|\overline{a_7}c_{14}-\overline{b_7}c_{13}|^2\\
\pi_2=|a_2c_3+b_2c_4|^2+|\overline{a_2}c_4-\overline{b_2}c_3|^2+|a_6c_{11}+b_6c_{12}|^2+|\overline{a_6}c_{12}-\overline{b_6}c_{11}|^2\\
\pi_3=|a_4c_7+b_4c_8|^2+|\overline{a_4}c_8-\overline{b_4}c_7|^2+|a_8c_{15}+b_8c_{16}|^2+|\overline{a_8}c_{16}-\overline{b_8}c_{15}|^2
\end{cases}
\tag{6-9}
$$

令幺正矩阵中 $a_j=e^{i\phi_j}\cos\left(\dfrac{\theta_j}{2}\right)$，$b_j=e^{i\eta_j}\sin\left(\dfrac{\theta_j}{2}\right)$，$\phi_j,\eta_j\in[0,2\pi],\theta_j\in(0,\pi)$，则 π_0 的第一项为

$$
\begin{aligned}
|a_1c_1+b_1c_2|^2=&\left|e^{i\phi_1}\cos\left(\frac{\theta_1}{2}\right)\cdot c_1+e^{i\eta_1}\sin\left(\frac{\theta_1}{2}\right)\cdot c_2\right|^2\\
=&|c_1\cos\frac{\theta_1}{2}(\cos\phi_1+i\sin\phi_1)+c_2\sin\left(\frac{\theta_1}{2}\right)(\cos\eta_1+i\sin\eta_1)|^2\\
=&|c_1|^2\cos^2\frac{\theta_1}{2}+2c_1c_2\cos\frac{\theta_1}{2}\sin\frac{\theta_1}{2}\cos\phi_1\cos\eta_1\\
&+|c_2|^2\sin^2\frac{\theta_1}{2}+2c_1c_2\cos\frac{\theta_1}{2}\sin\phi_1\sin\frac{\theta_1}{2}\sin\eta_1
\end{aligned}
$$

π_0 的第二项为

$$
\begin{aligned}
|-\overline{b_1}c_1+\overline{a_1}c_2|^2=&|-e^{-i\eta_1}\sin\left(\frac{\theta_1}{2}\right)\cdot c_1+e^{-i\phi_1}\cos\left(\frac{\theta_1}{2}\right)\cdot c_2|^2\\
=&|-c_1\sin\frac{\theta_1}{2}(\cos\eta_1-i\sin\eta_1)+c_2\cos\frac{\theta_1}{2}(\cos\phi_1-i\sin\phi_1)|^2\\
=&|c_2|^2\cos^2\frac{\theta_1}{2}-2c_1c_2\cos\frac{\theta_1}{2}\sin\frac{\theta_1}{2}\cos\phi_1\cos\eta_1\\
&+|c_1|^2\sin^2\frac{\theta_1}{2}-2c_1c_2\cos\frac{\theta_1}{2}\sin\phi_1\sin\frac{\theta_1}{2}\sin\eta_1
\end{aligned}
$$

所以 π_0 第一项加第二项为

$$|a_1c_1+b_1c_2|^2+|-\overline{b_1}c_1+\overline{a_1}c_2|^2=|c_1|^2+|c_2|^2$$

同理，第三项与第四项的和为

$$|a_5c_9+b_5c_{10}|^2+|\overline{a_5}c_{10}-\overline{b_5}c_9|^2=|c_9|^2+|c_{10}|^2$$

即

$$\pi_0=|c_1|^2+|c_2|^2+|c_9|^2+|c_{10}|^2 \tag{6-10}$$

同理

$$\pi_1=|c_5|^2+|c_6|^2+|c_{13}|^2+|c_{14}|^2 \tag{6-11}$$

$$\pi_2=|c_3|^2+|c_4|^2+|c_{11}|^2+|c_{12}|^2 \tag{6-12}$$

$$\pi_3=|c_7|^2+|c_8|^2+|c_{15}|^2+|c_{16}|^2 \tag{6-13}$$

将式 (6-10) 至式 (6-13) 与式 (6-5) 和式 (6-6) 对比，可得 $P_e=\pi_0+\pi_2$；$P_o=\pi_1+\pi_3$。即 $\pi_0+\pi_2$ 为初始资本取偶数的概率，$\pi_1+\pi_3$ 为初始资本取奇数的概率。

下面我们论证量子形式的平稳分布概率包含经典形式的平稳分布概率。我们令

$$\begin{aligned}
&c_1=\omega_1m_1,\quad c_2=\omega_1m_2,\quad c_3=\omega_1m_3,\quad c_4=\omega_1m_4,\\
&c_5=\omega_2m_5,\quad c_6=\omega_2m_6,\quad c_7=\omega_2m_7,\quad c_8=\omega_2m_8,\\
&c_9=\omega_3m_9,\quad c_{10}=\omega_3m_{10},\quad c_{11}=\omega_3m_{11},\quad c_{12}=\omega_3m_{12},\\
&c_{13}=\omega_4m_{13},\quad c_{14}=\omega_4m_{14},\quad c_{15}=\omega_4m_{15},\quad c_{16}=\omega_4m_{16}。
\end{aligned}$$

其中

$$\begin{aligned}
&|\omega_1|^2+|\omega_2|^2+|\omega_3|^2+|\omega_4|^2=1\\
&|m_1|^2+|m_2|^2+|m_3|^2+|m_4|^2=1\\
&|m_5|^2+|m_6|^2+|m_7|^2+|m_8|^2=1\\
&|m_9|^2+|m_{10}|^2+|m_{11}|^2+|m_{12}|^2=1\\
&|m_{13}|^2+|m_{14}|^2+|m_{15}|^2+|m_{16}|^2=1
\end{aligned}$$

这样可以保证满足 $\sum\limits_{j=1}^{16}|c_j|^2=1$。

将其代入式 (6-10) 至式 (6-13) 可得

$$
\begin{aligned}
\pi_0 &= |\omega_1|^2|m_1|^2 + |\omega_1|^2|m_2|^2 + |\omega_3|^2|m_9|^2 + |\omega_3|^2|m_{10}|^2 \\
\pi_1 &= |\omega_2|^2|m_5|^2 + |\omega_2|^2|m_6|^2 + |\omega_4|^2|m_{13}|^2 + |\omega_4|^2|m_{14}|^2 \\
\pi_2 &= |\omega_1|^2|m_3|^2 + |\omega_1|^2|m_4|^2 + |\omega_3|^2|m_{11}|^2 + |\omega_3|^2|m_{12}|^2 \\
\pi_3 &= |\omega_2|^2|m_7|^2 + |\omega_2|^2|m_8|^2 + |\omega_4|^2|m_{15}|^2 + |\omega_4|^2|m_{16}|^2
\end{aligned} \tag{6-14}
$$

我们取 $|\omega_1|^2=\pi_0$，$|\omega_2|^2=\pi_1$，$|\omega_3|^2=\pi_2$，$|\omega_4|^2=\pi_3$，由于

$$\pi_0+\pi_1+\pi_2+\pi_3=\sum_{j=1}^{16}|c_j|^2=1$$

所以可满足 $|\omega_1|^2+|\omega_2|^2+|\omega_3|^2+|\omega_4|^2=1$ 的条件。同时取

$$
\begin{aligned}
&|m_1|^2=p(1-p_2), \quad |m_2|^2=(1-p)p_2, \quad |m_3|^2=pp_2, \quad |m_4|^2=(1-p)(1-p_2), \\
&|m_5|^2=p(1-p_2), \quad |m_6|^2=(1-p)p_1, \quad |m_7|^2=pp_2, \quad |m_8|^2=(1-p)(1-p_1), \\
&|m_9|^2=pp_2, \quad |m_{10}|^2=(1-p)(1-p_2), \quad |m_{11}|^2=p(1-p_2), \quad |m_{12}|^2=(1-p)p_2, \\
&|m_{13}|^2=pp_1, \quad |m_{14}|^2=(1-p)(1-p_2), \quad |m_{15}|^2=p(1-p_1), \quad |m_{16}|^2=(1-p)p_2。
\end{aligned}
$$

上述 $m_j(j=1,2,\cdots,16)$ 的取值可满足条件:

$$
\begin{aligned}
&|m_1|^2+|m_2|^2+|m_3|^2+|m_4|^2=1 \\
&|m_5|^2+|m_6|^2+|m_7|^2+|m_8|^2=1 \\
&|m_9|^2+|m_{10}|^2+|m_{11}|^2+|m_{12}|^2=1 \\
&|m_{13}|^2+|m_{14}|^2+|m_{15}|^2+|m_{16}|^2=1
\end{aligned}
$$

将上述取值代入式 (6-14) 可得

$$
\begin{cases}
\pi_0=(p-2pp_2+p_2)\pi_0+(1-p-p_2+2pp_2)\pi_2 \\
\pi_1=(p+p_1-pp_2-pp_1)\pi_1+(1-p-p_2+pp_2+pp_1)\pi_3 \\
\pi_2=(1-p-p_2+2pp_2)\pi_0+(p-2pp_2+p_2)\pi_2 \\
\pi_3=(1-p-p_1+pp_1+pp_2)\pi_1+(p-pp_1+p_2-pp_2)\pi_3
\end{cases} \tag{6-15}
$$

此时式 (6-15) 与式 (6-2) 相同，所以量子形式的平稳分布概率包含经典形式的平稳分布概率。

6.1.5 小结

(1) 针对 Parrondo 悖论中模数 $M=4$ 时交替玩 AB 博弈的情况，采用离散的

马尔可夫链方法进行了理论分析，并采用计算机仿真方法进行了模拟分析。分析结果显示了一种现象：“有序过程产生非确定性结果，无序过程产生确定性结果。”

(2) 理论分析结果表明，交替玩 AB 博弈不存在确定的平稳分布概率. 游戏得益依赖初始资本的奇偶性。基于量子博弈方法的研究结果显示，平稳分布概率对应的物理意义是初始资本取奇偶的概率。

6.2　产生初值奇偶性效应的 Parrondo 博弈结构一般形式

6.2.1　引言

在 6.1 节中，我们针对 Parrondo 博弈的初始版本，研究了模数 M=4 交替玩 AB 博弈的情形。我们发现该游戏情形不存在确定的平稳分布概率，游戏得益依赖初始资本的奇偶性。进而揭示了一个现象“有序过程产生非确定性结果 (依赖初值)，无序过程 (随机玩法) 产生确定性结果 (不依赖初值)”。但是这种现象在 Parrondo 博弈中并不唯一，而是广泛存在的。下面我们通过研究 $M>4$ 的情形，给出产生这种现象的游戏结构的一般形式和共同特征。在此我们先取 M=6 和 M=8 的情形进行计算机仿真分析，采用不同随机数重复玩 100 次游戏，以 100 次游戏结果的平均值作图。为了对比，取随机玩 $A+B$ 博弈 (玩博弈 A 的概率 γ=0.5) 和交替玩 AB 博弈两种情况进行分析，计算结果如图 6.6 所示。通过图 6.6，我们可以发现，M=6 和 M=8 与 M=4 的情形一样，游戏的收益依赖初始资本的奇偶性并且“确定性过程 (交替玩法) 产生非确定性结果 (依赖初值)，非确定性过程 (随机玩法) 产生确定性结果 (不依赖初值)”。

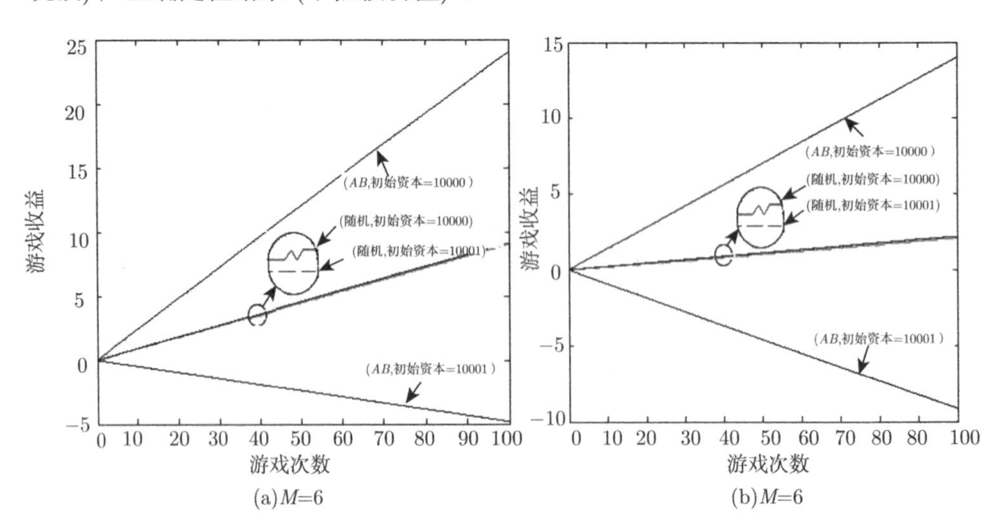

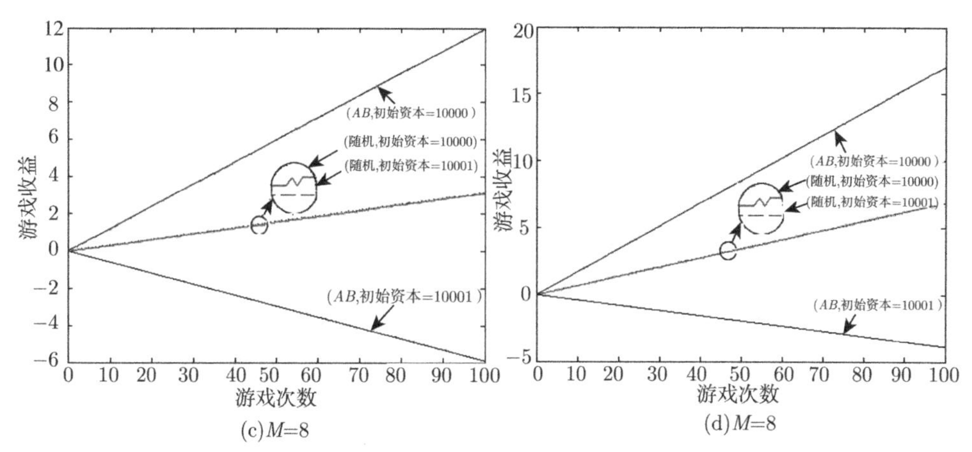

图 6.6 计算机仿真分析 (参数设置如下: (a) M=6, $p=1/2-e$, $p_1=1/150-e$, p_2=0.75−e, e=0.005。(b) M=6, p=1/2−e, p_1=1/180−e, p_2=0.65−e, e=0.005。(c) $M=8$, $p=1/2-e$, $p_1=1/300$, $p_2=0.63-e$, $e=0.005$。(d) $M=8$, $p=1/2-e$, $p_1=1/250$, $p_2=0.68-e$, $e=0.005$。p_1 和 p_2 满足方程 $p_1<\dfrac{(1-p_2)^{M-1}}{p_2^{M-1}+(1-p_2)^{M-1}}$。随机玩 $A+B$ 时 γ=0.5。共玩 100 回合，每个回合玩 100 次游戏，以 100 次游戏的收益平均值作为本回合的收益)

6.2.2 模数 $M=n(n\geqslant 4$, 且 n 为偶数) 时交替玩 AB 博弈研究

为了获得发生这种特殊现象的一般游戏情形，我们采用离散的马尔可夫链方法，对模数 $M=n(n$ 为偶数，且 $n\geqslant 4)$ 时交替玩 AB 博弈的情形进行了研究 [40]，其离散的马尔可夫链如图 6.7 所示。

对比图 6.7 与 $M=4$ 时的马尔可夫链 (图 6.1)，我们发现存在一个共同的特点，即交替 AB 博弈的离散时间马尔可夫链分为两个完全不关联的内圈和外圈。外圈是初始资本取偶数时，交替 AB 博弈过程所经历的余数状态和相应的转移概率。内圈是初始资本取奇数时，交替 AB 博弈过程所经历的余数状态和相应的转移概率。

由于游戏的离散时间马尔可夫链分为两个完全不关联的内圈和外圈，从直观上，我们有两点结论：① 初始资本的奇偶性决定了游戏的进程 (走外圈还是走内圈)，也就决定了游戏的最终收益。② 当初始资本取偶数时，AB 的游戏进程只可能走外圈，在游戏过程中，资本的余数状态只可能是偶数，反之，当初始资本取奇数时，AB 的游戏进程只可能走内圈，在游戏过程中，资本的余数状态只可能是奇数。因此，所有偶数状态的平稳分布概率之和等价于初始资本取偶数的概率，所有奇数状态的平稳分布概率之和等价于初始资本取奇数的概率。

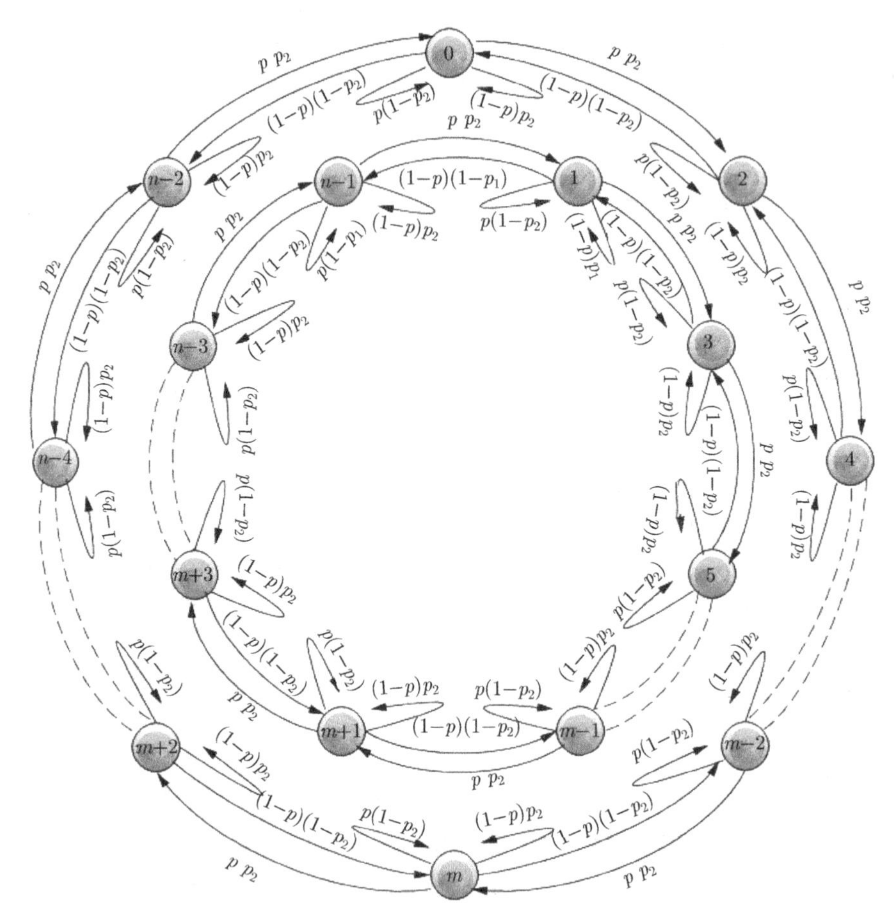

图 6.7　以余数状态定义的交替玩 AB 博弈的离散时间马尔可夫链 ($M=n$, n 为偶数，并且 $n \geqslant 4$。顺时针方向是赢的方向)

在文献 [41] 中提出了一种直观的根据马尔可夫链判别游戏输赢的方法。采用这种方法，在图 6.7 中，顺时针方向是赢的方向，逆时针方向为输的方向。因此，若 $(pp_2)^{\frac{n}{2}} > [(1-p)(1-p_2)]^{\frac{n}{2}}$，走外圈的游戏进程是赢的；若 $(pp_2)^{\frac{n}{2}-1}(pp_1) > [(1-p)(1-p_2)]^{\frac{n}{2}-1}[(1-p)(1-p_1)]$，则走内圈的游戏进程是赢的。我们将图 4.1 中的计算参数 n，p，p_1 和 p_2 代入计算可得，所有情形的外圈游戏进程都是赢的 (即初值取偶数)，内圈游戏进程都是输的 (即初值取奇数)，这个结果与图 6.14 计算仿真结果吻合。

因此，我们认为，游戏的离散时间马尔可夫链分为两个 (或若干个) 完全不关联的部分是产生“游戏收益依赖初值”的原因。虽然数学家或许对这种“模糊的计算”产生犹豫，但它的结论很直观且与下面基于量子博弈方法的理论分析具有相同的结果。

6.2.3 基于量子博弈方法的解释

采用基于马尔可夫链的分析方法，可以通过计算传递概率矩阵和解方程组获得游戏终态的平稳分布概率，可以揭示游戏不存在确定的平稳分布概率，但是无法揭示初值奇偶性与平稳分布概率之间的关系，无法解释初值奇偶性决定游戏进程这一现象。由于量子博弈方法可以成功解决某些经典博弈论所不能解决的问题，下面我们采用量子博弈方法进行分析，首先根据系统初态的不确定性，通过量子力学中的态叠加原理，获得量子化的初态，然后利用一个酉矩阵描述游戏演化过程，获得量子形式的终态，最终揭示初值奇偶性与终值分布概率之间的关系。

根据图 6.7，系统的余数状态为 $Y(t)=\{0,1,2,3,\cdots,n-1\}$，在一轮 AB 博弈中，系统所有可能的状态变化有 $4n$ 种，我们称为系统的 $4n$ 个基态，它们的量子形式为：

$$
\begin{array}{cccc}
|0.1.0\rangle & |0.(n-1).0\rangle & |0.1.2\rangle & |0.(n-1).(n-2)\rangle \\
\vdots & \vdots & \vdots & \vdots \\
|k.(k+1).k\rangle & |k.(k-1).k\rangle & |k.(k+1).(k+2)\rangle & |k.(k-1).(k-2)\rangle \\
\vdots & \vdots & \vdots & \vdots \\
|(n-1).0.(n-1)\rangle & |(n-1).(n-2).(n-1)\rangle & |(n-1).0.1\rangle & |(n-1).(n-2).(n-3)\rangle
\end{array}
$$

(注：上述各基态中的数字表示余数状态，将 $0\leqslant k\leqslant n-1$ 代入上述基态中进行计算时，若数字出现 -2，-1，n，$n+1$，$n+2$，则分别替换为 $n-2$，$n-1$，$0,1,2$；在下面计算中应注意这种替换)

我们令系统初始状态为 $4n$ 种基态的叠加态，其量子形式为

$$
\begin{aligned}
|\psi(0)\rangle=\sum_{k=0}^{n-1}(&c_{4k+1}|k.k+1.k\rangle+c_{4k+2}|k.k-1.k\rangle \\
&+c_{4k+3}|k.k+1.k+2\rangle+c_{4k+4}|k.k-1.k-2\rangle)
\end{aligned}
\tag{6-16}
$$

其中：$\sum\limits_{j=1}^{4n}|c_j|^2=1$。

根据式 (6-16)，系统初始资本取偶数 (对应式 (6-16) 中各个基态的第一个数字为偶数，即 k 取偶数) 的概率为

$$
p_e=\sum_{k=0}^{n-2}\left(|c_{4k+1}|^2+|c_{4k+2}|^2+|c_{4k+3}|^2+|c_{4k+4}|^2\right)\quad (k\text{ 取偶数}) \tag{6-17}
$$

同理系统初始资本取奇数的概率为

$$
p_o=\sum_{k=1}^{n-1}\left(|c_{4k+1}|^2+|c_{4k+2}|^2+|c_{4k+3}|^2+|c_{4k+4}|^2\right)\quad (k\text{ 取奇数}) \tag{6-18}
$$

系统在 t 时刻的量子状态为 $|\psi(t)\rangle$，根据量子博弈理论，其与系统初始时刻的量子状态 $|\psi(0)\rangle$ 的关系可以表达为

$$|\psi(t)\rangle = X|\psi(0)\rangle \tag{6-19}$$

式中：$X = \begin{bmatrix} X_1 & & & & \\ & X_2 & & & \\ & & \ddots & & \\ & & & \ddots & \\ & & & & X_{2n} \end{bmatrix}$，为幺正矩阵，$X_j = \begin{bmatrix} a_j & b_j \\ -\overline{b_j} & \overline{a_j} \end{bmatrix}$ $(j = 1, 2, \cdots, 2n)$ $a_j, b_j \in c$, $|a_j|^2 + |b_j|^2 = 1$, $\bar{a}_j, \bar{b}_j$ 分别为 a_j 和 b_j 的共轭复数。

将 (6-19) 展开

$$\begin{aligned} |\psi(t)\rangle = \sum_{k=0}^{n-1} & [(a_{2k+1}c_{4k+1} + b_{2k+1}c_{4k+2})|k.k+1.k\rangle \\ & + (\overline{a_{2k+1}}c_{4k+2} - \overline{b_{2k+1}}c_{4k+1})|k.k-1.k\rangle \\ & + (a_{2k+2}c_{4k+3} + b_{2k+2}c_{4k+4})|k.k+1.k+2\rangle \\ & + (\overline{a_{2k+2}}c_{4k+4} - \overline{b_{2k+2}}c_{4k+3})|k.k-1.k-2\rangle] \quad (0 \leqslant k \leqslant n-1) \end{aligned} \tag{6-20}$$

系统在 t 时刻的余数状态处于 $k(0 \leqslant k \leqslant n-1)$ (对应式 (6-20) 中各个基态的第 3 个数字) 的平稳分布概率 π_k(余数状态所对应的基态前面系数的平方和) 为

$$\begin{aligned} \pi_k = & |(a_{2k+1}c_{4k+1} + b_{2k+1}c_{4k+2})|^2 + |(\overline{a_{2k+1}}c_{4k+2} - \overline{b_{2k+1}}c_{4k+1})|^2 \\ & + |a_{2(k-2)+2}c_{4(k-2)+3} + b_{2(k-2)+2}c_{4(k-2)+4}|^2 \\ & + |\overline{a_{2(k+2)+2}}c_{4(k+2)+4} - \overline{b_{2(k+2)+2}}c_{4(k+2)+3}|^2 \end{aligned} \tag{6-21}$$

(注：当上式中 k 取各值 $(0 \leqslant k \leqslant n-1)$ 计算时，若出现 -2，-1，n，$n+1$，$n+2$，我们用 $n-2$，$n-1$，$0, 1, 2$ 代替)

我们令

$$a_j = e^{i\phi_j}\cos\left(\frac{\theta_j}{2}\right), \quad b_j = e^{i\eta_j}\sin\left(\frac{\theta_j}{2}\right), \quad \{\phi_j, \eta_j \in [0, 2\pi], \theta_j \in [0, \pi]\}$$

(1) 当式 (6-21) 中 k 取偶数时，π_k 的第一项为

$$\begin{aligned} & |a_{2k+1}c_{4k+1} + b_{2k+1}c_{4k+2}|^2 \\ = & \left|e^{i\phi_{2k+1}}\cos\left(\frac{\theta_{2k+1}}{2}\right)\cdot c_{4k+1} + e^{i\eta_{2k+1}}\sin\left(\frac{\theta_{2k+1}}{2}\right)\cdot c_{4k+2}\right|^2 \end{aligned}$$

$$
\begin{aligned}
=&\left|c_{4k+1}\cos\frac{\theta_{2k+1}}{2}(\cos\phi_{2k+1}+i\sin\phi_{2k+1})\right.\\
&\left.+c_{4k+2}\sin\left(\frac{\theta_{2k+1}}{2}\right)(\cos\eta_{2k+1}+i\sin\eta_{2k+1})\right|^2\\
=&\left|c_{4k+1}\right|^2\cos^2\frac{\theta_{2k+1}}{2}+2c_{4k+1}c_{4k+2}\cos\frac{\theta_{2k+1}}{2}\sin\frac{\theta_{2k+1}}{2}\cos\phi_{2k+1}\cos\eta_{2k+1}\\
&+\left|c_{4k+2}\right|^2\sin^2\frac{\theta_{2k+1}}{2}+2c_{4k+1}c_{4k+2}\cos\frac{\theta_{2k+1}}{2}\sin\phi_{2k+1}\sin\frac{\theta_{2k+1}}{2}\sin\eta_{2k+1}
\end{aligned}\tag{6-22}
$$

π_k 的第二项为

$$
\begin{aligned}
&\left|-\overline{b_{2k+1}}c_{4k+1}+\overline{a_{2k+1}}c_{4k+2}\right|^2\\
=&\left|-e^{-i\eta_{2k+1}}\sin\left(\frac{\theta_{2k+1}}{2}\right)\cdot c_{4k+1}+e^{-i\phi_{2k+1}}\cos\left(\frac{\theta_{2k+1}}{2}\right)\cdot c_{4k+2}\right|^2\\
=&\left|-c_{4k+1}\sin\frac{\theta_{2k+1}}{2}(\cos\eta_{2k+1}-i\sin\eta_{2k+1})\right.\\
&\left.+c_{4k+2}\cos\frac{\theta_{2k+1}}{2}(\cos\phi_{2k+1}-i\sin\phi_{2k+1})\right|^2\\
=&\left|c_{4k+2}\right|^2\cos^2\frac{\theta_{2k+1}}{2}-2c_{4k+1}c_{4k+2}\cos\frac{\theta_{2k+1}}{2}\sin\frac{\theta_{2k+1}}{2}\cos\phi_{2k+1}\cos\eta_{2k+1}\\
&+\left|c_{4k+1}\right|^2\sin^2\frac{\theta_{2k+1}}{2}-2c_{4k+1}c_{4k+2}\cos\frac{\theta_{2k+1}}{2}\sin\phi_{2k+1}\sin\frac{\theta_{2k+1}}{2}\sin\eta_{2k+1}
\end{aligned}\tag{6-23}
$$

π_k 第一项与第二项相加为

$$
\left|(a_{2k+1}c_{4k+1}+b_{2k+1}c_{4k+2})\right|^2+\left|(\overline{a_{2k+1}}c_{4k+2}-\overline{b_{2k+1}}c_{4k+1})\right|^2=\left|c_{4k+1}\right|^2+\left|c_{4k+2}\right|^2\tag{6-24}
$$

因此，所有 π_k(k 取偶数，且 $0\leqslant k\leqslant n-2$) 的第一项和第二项相加可得

$$
\sum_{k=0}^{n-2}\left(\left|c_{4k+1}\right|^2+\left|c_{4k+2}\right|^2\right)
$$

另外，π_k 的第四项为

$$
\begin{aligned}
&\left|\overline{a_{2(k+2)+2}}c_{4(k+2)+4}-\overline{b_{2(k+2)+2}}c_{4(k+2)+3}\right|^2\\
=&\left|e^{-i\phi_{2(k+2)+2}}\cos\left(\frac{\theta_{2(k+2)+2}}{2}\right)\cdot c_{4(k+2)+4}\right.\\
&\left.-e^{-i\eta_{2(k+2)+2}}\sin\left(\frac{\theta_{2(k+2)+2}}{2}\right)\cdot c_{4(k+2)+3}\right|^2\\
=&\left|-c_{4(k+2)+3}\sin\frac{\theta_{2(k+2)+2}}{2}(\cos\eta_{2(k+2)+2}-i\sin\eta_{2(k+2)+2})+c_{4(k+2)+4}\right.
\end{aligned}
$$

$$\cos\frac{\theta_{2(k+2)+2}}{2}(\cos\phi_{2(k+2)+2}-i\sin\phi_{2(k+2)+2})\Big|^2$$

$$=|c_{4(k+2)+4}|^2\cos^2\frac{\theta_{2(k+2)+2}}{2}-2c_{4(k+2)+3}c_{4(k+2)+4}$$

$$\cos\frac{\theta_{2(k+2)+2}}{2}\sin\frac{\theta_{2(k+2)+2}}{2}\cos\phi_{2(k+2)+2}\cos\eta_{2(k+2)+2}$$

$$+\left|c_{4(k+2)+3}\right|^2\sin^2\frac{\theta_{2(k+2)+2}}{2}-2c_{4(k+2)+3}c_{4(k+2)+4}$$

$$\cos\frac{\theta_{2(k+2)+2}}{2}\sin\phi_{2(k+2)+2}\sin\frac{\theta_{2(k+2)+2}}{2}\sin\eta_{2(k+2)+2} \tag{6-25}$$

π_{k+4} 的第三项为

$$|a_{2[(k+4)-2]+2}c_{4[(k+4)-2]+3}+b_{2[(k+4)-2]+2}c_{4[(k+4)-2]+4}|^2$$

$$=|a_{2(k+2)+2}c_{4(k+2)+3}+b_{2(k+2)+2}c_{4(k+2)+4}|^2$$

$$=\left|e^{i\phi_{2(k+2)+2}}\cos\left(\frac{\theta_{2(k+2)+2}}{2}\right)\cdot c_{4(k+2)+3}+e^{i\eta_{2(k+2)+2}}\sin\left(\frac{\theta_{2(k+2)+2}}{2}\right)\cdot c_{4(k+2)+4}\right|$$

$$=\Big|c_{4(k+2)+3}\cos\frac{\theta_{2(k+2)+2}}{2}(\cos\phi_{2(k+2)+2}+i\sin\phi_{2(k+2)+2})$$

$$+c_{4(k+2)+4}\sin\left(\frac{\theta_{2(k+2)+2}}{2}\right)(\cos\eta_{2(k+2)+2}+i\sin\eta_{2(k+2)+2})\Big|^2$$

$$=|c_{4(k+2)+3}|^2\cos^2\frac{\theta_{2(k+2)+2}}{2}+2c_{4(k+2)+3}c_{4(k+2)+4}$$

$$\cos\frac{\theta_{2(k+2)+2}}{2}\sin\frac{\theta_{2(k+2)+2}}{2}\cos\phi_{2(k+2)+2}\cos\eta_{2(k+2)+2}$$

$$+\left|c_{4(k+2)+4}\right|^2\sin^2\frac{\theta_{2(k+2)+2}}{2}+2c_{4(k+2)+3}c_{4(k+2)+4}$$

$$\cos\frac{\theta_{2(k+2)+2}}{2}\sin\phi_{2(k+2)+2}\sin\frac{\theta_{2(k+2)+2}}{2}\sin\eta_{2(k+2)+2} \tag{6-26}$$

所以，π_k 的第四项与 π_{k+4} 的第三项相加为

$$\begin{aligned}&|\overline{a_{2(k+2)+2}}c_{4(k+2)+4}-\overline{b_{2(k+2)+2}}c_{4(k+2)+3}|^2\\&+\left|a_{2[(k+4)-2]+2}c_{4[(k+4)-2]+3}+b_{2[(k+4)-2]+2}c_{4[(k+4)-2]+4}\right|^2\\=&\left|c_{4(k+2)+3}\right|^2+\left|c_{4(k+2)+4}\right|^2\end{aligned}$$

因此，我们将 π_0 的第四项与 π_4 的第三项组合，然后依次组合 π_2 的第四项与 π_6 的第三项，$\cdots$，π_{n-6} 的第四项与 π_{n-2} 的第三项，π_{n-4} 的第四项与 π_0 的第三项，以及 π_{n-2} 的第四项与 π_2 的第三项，这样，所有 π_k(k 取偶数，且 $0\leqslant k\leqslant n-2$) 的第三项和第四项相加得 $\sum\limits_{k=0}^{n-2}(|c_{4k+3}|^2+|c_{4k+4}|^2)$。

所以，综上所述

$$
\begin{aligned}
&\pi_0+\pi_2+\pi_4+\cdots+\pi_k+\cdots+\pi_{n-2}\\
=&\sum_{k=0}^{n-2}\left(\left|c_{4k+1}\right|^2+\left|c_{4k+2}\right|^2\right)+\sum_{k=0}^{n-2}\left[\left|c_{4k+3}\right|^2+\left|c_{4k+4}\right|^2\right]\\
=&\sum_{k=0}^{n-2}\left(\left|c_{4k+1}\right|^2+\left|c_{4k+2}\right|^2+\left|c_{4k+3}\right|^2+\left|c_{4k+4}\right|^2\right)\quad (k\text{ 取偶数})
\end{aligned}
\tag{6-27}
$$

(2) 当式 (6-21) 中 k 取奇数时，同理，按照上面的方法可得

$$
\begin{aligned}
&\pi_1+\pi_3+\pi_5+\cdots+\pi_k+\cdots+\pi_{n-1}\\
=&\sum_{k=1}^{n-1}\left(\left|c_{4k+1}\right|^2+\left|c_{4k+2}\right|^2+\left|c_{4k+3}\right|^2+\left|c_{4k+4}\right|^2\right)\quad (k\text{ 取奇数})
\end{aligned}
\tag{6-28}
$$

根据式 (6-17) 和式 (6-27)，式 (6-18) 和式 (6-28) 可得

$$p_e=\pi_0+\pi_2+\pi_4+\cdots+\pi_k+\cdots+\pi_{n-2}$$

$$p_o=\pi_1+\pi_3+\pi_5+\cdots+\pi_k+\cdots+\pi_{n-1}$$

所以，$\pi_0+\pi_2+\pi_4+\cdots+\pi_k+\cdots+\pi_{n-2}$ 对应初始资本取偶数的概率。$\pi_1+\pi_3+\pi_5+\cdots+\pi_k+\cdots+\pi_{n-1}$ 对应初始资本取奇数的概率。

更进一步的解释: ① 如果初值为偶数 ($p_e=1$)，那么游戏终值一定为偶，终值的余数状态有 0，2，$\cdots$，$n-2$ 等 $n/2$ 种可能，具体为何种由实际游戏决定，所有 $n/2$ 种可能状态的分布概率和为 1，对应图 6.7，游戏进程为外圈；② 如果初值为奇数 ($p_o=1$)，那么游戏终值一定为奇，终值的余数状态有 1，3，$\cdots$，$n-1$ 等 $n/2$ 种可能，具体为何种由实际游戏决定，所有 $n/2$ 种可能状态的分布概率和为 1，对应图 6.7，游戏进程为内圈。

6.2.4 小结

(1) 针对 Parrondo 博弈的初始版本, 研究了 $M=n$(n 为偶数，且 $n\geqslant 4$) 交替玩 AB 博弈的情形，该游戏情形也不存在确定的平稳分布概率，游戏的收益依赖初始资本的奇偶性。产生该现象原因的直观解释是交替 AB 博弈的离散时间马尔可夫链分为两个完全不关联的内圈和外圈。外圈是初始资本取偶数时，AB 游戏过程所经历的余数状态和相应的转移概率。内圈是初始资本取奇数时，AB 游戏过程所经历的余数状态和相应的转移概率。因此，初始资本的奇偶性决定了游戏的进程(走外圈还是走内圈)，也就决定了游戏的最终收益。

(2) 从游戏的离散时间马尔可夫链的直观表达看，当初始资本取偶数时，AB 的游戏进程只可能走外圈，在游戏过程中，资本的余数状态只可能是偶数，反之，

当初始资本取奇数时，AB 的游戏进程只可能走内圈，在游戏过程中，资本的余数状态只可能是奇数。因此，所有偶数状态的平稳分布概率之和 $\pi_0+\pi_2+\pi_4+\cdots+\pi_k+\cdots+\pi_{n-2}$ 等价于初始资本取偶数的概率，所有奇数状态的平稳分布概率之和 $\pi_1+\pi_3+\pi_5+\cdots+\pi_k+\cdots+\pi_{n-1}$ 等价于初始资本取奇数的概率。基于量子博弈方法的理论分析结果也验证了这一结论。

(3) 游戏的离散时间马尔可夫链分为两个 (或若干个) 完全不关联的部分是产生 "游戏收益依赖初值" 的原因。因此，产生初值奇偶性效应的 Parrondo 游戏结构的一般形式和共同特征为：游戏的离散时间马尔可夫链分为两个 (或若干个) 完全不关联的部分。

6.3　Parrondo 博弈中过程次序性与初值奇偶性的耦合效应

我们基于 Parrondo 博弈的初始版本，研究了模数 $M=2n$ 交替玩 AB 博弈的情形，发现了一个有趣的现象，该游戏情形不存在确定的平稳分布概率，游戏得益依赖初始资本的奇偶性。我们利用量子博弈方法对初值奇偶性与终值分布概率之间的关系进行了深入研究，结果显示平稳分布概率对应初始资本取奇偶的概率。我们同时还计算了随机玩 $A+B$ 博弈情形，发现该情形的游戏得益不依赖初值。我们在上一节中阐述了 "确定性过程 (交替玩 AB 博弈) 产生非确定性结果 (依赖初始本金的奇偶性)" 的原因，但对 "非确定性过程 (随机玩 $A+B$ 博弈) 产生确定性结果 (不依赖初值)" 的原因未进行研究，是不是所有的随机玩法都可以产生确定性结果？什么样的随机游戏可以产生确定性结果？这正是本节需要研究的。

我们将游戏分为奇数次和偶数次，即令奇数次玩 A 博弈的概率为 γ_1，偶数次玩 A 博弈的概率为 γ_2。那么交替 AB 博弈的游戏方式对应 $\gamma_1=1$，$\gamma_2=0$ 的情形，交替 BA 博弈的游戏方式对应 $\gamma_1=0$，$\gamma_2=1$ 的情形。通常所言的随机玩 $A+B$ 博弈方式对应玩 A 博弈概率 $\gamma=\gamma_1=\gamma_2$ 的情形。

6.3.1　模数 $M=4$ 时的游戏理论分析

6.3.1.1　$\gamma_1\neq\gamma_2$ 的情形

当 $\gamma_1\neq\gamma_2$ 时，游戏过程可设计为交替玩博弈 C_1C_2，如图 6.8 所示。

在博弈 C_1 和博弈 C_2 中都包含随机玩博弈 $A+B$ 的结构，为了处理这种随机的游戏，根据文献 [42] 的方法，我们可以将其等价处理为如图 6.9 所示的游戏结构。

当资金是 M 倍数时赢的概率为

$$q_1=\gamma_1 p+(1-\gamma_1)p_1 \tag{6-29}$$

$$q_3 = \gamma_2 p + (1 - \gamma_2)p_1 \tag{6-30}$$

当资金不是 M 的倍数时赢的概率为

$$q_2 = \gamma_1 p + (1 - \gamma_1)p_2 \tag{6-31}$$

$$q_4 = \gamma_2 p + (1 - \gamma_2)p_2 \tag{6-32}$$

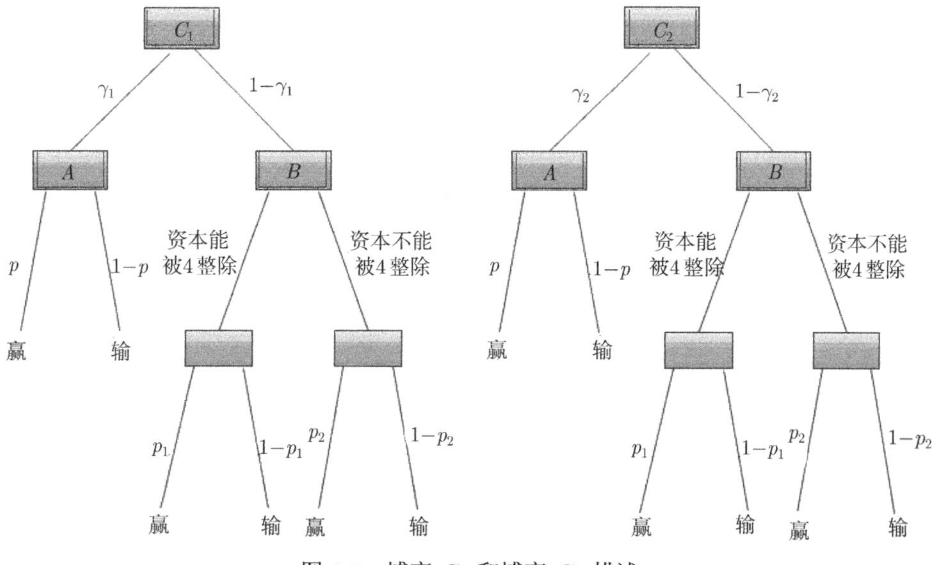

图 6.8 博弈 C_1 和博弈 C_2 描述

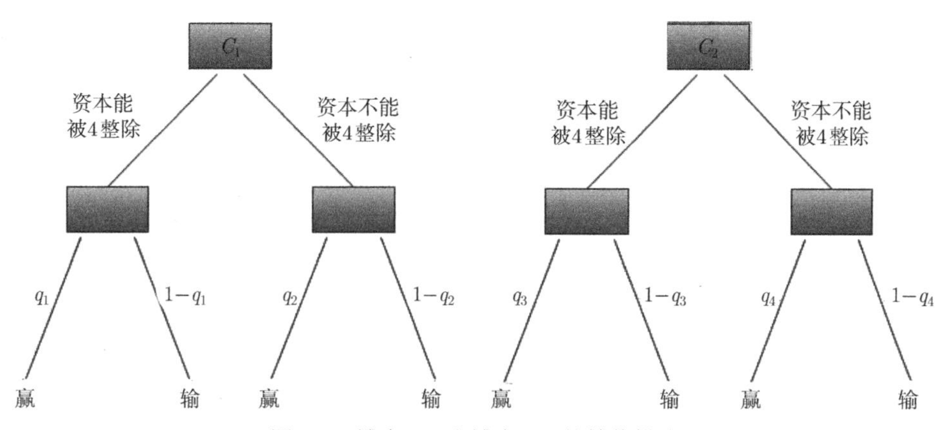

图 6.9 博弈 C_1 和博弈 C_2 的等价描述

将博弈 C_1 和博弈 C_2 连玩 1 次称为一步，设在 t 步时的资金为 $X(t)$，$Y(t) = X(t) \bmod 4$，则余数 $Y(t)$ 的状态集为 $E = \{0, 1, 2, 3\}$。交替玩博弈 C_1C_2 的一步转

移概率计算如下：

(1) $Y(t) = 0 \to Y(t+1) = 0$。分两种情况：C_1 赢 C_2 输 $(0 \to 1 \to 0)$，概率为 $q_1(1-q_4)$；C_1 输 C_2 赢 $(0 \to 3 \to 0)$，概率为 $(1-q_1)q_4$。因此，转移概率为两者相加得 $q_1(1-q_4)+(1-q_1)q_4$。

(2) $Y(t) = 0 \to Y(t+1) = 1$。此种情况不可能发生。

(3) $Y(t) = 0 \to Y(t+1) = 2$。分两种情况：C_1 赢 C_2 赢 $(0 \to 1 \to 2)$，概率为 q_1q_4；C_1 输 C_2 输 $(0 \to 3 \to 2)$，转移概率为 $(1-q_1)(1-q_4)$。因此，转移概率为两者相加得 $q_1q_4+(1-q_1)(1-q_4)$。

(4) $Y(t) = 0 \to Y(t+1) = 3$。此种情况不可能发生。

(5) $Y(t) = 1 \to Y(t+1) = 0$。此种情况不可能发生。

(6) $Y(t) = 1 \to Y(t+1) = 1$。分两种情况：C_1 赢 C_2 输 $(1 \to 2 \to 1)$，概率为 $q_2(1-q_4)$；C_1 输 C_2 赢 $(1 \to 0 \to 1)$，概率为 $(1-q_2)q_3$。因此，转移概率为两者相加得 $q_2(1-q_4)+(1-q_2)q_3$。

(7) $Y(t) = 1 \to Y(t+1) = 2$。此种情况不可能发生。

(8) $Y(t) = 1 \to Y(t+1) = 3$。分两种情况：C_1 赢 C_2 赢 $(1 \to 2 \to 3)$，概率为 q_2q_4；C_1 输 C_2 输 $(1 \to 0 \to 3)$，概率为 $(1-q_2)(1-q_3)$。因此，转移概率为两者相加得 $q_2q_4+(1-q_2)(1-q_3)$。

(9) $Y(t) = 2 \to Y(t+1) = 0$。分两种情况：C_1 赢 C_2 赢 $(2 \to 3 \to 0)$，概率为 q_2q_4；C_1 输 C_2 输 $(2 \to 1 \to 0)$，概率为 $(1-q_2)(1-q_4)$。因此，转移概率为两者相加得 $q_2q_4+(1-q_2)(1-q_4)$。

(10) $Y(t) = 2 \to Y(t+1) = 1$。此种情况不可能发生。

(11) $Y(t) = 2 \to Y(t+1) = 2$。分两种情况：C_1 赢 C_2 输 $(2 \to 3 \to 2)$，概率为 $q_2(1-q_4)$；C_1 输 C_2 赢 $(2 \to 1 \to 2)$，转移概率为 $(1-q_2)q_4$。因此，转移概率为两者相加得 $q_2(1-q_4)+(1-q_2)q_4$。

(12) $Y(t) = 2 \to Y(t+1) = 3$。此种情况不可能发生。

(13) $Y(t) = 3 \to Y(t+1) = 0$。此种情况不可能发生。

(14) $Y(t) = 3 \to Y(t+1) = 1$。分两种情况：C_1 赢 C_2 赢 $(3 \to 0 \to 1)$，概率为 q_2q_3；C_1 输 C_2 输 $(3 \to 2 \to 1)$，概率 $(1-q_2)(1-q_4)$。因此，转移概率为两者相加得 $q_2q_3+(1-q_2)(1-q_4)$。

(15) $Y(t) = 3 \to Y(t+1) = 2$。此种情况不可能发生。

(16) $Y(t) = 3 \to Y(t+1) = 3$。分两种情况：C_1 赢 C_2 输 $(3 \to 0 \to 3)$，概率为 $q_2(1-q_3)$；C_1 输 C_2 赢 $(3 \to 2 \to 3)$，概率为 $(1-q_2)q_4$。因此，转移概率为两者相加得 $q_2(1-q_3)+(1-q_2)q_4$。

以余数 $Y(t)$ 状态定义的离散马尔可夫链如图 6.10 所示，其中顺时针方向是赢的方向。

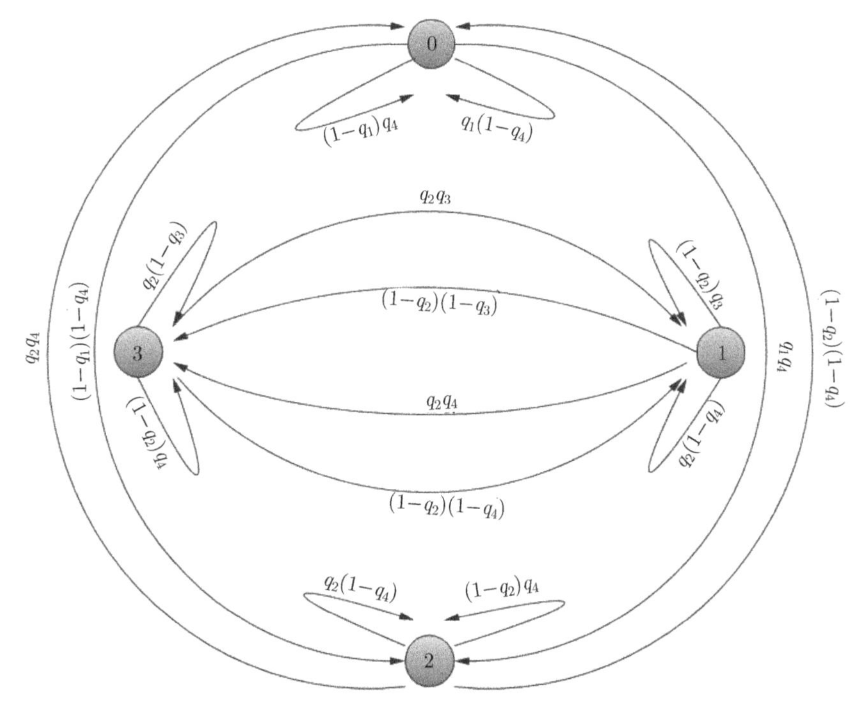

图 6.10 以余数状态定义的交替玩 C_1C_2 博弈的离散时间马尔可夫链

根据图 6.10，转移概率矩阵为

$$P=\begin{bmatrix} p_{00} & p_{01} & p_{02} & p_{03} \\ p_{10} & p_{11} & p_{12} & p_{13} \\ p_{20} & p_{21} & p_{22} & p_{23} \\ p_{30} & p_{31} & p_{32} & p_{33} \end{bmatrix}$$

$$=\begin{bmatrix} q_1(1-q_4)+(1-q_1)q_4 & 0 & q_1q_4+(1-q_1)(1-q_4) & 0 \\ 0 & q_2(1-q_4)+(1-q_2)q_3 & 0 & q_2q_4+(1-q_2)(1-q_3) \\ q_2q_4+(1-q_2)(1-q_4) & 0 & q_2(1-q_4)+(1-q_2)q_4 & 0 \\ 0 & q_2q_3+(1-q_2)(1-q_4) & 0 & q_2(1-q_3)+(1-q_2)q_4 \end{bmatrix} \tag{6-33}$$

根据平稳分布概率的定义：① $\sum\limits_{j\in E}\pi_j=1$；② $\pi=\pi P$，可得交替玩 C_1C_2 的平稳分布概率 π_0、π_1、π_2、π_3。

$$\begin{cases} \pi_0=[q_1(1-q_4)+(1-q_1)q_4]\pi_0+[q_2q_4+(1-q_2)(1-q_4)]\pi_2 \\ \pi_1=[q_2(1-q_4)+(1-q_2)q_3]\pi_1+[q_2q_3+(1-q_2)(1-q_4)]\pi_3 \\ \pi_2=[q_1q_4+(1-q_1)(1-q_4)]\pi_0+[q_2(1-q_4)+(1-q_2)q_4]\pi_2 \\ \pi_3=[q_2q_4+(1-q_2)(1-q_3)]\pi_1+[q_2(1-q_3)+(1-q_2)q_4]\pi_3 \\ \pi_0+\pi_1+\pi_2+\pi_3=1 \end{cases} \tag{6-34}$$

式 (6-34) 只有 3 个独立，解上式方程组可得

$$
\begin{aligned}
\pi_0 &= \frac{k_1}{k_1+k_2} - \frac{k_1(k_3+k_4)}{k_4(k_1+k_2)}\pi_3 \\
\pi_1 &= \frac{k_3}{k_4}\pi_3 \\
\pi_2 &= \frac{k_2}{k_1+k_2} - \frac{k_2(k_3+k_4)}{k_4(k_1+k_2)}\pi_3
\end{aligned}
$$

π_3 为待定参数，$\pi_i \in [0,1](i=0,1,2,3)$。其中

$$
\begin{aligned}
k_1 &= [q_2q_4 + (1-q_2)(1-q_4)] \\
k_2 &= [1 - q_1(1-q_4) - (1-q_1)q_4] \\
k_3 &= [q_2q_3 + (1-q_2)(1-q_4)] \\
k_4 &= [1 - q_2(1-q_4) - (1-q_2)q_3]
\end{aligned}
$$

数学期望为

$$
E(C_1C_2) = \left\{ \begin{array}{l} \pi_0[2\times q_1q_4 + (-2)\times(1-q_1)(1-q_4)] \\ +\pi_1[2\times q_2q_4 + (-2)\times(1-q_2)(1-q_3)] \\ +\pi_2[2\times q_2q_4 + (-2)\times(1-q_2)(1-q_4)] \\ +\pi_3[2\times q_2q_3 + (-2)\times(1-q_2)(1-q_4)] \end{array} \right\} \Big/ 2 \tag{6-35}
$$

根据上述理论分析可知，π_3 为待定参数，因此当 $\gamma_1 \neq \gamma_2$ 时玩博弈 C_1C_2 没有确定的平稳分布概率，因此也就没有确定的数学期望 $E(C_1C_2)$，这就是游戏结果依赖初值这一现象的原因。

6.3.1.2　$\gamma_1 = \gamma_2$ 的情形

当 $\gamma_1 = \gamma_2$ 时，博弈 C_1 和博弈 C_2 一样，此时游戏退化为传统意义上的随机玩博弈 $A+B$ (其中玩 A 博弈的概率为 $\gamma = \gamma_1 = \gamma_2$)，可以将其等价处理为如图 6.11 所示的 C 博弈结构。

以 C 博弈的余数状态定义的马尔可夫链如图 6.12 所示

C 博弈的转移概率矩阵为

$$
P = \begin{bmatrix} p_{00} & p_{01} & p_{02} & p_{03} \\ p_{10} & p_{11} & p_{12} & p_{13} \\ p_{20} & p_{21} & p_{22} & p_{23} \\ p_{30} & p_{31} & p_{32} & p_{33} \end{bmatrix} = \begin{bmatrix} 0 & q_1 & 0 & 1-q_1 \\ 1-q_2 & 0 & q_2 & 0 \\ 0 & 1-q_2 & 0 & q_2 \\ q_2 & 0 & 1-q_2 & 0 \end{bmatrix} \tag{6-36}
$$

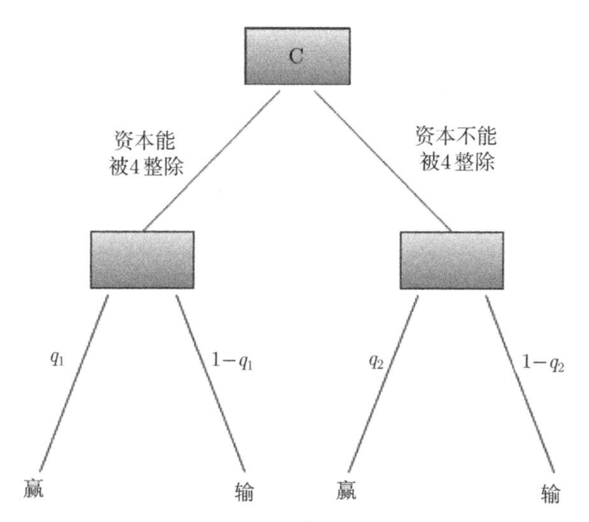

图 6.11 $\gamma_1=\gamma_2=\gamma$ 时随机游戏的等价描述 (其中 $q_1=\gamma p+(1-\gamma)p_1$，$q_2=\gamma p+(1-\gamma)p_2$)

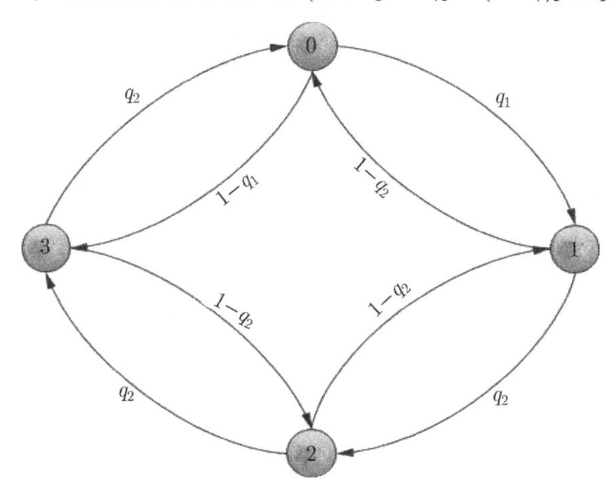

图 6.12 以余数状态定义的 C 博弈的离散时间马尔可夫链

根据平稳分布概率的定义：① $\sum\limits_{j\in E}\pi_j=1$；② $\pi=\pi\,\mathbf{P}$，可得玩 C 博弈的平稳分布概率 π_0、π_1、π_2、π_3。

$$\left\{\begin{array}{l}\pi_0=\dfrac{1-2q_2+2q_2^2}{4-2q_1-6q_2+4q_1q_2+4q_2^2}\\ \pi_1=\dfrac{1-2q_2+q_1q_2+q_2^2}{4-2q_1-6q_2+4q_1q_2+4q_2^2}\\ \pi_2=\dfrac{1-q_1+2q_1q_2-q_2}{4-2q_1-6q_2+4q_1q_2+4q_2^2}\\ \pi_3=\dfrac{1-q_1-q_2+q_1q_2+q_2^2}{4-2q_1-6q_2+4q_1q_2+4q_2^2}\end{array}\right. \tag{6-37}$$

期望值计算:

$$\begin{aligned}E(C) =&\pi_0[1\times q_1+(-1)\times(1-q_1)]+\pi_1[1\times q_2+(-1)\times(1-q_2)]\\&+\pi_2[1\times q_2+(-1)(1-q_2)]+\pi_3[1\times q_2+(-1)\times(1-q_2)]\\=&\pi_0(2q_1-1)+(1-\pi_0)(2q_2-1)\end{aligned} \tag{6-38}$$

6.3.2 结果分析

我们对基于图 6.8 游戏结构和图 6.9 游戏结构的交替玩博弈 C_1C_2 进行了计算机仿真分析，结果如图 6.13 和图 6.14 所示，图 6.13 和图 6.14 都显示了 γ_1 和 γ_2 的变化对游戏结果的影响，当 $\gamma_1 \neq \gamma_2$ 时，初值取 10000 和初值取 10001 的游戏收益不一样，可以发现初值影响收益。对比图 6.13 和图 6.14，两者一致，说明从图 6.8 游戏结构到图 6.9 游戏结构的等价处理是合理的。只有这种等价的合理性存在，下面关于图 6.9 游戏结构的理论分析结果才能成立，才能获得 $\gamma_1 \neq \gamma_2$ 时游戏结果依赖初值的原因。另外，可以看出图 6.14 中存在 1 条交线，当取该交线对应的 γ_1 和 γ_2 值进行游戏时，有确定的不依赖初值奇偶性的游戏结果。根据对计算结果的分析，该交线的 γ_1 和 γ_2 值正好满足 $\gamma_1=\gamma_2$。为了更有效的确认此点，我们根据式 (6-38) 计算得到 $\gamma_1=\gamma_2$ 时游戏 C 的数学期望 (图 6.14 中的粗线)，确实与交线重合。根据粗线在两个侧面的投影 (图 6.14 中的小窗口)，可以发现当 $\gamma_1=\gamma_2=0.4$ 时，游戏 C 的数学期望值最大。

我们认为，当 $\gamma_1 \neq \gamma_2$ 时，即奇数次玩 A 博弈的概率与偶数次玩 A 博弈的概率不一致，这就使得游戏结构蕴含了一定的次序性，以一定的概率偏向交替玩 AB 博弈结构 (对应 $\gamma_1=1$，$\gamma_2=0$ 的情形) 或交替玩 BA 博弈结构 (对应 $\gamma_1=0$，$\gamma_2=1$ 的情形)，而这种次序性的存在导致了游戏结果依赖初值，只有完全无序 ($\gamma_1=\gamma_2$)，奇数次玩 A 博弈的概率与偶数次玩 A 博弈的概率一致，才能使游戏结果不依赖初值。分析结果显示了一种现象:“有序过程产生非确定性结果，无序过程产生确定性结果。”

当 $\gamma_1 \neq \gamma_2$ 时，虽然玩博弈 C_1C_2 的理论分析结果表明 π_3 为待定参数，没有确定的平稳分布概率和数学期望 $E(C_1C_2)$，但是我们可以计算以下两个极端情况下的数学期望 $E(C_1C_2)$，即极端情况① $\pi_0+\pi_2=1$，此时 $\pi_3=0$；极端情况② $\pi_1+\pi_3=1$，此时 $\pi_3=\dfrac{k_4}{k_3+k_4}$ (其中 $k_3=[q_2q_3+(1-q_2)(1-q_4)]$，$k_4=[1-q_2(1-q_4)-(1-q_2)q_3]$，$q_3$、$q_2$ 和 q_4 分别见式 (6-31)、式 (6-30) 和式 (6-32))。由于上述两种极端情况下的 π_3 为确定值，可以根据式 (6-35) 计算数学期望 $E(C_1C_2)$，结果如图 6.15 所示。对比图 6.14 和图 6.15，极端情况① $\pi_0+\pi_2=1$ 的数学期望与初始资本取 10000(偶) 的计算机仿真分析结果基本吻合，极端情况② $\pi_1+\pi_3=1$ 的数学期望与初始资本取 10001(奇) 时的计算机仿真分析结果基本吻合，因此，我

们认为 $\pi_0+\pi_2$ 对应初始资本取偶数的概率，$\pi_1+\pi_3$ 对应初始资本取奇数的概率。

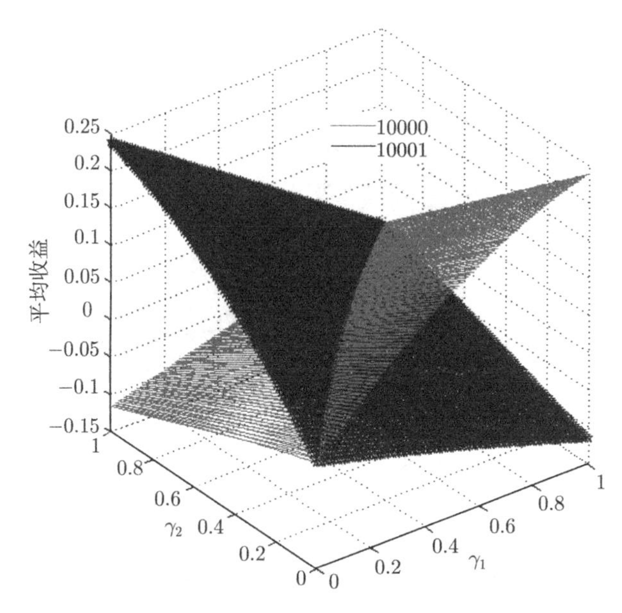

图 6.13 基于图 6.8 游戏结构的计算仿真结果

($M=4$，$p=1/2-e$，$p_1=1/28-e$，$p_2=3/4-e$，$e=0.005$)

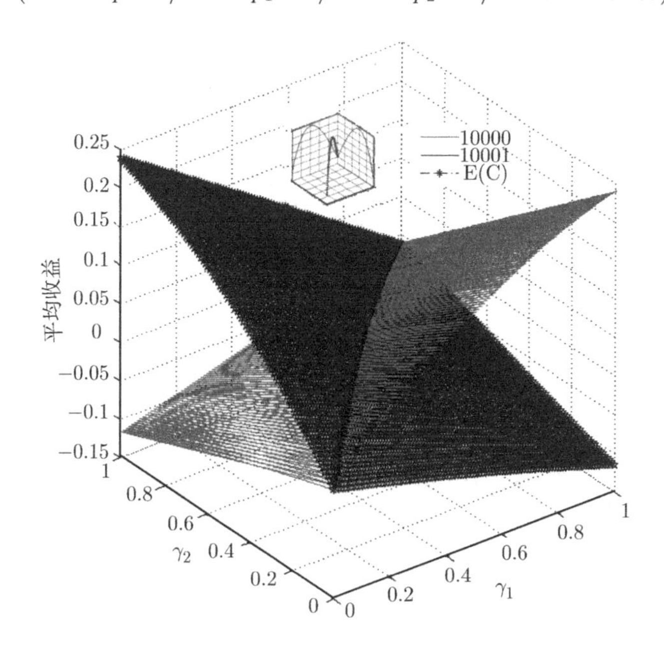

图 6.14 基于图 6.9 游戏结构的计算仿真结果

($M=4$，$p=1/2-e$，$p_1=1/28-e$，$p_2=3/4-e$，$e=0.005$)

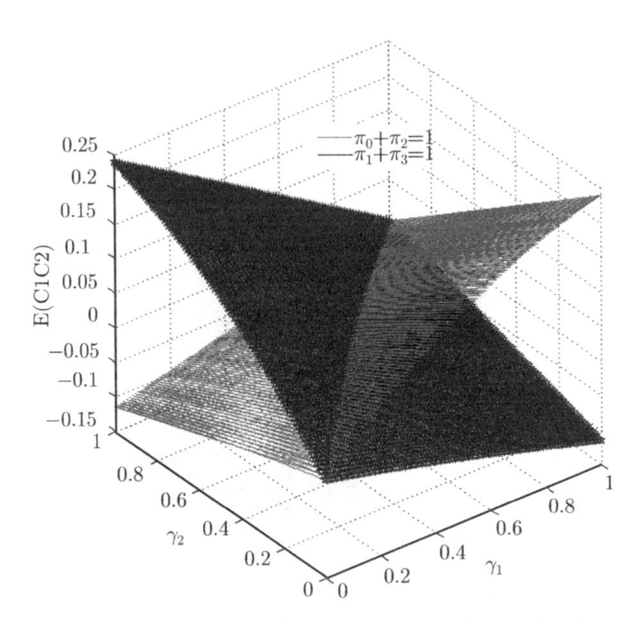

图 6.15　两种极端情况下交替玩 C_1C_2 博弈的数学期望 (游戏参数取 $M=4$，$p=1/2-e$，$p_1=1/28-e$，$p_2=3/4-e$，$e=0.005$)

6.3.3　$M=2n$ 时随机游戏的理论分析

6.3.3.1　$\gamma_1 \neq \gamma_2$ 情形

当 $\gamma_1 \neq \gamma_2$ 时，游戏过程可设计为交替玩博弈 $C_1C_2(M=2n)$，其中余数 $Y(t)$ 状态定义的交替玩博弈 C_1C_2 的离散马尔可夫链如图 6.16 所示。

根据图 6.16，转移概率矩阵为

$$P=\begin{bmatrix} c_1 & 0 & c_5 & 0 & 0 & \cdots & 0 & 0 & c_7 & 0 \\ 0 & c_2 & 0 & c_6 & 0 & \cdots & 0 & 0 & 0 & c_9 \\ c_8 & 0 & c_3 & 0 & c_6 & \cdots & 0 & 0 & 0 & 0 \\ \vdots & \vdots & \vdots & \vdots & \vdots & & \vdots & \vdots & \vdots & \vdots \\ 0 & 0 & 0 & 0 & 0 & \cdots & 0 & c_3 & 0 & c_6 \\ c_6 & 0 & 0 & 0 & 0 & \cdots & c_8 & 0 & c_3 & 0 \\ 0 & c_{10} & 0 & 0 & 0 & \cdots & 0 & c_8 & 0 & c_4 \end{bmatrix}_{2n\times 2n} \tag{6-39}$$

式中：

$c_1=q_1(1-q_4)+(1-q_1)q_4$，　$c_2=q_2(1-q_4)+(1-q_2)q_3$，

$c_3=q_2(1-q_4)+(1-q_2)q_4$；　$c_4=q_2(1-q_3)+(1-q_2)q_4$，　$c_5=q_1q_4$，　$c_6=q_2q_4$，

$c_7=(1-q_1)(1-q_4),\quad c_8=(1-q_2)(1-q_4),\quad c_9=(1-q_2)(1-q_3),\quad c_{10}=q_2q_3$。

基于 $\pi P=\pi$, 可得

$$[P-I]^T\pi^T=0 \tag{6-40}$$

另外

$$\sum_{j=0}^{2n-1}\pi_j=1 \tag{6-41}$$

结合式 (6-40) 和 (6-41)，则增广矩阵系数为

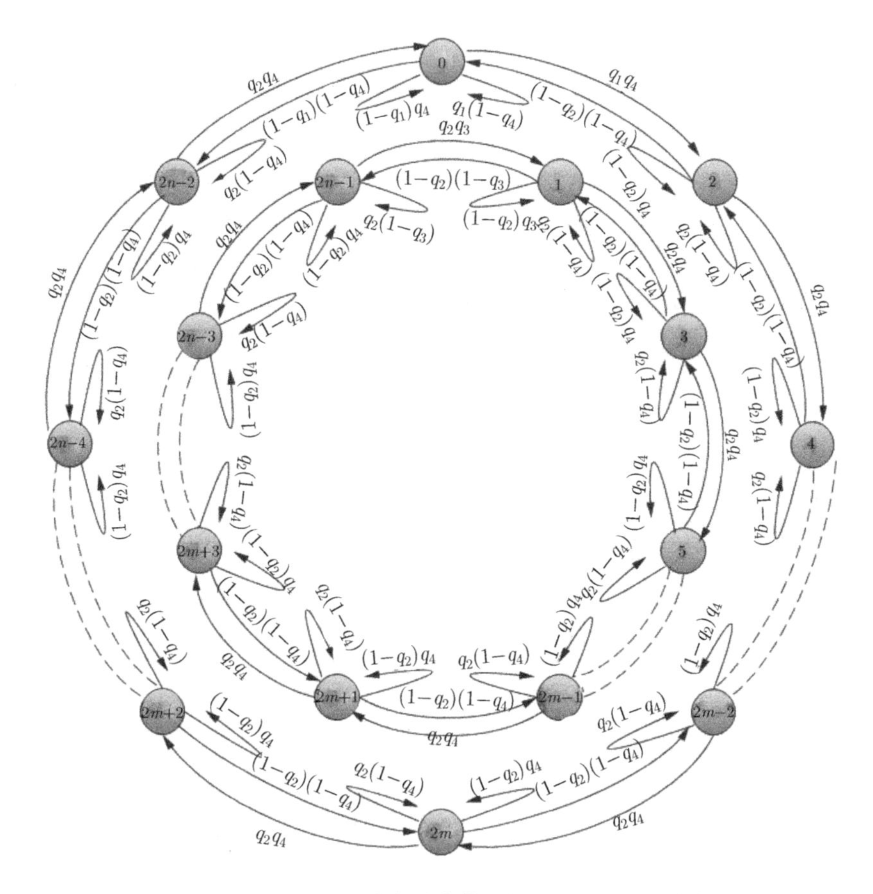

图 6.16 $\gamma_1\neq\gamma_2$ 且 $M=2n$ 时 C_1C_2 博弈的离散时间马尔可夫链 (其中: q_1, q_2, q_3 和 q_4 如公式 (6-29)~(6-32) 所示)

$$H=\begin{bmatrix} c_1-1 & 0 & c_8 & 0 & \cdots & 0 & 0 & c_6 & 0 & 0 \\ 0 & c_2-1 & 0 & c_8 & \cdots & 0 & 0 & 0 & c_{10} & 0 \\ c_5 & 0 & c_3-1 & 0 & \cdots & 0 & 0 & 0 & 0 & 0 \\ 0 & c_6 & 0 & c_3-1 & \cdots & 0 & 0 & 0 & 0 & 0 \\ 0 & 0 & c_6 & 0 & \cdots & 0 & 0 & 0 & 0 & 0 \\ 0 & 0 & 0 & c_6 & \cdots & 0 & 0 & 0 & 0 & 0 \\ \vdots & \vdots & \vdots & \vdots & & \vdots & \vdots & \vdots & \vdots & \vdots \\ 0 & 0 & 0 & 0 & \cdots & c_3-1 & 0 & c_8 & 0 & 0 \\ 0 & 0 & 0 & 0 & \cdots & 0 & c_3-1 & 0 & c_8 & 0 \\ c_7 & 0 & 0 & 0 & \cdots & c_6 & 0 & c_3-1 & 0 & 0 \\ 0 & c_9 & 0 & 0 & \cdots & 0 & c_6 & 0 & c_4-1 & 0 \\ 1 & 1 & 1 & 1 & \cdots & 1 & 1 & 1 & 1 & 1 \end{bmatrix}_{(2n+1)\times(2n+1)} \tag{6-42}$$

上述增广矩阵 H 的维数大小为 $(2n+1)\times(2n+1)$。由于 $c_1-1+c_5+c_7=0$, $c_2-1+c_6+c_9=0$, $c_3-1+c_6+c_8=0$ 及 $c_4-1+c_8+c_{10}=0$, 我们用上述结果对矩阵 H 进行初等行变换。将第 1, 3, $\cdots$, 及 $2n-3$ 行加到第 $2n-1$ 行上，可得第 $2n-1$ 行的所有元素都为 0。将第 2, 4, $\cdots$, 及 $2n-2$ 行加到第 $2n$ 行上，可得第 $2n$ 行的所有元素都为 0。由于增广矩阵 H 具有两个零行，矩阵 H 的秩 $r(H)$ 小于 $2n$，即 $r(H)<2n$。因此，平稳分布概率具有无穷个解并且是不确定的。

6.3.3.2　$\gamma_1=\gamma_2$ 的情形

当 $\gamma_1=\gamma_2$，$M=2n$ 时余数 $Y(t)$ 状态定义的交替玩博弈 C_1C_2 的离散马尔可夫链如图 6.17 所示。

根据图 6.17，转移概率矩阵为

$$P=\begin{bmatrix} 0 & q_1 & 0 & 0 & \cdots & 0 & 0 & 1-q_1 \\ 1-q_2 & 0 & q_2 & 0 & \cdots & 0 & 0 & 0 \\ 0 & 1-q_2 & 0 & q_2 & \cdots & 0 & 0 & 0 \\ \vdots & \vdots & \vdots & \vdots & & \vdots & \vdots & \vdots \\ 0 & 0 & 0 & 0 & \cdots & 0 & q_2 & 0 \\ 0 & 0 & 0 & 0 & \cdots & 1-q_2 & 0 & q_2 \\ q_2 & 0 & 0 & 0 & \cdots & 0 & 1-q_2 & 0 \end{bmatrix}_{2n\times 2n} \tag{6-43}$$

基于稳态分布概率的计算公式 $\pi_j(j=0,1,2,\cdots,2n-1)$，增广矩阵系数为

$$H=\begin{bmatrix} -1 & 1-q_2 & 0 & \cdots & 0 & q_2 & 0 \\ q_1 & -1 & 1-q_2 & \cdots & 0 & 0 & 0 \\ 0 & q_2 & -1 & \cdots & 0 & 0 & 0 \\ \vdots & \vdots & \vdots & & \vdots & \vdots & \vdots \\ 0 & 0 & 0 & \cdots & 1-q_2 & 0 & 0 \\ 0 & 0 & 0 & \cdots & -1 & 1-q_2 & 0 \\ 1-q_1 & 0 & 0 & \cdots & q_2 & -1 & 0 \\ 1 & 1 & 1 & \cdots & 1 & 1 & 1 \end{bmatrix}_{(2n+1)\times(2n+1)} \tag{6-44}$$

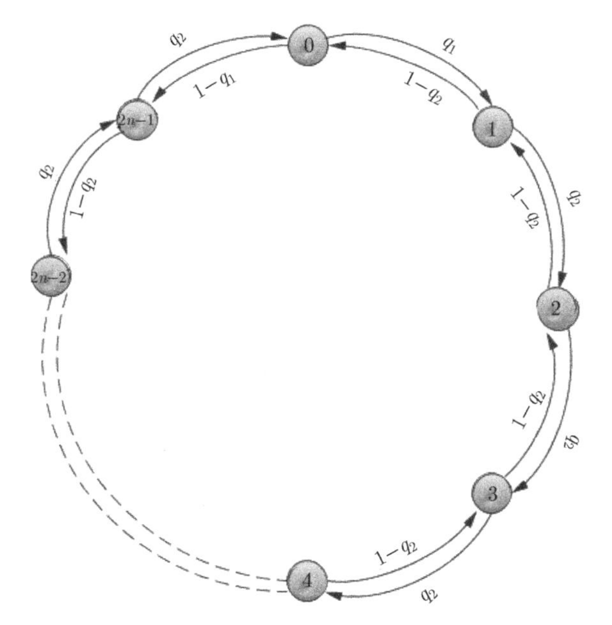

图 6.17 $\gamma_1=\gamma_2=\gamma$ 且 $M=2n$ 时 C_1C_2 博弈的离散时间马尔可夫链 (其中：$q_1=\gamma p+(1-\gamma)p_1$，$q_2=\gamma p+(1-\gamma)p_2$)

上述增广矩阵 H 的维数大小为 $(2n+1)\times(2n+1)$。我们用上述结果对矩阵 H 进行初等行变换。将第 1，2, $\cdots$, 及 $2n-1$ 行加到第 $2n$ 行上，可得第 $2n$ 行的所有元素都为 0。所以矩阵 H 的秩 $r\ (H)$ 等于 $2n$，即 $r(H)=2n$。因此，平稳分布概率具有确定解。

6.3.4 $M=2n-1$ 时随机游戏的理论分析

6.3.4.1 $\gamma_1\neq\gamma_2$ 的情形

当 $\gamma_1\neq\gamma_2$ 时，游戏过程可设计为交替玩博弈 $C_1C_2(M=2n-1)$，其中余数

$Y(t)$ 状态定义的交替玩博弈 C_1C_2 的离散马尔可夫链如图 6.18 所示。

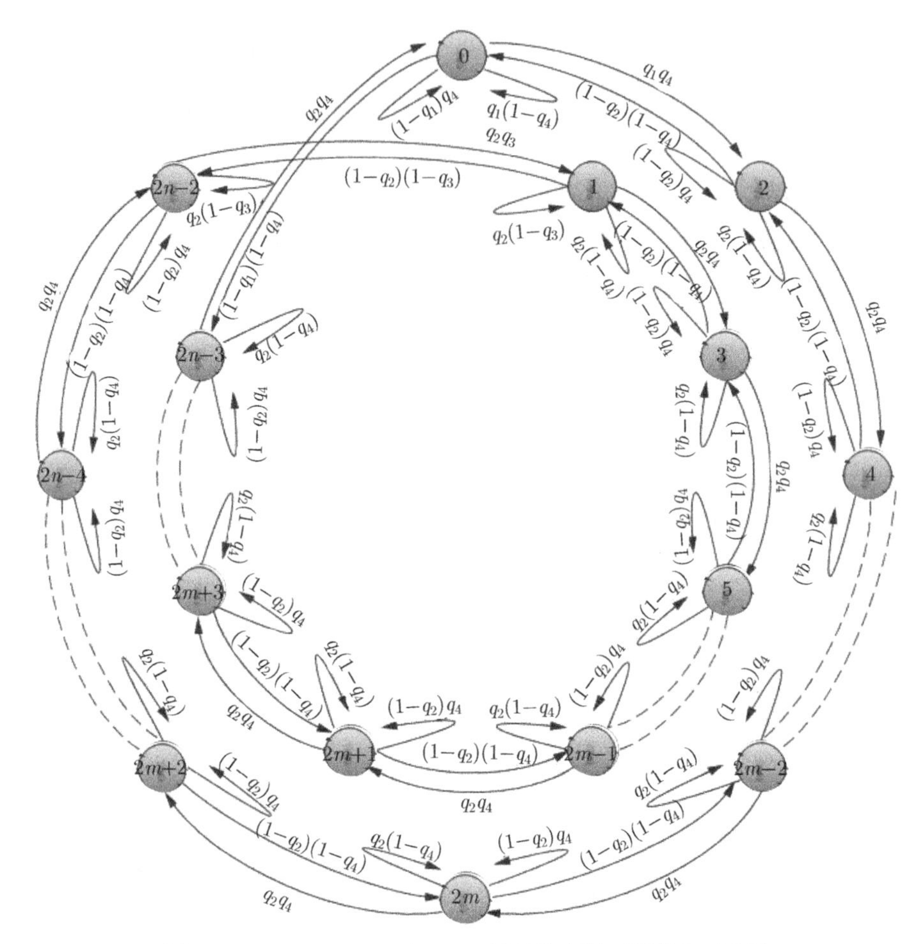

图 6.18　$M=2n-1$ 时 C_1C_2 博弈的离散时间马尔可夫链

根据图 6.18，转移概率矩阵为

$$
P=\begin{bmatrix}
c_1 & 0 & c_5 & 0 & 0 & \cdots & 0 & 0 & c_7 & 0\\
0 & c_2 & 0 & c_6 & 0 & \cdots & 0 & 0 & 0 & c_9\\
c_8 & 0 & c_3 & 0 & c_6 & \cdots & 0 & 0 & 0 & 0\\
\vdots & \vdots & \vdots & \vdots & \vdots & & \vdots & \vdots & \vdots & \vdots\\
0 & 0 & 0 & 0 & 0 & \cdots & 0 & c_3 & 0 & c_6\\
c_6 & 0 & 0 & 0 & 0 & \cdots & c_8 & 0 & c_3 & 0\\
0 & c_{10} & 0 & 0 & 0 & \cdots & 0 & c_8 & 0 & c_4
\end{bmatrix}_{(2n-1)\times(2n-1)} \tag{6-45}
$$

公式 (6-45) 中的符号 $c_i(i=1,2,\cdots,10)$ 与公式 (6-39) 的符号相同。

基于稳态分布概率的计算公式 $\pi_j(j=0,1,2,\cdots,2n-2)$，增广矩阵系数为

$$H=\begin{bmatrix} c_1-1 & 0 & c_8 & 0 & \cdots & 0 & 0 & c_6 & 0 & 0 \\ 0 & c_2-1 & 0 & c_8 & \cdots & 0 & 0 & 0 & c_{10} & 0 \\ c_5 & 0 & c_3-1 & 0 & \cdots & 0 & 0 & 0 & 0 & 0 \\ 0 & c_6 & 0 & c_3-1 & \cdots & 0 & 0 & 0 & 0 & 0 \\ 0 & 0 & c_6 & 0 & \cdots & 0 & 0 & 0 & 0 & 0 \\ 0 & 0 & 0 & c_6 & \cdots & 0 & 0 & 0 & 0 & 0 \\ \vdots & \vdots & \vdots & \vdots & & \vdots & \vdots & \vdots & \vdots & \vdots \\ 0 & 0 & 0 & 0 & \cdots & c_3-1 & 0 & c_8 & 0 & 0 \\ 0 & 0 & 0 & 0 & \cdots & 0 & c_3-1 & 0 & c_8 & 0 \\ c_7 & 0 & 0 & 0 & \cdots & c_6 & 0 & c_3-1 & 0 & 0 \\ 0 & c_9 & 0 & 0 & \cdots & 0 & c_6 & 0 & c_4-1 & 0 \\ 1 & 1 & 1 & 1 & \cdots & 1 & 1 & 1 & 1 & 1 \end{bmatrix}_{2n\times 2n} \tag{6-46}$$

方程 (6-46) 和 (6-42) 中，增广矩阵 H 的维数大小分别为 $2n\times 2n$ 和 $(2n+1)\times(2n+1)$。因此，方程 (6-42) 中矩阵 H 的简化在方程 (6-46) 中并不存在。将方程 (6-46) 中的增广矩阵 H 的第 1，2，$\cdots$，及 $2n-2$ 行加到第 $2n-1$ 行上，可得第 $2n-1$ 行的所有元素都为 0。因此，矩阵 H 的秩 $r(H)$ 等于 $2n-1$，因此稳态分布概率具有确定值。另外，对比图 6.16 和图 6.18，我们也可得到相同的结论。图 6.16 中的马尔可夫链可以分成两个完全不相关的内外环。因此，稳态分布概率是不确定的并且游戏的收益取决于初始资本的奇偶性。图 6.18 中的马尔可夫链是一个完全相连的链。因此，稳态分布概率是确定的并且游戏的收益不取决于初始资本。

6.3.4.2 $\gamma_1=\gamma_2$ 的情形

当 $\gamma_1=\gamma_2$ 且 $M=2n-1$ 时，博弈 C_1C_2 的分析过程与 $M=2n$ 的情况相同，即可用同样的方法进行增强矩阵的推导和简化。所以，矩阵的秩 $r(H)$ 等于 $2n-1$，稳态分布概率具有确定值。

6.3.5 进一步分析

在上述研究中，游戏过程可分为奇数次和偶数次玩法。将游戏过程按照被整数 N 相除的余数值 1，2，3，$\cdots$，$N-1$，0，将游戏过程分为 1，2，3，$\cdots$，$N-1$，N 等游戏次，其中各游戏次玩 A 游戏的概率为 $\gamma_i(i=1,2,\cdots,N-1,N)$。本节以 $N=3$ 为例。

当 $\gamma_1 \neq \gamma_2 \neq \gamma_3$ 时，游戏过程可设计为交替玩博弈 $C_1C_2C_3(M=4)$，其中余数 $Y(t)$ 状态定义的游戏离散马尔可夫链如图 6.19 所示。

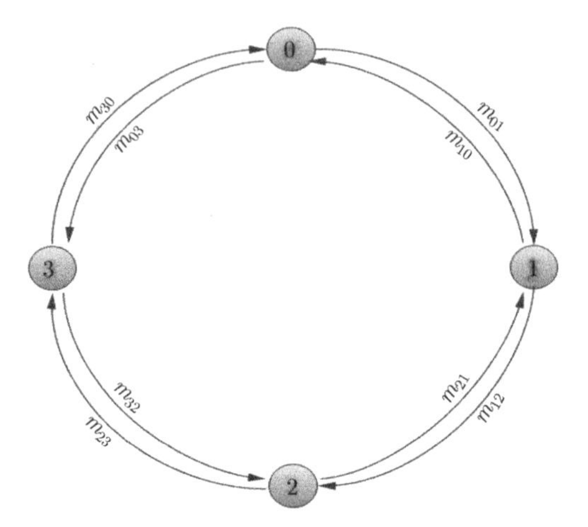

图 6.19　$M=4$ 时 $C_1C_2C_3$ 博弈的离散时间马尔科夫链 $(\gamma_1 \neq \gamma_2 \neq \gamma_3)$

图 6.19 中的参数如下所示：

$$m_{01} = q_1q_4(1-q_6) + q_1(1-q_4)q_5 + (1-q_1)q_4q_5 + (1-q_1)(1-q_4)(1-q_6)$$
$$m_{03} = (1-q_1)(1-q_4)q_6 + (1-q_1)q_4(1-q_5) + q_1(1-q_4)(1-q_5) + q_1q_4q_6$$
$$m_{10} = (1-q_2)(1-q_3)q_6 + (1-q_2)q_3(1-q_6) + q_2(1-q_4)(1-q_6) + q_2q_4q_6$$
$$m_{12} = q_2q_4(1-q_6) + q_2(1-q_4)q_6 + (1-q_2)q_3q_6 + (1-q_2)(1-q_3)(1-q_6)$$
$$m_{21} = (1-q_2)(1-q_4)q_5 + (1-q_2)q_4(1-q_6) + q_2(1-q_4)(1-q_6) + q_2q_4q_5$$
$$m_{23} = q_2q_4(1-q_5) + q_2(1-q_4)q_6 + (1-q_2)q_4q_6 + (1-q_2)(1-q_4)(1-q_5)$$
$$m_{30} = q_2q_3(1-q_6) + q_2(1-q_3)q_6 + (1-q_2)q_4q_6 + (1-q_2)(1-q_4)(1-q_6)$$
$$m_{32} = (1-q_2)(1-q_4)q_6 + (1-q_2)q_4(1-q_6) + q_2(1-q_3)(1-q_6) + q_2q_3q_6$$

其中：

$$q_1 = \gamma_1 p + (1-\gamma_1)p_1, \quad q_2 = \gamma_1 p + (1-\gamma_1)p_2, \quad q_3 = \gamma_2 p + (1-\gamma_2)p_1,$$
$$q_4 = \gamma_2 p + (1-\gamma_2)p_2, \quad q_5 = \gamma_3 p + (1-\gamma_3)p_1, \quad q_6 = \gamma_3 p + (1-\gamma_3)p_2。$$

根据图 6.19，转移概率矩阵为

$$P = \begin{bmatrix} 0 & m_{01} & 0 & m_{03} \\ m_{10} & 0 & m_{12} & 0 \\ 0 & m_{21} & 0 & m_{23} \\ m_{30} & 0 & m_{32} & 0 \end{bmatrix} \tag{6-47}$$

基于稳态分布概率的计算公式 $\pi_j(j=0,1,2,3)$，增广矩阵系数为

$$H=\begin{bmatrix} -1 & m_{10} & 0 & m_{30} & 0 \\ m_{01} & -1 & m_{21} & 0 & 0 \\ 0 & m_{12} & -1 & m_{32} & 0 \\ m_{03} & 0 & m_{23} & -1 & 0 \\ 1 & 1 & 1 & 1 & 1 \end{bmatrix} \tag{6-48}$$

我们用上述结果对矩阵 H 进行初等行变换。将第 1，2，3 行加到第 4 行上，可得第 4 行的所有元素都为 0。因此，矩阵 H 的秩 $r(H)$ 等于 4，即 $r(H)=4$。因此，平稳分布概率具有确定值。

通过以上深入分析，我们可以发现当 N 为偶数时，游戏的马尔可夫链与图 6.10 类似。该马尔可夫链可以分成两个完全不相关的内外环并且稳态分布概率具有不确定值。当 N 为奇数时，游戏的马尔可夫链与图 6.19 类似。该马尔可夫链可以分成完全相连的链式结构并且稳态分布概率具有确定值。

6.3.6 结论

(1) 基于最初的 Parrondo 博弈模型以及当模数 $M=4$ 时博弈 A 和博弈 B 随机玩的情况下，将游戏过程分成奇数次和偶数次玩法。其中奇数次玩游戏时，玩博弈 A 的概率为 γ_1；偶数次玩游戏时，玩博弈 A 的概率为 γ_2。通过离散马尔可夫链的理论分析方法和计算机仿真分析 [43]，我们发现当 $\gamma_1\neq\gamma_2$ 时，结果是不确定的并且依赖于初值的奇偶性。仅当 $\gamma_1=\gamma_2$ 随机玩游戏时，结果不依赖于初值的奇偶性。分析结果表明初值和游戏过程对最终状态具有耦合效应。这一结论类似于物理学中的分岔现象。例如两相自然循环系统中的静态分岔现象，根据加热功率参数的取值，解的情形可分为唯一平衡解和多个平衡解两种，在存在多个平衡解的参数空间，会发生分岔。如果将两相自然循环系统中的气液两相视为 A 博弈和 B 博弈，加热功率参数视为游戏概率参数 γ_1 和 γ_2，本节的研究结论可以很好的诠释两相自然循环系统中的静态分岔现象。当 $\gamma_1=\gamma_2$ 这一临界值时，该系统属于有序状态，并且具有确定的平稳分布概率和收益；一旦超过了临界值，即 $\gamma_1\neq\gamma_2$，分岔现象将会出现。此时稳态分布概率是不确定的并且最终收益由初值的奇偶性来确定。

(2) 模数 $M=4$ 扩展到 $M=2n$ 和 $M=2n-1$。将游戏过程分成奇数次和偶数次玩法。其中奇数次玩游戏时，玩博弈 A 的概率为 γ_1；偶数次玩游戏时，玩博弈 A 的概率为 γ_2。根据游戏的马尔可夫链和线性代数理论，可得以下结论：① 当 $M=2n$ 及 $\gamma_1\neq\gamma_2$ 时，稳态分布概率具有不确定值并且游戏结果依赖于初值的奇偶性。② 当 M=$2n$ 及 $\gamma_1=\gamma_2$ 时，稳态分布概率具有确定值并且游戏结果不依赖于初值的奇偶性。③ 当 $M=2n-1$ 时，不论 γ_1 是否等于或不等于 γ_2，稳态分布

概率都具有确定值并且游戏结果不依赖于初值的奇偶性。

(3) 将游戏过程按照被整数 N 相除的余数值 1，2，3，⋯，$N-1$，0，将游戏过程分为 1，2，3，⋯，$N-1$，N 等游戏次，其中各游戏次玩 A 博弈的概率为 $\gamma_i(i=1,2,\cdots,N-1,N)$。本节分析了 $N=3$ 的情况，结果表明当 $M=4$ 时，不论 $\gamma_i(i=1,2,3)$ 如何取值，稳态分布概率是确定的并且结果不依赖于初值的奇偶性。

(4) 我们总结以上分析结果并给出最一般性的结论：① 当模数 M 为奇数时，不论 N 取奇数还是偶数，也不论 $\gamma_i(i=1,2,\cdots,N-1,N)$ 如何取值，游戏结果均为确定值，不依赖初值；② 当模数 M 为偶数时，若 N 为奇数，则不论 $\gamma_i(i=1,2,\cdots,N-1,N)$ 如何取值，游戏结果均为确定值，不依赖初值；若 N 为偶数，则必须满足 $\gamma_1=\gamma_2=\cdots=\gamma_{N-1}=\gamma_N$，游戏结果才为确定值，否则，游戏结果依赖初值的奇偶性。

6.4 产生初值效应的资本与历史组合的 Parrondo 博弈分析

6.4.1 引言

在前面几节中研究了 Parrondo 博弈中与资本有关的游戏版本，分析了初值效应。本节给出一种新的 Parrondo 博弈版本 (依赖资金与依赖历史相结合)，并对其产生初值奇偶性效应的现象进行研究。该游戏版本由两个相关联的博弈 A 和博弈 B 构成 (图 6.20)。

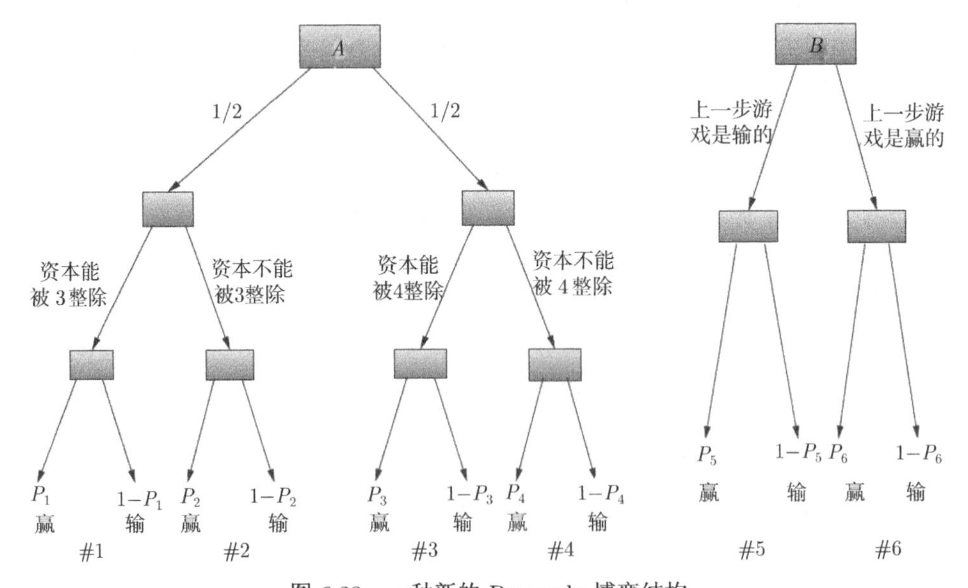

图 6.20　一种新的 Parrondo 博弈结构

(1) 博弈由两个分支组成：分支一是如果本金的总数能被 3 整除，其赢的概率为 p_1；如果不能被 3 整除，赢的概率为 p_2。分支二是如果本金的总数能被 4 整除，其赢的概率为 p_3；如果不能被 4 整除，赢的概率为 p_4。玩博弈 A 时，其两个分支的游戏概率都为 1/2。

(2) 博弈 B 是与上一步有关的，若上一步游戏是输的，则其赢的概率为 p_5；若上一步游戏是赢的，则其赢的概率为 p_6。

通过对概率 $p_1, p_2, p_3, p_4, p_5, p_6$ 的有效设定，使单独玩 A 博弈和单独玩 B 博弈都输，而如果随机或按一定周期玩 A 博弈和 B 博弈时能产生赢的结果。

6.4.2 交替玩 *AB* 博弈分析

1) 转移概率矩阵

将博弈 A 和博弈 B 连玩一次称为一步，设在 t 步时的资金为 $X(t)$，因 A 博弈两个分支中模数为 3、4，我们取其最小公倍数 12，因此余数 $Y(t)$ 的状态集为 $E=\{0,1,2,3,4,5,6,7,8,9,10,11\}$。交替玩 AB 博弈的一步转移概率计算如下：

(1) $Y(t)=0\rightarrow Y(t+1)=0$。分两种情况：$A$ 赢 B 输 $(0\rightarrow 1\rightarrow 0)$，概率为 $m_{0.1.0}=\left(\frac{1}{2}p_1+\frac{1}{2}p_3\right)(1-p_6)$；$A$ 输 B 赢 $(0\rightarrow 11\rightarrow 0)$，概率为 $m_{0.11.0}=\left[\frac{1}{2}(1-p_1)+\frac{1}{2}(1-p_3)\right]p_5$，转移概率为两者相加。

(2) $Y(t)=0\rightarrow Y(t+1)=2$。$A$ 赢 B 赢 $(0\rightarrow 1\rightarrow 2)$，概率为 $m_{0.1.2}=\left(\frac{1}{2}p_1+\frac{1}{2}p_3\right)p_6$。

(3) $Y(t)=0\rightarrow Y(t+1)=10$。$A$ 输 B 输 $(0\rightarrow 11\rightarrow 10)$，概率为 $m_{0.11.10}=\left[\frac{1}{2}(1-p_1)+\frac{1}{2}(1-p_3)\right](1-p_5)$。

(4) $Y(t)=1\rightarrow Y(t+1)=1$。分两种情况：$A$ 赢 B 输 $(1\rightarrow 2\rightarrow 1)$，概率为 $m_{1.2.1}=\left(\frac{1}{2}p_2+\frac{1}{2}p_4\right)(1-p_6)$；$A$ 输 B 赢 $(1\rightarrow 0\rightarrow 1)$，概率为 $m_{1.0.1}=\left[\frac{1}{2}(1-p_2)+\frac{1}{2}(1-p_4)\right]p_5$，转移概率为两者相加。

(5) $Y(t)=1\rightarrow Y(t+1)=3$。$A$ 赢 B 赢 $(1\rightarrow 2\rightarrow 3)$，概率为 $m_{1.2.3}=\left(\frac{1}{2}p_2+\frac{1}{2}p_4\right)p_6$。

(6) $Y(t)=1\rightarrow Y(t+1)=11$。$A$ 输 B 输 $(1\rightarrow 0\rightarrow 11)$，概率为 $m_{1.0.11}=\left[\frac{1}{2}(1-p_2)+\frac{1}{2}(1-p_4)\right](1-p_5)$。

(7) $Y(t)=2\to Y(t+1)=0$。A 输 B 输 $(2\to 1\to 0)$，概率为 $m_{2.1.0}=\left[\frac{1}{2}(1-p_2)+\frac{1}{2}(1-p_4)\right](1-p_5)$。

(8) $Y(t)=2\to Y(t+1)=2$。分两种情况：A 赢 B 输 $(2\to 3\to 2)$，概率为 $m_{2.3.2}=\left(\frac{1}{2}p_2+\frac{1}{2}p_4\right)(1-p_6)$；$A$ 输 B 赢 $(2\to 1\to 2)$，概率为 $m_{2.1.2}=\left[\frac{1}{2}(1-p_2)+\frac{1}{2}(1-p_4)\right]p_5$，转移概率为两者相加。

(9) $Y(t)=2\to Y(t+1)=4$。A 赢 B 赢 $(2\to 3\to 4)$，概率为 $m_{2.3.4}=\left(\frac{1}{2}p_2+\frac{1}{2}p_4\right)p_6$。

(10) $Y(t)=3\to Y(t+1)=1$。A 输 B 输 $(3\to 2\to 1)$，概率为 $m_{3.2.1}=\left[\frac{1}{2}(1-p_1)+\frac{1}{2}(1-p_4)\right](1-p_5)$。

(11) $Y(t)=3\to Y(t+1)=3$。分两种情况：A 赢 B 输 $(3\to 4\to 3)$，概率为 $m_{3.4.3}=\left(\frac{1}{2}p_1+\frac{1}{2}p_4\right)(1-p_6)$；$A$ 输 B 赢 $(3\to 2\to 3)$，概率为 $m_{3.2.3}=\left[\frac{1}{2}(1-p_1)+\frac{1}{2}(1-p_4)\right]p_5$，转移概率为两者相加。

(12) $Y(t)=3\to Y(t+1)=5$。A 赢 B 赢 $(3\to 4\to 5)$，概率为 $m_{3.4.5}=\left(\frac{1}{2}p_1+\frac{1}{2}p_4\right)p_6$。

(13) $Y(t)=4\to Y(t+1)=2$。A 输 B 输 $(4\to 3\to 2)$，概率为 $m_{4.3.2}=\left[\frac{1}{2}(1-p_2)+\frac{1}{2}(1-p_3)\right](1-p_5)$。

(14) $Y(t)=4\to Y(t+1)=4$。分两种情况：A 赢 B 输 $(4\to 5\to 4)$，概率为 $m_{4.5.4}=\left(\frac{1}{2}p_2+\frac{1}{2}p_3\right)(1-p_6)$；$A$ 输 B 赢 $(4\to 3\to 4)$，概率为 $m_{4.3.4}=\left[\frac{1}{2}(1-p_2)+\frac{1}{2}(1-p_3)\right]p_5$，转移概率为两者相加。

(15) $Y(t)=4\to Y(t+1)=6$。A 赢 B 赢 $(4\to 5\to 6)$，概率为 $m_{4.5.6}=\left(\frac{1}{2}p_2+\frac{1}{2}p_3\right)p_6$。

(16) $Y(t)=5\to Y(t+1)=3$。A 输 B 输 $(5\to 4\to 3)$，概率为 $m_{5.4.3}=\left[\frac{1}{2}(1-p_2)+\frac{1}{2}(1-p_4)\right](1-p_5)$。

(17) $Y(t)=5\rightarrow Y(t+1)=5$。分两种情况：$A$ 赢 B 输 $(5\rightarrow 6\rightarrow 5)$，概率为 $m_{5.6.5}=\left(\frac{1}{2}p_2+\frac{1}{2}p_4\right)(1-p_6)$；$A$ 输 B 赢 $(5\rightarrow 4\rightarrow 5)$，概率为 $m_{5.4.5}=\left[\frac{1}{2}(1-p_2)+\frac{1}{2}(1-p_4)\right]p_5$，转移概率为两者相加。

(18) $Y(t)=5\rightarrow Y(t+1)=7$。$A$ 赢 B 赢 $(5\rightarrow 6\rightarrow 7)$，概率为 $m_{5.6.7}=\left(\frac{1}{2}p_2+\frac{1}{2}p_4\right)p_6$。

(19) $Y(t)=6\rightarrow Y(t+1)=4$。$A$ 输 B 输 $(6\rightarrow 5\rightarrow 4)$，概率为 $m_{6.5.4}=\left[\frac{1}{2}(1-p_1)+\frac{1}{2}(1-p_4)\right](1-p_5)$。

(20) $Y(t)=6\rightarrow Y(t+1)=6$。分两种情况：$A$ 赢 B 输 $(6\rightarrow 7\rightarrow 6)$，概率为 $m_{6.7.6}=\left(\frac{1}{2}p_1+\frac{1}{2}p_4\right)(1-p_6)$；$A$ 输 B 赢 $(6\rightarrow 5\rightarrow 6)$，概率为 $m_{6.5.6}=\left[\frac{1}{2}(1-p_1)+\frac{1}{2}(1-p_4)\right]p_5$，转移概率为两者相加。

(21) $Y(t)=6\rightarrow Y(t+1)=8$。$A$ 赢 B 赢 $(6\rightarrow 7\rightarrow 8)$，概率为 $m_{6.7.8}=\left(\frac{1}{2}p_1+\frac{1}{2}p_4\right)p_6$。

(22) $Y(t)=7\rightarrow Y(t+1)=5$。 A 输 B 输 $(7\rightarrow 6\rightarrow 5)$，概率为 $m_{7.6.5}=\left[\frac{1}{2}(1-p_2)+\frac{1}{2}(1-p_4)\right](1-p_5)$。

(23) $Y(t)=7\rightarrow Y(t+1)=7$。分两种情况：$A$ 赢 B 输 $(7\rightarrow 8\rightarrow 7)$，概率为 $m_{7.8.7}=\left(\frac{1}{2}p_2+\frac{1}{2}p_4\right)(1-p_6)$；$A$ 输 B 赢 $(7\rightarrow 6\rightarrow 7)$，概率为 $m_{7.6.7}=\left[\frac{1}{2}(1-p_2)+\frac{1}{2}(1-p_4)\right]p_5$，转移概率为两者相加。

(24) $Y(t)=7\rightarrow Y(t+1)=9$。$A$ 赢 B 赢 $(7\rightarrow 8\rightarrow 9)$，概率为 $m_{7.8.9}=\left(\frac{1}{2}p_2+\frac{1}{2}p_4\right)p_6$。

(25) $Y(t)=8\rightarrow Y(t+1)=6$。 A 输 B 输 $(8\rightarrow 7\rightarrow 6)$，概率为 $m_{8.7.6}=\left[\frac{1}{2}(1-p_2)+\frac{1}{2}(1-p_3)\right](1-p_5)$。

(26) $Y(t)=8\rightarrow Y(t+1)=8$。分两种情况：$A$ 赢 B 输 $(8\rightarrow 9\rightarrow 8)$，概率为 $m_{8.9.8}=\left(\frac{1}{2}p_2+\frac{1}{2}p_3\right)(1-p_6)$；$A$ 输 B 赢 $(8\rightarrow 7\rightarrow 8)$，概率为 $m_{8.7.8}=$

$\left[\frac{1}{2}(1-p_2)+\frac{1}{2}(1-p_3)\right]p_5$，转移概率为两者相加。

(27) $Y(t)=8\rightarrow Y(t+1)=10$。$A$ 赢 B 赢 $(8\rightarrow 9\rightarrow 10)$，概率为 $m_{8.9.10}=\left(\frac{1}{2}p_2+\frac{1}{2}p_3\right)p_6$。

(28) $Y(t)=9\rightarrow Y(t+1)=7$。$A$ 输 B 输 $(9\rightarrow 8\rightarrow 7)$，概率为 $m_{9.8.7}=\left[\frac{1}{2}(1-p_1)+\frac{1}{2}(1-p_4)\right](1-p_5)$。

(29) $Y(t)=9\rightarrow Y(t+1)=9$。分两种情况：$A$ 赢 B 输 $(9\rightarrow 10\rightarrow 9)$，概率为 $m_{9.10.9}=\left(\frac{1}{2}p_1+\frac{1}{2}p_4\right)(1-p_6)$；$A$ 输 B 赢 $(9\rightarrow 8\rightarrow 9)$，概率为 $m_{9.8.9}=\left[\frac{1}{2}(1-p_1)+\frac{1}{2}(1-p_4)\right]p_5$，转移概率为两者相加。

(30) $Y(t)=9\rightarrow Y(t+1)=11$。$A$ 赢 B 赢 $(9\rightarrow 10\rightarrow 11)$，概率为 $m_{9.10.11}=\left(\frac{1}{2}p_1+\frac{1}{2}p_4\right)p_6$。

(31) $Y(t)=10\rightarrow Y(t+1)=8$。$A$ 输 B 输 $(10\rightarrow 9\rightarrow 8)$，概率为 $m_{10.9.8}=\left[\frac{1}{2}(1-p_2)+\frac{1}{2}(1-p_4)\right](1-p_5)$。

(32) $Y(t)=10\rightarrow Y(t+1)=10$。分两种情况：$A$ 赢 B 输 $(10\rightarrow 11\rightarrow 10)$，概率为 $m_{10.11.10}=\left(\frac{1}{2}p_2+\frac{1}{2}p_4\right)(1-p_6)$；$A$ 输 B 赢 $(10\rightarrow 9\rightarrow 10)$，概率为 $m_{10.9.10}=\left[\frac{1}{2}(1-p_2)+\frac{1}{2}(1-p_4)\right]p_5$，转移概率为两者相加。

(33) $Y(t)=10\rightarrow Y(t+1)=0$。$A$ 赢 B 赢 $(10\rightarrow 11\rightarrow 0)$，概率为 $m_{10.11.0}=\left(\frac{1}{2}p_2+\frac{1}{2}p_4\right)p_6$。

(34) $Y(t)=11\rightarrow Y(t+1)=1$。$A$ 赢 B 赢 $(11\rightarrow 0\rightarrow 1)$，概率为 $m_{11.0.1}=\left(\frac{1}{2}p_2+\frac{1}{2}p_4\right)p_6$。

(35) $Y(t)=11\rightarrow Y(t+1)=9$。$A$ 输 B 输 $(11\rightarrow 10\rightarrow 9)$，概率为 $m_{11.10.9}=\left[\frac{1}{2}(1-p_2)+\frac{1}{2}(1-p_4)\right](1-p_5)$。

(36) $Y(t)=11\rightarrow Y(t+1)=11$。分两种情况：$A$ 赢 B 输 $(11\rightarrow 0\rightarrow 11)$，概率为 $m_{11.0.11}=\left(\frac{1}{2}p_2+\frac{1}{2}p_4\right)(1-p_6)$；$A$ 输 B 赢 $(11\rightarrow 10\rightarrow 11)$，概率为

$m_{11.10.11}=\left[\dfrac{1}{2}(1-p_2)+\dfrac{1}{2}(1-p_4)\right]p_5$，转移概率为两者相加。

上述是玩一步所有可能的状态，还有一些状态不可能发生，在此没有列出来。

通过上面对交替玩 AB 博弈的分析，我们可以写出以余数 $Y(t)$ 状态定义的离散马尔可夫链，如图 6.21 所示，其中顺时针方向是赢的方向。

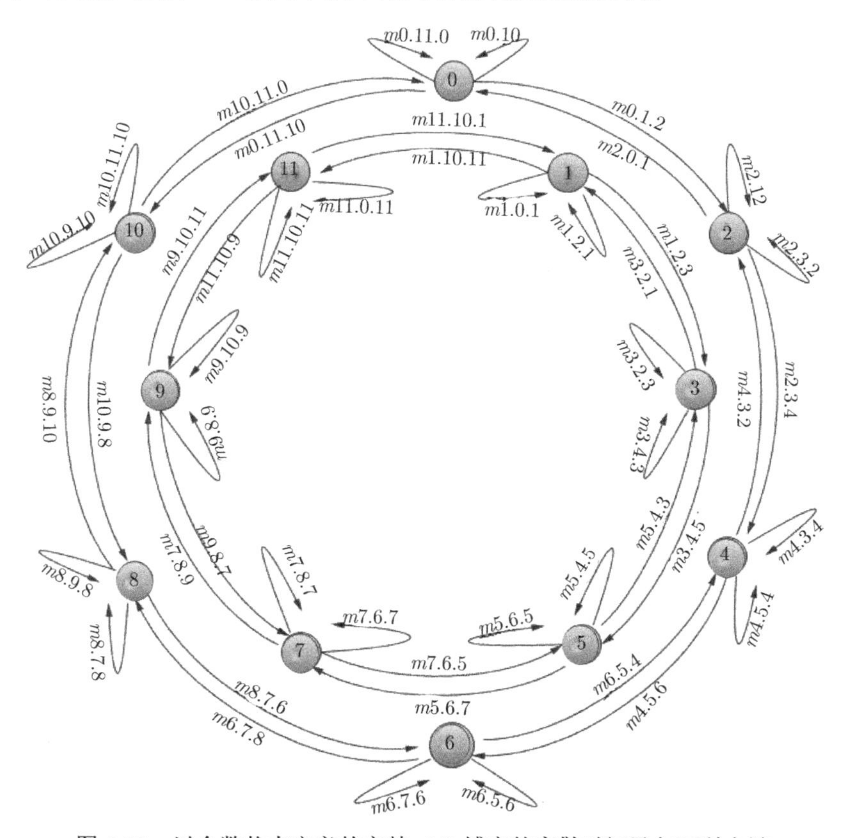

图 6.21 以余数状态定义的交替 AB 博弈的离散时间马尔可科夫链

通过上面的马尔可夫链，我们可以写出游戏的转移概率矩阵为

$$P=\left[\begin{array}{cccccc}
m_{0.1.0}+m_{0.11.0} & 0 & m_{0.1.2} & 0 & 0 & 0\\
0 & m_{1.2.1}+m_{1.0.1} & 0 & m_{1.2.3} & 0 & 0\\
m_{2.1.0} & 0 & m_{2.3.2}+m_{2.1.2} & 0 & m_{2.3.4} & 0\\
0 & m_{3.2.1} & 0 & m_{3.4.3}+m_{3.2.3} & 0 & m_{3.4.5}\\
0 & 0 & m_{4.3.2} & 0 & m_{4.5.4}+m_{4.3.4} & 0\\
0 & 0 & 0 & m_{5.4.3} & 0 & m_{5.6.5}+m_{5.4.5}\\
0 & 0 & 0 & 0 & m_{6.5.4} & 0\\
0 & 0 & 0 & 0 & 0 & m_{7.6.5}\\
0 & 0 & 0 & 0 & 0 & 0\\
0 & 0 & 0 & 0 & 0 & 0\\
m_{10.11.0} & 0 & 0 & 0 & 0 & 0\\
0 & m_{11.0.1} & 0 & 0 & 0 & 0
\end{array}\right.$$

$$\left.\begin{matrix}
0 & 0 & 0 & 0 & m_{0.11.10} & 0 \\
0 & 0 & 0 & 0 & 0 & m_{1.0.11} \\
0 & 0 & 0 & 0 & 0 & 0 \\
0 & 0 & 0 & 0 & 0 & 0 \\
m_{4.5.6} & 0 & 0 & 0 & 0 & 0 \\
0 & m_{5.6.7} & 0 & 0 & 0 & 0 \\
m_{6.7.6}+m_{6.5.6} & 0 & m_{6.7.8} & 0 & 0 & 0 \\
0 & m_{7.8.7}+m_{7.6.7} & 0 & m_{7.8.9} & 0 & 0 \\
m_{8.7.6} & 0 & m_{8.9.8}+m_{8.7.8} & 0 & m_{8.9.10} & 0 \\
0 & m_{9.8.7} & 0 & m_{9.10.9}+m_{9.8.9} & 0 & m_{9.10.11} \\
0 & 0 & m_{10.9.8} & 0 & m_{10.11.10}+m_{10.9.10} & 0 \\
0 & 0 & 0 & m_{11.10.9} & 0 & m_{11.0.11}+m_{11.10.11}
\end{matrix}\right] \tag{6-49}$$

2) 平稳分布概率

将 (6-49) 式代入 (1-1) 式，可计算出交替玩 AB 博弈时的平稳分布概率。

$$\begin{cases}
\pi_0 = p_{1.1}\pi_0 + p_{3.1}\pi_2 + p_{11.1}\pi_{10} \\
\pi_1 = p_{2.2}\pi_1 + p_{4.2}\pi_3 + p_{12.2}\pi_{11} \\
\pi_2 = p_{1.3}\pi_0 + p_{3.3}\pi_2 + p_{5.3}\pi_4 \\
\pi_3 = p_{2.4}\pi_1 + p_{4.4}\pi_3 + p_{6.4}\pi_5 \\
\pi_4 = p_{3.5}\pi_2 + p_{5.5}\pi_4 + p_{7.5}\pi_6 \\
\pi_5 = p_{4.6}\pi_3 + p_{6.6}\pi_5 + p_{8.6}\pi_7 \\
\pi_6 = p_{5.7}\pi_4 + p_{7.7}\pi_6 + p_{9.7}\pi_8 \\
\pi_7 = p_{6.8}\pi_5 + p_{8.8}\pi_7 + p_{10.8}\pi_9 \\
\pi_8 = p_{7.9}\pi_6 + p_{9.9}\pi_8 + p_{11.9}\pi_{10} \\
\pi_9 = p_{8.10}\pi_7 + p_{10.10}\pi_9 + p_{12.10}\pi_{11} \\
\pi_{10} = p_{11.11}\pi_{10} + p_{1.11}\pi_0 + p_{9.11}\pi_8 \\
\pi_{11} = p_{2.12}\pi_1 + p_{10.12}\pi_9 + p_{12.12}\pi_{11}
\end{cases} \tag{6-50}$$

式中：$p_{m,n}$ 表示 (6-49) 式中第 m 行、第 n 列的元素。

经过计算可以得到 (其中 π_{11} 为待定参数)

$$\pi_0 = \frac{X_0}{M} - \frac{X_0K}{M}\pi_{11}, \quad \pi_1 = X_1\pi_{11}, \quad \pi_2 = \frac{X_2}{M} - \frac{X_2K}{M}\pi_{11}, \quad \pi_3 = X_3\pi_{11},$$
$$\pi_4 = \frac{X_4}{M} - \frac{X_4K}{M}\pi_{11}, \quad \pi_5 = X_5\pi_{11}, \quad \pi_6 = \frac{X_6}{M} - \frac{X_6K}{M}\pi_{11}, \quad \pi_7 = X_7\pi_{11},$$
$$\pi_8 = \frac{X_8}{M} - \frac{X_8K}{M}\pi_{11}, \quad \pi_9 = X_9\pi_{11}, \quad \pi_{10} = \frac{X_{10}}{M} - \frac{X_{10}K}{M}\pi_{11}。$$

其中：X_0, X_1, X_2, X_3, X_4, X_5, X_6, X_7, X_8, X_9, X_{10}, M 和 K 与 p_1, p_2, p_3, p_4, p_5, p_6 有关。

6.4.3 游戏的计算机仿真分析

根据上面的理论分析可知，π_{11} 为待定参数，因此交替玩 AB 博弈没有确定的平稳分布概率，我们假设交替玩 AB 博弈的得益结果依赖游戏的初始状态，即初始资本影响最终的得益情况，下面我们用计算机仿真分析验证这一点。

对游戏进行计算机仿真分析，采用不同随机数重复玩 100 次游戏，以 100 次游戏结果的平均值作图。为了对比，取随机玩 $A+B$ 博弈 (γ=0.5) 和交替玩 AB 博弈两种情况进行计算机仿真分析。图 6.22 表明，随机玩 $A+B$ 博弈确实是赢的，并且不依赖初值，而交替玩 AB 博弈的输赢则依赖初始资本的奇偶性。

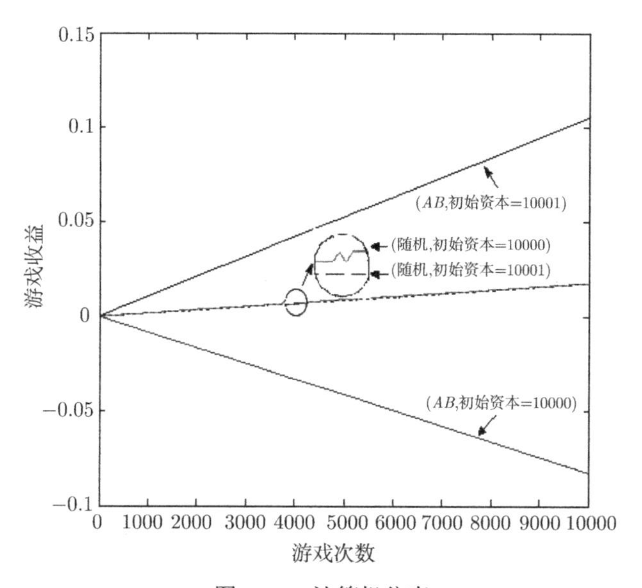

图 6.22 计算机仿真

($p=1/2-e, p_1=0.05-e, p_2=0.8-e, p_3=1/28-e, p_4=0.65-e, p_5=0.376, p_6=0.620$, 此组参数满足 $p_1<\dfrac{(1-p_2)^{M-1}}{p_2^{M-1}+(1-p_2)^{M-1}}$, $p_3<\dfrac{(1-p_4)^{M-1}}{p_4^{M-1}+(1-p_4)^{M-1}}$, $p_5<1-p_6$ 随机玩 AB 博弈时 $\gamma=0.5$)

6.4.4 讨论

我们观察图 6.21 可以发现一个特点，即马尔可夫链分为两个完全不关联的内圈和外圈。该特点满足上一节得到的产生初值奇偶性效应现象的游戏一般形式。当初始资本取偶数时，AB 的游戏进程只可能走外圈，在游戏过程中，资本的余数状态只可能是偶数，反之，当初始资本取奇数时，AB 的游戏进程只可能走内圈，在游戏过程中，资本的余数状态只可能是奇数。因此根据游戏马尔可夫链可以很直观的得到：$\pi_0+\pi_2+\pi_4+\pi_6+\pi_8+\pi_{10}$ 为初始资本取偶数的概率，$\pi_1+\pi_3+\pi_5+\pi_7+\pi_9+\pi_{11}$

为初始资本取奇数的概率。下面我们对此结论进行了量子验证。

6.4.5 量子验证

我们令系统的 48 个基态为：$|0.1.0\rangle$, $|0.11.0\rangle$, $|0.1.2\rangle$, $|0.11.10\rangle$；$|1.2.1\rangle$, $|1.0.1\rangle$, $|1.2.3\rangle$, $|1.0.11\rangle$；$|2.1.0\rangle$, $|2.3.2\rangle$, $|2.1.2\rangle$, $|2.3.4\rangle$；$|3.2.1\rangle$，$|3.4.3\rangle$，$|3.2.3\rangle$，$|3.4.5\rangle$；$|4.3.2\rangle$, $|4.5.4\rangle$, $|4.3.4\rangle$, $|4.5.6\rangle$；$|5.4.3\rangle$, $|5.6.5\rangle$, $|5.4.5\rangle$, $|5.6.7\rangle$；$|6.5.4\rangle$, $|6.7.6\rangle$, $|6.5.6\rangle$, $|6.7.8\rangle$；$|7.6.5\rangle$, $|7.8.7\rangle$, $|7.6.7\rangle$, $|7.8.9\rangle$；$|8.7.6\rangle$, $|8.9.8\rangle$, $|8.7.8\rangle$, $|8.9.10\rangle$；$|9.8.7\rangle$, $|9.10.9\rangle$, $|9.8.9\rangle$, $|9.10.11\rangle$；$|10.9.8\rangle$, $|10.11.10\rangle$, $|10.9.10\rangle$, $|10.11.0\rangle$；$|11.0.1\rangle$, $|11.10.9\rangle$, $|11.0.11\rangle$, $|11.10.11\rangle$。

初始状态

$$\begin{aligned}|\psi(0)\rangle =& c_1\,|0.1.0\rangle + c_2\,|0.11.0\rangle + c_3\,|0.1.2\rangle + c_4\,|0.11.10\rangle + c_5\,|1.2.1\rangle \\ &+c_6\,|1.0.1\rangle + \cdots + c_{48}\,|11.10.11\rangle\end{aligned} \tag{6-51}$$

上述基态第一个数字的奇偶型代表着初始资本的奇偶性，因此初始资本取偶数的概率为

$$\begin{aligned}P_{偶} =& |c_1|^2 + |c_2|^2 + |c_3|^2 + |c_4|^2 + |c_9|^2 + |c_{10}|^2 + |c_{11}|^2 + |c_{12}|^2 + |c_{17}|^2 \\ &+|c_{18}|^2 + |c_{19}|^2 + |c_{20}|^2 + |c_{25}|^2 + |c_{26}|^2 + |c_{27}|^2 + |c_{28}|^2 + |c_{33}|^2 \\ &+|c_{34}|^2 + |c_{35}|^2 + |c_{36}|^2 + |c_{41}|^2 + |c_{42}|^2 + |c_{43}|^2 + |c_{44}|^2\end{aligned} \tag{6-52}$$

初始资本取奇数的概率为

$$\begin{aligned}P_{奇} =& |c_5|^2 + |c_6|^2 + |c_7|^2 + |c_8|^2 + |c_{13}|^2 + |c_{14}|^2 + |c_{15}|^2 + |c_{16}|^2 \\ &+|c_{21}|^2 + |c_{22}|^2 + |c_{23}|^2 + |c_{24}|^2 + |c_{29}|^2 + |c_{30}|^2 + |c_{31}|^2 + |c_{32}|^2 \\ &+|c_{37}|^2 + |c_{38}|^2 + |c_{39}|^2 + |c_{40}|^2 + |c_{45}|^2 + |c_{46}|^2 + |c_{47}|^2 + |c_{48}|^2\end{aligned} \tag{6-53}$$

系统在 t 时刻量子状态为 $|\psi(t)\rangle$，根据量子博弈理论，其与系统初始时刻的量子状态 $|\psi(0)\rangle$ 的关系可以表达为

$$|\psi(t)\rangle = X\,|\psi(0)\rangle \tag{6-54}$$

式中 $X = \begin{bmatrix} X_1 & 0 & 0 & \cdots & \cdots & 0 \\ 0 & X_2 & 0 & \cdots & 0 & 0 \\ 0 & 0 & X_3 & \cdots & \cdots & 0 \\ 0 & 0 & 0 & \ddots & \cdots & 0 \\ \vdots & \vdots & \vdots & & \ddots & \vdots \\ 0 & 0 & 0 & \cdots & \cdots & X_{24} \end{bmatrix}$ 为么正矩阵，$X_j = \begin{bmatrix} a_j & b_j \\ -\overline{b_j} & \overline{a_j} \end{bmatrix}$ $(j =$

$1,2,3,\cdots,24)$, $a_j,b_j\in C$, $|a_j|^2+|b_j|^2=1$，X_j 也是么正矩阵。

$$\begin{aligned}|\psi(t)\rangle=&(a_1c_1+b_1c_2)|0.1.0\rangle+\left(-\overline{b_1}c_1+\overline{a_1}c_2\right)|0.11.1\rangle+(a_2c_3+b_2c_4)|0.1.2\rangle\\&+\left(\overline{a_2}c_4-\overline{b_2}c_3\right)|0.11.10\rangle+(a_3c_5+b_3c_6)|1.2.1\rangle\\&+\left(\overline{a_3}c_6-\overline{b_3}c_5\right)|1.0.1\rangle+(a_4c_7+b_4c_8)|1.2.3\rangle\\&+\left(\overline{a_4}c_8-\overline{b_4}c_7\right)|1.0.11\rangle+\cdots+\left(\overline{a_{24}}c_{48}-\overline{b_{24}}c_{47}\right)|11.10.11\rangle\end{aligned}\tag{6-55}$$

因此，系统在 t 时刻的余数状态处于 0, 1, 2, 3，$\cdots$，11(对应上式中各个基态的第三个数字) 的分布概率分别为

$$\begin{cases}\pi_0=|a_1c_1+b_1c_2|^2+\left|\overline{a_1}c_2-\overline{b_1}c_1\right|^2+|a_5c_9+b_5c_{10}|^2+\left|\overline{a_{22}}c_{44}-\overline{b_{22}}c_{43}\right|\\ \pi_1=|a_3c_5+b_3c_6|^2+\left|\overline{a_3}c_6-\overline{b_3}c_5\right|^2+|a_7c_{13}+b_7c_{14}|^2+|a_{23}c_{45}+b_{23}c_{46}|^2\\ \pi_2=|a_2c_3+b_2c_4|^2+\left|\overline{a_5}c_{10}-\overline{b_5}c_9\right|^2+|a_6c_{11}+b_6c_{12}|^2+|a_9c_{17}+b_9c_{18}|^2\\ \pi_3=|a_4c_7+b_4c_8|^2+\left|\overline{a_7}c_{14}-\overline{b_{17}}c_{13}\right|^2+|a_8c_{15}+b_8c_{16}|^2+|a_{11}c_{21}+b_{11}c_{22}|^2\\ \pi_4=\left|\overline{a_6}c_{12}-\overline{b_6}c_{11}\right|^2+\left|\overline{a_9}c_{18}-\overline{b_9}c_{17}\right|^2+|a_{10}c_{19}+b_{10}c_{20}|^2+|a_{13}c_{25}+b_{13}c_{26}|^2\\ \pi_5=\left|\overline{a_8}c_{16}-\overline{b_8}c_{15}\right|^2+\left|\overline{a_{11}}c_{22}-\overline{b_{11}}c_{21}\right|^2+|a_{12}c_{23}+b_{12}c_{24}|^2+|a_{15}c_{29}+b_{15}c_{30}|^2\\ \pi_6=\left|\overline{a_{10}}c_{20}-\overline{b_{10}}c_{19}\right|^2+\left|\overline{a_{13}}c_{26}-\overline{b_{13}}c_{25}\right|^2+|a_{14}c_{27}+b_{14}c_{28}|^2+|a_{17}c_{33}+b_{17}c_{34}|^2\\ \pi_7=\left|\overline{a_{12}}c_{24}-\overline{b_{12}}c_{23}\right|^2+\left|\overline{a_{15}}c_{30}-\overline{b_{15}}c_{29}\right|^2+|a_{16}c_{31}+b_{16}c_{32}|^2+|a_{19}c_{37}+b_{19}c_{38}|^2\\ \pi_8=\left|\overline{a_{14}}c_{28}-\overline{b_{14}}c_{27}\right|^2+\left|\overline{a_{17}}c_{34}-\overline{b_{17}}c_{33}\right|^2+|a_{18}c_{35}+b_{18}c_{36}|^2+|a_{21}c_{41}+b_{21}c_{42}|^2\\ \pi_9=\left|\overline{a_{16}}c_{32}-\overline{b_{16}}c_{31}\right|+\left|\overline{a_{19}}c_{38}-\overline{b_{19}}c_{37}\right|^2+|a_{20}c_{39}+b_{20}c_{40}|^2+\left|\overline{a_{23}}c_{46}-\overline{b_{23}}c_{45}\right|^2\\ \pi_{10}=\left|\overline{a_{18}}c_{36}-\overline{b_{18}}c_{35}\right|^2+\left|\overline{a_{21}}c_{42}-\overline{b_{21}}c_{41}\right|^2+|a_{22}c_{43}+b_{22}c_{44}|^2+\left|\overline{a_2}c_4-\overline{b_2}c_3\right|^2\\ \pi_{11}=\left|\overline{a_4}c_8-\overline{b_4}c_7\right|^2+\left|\overline{a_{20}}c_{40}-\overline{b_{20}}c_{39}\right|^2+|a_{24}c_{47}+b_{24}c_{48}|^2+\left|\overline{a_{24}}c_{48}-\overline{b_{24}}c_{47}\right|^2\end{cases}\tag{6-56}$$

我们令么正矩阵中

$$a_j=e^{i\phi_j}\cos\left(\frac{\theta_j}{2}\right),\quad b_j=e^{i\eta_j}\sin\left(\frac{\theta_j}{2}\right),\quad\{\theta_j,\eta_j\in[0,2\pi],\theta_j\in(0,\pi)\}$$

此时有

(1) $|a_1c_1+b_1c_2|^2$

$$\begin{aligned}&=|c_1e^{i\phi_1}cos\left(\frac{\theta_1}{2}\right)+c_2\quad e^{i\eta_1}\sin\left(\frac{\theta_1}{2}\right)|^2\\&=|c_1\cos\frac{\theta_1}{2}(\cos\phi_1+i\sin\phi_1)+c_2\sin\left(\frac{\theta_1}{2}\right)(\cos\eta_1+i\sin\eta_1)|^2\\&=|c_1|^2\cos^2\frac{\theta_1}{2}+2c_1c_2\cos\frac{\theta_1}{2}\sin\frac{\theta_1}{2}\cos\phi_1\cos\eta_1\\&\quad+|c_2|^2\sin^2\frac{\theta_1}{2}+2c_1c_2\cos\frac{\theta_1}{2}\sin\phi_1\sin\frac{\theta_1}{2}\sin\eta_1\end{aligned}$$

$$
\begin{aligned}
&(2)\ |-\overline{b_1}c_1+\overline{a_1}c_2|^2\\
&=|c_1\left[-e^{-i\eta_1}\sin\left(\frac{\theta_1}{2}\right)\right]+c_2e^{-i\phi_1}\cos\left(\frac{\theta_1}{2}\right)|^2\\
&=|-c_1\sin\frac{\theta_1}{2}(\cos\eta_1-i\sin\eta_1)+c_2\cos\frac{\theta_1}{2}(\cos\phi_1-i\sin\phi_1)|^2\\
&=|c_2|^2\cos^2\frac{\theta_1}{2}+|c_1|^2\sin^2\frac{\theta_1}{2}-2c_1c_2\cos\phi_1\cos\eta_1\cos\frac{\theta_1}{2}\sin\frac{\theta_1}{2}\\
&\quad-2c_1c_2\sin\eta_1\sin\frac{\theta_1}{2}\sin\phi_1\cos\frac{\theta_1}{2}
\end{aligned}
$$

所以

$$|a_1c_1+b_1c_2|^2+|-\overline{b_1}c_1+\overline{a_1}c_2|^2=|c_1|^2+|c_2|^2$$

因此，类似于上述情形有

$$\left|a_jc_n+b_jc_{n+1}\right|^2+\left|\overline{a_j}c_{n+1}-\overline{b_j}c_n\right|^2=\left|c_n\right|^2+\left|c_{n+1}\right|^2\quad(n\ 取奇数)$$

所以

$$
\begin{aligned}
&\pi_0+\pi_2+\pi_4+\pi_6+\pi_8+\pi_{10}\\
=&\left|a_1c_1+b_1c_2\right|^2+\left|\overline{a_1}c_2-\overline{b_1}c_1\right|^2+\left|a_5c_9+b_5c_{10}\right|^2+\left|\overline{a_{22}}c_{44}-\overline{b_{22}}c_{43}\right|\\
&+\left|a_2c_3+b_2c_4\right|^2+\left|\overline{a_5}c_{10}-\overline{b_5}c_9\right|^2+\left|a_6c_{11}+b_6c_{12}\right|^2+\left|a_9c_{17}+b_9c_{18}\right|^2\\
&+\left|\overline{a_6}c_{12}-\overline{b_6}c_{11}\right|^2+\left|\overline{a_9}c_{18}-\overline{b_9}c_{17}\right|^2+\left|a_{10}c_{19}+b_{10}c_{20}\right|^2+\left|a_{13}c_{25}+b_{13}c_{26}\right|^2\\
&+\left|\overline{a_{10}}c_{20}-\overline{b_{10}}c_{19}\right|^2+\left|\overline{a_{13}}c_{26}-\overline{b_{13}}c_{25}\right|^2+\left|a_{14}c_{27}+b_{14}c_{28}\right|^2+\left|a_{17}c_{33}+b_{17}c_{34}\right|^2\\
&+\left|\overline{a_{14}}c_{28}-\overline{b_{14}}c_{27}\right|^2+\left|\overline{a_{17}}c_{34}-\overline{b_{17}}c_{33}\right|^2+\left|a_{18}c_{35}+b_{18}c_{36}\right|^2+\left|a_{21}c_{41}+b_{21}c_{42}\right|^2\\
&+\left|\overline{a_{18}}c_{36}-\overline{b_{18}}c_{35}\right|^2+\left|\overline{a_{21}}c_{42}-\overline{b_{21}}c_{41}\right|^2+\left|a_{22}c_{43}+b_{22}c_{44}\right|^2+\left|\overline{a_2}c_4-\overline{b_2}c_3\right|^2\\
=&|c_1|^2+|c_2|^2+|c_3|^2+|c_4|^2+|c_9|^2+|c_{10}|^2+|c_{11}|^2+|c_{12}|^2+|c_{17}|^2+|c_{18}|^2+|c_{19}|^2\\
&+|c_{20}|^2+|c_{25}|^2+|c_{26}|^2+|c_{27}|^2+|c_{28}|^2+|c_{33}|^2+|c_{34}|^2+|c_{35}|^2+|c_{36}|^2+|c_{41}|^2\\
&+|c_{42}|^2+|c_{43}|^2+|c_{44}|^2
\end{aligned}
\tag{6-57}
$$

对比 (6-57) 式和 (6-52) 式可得

$$P_{偶}=\pi_0+\pi_2+\pi_4+\pi_6+\pi_8+\pi_{10}$$

同理可得

$$P_{奇}=\pi_1+\pi_3+\pi_5+\pi_7+\pi_9+\pi_{11}$$

即：$\pi_0+\pi_2+\pi_4+\pi_6+\pi_8+\pi_{10}$ 为初始资本取偶数的概率；$\pi_1+\pi_3+\pi_5+\pi_7+\pi_9+\pi_{11}$ 为初始资本取奇数的概率。

6.4.6 小结

本节给出了一个新的 Parrondo 博弈模型 (资金与历史结合)，针对交替玩 AB 博弈的情况，采用离散的马尔可夫链方法进行了理论分析，并进行了计算机仿真模拟分析，分析结果同样显示了“确定性过程产生非确定性结果，非确定性过程产生确定性结果”的反直觉现象。基于量子博弈方法的理论分析结果同样表明，平稳分布概率对应的物理意义是初始资本取奇偶的概率。

6.5 基于三个博弈构成的 Parrondo 模型的初值效应分析

6.5.1 任意组合 A、B、C 博弈的收益分析

针对图 1.9 三个游戏的 Parrondo 博弈模型，采用计算机仿真分析方法，对组合游戏进行分析。博弈 A 赢的概率为 $p = 0.5 - \varepsilon$，博弈 B 的参数取 $M = 4$，$p_1 = 1/28 - \varepsilon$，$p_2 = 0.75 - \varepsilon$，其中 $\varepsilon = 0.005\left(\dfrac{(1-p_1)(1-p_2)^{M-1}}{p_1 p_2^{M-1}} > 1\right.$ 可以保证 B 博弈输$\left.\right)$，博弈 C 的参数取 $p_3 = 0.376$，$p_4 = 0.620$。以组合 $[a, b, c]$ 表示玩 A 博弈 a 次，紧接着玩 B 博弈 b 次，然后再玩 C 博弈 c 次，例如 [2, 3, 1] 代表游戏序列 $\{AABBBCAABBBC\cdots\}$。这里设置 a、b、c 的范围为 1 到 3。图 6.23 显示了 $[a, b, c]$ 各种确定性组合的仿真计算结果，其中横坐标的值代表 abc 组合

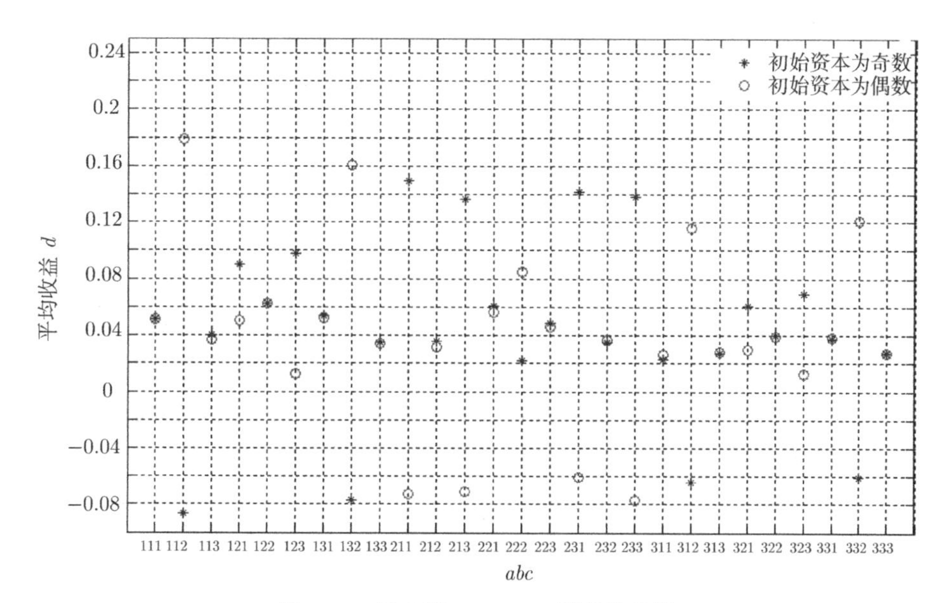

图 6.23 组合玩 A、B、C 博弈的收益

(如 $abc = 123$，代表游戏序列 $ABBCCC$)。每种组合的计算机仿真分析均取 20 个样本，每个样本博弈时间 $T = 10000$ 次，以 20 个样本的平均值作图。

计算机仿真分析结果显示，对于某些组合，游戏的收益依赖初始资本的奇偶性。从图 6.23 可看出，当 $a+b+c=$ 偶数时，根据初始资本的奇偶性，组合游戏将存在两个不相等的收益，其中：① 当玩 B 博弈的次数为偶数时 (b 为偶数)，由初始资本的奇偶性获得的两个不同的收益均大于零，如 121、123、222、321 和 323；② 当玩 C 博弈的次数为偶数时 (c 为偶数)，初始资本为偶得到的收益大于初始资本为奇得到的收益，特别是当玩 B 博弈的次数为奇数 (b 为奇数) 时，初始资本为偶数得到的收益为正，初始资本为奇数得到的收益为负，如 112、132、312 和 332；③ 当玩 C 博弈的次数为奇数时 (c 为奇数)，初始资本为偶数得到的收益小于初始资本为奇数得到的收益，特别是当玩 B 博弈的次数为奇数 (b 为奇数) 时，初始资本为偶数得到的收益为负，初始资本为奇数得到的收益为正，如 211、213、231 和 233。

6.5.2 基于马尔可夫链的直观解释

我们可以根据游戏的马尔可夫链给出上述图 6.23 结果的直观解释。以博弈 $ABBC$ 和博弈 $ABCC$ 为例，① 根据上述分析，由于 $a+b+c=4$，因此这两个博弈将存在两个不相等的收益，分别对应初始资本取奇偶的情况；② 对于博弈 $ABBC$，由于 b 为偶数，因此这两个收益均为正；③ 对于博弈 $ABCC$，由于 b 为奇，c 为偶，因此初始资本为偶得到的收益为正，初始资本为奇得到的收益为负。

我们下面利用游戏马尔可夫链对上述结果给予直观解释。

(1) 图 6.24 和图 6.25 分别为博弈 $ABBC$ 和博弈 $ABCC$ 的马尔可夫链。根据 6.3 节的分析结论，离散时间马尔可夫链分为两个 (或若干个) 完全不关联的部分是产生“游戏收益依赖初值”的原因。初始资本的奇偶性决定了游戏的进程。内圈是初始资本取偶数时，游戏过程所经历的余数状态和相应的转移概率。外圈是初始资本取奇数时，游戏过程所经历的余数状态和相应的转移概率。因此，初始资本的奇偶性决定了游戏的进程 (走外圈还是走内圈)，也就决定了游戏的最终收益。

(2) 根据 Onsager 获得诺贝尔奖的成果 —— 可逆化学反应原理，Harmer[40] 提出可以利用马尔可夫链图来快速地决定游戏的输赢，他基于细致平衡原理判断哪个方向有最大的偏移：逆时针或者顺时针方向。由于顺时针方向是赢的方向，因此博弈 $ABBC$ 和博弈 $ABCC$ 内外圈进程收益均为正需满足

$$p_{30-1}p_{12-3} > p_{10-3}p_{32-1} \quad (\text{外圈赢，初始资本为奇数})$$

$$p_{01-2}p_{23-0} > p_{03-2}p_{21-0} \quad (\text{内圈赢，初始资本为偶数})$$

将 $p=0.5-\varepsilon$, $p_1=1/28-\varepsilon$, $p_2=0.75-\varepsilon$, $p_3=0.376$, $p_4=0.620$, $\varepsilon=0.005$, 代入计算可得: ① 博弈 $ABBC$ 内外圈游戏进程均赢 ($p_{30-1}p_{12-3}=0.0823$, $p_{10-3}p_{32-1}=0.0385$, $p_{30-1}p_{12-3}>p_{10-3}p_{32-1}$; $p_{01-2}p_{23-0}=0.0554$, $p_{03-2}p_{21-0}=0.0453$, $p_{01-2}p_{23-0}>p_{03-2}p_{21-0}$)，这个结论与上述计算仿真分析结果一致。② 博弈 $ABCC$, 其内圈进程为赢 ($p_{01-2}p_{23-0}=0.0984$, $p_{03-2}p_{21-0}=0.0350$, $p_{01-2}p_{23-0}>p_{03-2}p_{21-0}$), 即初始资本为偶数得到的收益为正; 外圈进程为输 ($p_{30-1}p_{12-3}=0.0459$, $p_{10-3}p_{32-1}=0.0771$, $p_{30-1}p_{12-3}<p_{10-3}p_{32-1}$), 即初始资本为奇数得到的收益为负, 这个结论与上述计算仿真分析结果一致。

虽然数学家或许对这种 "模糊的计算" 产生犹豫, 但它的结论与正式的理论分析具有相同的结果且很直观。

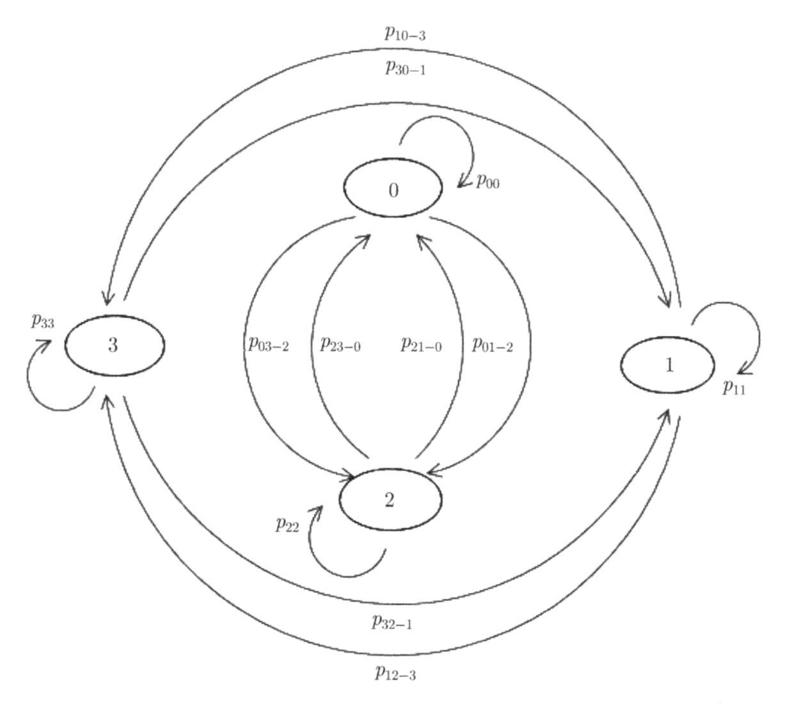

图 6.24 博弈 $ABBC$ 的马尔可夫链

图 6.24 的参数为:

$$p_{01\text{-}2}=p_{02}^{(1)}+p_{02}^{(2)}+p_{02}^{(3)}+p_{02}^{(4)} \quad p_{03\text{-}2}=p_{02}^{(5)}+p_{02}^{(6)}+p_{02}^{(7)}+p_{02}^{(8)}$$
$$p_{10\text{-}3}=p_{13}^{(5)}+p_{13}^{(6)}+p_{13}^{(7)}+p_{13}^{(8)} \quad p_{12\text{-}3}=p_{13}^{(1)}+p_{13}^{(2)}+p_{13}^{(3)}+p_{13}^{(4)}$$
$$p_{23\text{-}0}=p_{20}^{(1)}+p_{20}^{(2)}+p_{20}^{(3)}+p_{20}^{(4)} \quad p_{21\text{-}0}=p_{20}^{(5)}+p_{20}^{(6)}+p_{20}^{(7)}+p_{20}^{(8)}$$
$$p_{30\text{-}1}=p_{31}^{(1)}+p_{31}^{(2)}+p_{31}^{(3)}+p_{31}^{(4)} \quad p_{32\text{-}1}=p_{31}^{(5)}+p_{31}^{(6)}+p_{31}^{(7)}+p_{31}^{(8)}$$

$$p_{00} = p_{00}^{(1)} + p_{00}^{(2)} + p_{00}^{(3)} + p_{00}^{(4)} + p_{00}^{(5)} + p_{00}^{(6)} + p_{00}^{(7)} + p_{00}^{(8)}$$
$$p_{11} = p_{11}^{(1)} + p_{11}^{(2)} + p_{11}^{(3)} + p_{11}^{(4)} + p_{11}^{(5)} + p_{11}^{(6)} + p_{11}^{(7)} + p_{11}^{(8)}$$
$$p_{22} = p_{22}^{(1)} + p_{22}^{(2)} + p_{22}^{(3)} + p_{22}^{(4)} + p_{22}^{(5)} + p_{22}^{(6)} + p_{22}^{(7)} + p_{22}^{(8)}$$
$$p_{33} = p_{33}^{(1)} + p_{33}^{(2)} + p_{33}^{(3)} + p_{33}^{(4)} + p_{33}^{(5)} + p_{33}^{(6)} + p_{33}^{(7)} + p_{33}^{(8)}$$

$$p_{00}^{(1)} = p(1-p_2)p_1(1-p_4) \qquad p_{02}^{(1)} = pp_2p_2(1-p_4)$$
$$p_{00}^{(2)} = p(1-p_2)(1-p_1)p_3 \qquad p_{02}^{(2)} = pp_2(1-p_2)p_3$$
$$p_{00}^{(3)} = pp_2(1-p_2)(1-p_3) \qquad p_{02}^{(3)} = p(1-p_2)p_1p_4$$
$$p_{00}^{(4)} = (1-p)p_2p_1(1-p_4) \qquad p_{02}^{(4)} = (1-p)p_2p_1p_4$$
$$p_{00}^{(5)} = (1-p)p_2(1-p_1)p_3 \qquad p_{02}^{(5)} = (1-p)(1-p_2)(1-p_2)p_3$$
$$p_{00}^{(6)} = (1-p)(1-p_2)p_2p_4 \qquad p_{02}^{(6)} = (1-p)(1-p_2)p_2(1-p_4)$$
$$p_{00}^{(7)} = pp_2p_2p_4 \qquad p_{02}^{(7)} = (1-p)p_2(1-p_1)(1-p_3)$$
$$p_{00}^{(8)} = (1-p)(1-p_2)(1-p_2)(1-p_3) \qquad p_{02}^{(8)} = p(1-p_2)(1-p_1)(1-p_3)$$
$$p_{11}^{(1)} = p(1-p_2)p_2(1-p_4) \qquad p_{13}^{(1)} = pp_2p_2(1-p_4)$$
$$p_{11}^{(2)} = p(1-p_2)(1-p_2)p_3 \qquad p_{13}^{(2)} = pp_2(1-p_2)p_3$$
$$p_{11}^{(3)} = pp_2(1-p_2)(1-p_3) \qquad p_{13}^{(3)} = p(1-p_2)p_2p_4$$
$$p_{11}^{(4)} = (1-p)p_1p_2(1-p_4) \qquad p_{13}^{(4)} = (1-p)p_1p_2p_4$$
$$p_{11}^{(5)} = (1-p)p_1(1-p_2)p_3 \qquad p_{13}^{(5)} = (1-p)(1-p_1)(1-p_2)p_3$$
$$p_{11}^{(6)} = (1-p)(1-p_1)p_2p_4 \qquad p_{13}^{(6)} = (1-p)(1-p_1)p_2(1-p_4)$$
$$p_{11}^{(7)} = pp_2p_2p_4 \qquad p_{13}^{(7)} = (1-p)p_1(1-p_2)(1-p_3)$$
$$p_{11}^{(8)} = (1-p)(1-p_1)(1-p_2)(1-p_3) \qquad p_{13}^{(8)} = p(1-p_2)(1-p_2)(1-p_3)$$
$$p_{20}^{(1)} = pp_2p_1(1-p_4) \qquad p_{22}^{(1)} = p(1-p_2)p_2(1-p_4)$$
$$p_{20}^{(2)} = pp_2(1-p_1)p_3 \qquad p_{22}^{(2)} = p(1-p_2)(1-p_2)p_3$$
$$p_{20}^{(3)} = p(1-p_2)p_2p_4 \qquad p_{22}^{(3)} = pp_2(1-p_1)(1-p_3)$$
$$p_{20}^{(4)} = (1-p)p_2p_2p_4 \qquad p_{22}^{(4)} = (1-p)p_2p_2(1-p_4)$$
$$p_{20}^{(5)} = (1-p)(1-p_2)(1-p_1)p_3 \qquad p_{22}^{(5)} = (1-p)p_2(1-p_2)p_3$$
$$p_{20}^{(6)} = (1-p)(1-p_2)p_1(1-p_4) \qquad p_{22}^{(6)} = (1-p)(1-p_2)p_1p_4$$

$p_{20}^{(7)}=(1-p)p_2(1-p_2)(1-p_3)\quad p_{22}^{(7)}=pp_2p_1p_4$

$p_{20}^{(8)}=p(1-p_2)(1-p_2)(1-p_3)\quad p_{22}^{(8)}=(1-p)(1-p_2)(1-p_1)(1-p_3)$

$p_{31}^{(1)}=pp_1p_2(1-p_4)\quad p_{33}^{(1)}=p_1(1-p_1)p_2(1-p_4)$

$p_{31}^{(2)}=pp_1(1-p_2)p_3\quad p_{33}^{(2)}=p(1-p_1)(1-p_2)p_3$

$p_{31}^{(3)}=p(1-p_1)p_2p_4\quad p_{33}^{(3)}=pp_1(1-p_2)(1-p_3)$

$p_{31}^{(4)}=(1-p)p_2p_2p_4\quad p_{33}^{(4)}=(1-p)p_2p_2(1-p_4)$

$p_{31}^{(5)}=(1-p)(1-p_2)(1-p_2)p_3\quad p_{33}^{(5)}=(1-p)p_2(1-p_2)p_3$

$p_{31}^{(6)}=(1-p)(1-p_2)p_2(1-p_4)\quad p_{33}^{(6)}=(1-p)(1-p_2)p_2p_4$

$p_{31}^{(7)}=(1-p)p_2(1-p_2)(1-p_3)\quad p_{33}^{(7)}=pp_1p_2p_4$

$p_{31}^{(8)}=p(1-p_1)(1-p_2)(1-p_3)\quad p_{33}^{(8)}=(1-p)(1-p_2)(1-p_2)(1-p_3)$

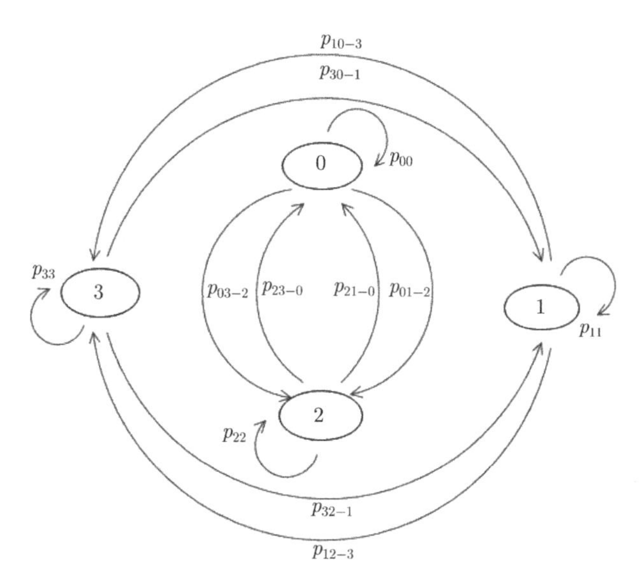

图 6.25 博弈 $ABCC$ 的马尔可夫链

图 6.25 的参数为:

$p_{01\text{-}2}=p_{02}^{(1)}+p_{02}^{(2)}+p_{02}^{(3)}+p_{02}^{(4)}\quad p_{03\text{-}2}=p_{02}^{(5)}+p_{02}^{(6)}+p_{02}^{(7)}+p_{02}^{(8)}$

$p_{10\text{-}3}=p_{13}^{(5)}+p_{13}^{(6)}+p_{13}^{(7)}+p_{13}^{(8)}\quad p_{12\text{-}3}=p_{13}^{(1)}+p_{13}^{(2)}+p_{13}^{(3)}+p_{13}^{(4)}$

$p_{23\text{-}0}=p_{20}^{(1)}+p_{20}^{(2)}+p_{20}^{(3)}+p_{20}^{(4)}\quad p_{21\text{-}0}=p_{20}^{(5)}+p_{20}^{(6)}+p_{20}^{(7)}+p_{20}^{(8)}$

$p_{30\text{-}1}=p_{31}^{(1)}+p_{31}^{(2)}+p_{31}^{(3)}+p_{31}^{(4)}\quad p_{32\text{-}1}=p_{31}^{(5)}+p_{31}^{(6)}+p_{31}^{(7)}+p_{31}^{(8)}$

$$p_{00} = p_{00}^{(1)} + p_{00}^{(2)} + p_{00}^{(3)} + p_{00}^{(4)} + p_{00}^{(5)} + p_{00}^{(6)} + p_{00}^{(7)} + p_{00}^{(8)}$$
$$p_{11} = p_{11}^{(1)} + p_{11}^{(2)} + p_{11}^{(3)} + p_{11}^{(4)} + p_{11}^{(5)} + p_{11}^{(6)} + p_{11}^{(7)} + p_{11}^{(8)}$$
$$p_{22} = p_{22}^{(1)} + p_{22}^{(2)} + p_{22}^{(3)} + p_{22}^{(4)} + p_{22}^{(5)} + p_{22}^{(6)} + p_{22}^{(7)} + p_{22}^{(8)}$$
$$p_{33} = p_{33}^{(1)} + p_{33}^{(2)} + p_{33}^{(3)} + p_{33}^{(4)} + p_{33}^{(5)} + p_{33}^{(6)} + p_{33}^{(7)} + p_{33}^{(8)}$$

$$p_{00}^{(1)} = p(1-p_2)p_3(1-p_4) \qquad p_{02}^{(1)} = pp_2p_4(1-p_4)$$
$$p_{00}^{(2)} = p(1-p_2)(1-p_3)p_3 \qquad p_{02}^{(2)} = pp_2(1-p_4)p_3$$
$$p_{00}^{(3)} = pp_2(1-p_4)(1-p_3) \qquad p_{02}^{(3)} = p(1-p_2)p_3p_4$$
$$p_{00}^{(4)} = (1-p)p_2p_4(1-p_4) \qquad p_{02}^{(4)} = (1-p)p_2p_4p_4$$
$$p_{00}^{(5)} = (1-p)p_2(1-p_4)p_3 \qquad p_{02}^{(5)} = (1-p)(1-p_2)(1-p_3)p_3$$
$$p_{00}^{(6)} = (1-p)(1-p_2)p_3p_4 \qquad p_{02}^{(6)} = (1-p)(1-p_2)p_3(1-p_4)$$
$$p_{00}^{(7)} = pp_2p_4p_4 \qquad p_{02}^{(7)} = (1-p)p_2(1-p_3)(1-p_3)$$
$$p_{00}^{(8)} = (1-p)(1-p_2)(1-p_3)(1-p_3) \qquad p_{02}^{(8)} = p(1-p_2)(1-p_3)(1-p_3)$$
$$p_{11}^{(1)} = p(1-p_2)p_3(1-p_4) \qquad p_{13}^{(1)} = pp_2p_4(1-p_4)$$
$$p_{11}^{(2)} = p(1-p_2)(1-p_3)p_3 \qquad p_{13}^{(2)} = pp_2(1-p_4)p_3$$
$$p_{11}^{(3)} = pp_2(1-p_4)(1-p_3) \qquad p_{13}^{(3)} = p(1-p_2)p_3p_4$$
$$p_{11}^{(4)} = (1-p)p_1p_4(1-p_4) \qquad p_{13}^{(4)} = (1-p)p_1p_4p_4$$
$$p_{11}^{(5)} = (1-p)p_1(1-p_4)p_3 \qquad p_{13}^{(5)} = (1-p)(1-p_1)(1-p_3)p_3$$
$$p_{11}^{(6)} = (1-p)(1-p_1)p_3p_4 \qquad p_{13}^{(6)} = (1-p)(1-p_1)p_3(1-p_4)$$
$$p_{11}^{(7)} = pp_2p_4p_4 \qquad p_{13}^{(7)} = (1-p)p_1(1-p_4)(1-p_3)$$
$$p_{11}^{(8)} = (1-p)(1-p_1)(1-p_3)(1-p_3) \qquad p_{13}^{(8)} = p(1-p_2)(1-p_3)(1-p_3)$$
$$p_{20}^{(1)} = pp_2p_4(1-p_4) \qquad p_{22}^{(1)} = p(1-p_2)p_3(1-p_4)$$
$$p_{20}^{(2)} = pp_2(1-p_4)p_3 \qquad p_{22}^{(2)} = p(1-p_2)(1-p_3)p_3$$
$$p_{20}^{(3)} = p(1-p_2)p_3p_4 \qquad p_{22}^{(3)} = pp_2(1-p_4)(1-p_3)$$
$$p_{20}^{(4)} = (1-p)p_2p_4p_4 \qquad p_{22}^{(4)} = (1-p)p_2p_4(1-p_4)$$
$$p_{20}^{(5)} = (1-p)(1-p_2)(1-p_3)p_3 \qquad p_{22}^{(5)} = (1-p)p_2(1-p_4)p_3$$
$$p_{20}^{(6)} = (1-p)(1-p_2)p_3(1-p_4) \qquad p_{22}^{(6)} = (1-p)(1-p_2)p_3p_4$$

$$p_{20}^{(7)} = (1-p)p_2(1-p_4)(1-p_3) \quad p_{22}^{(7)} = pp_2p_4p_4$$

$$p_{20}^{(8)} = p(1-p_2)(1-p_3)(1-p_3) \quad p_{22}^{(8)} = (1-p)(1-p_2)(1-p_3)(1-p_3)$$

$$p_{31}^{(1)} = pp_1p_4(1-p_4) \quad p_{33}^{(1)} = p_1(1-p_1)p_3(1-p_4)$$

$$p_{31}^{(2)} = pp_1(1-p_4)p_3 \quad p_{33}^{(2)} = p(1-p_1)(1-p_3)p_3$$

$$p_{31}^{(3)} = p(1-p_1)p_3p_4 \quad p_{33}^{(3)} = pp_1(1-p_4)(1-p_3)$$

$$p_{31}^{(4)} = (1-p)p_2p_4p_4 \quad p_{33}^{(4)} = (1-p)p_2p_4(1-p_4)$$

$$p_{31}^{(5)} = (1-p)(1-p_2)(1-p_3)p_3 \quad p_{33}^{(5)} = (1-p)p_2(1-p_4)p_3$$

$$p_{31}^{(6)} = (1-p)(1-p_2)p_3(1-p_4) \quad p_{33}^{(6)} = (1-p)(1-p_2)p_3p_4$$

$$p_{31}^{(7)} = (1-p)p_2(1-p_4)(1-p_3) \quad p_{33}^{(7)} = pp_1p_4p_4$$

$$p_{31}^{(8)} = p(1-p_1)(1-p_3)(1-p_3) \quad p_{33}^{(8)} = (1-p)(1-p_2)(1-p_3)(1-p_3)$$

6.6 本 章 小 结

本章通过离散马尔可夫链的理论分析方法、计算仿真方法和量子博弈方法，对 Parrondo 博弈模型进行研究，揭示了 Parrondo 博弈中一种新的反直觉现象。主要工作可总结如下：

(1) 研究了依赖资金的 Parrondo 博弈版本中模数 $M=4$ 时交替玩 AB 博弈的情形，采用离散的马尔可夫链方法对其进行了理论分析，并采用计算机仿真方法对交替玩 AB 博弈和随机玩 $A+B$ 博弈进行了模拟分析。分析结果表明：① 交替玩 AB 博弈不存在确定的平稳分布概率，游戏得益依赖初始本金的奇偶特性。② 随机组合玩 $A+B$ 博弈时，游戏的收益与初始资本的奇偶性无关。③ 计算机仿真分析中初始本金的奇偶情况对应理论分析中平稳分布概率在其可行域中分别取最小值和最大值的情形。针对上述现象，通过量子力学的有关知识对其进行了物理解释，验证了上述现象，得出了相关结论："$\pi_0+\pi_2$ 为初始资本取偶数的概率，$\pi_1+\pi_3$ 为初始资本取奇数的概率。"

(2) 基于依赖资金的 Parrondo 博弈版本，针对模数 $M=4$ 时随机玩博弈 A 和博弈 B 的情况，将游戏过程分为奇数次和偶数次，其中奇数次玩 A 博弈的概率为 γ_1，偶数次玩 A 博弈的概率为 γ_2。采用离散的马尔可夫链方法进行了理论分析，并采用计算机仿真进行了模拟分析，发现 $\gamma_1 \neq \gamma_2$ 时游戏结果不确定，依赖初值的奇偶性；只有 $\gamma_1 = \gamma_2$ 的随机游戏情况，结果才不依赖初值的奇偶性。分析结果显示了初值和过程对终值状态的耦合影响，即："有序过程产生依赖初值的非确定性终值，无序过程产生不依赖初值的确定性终值"。

(3) 研究了产生初值奇偶性效应的 Parrondo 游戏结构一般形式。采用离散马尔可夫链的方法，对依赖资金的 Parrondo 博弈版本中模数 $M = n(n \geqslant 4$, 且 n 为偶数) 时交替玩 AB 博弈进行了研究，并用计算机仿真方法对交替玩 AB 博弈和随机玩 $A+B$ 博弈进行了模拟分析，研究结果显示：① 交替玩 AB 博弈不存在确定的平稳分布概率，游戏得益依赖初始本金的奇偶特性；随机组合玩 $A+B$ 博弈时，游戏的收益与初始资本的奇偶性无关。② 马尔科夫链直观的显示了初始资本的奇偶性决定了游戏的进程 (走外圈还是走内圈)，也就决定了游戏的最终收益。因此，所有偶数状态的平稳分布概率之和 $\pi_0+\pi_2+\pi_4+\cdots+\pi_k+\cdots+\pi_{n-2}$ 等价于初始资本取偶数的概率，所有奇数状态的平稳分布概率之和 $\pi_1+\pi_3+\pi_5+\cdots+\pi_k+\cdots+\pi_{n-1}$ 等价于初始资本取奇数的概率。基于量子博弈方法的理论分析也验证了这一结论。③ 游戏的离散时间马尔可夫链分为两个 (或若干个) 完全不关联的部分是产生 “游戏收益依赖初值” 的原因。因此，产生初值奇偶性效应的 Parrondo 游戏结构的一般形式和共同特征为：游戏的离散时间马尔可夫链分为两个 (或若干个) 完全不关联的部分。

(4) 构造了一个依赖资金与依赖历史相结合的 Parrondo 博弈模型，针对该情形，采用离散的马尔可夫链方法进行了理论分析，并进行了计算机仿真模拟分析，分析结果同样显示了 “确定性过程产生非确定性结果，非确定性过程产生确定性结果” 的反直觉现象。基于量子博弈方法的理论分析结果同样表明，平稳分布概率对应的物理意义是初始资本取奇偶的概率。

(5) 针对图 1.9 所示的三游戏组合 Parrondo 博弈模型，对任意组合 A、B、C 博弈的情形进行了计算机仿真，发现当组合玩博弈 A、B、C 的次数 $a+b+c=$ 偶数时，组合游戏的收益依赖初始资本的奇偶性，根据初始资本的奇偶性，组合游戏将存在两个不相等的收益。其中玩 B 游戏的次数 b 的奇偶性将决定两个收益同为正 (b 为偶数) 或一正一负 (b 为奇数)。玩 C 游戏的次数 c 的奇偶性将决定两个收益的大小，c 为偶数时，初始资本为偶数得到的收益大于初始资本为奇数得到的收益，c 为奇数时，情况正好相反。

本章参考文献

[1] Eisert J, Wilkens M, Lewenstein M. Quantum games and quantum strategies. Phys Rev Lett, 1999, 83: 3077–3080.

[2] Meyer D. Quantum strategies. Phys Rev Lett, 1999, 82: 1052–1055.

[3] Marinatto L, Weber T. A quantum approach to static games of complete information. Phys Lett A, 2000, 272 (526): 291–303.

[4] Nawaz A, Toor A H. Worst case payoffs in quantum battle of sexes game. quant-

ph/0110096, 2001.

[5] Du J F, Xu X D, Li H, Zhou X Y, Han R D. Nash equilibrium in the quantum battle of sexes game. quant-ph/0010050v3, 2001.

[6] Du J F, Li H, Xu X D, Shi M J, Zhu X Y, Han X Y. Remark on quantum battle of the sexes game. quant-ph/0103004(March) 2001.

[7] Toyota N. Quantization of the stag hunt game and the Nash equilibrium. quant-ph/0307029, 2003.

[8] Chen Q, Wang Y, Liu J T, Wang K L, Multiplayer quantum minority game. Phys Lett A, 2004, 327: 982 102.

[9] Flitney A P, Greentree A D. Coalitions in the quantum minority game: classical cheats and quantum bullies. Phys Lett A, 2007, 362: 132–137.

[10] Cabello A. Two player quantum pseudo telepathy based on recent all-versus-nothing violations of local realism. Phys Rev A, 2006, 72: 022302.

[11] Tafliovich A, Hehner E C R, Programming telepathy: implementing quantum non-locality games. Proceedings of the 10th Brazilian Symposium on Formal Methods, 2007, 70–86.

[12] Flitney A P, Abbott D. Quantum version of the monty hall problem. Phys Rev A, 65: 062318, 2002.

[13] D'Ariano M, Gill R D, Key M, Werner R F, Kummerer B, Maassen H. The quantum monty hall problem. Quant Inf and Comput, 2002, 2: 355–366.

[14] Ren H F, Wang Q L. Quantum dice. Chinese Journal Of Quantum Electronics, 03: 027105, 2008.

[15] Iqbal A, Toor A H. Quantum repeated games. Phys Lett A, 2002, 300: 541–546.

[16] Iqbal A, Toor A H. Quantum cooperative games. Phys Lett A, 2002, 293: 103–108.

[17] Ozdemir S K, Shimamura J, Morikoshi F, Imoto N. Dynamics of a discoordination game with classical and quantum correlations. Phys Lett A, 2004, 333: 218–231.

[18] Flitney A P, Abbott D. Quantum models of parrondo's games. Physica A, 2003, 324: 152–156.

[19] Cabello A, Calsamiglia J. Quantum entanglement, in distinguish ability, and the absentminded driver's problem. Phys Lett A, 2005, 336: 441–447.

[20] Qin G, Chen X, Sun M, Zhou X Y, Du J F. Appropriate quantization of asymmetric games with continuous strategies. Phys Lett A, 2005, 240: 77–86.

[21] Makowski, Marcin, Piotrowski, Edward W. Quantum cat's dilemma: an example of intransitivity in a quantum game. Phys Lett A, 2006, 355: 250–254.

[22] Iqbal A, Toor A H. Backwards–induction outcome in a quantum game. Phys Rev A,

2002, 65: 052328.

[23] Li C F, Zhang Y S, Huang Y F, Guo G C. Quantum strategies of quantum measurements. Phys Lett A, 279: 257–260, 2001.

[24] Pietarinen A. Quantum logic and quantum theory in a game-theoretic perspective. Open Systems and Information Dynamics, 2002, 9: 273–290.

[25] Kay R J, Johnson N F. Winning combinations of history-dependent games. Phys. Rev. E 67, Issue 5, 056128, 2003.

[26] Kosik J, Miszczak J A, Buzek V. Quantum Parrondo's game with random strategies. arXiv: 0704.2937, 2007.

[27] Lee C F and Johnson N. Parrondo games and quantum algorithms. quant-ph/0203043, 2002.

[28] Flitney A P, Abbott D and Johnson N F. Quantum random walks with history dependence. Phys. A 37: 7581, 2004.

[29] Nielsen M A and Chuang I L. Quantum computation and quantum information. Cambridge, 2000.

[30] Meyer D A. Quantum strategies. Phys. Rev. Lett, 1999, 82: 1052–1055.

[31] Meyer D A, Blumer H. Quantum Parrondo games: biased and unbiased. Fluctuation Noise Lett, 2002, 2: 257–262.

[32] Chen L, Li C F, Gong M, Guo G C - Physica A: Statistical Mechanics and its Applications (2010).

[33] Ng J, Abbott D. Introduction to quantum games and a quantum Parrondo game. Ann. Int. Soc. On Dynamic Games ed A Nowac (Boston: Birkhauser).

[34] Lee C F, Johnson N F, Rodriguez F, Quiroga L. Quantum coherence, correlated noise and Parrondo games. Fluctuation and Noise Letters, 2002, 2: 293-304.

[35] Lee C F, Johnson N F. Exploiting randomness in quantum information processing. Phys. Rev. Lett. A, 2002, 301: 343–9.

[36] Flitney A P, Abbott D. Quantum models of parrondo's games. Physica A, 2003, 324: 152–156.

[37] Flitney A P, Ng J, Abbott D. Quantum parrondo's games. Physica A, 2002, 314: 35–42.

[38] Khan F S. An alternative quantization protocol for the history dependent parrondo's game. Quant-ph, arXiv: 0806.1544, 2008.

[39] Zhu Y F, Xie N G, Ye Y, Peng F R. Quantum game interpretation for a special case of Parrondo's paradox. Physica A, 2011, 390(4): 579–586.

[40] Wang L, Xie N G, Zhu Y F, Ye Y, Meng R. Parity effect of the initial capital based on Parrondo's games and the quantum interpretation. Physica A, 2011, 390 (23–24):

4535–4542.

[41] Harmer G P, Abbott D. A review of Parrondo's paradox. Fluctuation and Noise Letters, 2002, 2: 71–107.

[42] Harmer G P, Abbott D, Taylor P G, Parrondo J M R. Brownian ratchets and Parrondo's games. Chaos, 2001, 11: 705–714.

[43] Wang L, Zhu Y F, Ye Y, Meng R, Xie N G. The coupling effect of the process sequence and the parity of the initial capital on Parrondo's games. Physica A, 2012, 391 (21): 5197–5207.

第 7 章 总结与展望

7.1 关 于 模 型

Parrondo 博弈模型一般由 A 博弈和 B 博弈组成，当然也有三个游戏组成的模型，如图 1.9 所示的结构，其中包含了一个依赖先前输赢博弈历史的 C 博弈。

(1) 对于 A 博弈，主要有如图 1.1 所示的单体版结构、如图 2.1 所示的群体版结构以及具有等同“搅动”效应的网络版的 A 环节 (图 4.22 和图 4.23)。

(2) 对于 B 博弈，主要有基于个体资本状态 (状态机制，如图 1.1 所示依赖资本数值和如图 2.21 所示依赖资本奇偶性)；基于个体历史经历 (时间机制，如图 1.7 依赖博弈输赢历史)；基于个体邻居环境 (环境机制，如图 2.1 所示的一维环状空间结构、如图 2.18 所示二维格子网络结构以及图 4.27 所示任意复杂网络结构) 等三种模式。其中基于状态机制和时间机制的 B 博弈属于单体版，基于环境机制的 B 博弈属于群体版。

B 博弈的结构设计是产生 Parrondo 悖论现象的关键，在 B 博弈的结构中一般存在不对称的若干分支，其中一些是有利的分支 (即赢的概率大)，另外一些是不利的分支 (即输的概率大)，这种不对称的结构形成了一种“棘轮机制”。当单玩 B 博弈时，通过输赢概率参数的设置，使得 B 博弈输，而随机或按一定周期进行 A 博弈和 B 博弈时，通过 A 博弈的“搅动”作用，使得资本、输赢或邻居状态发生变化，这样轮到玩 B 博弈时，增加了进入有利分支的机会，最终产生了赢的反直觉现象。分析这种反直觉现象的关键在于剖析其中的“棘轮”机制，Abbott 教授通过对布朗棘轮、巴西坚果效应、长海岸的漂移 (沙子和贝壳倾向于在海岸的某一端堆积)、股票市场中的低买高卖、两个女友悖论等现象的分析，阐述了由空间、尺寸、摩擦、信息和时间不对称引起的各种“棘轮”机制。

今后研究的关键在于如何构建充当“搅动角色”的 A 博弈和充当“棘轮机制”的 B 博弈。

7.2 关于分析方法

本书主要采用了理论分析和计算仿真两种方法。其中第 1 章、第 2 章、第 5 章和第 6 章侧重于理论分析，第 3 章和第 4 章侧重于计算仿真。当然，很多内容是两种方法交互使用、互相验证的。目前针对单体版的 A 博弈和 B 博弈，基于离散马氏链的理论分析已经成熟；针对 N 较小且基于规则网络 (一维环状空间结构或二维格子网络结构) 的群体版 A 博弈和 B 博弈，可以基于离散马氏链进行精确的理论分析，但对于群体规模 N 较大的情形，精确的理论分析较为困难，本书提出了一种系统降维的简化分析方法；今后研究的重点是如何对基于复杂网络的群体 Parrondo 博弈进行理论分析。

7.3 关于应用

7.3.1 鲶鱼效应

西班牙人爱吃沙丁鱼，尤其是活鱼。市场上活鱼的价格要比死鱼高许多，所以渔民总是想方设法的让沙丁鱼活着回到渔港。为了延长沙丁鱼的存活期，渔民们想了许多方法，可是虽然经过种种努力，绝大部分沙丁鱼还是在中途因缺氧窒息而死亡。后来渔民想出了一个法子，将几条沙丁鱼的天敌鲶鱼放在运输容器里。因为鲶鱼是食肉鱼，放进鱼槽后，鲶鱼便会四处游动寻找小鱼吃。为了躲避天敌的吞食，沙丁鱼自然左冲右突、四处躲避、加速游动，这样沙丁鱼缺氧的问题就迎刃而解了。这就是著名的“鲶鱼效应”。

可以用 Parrondo 博弈机制反映上述鲶鱼效应：对于沙丁鱼，活动的个体代表赢，不活动的个体代表输。A 博弈：沙丁鱼个体与鲶鱼博弈，输 (不活动即死亡) 的概率大于赢 (活动即生存) 的概率，因此 A 博弈是输的博弈；B 博弈：类似于基于环境机制的 B 博弈，存在两个分支：分支一：当个体周围赢 (活动) 的个体多时，其赢的概率大 (因为周围个体的活动带来了空气流动，解决了缺氧问题)；分支二：当个体周围输 (不活动) 的个体多时，其输的概率大 (因为周围个体不活动，空气不流动导致缺氧窒息)。由于沙丁鱼生性喜欢安静，因此单玩 B 博弈时 (即没有鲶鱼时)，群体会陷入分支二 (输的分支) 而导致缺氧死亡，当引入 A 博弈后，由于 A 博弈的“搅动”效应 (沙丁鱼加速游动四处躲避鲶鱼)，使得沙丁鱼进入 B 博弈的有利分支，实现了群体“输 + 输 = 赢”的悖论效应。有兴趣的读者可以根据上述机制对“鲶鱼效应”进行 Parrondo 博弈建模分析。

7.3.2 巴西坚果效应

7.3.2.1 背景

著名的“巴西坚果效应”[1−3] 如图 7.1 所示，源于 20 世纪 30 年代，南美巴西人在长途运输坚果中，发现装果容器经过长途颠簸，大的果子浮在上层、细碎的小果留在下层。人们凭直觉认为，重而大的坚果在振动过程中由于受重力影响应该沉在容器下方，但事实却与想象截然相反。

图 7.1　“巴西坚果效应” 模拟实验 [4]

类似 “巴西坚果效应” 的颗粒分离现象也充斥在大自然中，例如泥石流发生时，大颗粒会在泥石流中的上层，小颗粒会在泥石流中的下层，就是典型的 “巴西坚果效应” 现象，如图 7.2 所示。由于泥石流中之大颗粒聚集在上层，故当泥石流撞击房舍、公共设施等对象或是防砂坝等整治工程时，大颗粒难以避免先撞击到构造物，使得泥石流之破坏力往往较洪水强。

图 7.2　泥石流

7.3.2.2　混合颗粒的物理系统与空间 Parrondo 博弈模型之间的对应关系

根据 Breu[4] 等人的实验分析 (实验仿真条件设置如下：有机玻璃缸直径为 94 毫米，高为 200 毫米。该玻璃缸被装在电机激振器上，用具有重力加速度的正弦调制使其垂直振动，加速度 Γ 可通过与有机玻璃缸底板相连接的加速装置测量得到)，实验结果出现四种不同的形态 [4]。

(1) 在低振幅段 ($\Gamma < 0.8g$)，颗粒保持不动。

(2) 加速度在 $0.8g$ 和 $1g$ 之间时，大的颗粒开始在它们的初始位置附近摆动。由于大颗粒的运动，它们之间产生空隙，小颗粒通过该空隙向下运动并填满下方的空白。当向下运动经过一段时间后，小颗粒又达到一个稳定的形态时就停止向下运动，他们认为这种机制阻碍了巴西坚果效应。

(3) 当加速度达到 $1g$ 以后，大颗粒摆动的幅度加大，使得空隙产生的机会越来越多、空隙变得越来越大，且持续时间越来越长，这样小颗粒就会很自由的向下运动，最终的稳定形态就是巴西坚果效应，也就是大坚果在上，小坚果在下。

(4) 当加速度大于 $3.5g$ 后，小颗粒的运动相对于大颗粒更为活跃，开始向上运动。当加速度特别高时，所有的小颗粒都可以通过大颗粒。一旦达到顶端，逆巴西坚果效应就会产生。

从上述实验现象，我们可以发现容器中混合颗粒在垂直振动的作用下，其主要动力学机制如下：

(1) 存在一个驱动因素，即垂直振动，振动加速度对颗粒分离机制有影响；在混合颗粒床中起主导作用的是大颗粒的运动特性。

(2) 垂直振动对混合颗粒床产生两种影响，第一种影响是所有颗粒都会在初始位置附近摆动，由于容器底部密闭而颗粒床的上部空间自由，所以对每个颗粒而言，向上的摆动趋势强于向下，同时，颗粒摆动幅度与其自身的特性 (如几何直径和材料密度) 有关，大而重的颗粒摆动幅度小于小而轻的颗粒，因此，大而重的颗粒相对于小而轻的颗粒，向下的趋势要强一些。第二种影响是垂直振动使颗粒间的空隙发生变化，即颗粒之间相互依存的小生境发生变化，这种小生境的变化会导致颗粒沿着空隙向上或向下运动。由于容器底部密闭而颗粒床的上部空间自由，所以对整个颗粒床而言，垂直振动产生了向上的运动。

为实现对上述动力学机制的模拟，以解释“巴西坚果效应”及其逆效应，我们可以将容器中混合颗粒在垂直振动作用下的物理系统转变成数学系统，用 Parrondo 博弈机制反映上述物理系统的动力学机制：

(1) 垂直振动相当于玩游戏的推手。

(2) 颗粒对应于博弈的个体，颗粒的向下运动力量对应个体在游戏中赢的概率，个体赢的概率越大，向下运动的力量就越强。

(3) A 博弈反映垂直振动对颗粒的第一种影响，构成邻居的两个颗粒，其谁上谁下的运动力量与其自身的直径和质量有关，大而重的颗粒相对于小而轻的颗粒，向下的运动力量要强一些，对应在 A 博弈结构中，建立个体的竞争力模型 (与个体所代表的颗粒直径和质量有关)，竞争力大的个体，赢的概率大。

(4) B 博弈反映垂直振动对颗粒的第二种影响，个体的输赢概率 (上下的运动趋势) 与其依存的 4 个邻居个体构成的小生境有关，我们用 4 个邻居在上一轮游戏中的输赢状态 (颗粒之间上下左右的空隙关系) 反映这种小生境，这样 B 博弈结构被设计为五个分支；同时，为了反映整个颗粒床向上的运动，B 博弈设计为负博弈，即对整个群体而言，输的概率大于赢的概率 (对应向上运动)。

(5) 为反映振动加速度对颗粒分离机制的影响，我们将振动加速度对应玩 A 博弈的概率，振动加速度越大，玩 A 博弈的概率越大，垂直振动对混合颗粒的第一种影响就越占主导。

表 7.1 列出了两者之间之间的对应关系，有兴趣的读者可以进行建模分析。

表 7.1　物理系统与数学系统之间的映射关系

	基于混合颗粒床的物理系统	基于空间 Parrondo 博弈模型的数学系统
动力源	激振器	玩游戏
动力学机制	垂直振动对颗粒的两种影响	个体的 A 博弈和 B 博弈
切换	振动加速度的大小	玩 A 博弈的概率大小
尺度单位	激振器振动时间	博弈时间
运输对象	颗粒	博弈个体
测量输出量	位移 (向下)	收益 (大)
现象	“巴西坚果效应” 及其逆效应	演化博弈结果

7.3.3　双膜原核生物的进化机制

7.3.3.1　背景

Lake[5] 发表在 *Nature* 上的论文提出了关于原核生物与生命进化的重大见解。他指出两组原核生物 —— 放线菌和梭菌融合在一起产生了双膜原核生物和内共生现象，双膜原核生物的融合产生了存在于每个人体细胞中的线粒体，双膜原核生物的子群 —— 蓝藻通过光合作用直接导致地球上氧气的出现。

我们针对 Lake 的研究，采用博弈方法进行模拟分析，从定量角度解释放线菌和梭菌融合产生双膜原核生物的合理性，阐明了融合是成功的进化方向。为模拟双膜原核生物的进化机制，我们建立了相应的 Parrondo 博弈模型 [6]，在模型中实现了如下主要机制和细节信息的对应性表达。

(1) 环境对原核生物的影响。其中主要环境要素为无氧和阳光，需要表达的细节信息是：① 整体环境的生存恶劣性，② 无氧环境的不利性和阳光环境的有利性。

(2) 原核生物之间的相互作用。需要表达的细节信息是个体之间的生存竞争。

(3) 双膜原核生物和一般原核生物的差异。包括：① 双膜原核生物的内共生现象，② 双膜原核生物的光合作用机制。

7.3.3.2 模型

模型由两个博弈组成：① A 博弈反映个体之间的作用关系；② B 博弈反映环境对个体的作用。考虑由 N 个个体组成的种群，模型的动力学过程为：随机选择个体 i(称作主体) 进行博弈，个体 i 随机选择进行 A 博弈 (概率 γ) 或者 B 博弈 (概率 $1-\gamma$)。当进行 A 博弈时，还需从种群中随机选择个体 j(称作受体)。主体 i 与受体 j 之间 A 博弈的具体形式由两者之间的作用关系决定。

1) 环境作用机制的表达 ——B 博弈

当放线菌和梭菌这两种早期原核生物进化时，地球上最重要的环境信息是无氧和有阳光，为反映整体自然环境的恶劣性，将环境作用机制设计成 B 博弈且为负博弈。B 博弈具有特殊结构，即根据模数 M 的整除关系产生分支，分支一 (总本金能够被 M 整除) 表达无氧环境的不利因素，其中赢的概率较小；分支二 (总本金不能够被 M 整除) 表达阳光环境的有利因素，其中赢的概率较大。

2) 内共生机制的表达 ——A 博弈

A 博弈被设计为零和博弈，用以反映个体之间的作用机制。A 博弈对种群整体收益不产生影响，只是改变了收益在种群中的分配格局。

个体之间最基本的作用机制有：① 竞争，② 合作。与此相对应的 A 博弈的具体形式为：

(1) 竞争机制：主体 i 与受体 j 赢的概率各为 0.5，当主体 i 赢时，受体 j 支付 1 个单位给主体 i，反之，主体 i 支付 1 个单位给受体 j。

(2) 合作机制：双膜原核生物的融合和内共生现象表明 [5]，如果两个细胞共存足够长的时间，就会交换基因，但在融合的同时往往会保留自己的细胞膜，有时还会保留自己的基因组。因此，放线菌和梭菌一旦发生融合作用，两者存在有选择 (或有保留) 的信息交换。为了表达这种融合机制，我们设计了一种互补合作机制，即当 i 个体的资本不小于 j 个体的资本时，主体 i 支付 1 个单位给受体 j；当 i 个体的资本小于 j 个体的资本时，受体 j 支付 1 个单位给主体 i。

3) 光合作用机制的表达 ——B 博弈结构的变化

通过融合产生的双膜原核生物相对于一般原核生物，其最大成功之处是存在光合作用机制，双膜原核生物通过光合作用可有效利用阳光环境的有利因素，并产生氧气逐步改善无氧环境的不利因素。为表达光合作用机制，我们在模型的 B 博弈中设置了一种反馈机制，双膜原核生物在玩 B 博弈分支二的同时，通过反馈机制改善 B 博弈的结构，以提高自身的适应度，而这一点是一般原核生物不具备的。反馈机制对 B 博弈结构的改善可表现为两种形式：① 双膜原核生物对阳光的有效利用可表现为增大了 B 博弈分支二 (表达阳光环境) 赢的概率。② 由于光合作用的日积月累，无氧环境得到彻底改观，体现在模型上，即双膜原核生物 B 博弈的

模数 M 变大。

7.3.3.3 结果分析

1) 棘轮机制

为考察由双膜原核生物构成的种群与一般原核生物构成的种群在生存适应性方面的对比，我们计算分析了两类种群的适应度：① 由一般原核生物构成的种群 (竞争方式)。种群全由一般的放线菌和梭菌组成，其中放线菌和梭菌各占一半，当个体相遇进行 A 游戏时，作用机制采用竞争方式。② 由双膜原核生物构成的种群 (两两合作方式)。种群全由双膜原核生物组成，考虑放线菌和梭菌的融合和内共生机制，将它们两两配对成双膜原核生物，当同对个体相遇时，采用互补合作机制，非同对个体相遇时，采用竞争机制。仿真结果显示：面对恶劣的生存环境 (B 为负博弈)，竞争和两两合作方式均可促进种群平均适应度的提高，均能实现种群的生存和发展 (平均适应度的增长)。其中双膜原核生物种群的平均适应度和生存比例都比一般原核生物构成的种群高，说明融合是成功的进化方向。

另外，从系统层面看，A 博弈为零和博弈，B 博弈对种群中的每个个体而言均为负博弈，但输的游戏组合可以产生赢，种群平均适应度的提高体现了 Parrondo 悖论违反直觉的本质。Abbott 博士指出，生命本身或许就是通过棘轮的方式自我引导的，当某种进化方向偶然形成的时候，环境的力量很容易毁灭这种最初的秩序。那些扮演棘轮角色的因素可以阻止这种毁灭，帮助生命沿着进化的道路形成更高的复杂性。特殊的 B 博弈结构表现了自然环境对生物进化所具有的棘轮效应，而竞争和合作均为成功的进化方向。

在地球生物史上，由单细胞微生物向多细胞生物的转变无疑是极为关键的一步，并在很大程度上改变了地球的生态面貌。但问题是，许多原始的多细胞生物都既具有单细胞形态、又具有多细胞形态，因此它们有可能放弃多细胞的生存方式，那么多细胞生物究竟是如何维持这种状态不变的 [7]？Libby 发表在 *Science* 上的论文 [8] 提出，因为存在所谓的 “棘轮效应”(指某种对群体有利、但对独自存在的细胞不利的特性)，这有力地阻止了多细胞生物朝着单细胞生物方向倒退。近期的一系列与细菌有关实验的结果显示，在一个细胞群体中，细胞之间越是相互信任，棘轮效应就越强。将来的研究重点是棘轮效应的稳定性。

2) 进化历程

双膜原核生物的进化历程和相应的驱动机制可分为：个体产生 (变异) → 最初的立足和生存 (融合导致的内共生机制) → 种群发展 (光合作用) → 成功进化 (适者生存) 四个阶段，具体描述如下：首先，在由放线菌和梭菌组成的一般原核生物种群中，偶然的变异产生了双膜原核生物；接着，由融合导致的两两合作方式使双膜原核生物获得了比一般原核生物更好的适应度和生存比例，因此双膜原核生物在由放线菌和梭菌组成的一般原核生物种群中获得了最初的立足和生存；然后，通过双膜原核生物的光合作用，改善了 B 博弈的结构，双膜原核生物的生存环境获得了改观，使双膜原核生物获得了更大的适应度和更高的生存比例，种群得到发展；最后，在自然选择的作用下，适者生存，双膜原核生物获得了成功进化。因此，双膜原核生物提供的进化信息是：融合是成功的进化方向，合作也是生命前进的一种方式。

7.4 关于结论

(1) 综合考虑生物个体的两重属性 —— 社会属性和自然属性，建立生物群体 Parrondo 博弈模型，模型反映了个体生存和进化过程中的两种博弈关系：① A 博弈反映个体之间竞争和合作的相互作用。② B 博弈反映自然对个体生存进化的影响，影响机制采用基于个体生存状态 (状态机制) 、基于个体历史经历 (时间机制) 和基于个体邻居环境 (环境机制) 等三种模式，B 博弈的结构中同时存在自然有利影响和不利影响的分支，并且考虑到自然的整体影响是不利的，我们将 B 博弈设计为负博弈。群体 Parrondo 博弈模型仿真计算结果显示：① 合作与竞争均为适应性行为 (种群平均适应度为正)。② 环境模式的棘轮效应最强，即对个体的自然选择最残酷 (个体单玩环境模式的 B 博弈时输的最多)，但一旦个体采用适应性行为 (竞争或合作)，该模式最高效 (基于环境模式的群体 Parrondo 博弈模型赢的最多)，种群平均适应度最高。因此，在生物进化历程中，自然一般会采用高效的机制引导进化，正是由于环境模式的引导，形成了个体组成种群、种群组成群落、群落组成生态系统、生态系统组成生物圈这种协同进化模式。③ “物竞天择” 体现了竞争是个体层面的适应性行为，本书结果显示，竞争能够使种群平均适应度上升，因此我们的研究揭示了竞争也可能是群体层面的适应性行为。④ 目前的研究显示，合作产生的必要条件是成本小于效益，对于成本等于效益的零和博弈，合作不会产生。而本书的研究结果显示零和博弈也可能产生合作，因为合作能带来群体的正收益。

(2) 基于群体具有一定的空间分布或者空间结构，建立了基于网络的群体 Parrondo 博弈模型，研究了个体竞合行为的合理性与适应性，结果显示：① 竞合行为导致多样性，而多样性可促进群体的适应性；② 网络的异质性对合作方式的适应性存在正向影响，网络的异质性越高，合作方式的种群平均适应度就越大；③ 提出一种基于网络演化的 A 环节，发现网络演化能带来福利，可以使输的 B 博弈产生赢的悖论效果，并且断边重连的 “搅动” 效果优于个体之间的零和博弈。因为网络演化能带来福利，有利于提升群体收益，使群体收益由负变为正，因此有助于从宏观和整体层面理解网络演化的合理性与适应性，另外，基于随机重连方式的多样性有利于提升群体效率；④ 构造了适用于任意网络载体的依赖空间小生境的 B 博弈结构方案，发现网络的异质性越高，强悖论成立的参数空间越大。因此，网络度分布的异质性有利于棘轮机制的发挥，这可能也是现实中大多数网络呈现高异质性的原因。

(3) 基于量子博弈方法，对 Parrondo 博弈模型进行研究，揭示了 Parrondo 博弈中一种新的反直觉现象。① 基于依赖资金的 Parrondo 博弈版本，针对模数 $M=2n$ 时随机玩博弈 A 和博弈 B 的情况，将游戏过程分为奇数次和偶数次，其中奇数次玩 A 博弈的概率为 γ_1，偶数次玩 A 博弈的概率为 γ_2。发现 $\gamma_1 \neq \gamma_2$ 时游戏结果不确定，依赖初值的奇偶性；只有 $\gamma_1 = \gamma_2$ 的随机游戏情况，结果才不依赖初值的奇偶性。分析结果显示了初值和过程对终值状态的耦合影响，即："有序过程产生依赖初值的非确定性终值，无序过程产生不依赖初值的确定性终值" 的反直觉现象。证明了游戏平稳分布概率对应初始资本取奇偶的概率。② 研究了产生初值奇偶性效应的 Parrondo 游戏结构一般形式。游戏的离散时间马尔可夫链分为两个 (或若干个) 完全不关联的部分是产生 "游戏收益依赖初值" 的原因。因此，产生初值奇偶性效应的 Parrondo 游戏结构的一般形式和共同特征为：游戏的离散时间马尔可夫链分为两个 (或若干个) 完全不关联的部分。

(4) 针对群体 Parrondo 博弈模型，提出一种新的基于离散马尔可夫链的系统降维分析方法。该方法的特点是用群体 N 中赢的个体数目来描述系统状态，有效降低了系统状态数 (从目前理论分析方法的 2^N 降低至 $N+1$)，使得对较大的群体 N 也可以进行理论分析。

(5) 基于囚徒困境博弈模型的启发，建立一种依赖资本奇偶性的群体 Parrondo 博弈，研究了赢的组合会输的逆 Parrondo 悖论效应。

(6) 设计了依赖资本的群体 Parrondo 博弈模型和依赖历史的群体 Parrondo 博弈模型，研究了对种群中大多数人而言的最佳行为模式对于种群而言并不有利的 "投票悖论" 现象和发生机制，结果显示：针对依赖资本的群体 Parrondo 博弈模型，存在 "投票悖论"，独裁者的决定有时要比民主决策更有利于群体发展；针对依赖历史的群体 Parrondo 博弈模型，不存在 "投票悖论" 现象。

(7) 针对如图 2.1 所示一维环状空间的群体 Parrondo 博弈模型，当 $p_0=0$ 及 $p_3=1$ 时，B 博弈没有确定的平稳分布概率但却存在一种 "吸收" 机制。分析了 Parrondo 博弈中具有两个吸收态的随机游走问题，推导出被两个吸收壁吸收的概率和时间。

本章参考文献

[1] 高俊方. 颗粒状物质的反常行为. 科学世界，2002, 3: 8–13.

[2] 瑞语. 小颗粒大问题 —— 从巴西坚果效应谈起. 百科知识，2002(8).

[3] 申兵辉，韩萍. 巴西坚果效应之谜. 现代物理知识，2007, 19, 2: 12–14.

[4] Breu A P J, Ensner H M, Kruelle C A and Rehberg I. Reversing the Brazil-Nut effect: competition between percolation and condensation. Physical Review Letters, 2003, 90(1): 014302–014310.

[5] Lake J A. Evidence for an early prokaryotic endosymbiosis. Nature, 2009(460): 967–971.

[6] Wang L, Ye S Q, Wang M, Ye Y, Xie N G. Simulation of evolutionisms for the double-membrane prokaryotes based on Parrondo's model. Bio Technology: An Indian Journal, 2013, 12(8): 1699–1708.

[7] 多细胞生命演化之谜: 何如确保细胞团结？新浪科技: http://tech.sina.com.cn/d/a/2015-02-10/doc-iavxeafs1016330.shtml/，2015 年 02 月 10 日.

[8] Libby E, Ratcliff W C. Ratcheting the evolution of multicellularity. Science, 2014, 346(6208): 426–7.

彩 图

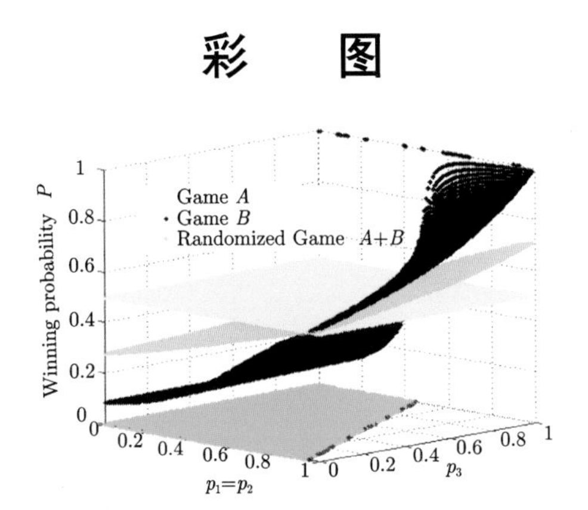

图 2.2　基于平均场方法的理论结果 ($p_0=0.1$, 图中绿色区域为弱 Parrondo 悖论成立空间，红色区域为强 Parrondo 悖论成立空间)

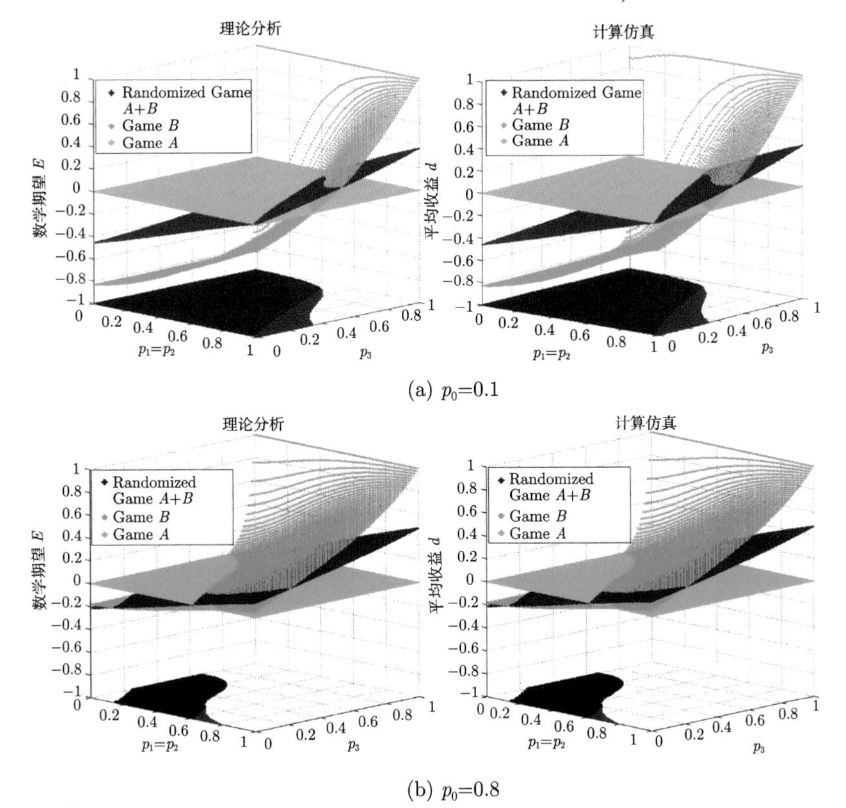

(a) p_0=0.1

(b) p_0=0.8

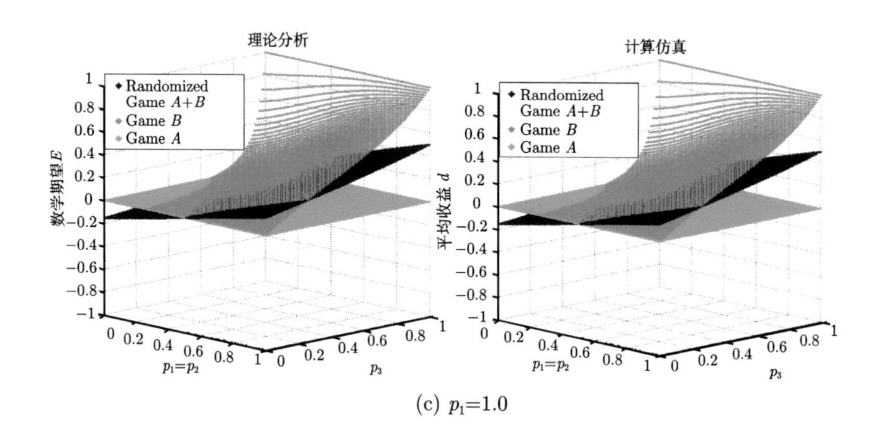

(c) $p_1=1.0$

图 2.3 游戏结果的对比 (其中随机 $A+B$ 博弈中玩 A 博弈的概率 γ 为 0.5。坐标平面中蓝色区域表示弱Parrondo悖论成立的参数空间，红色区域表示强Parrondo悖论成立的参数空间)

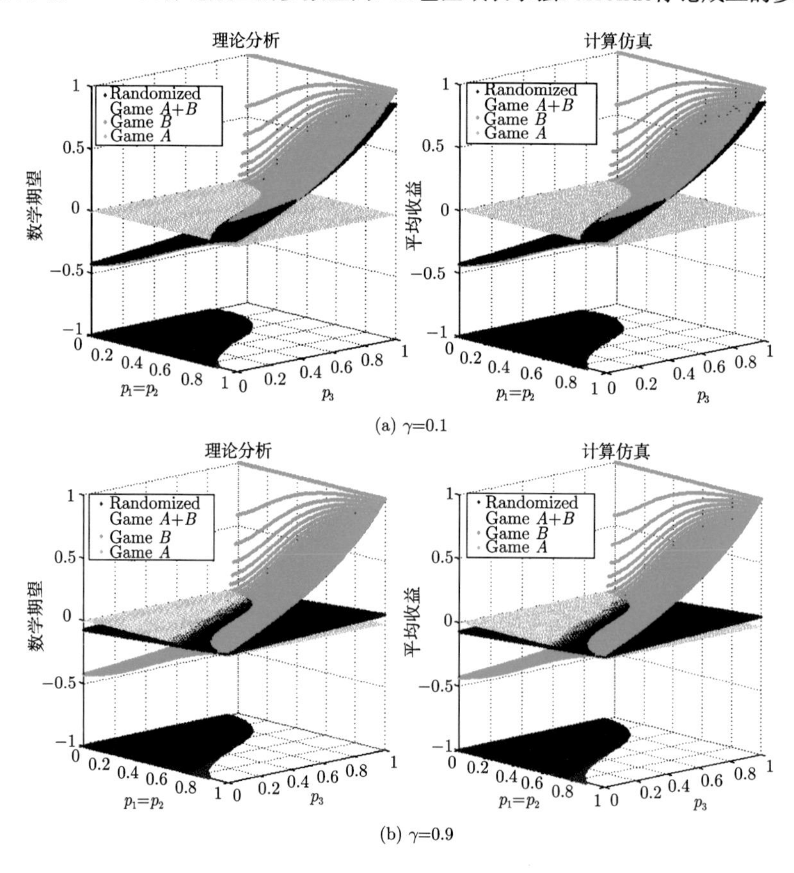

图 2.4 $p_0=0.5$ 时的游戏结果 (坐标平面中蓝色区域表示弱 Parrondo 悖论成立的参数空间，红色区域表示强 Parrondo 悖论成立的参数空间)

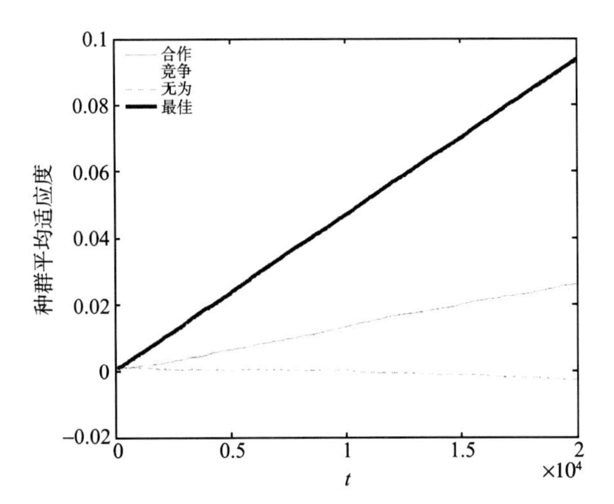

图 3.2　种群平均适应度 $\bar{d}(t)$ 的变化情况 (随机玩 $A+B$ 博弈)

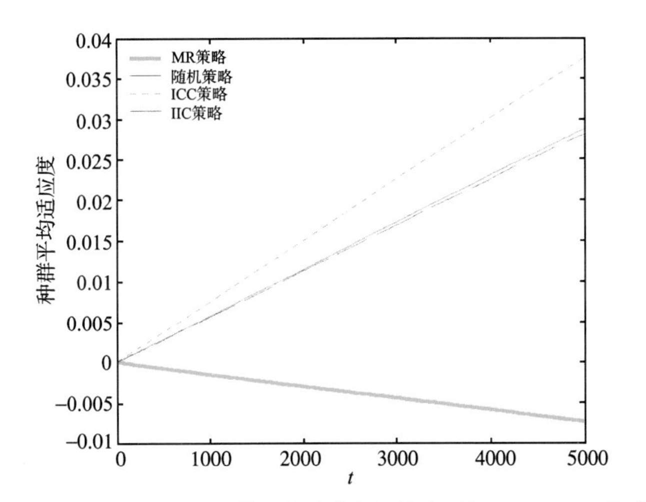

图 3.4　不同行为策略的种群适应度 $\bar{d}(t)$ 的变化图 (博弈时间 T=5000，种群规模 N=100，随机选择玩 A 博弈的概率 γ=0.5。B 博弈的参数 $p_1 = 0.9-\varepsilon$，$p_2 = 0.75-\varepsilon$，$\varepsilon = 0.005$。游戏样本数为 100)

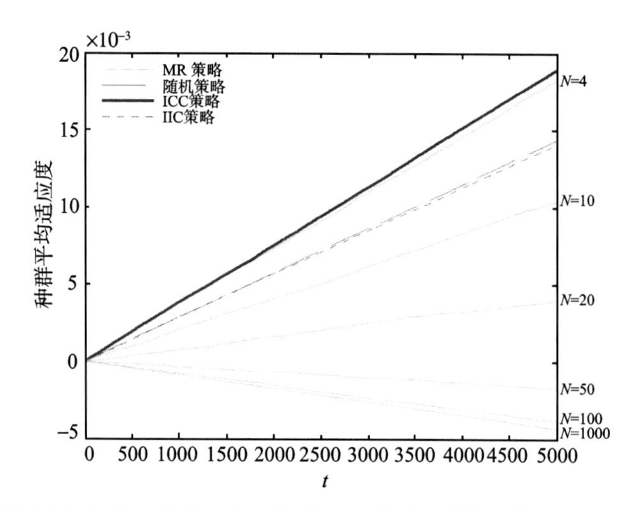

图 3.7 种群平均适应度 $\bar{d}(t)$ 计算结果 (针对 MR 策略，群体规模 N=4, 10, 20, 50, 100 和 1000。对于随机和周期策略来说，结果不依赖于种群规模)

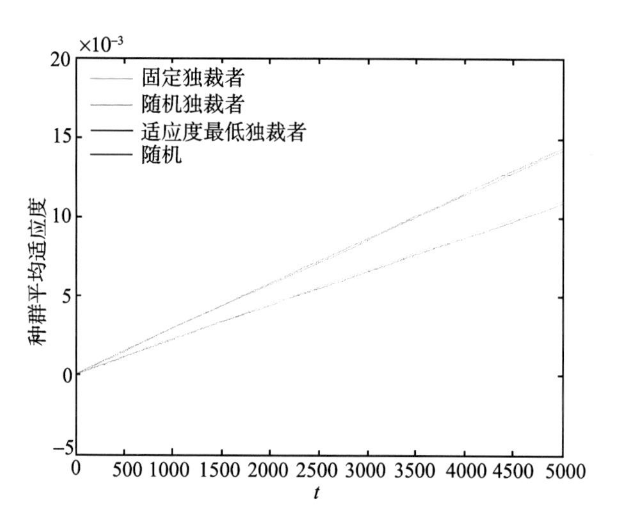

图 3.11 独裁者方式的种群平均适应度 $\bar{d}(t)$ 的变化图 (群体规模 N=100。为了对比，图中还显示了图 3.4 中随机策略的计算结果)

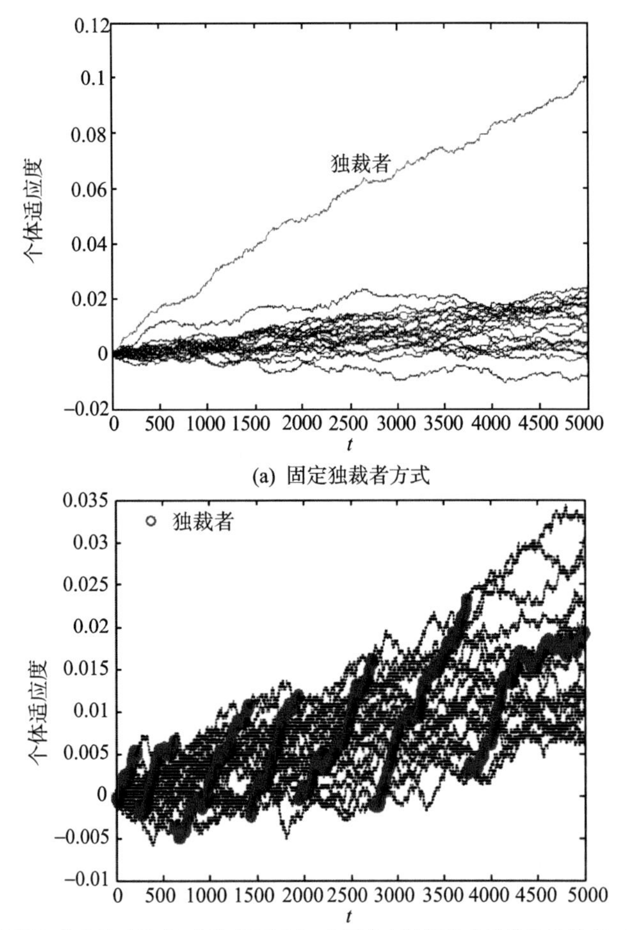

(a) 固定独裁者方式

(b) 扶弱方式选择独裁者 (独裁者不固定, 由适应度最低的个体作为独裁者, 直至他成为适应度最高者后再重新挑选另外一个适应度最低的个体取代上个独裁者)

图 3.12　独裁者和 “公民” 的适应度变化图 (20 个参与者，19 个公民和一个独裁者)

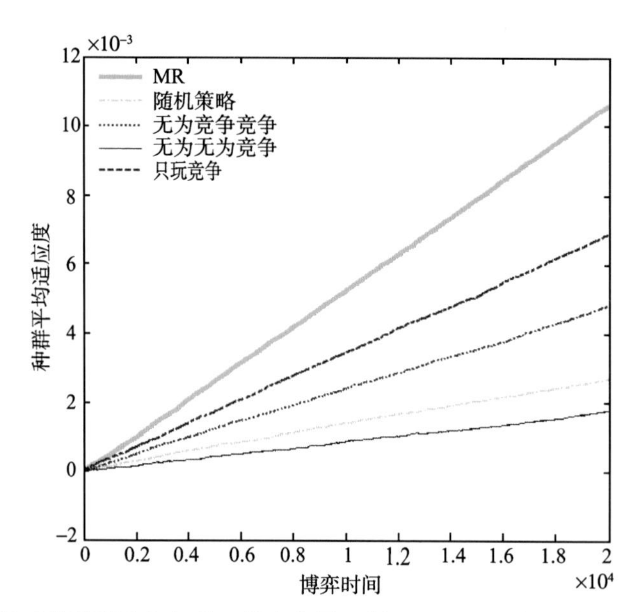

图 3.15　同步游戏的种群适应度 $\bar{d}(t)$ 的变化图 (随机玩 $A+B$ 游戏，其中选择玩 A 游戏的概率 γ=0.5)

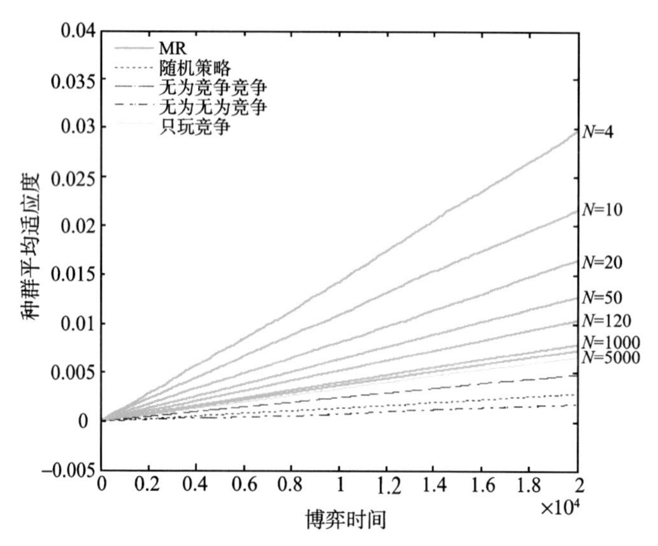

图 3.17　$N=4,10,20,50,120,1000$ 和 5000 时的种群平均适应度 $\bar{d}(t)$ 仿真图 (随机玩 $A+B$ 博弈，其中选择玩 A 博弈的概率 γ=0.5。对于随机和周期策略来说，结果不依赖于种群规模)

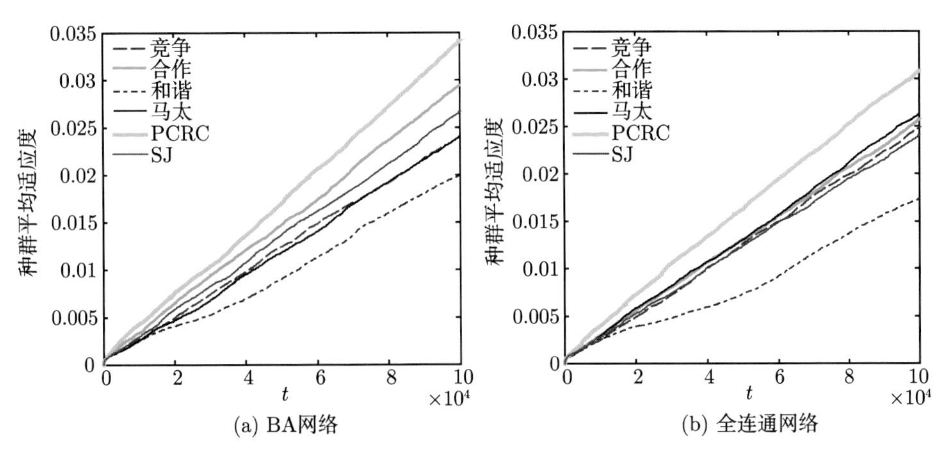

(a) BA网络　(b) 全连通网络

图 4.4　游戏过程中种群平均适应度 $\bar{d}(t)$ 变化情况

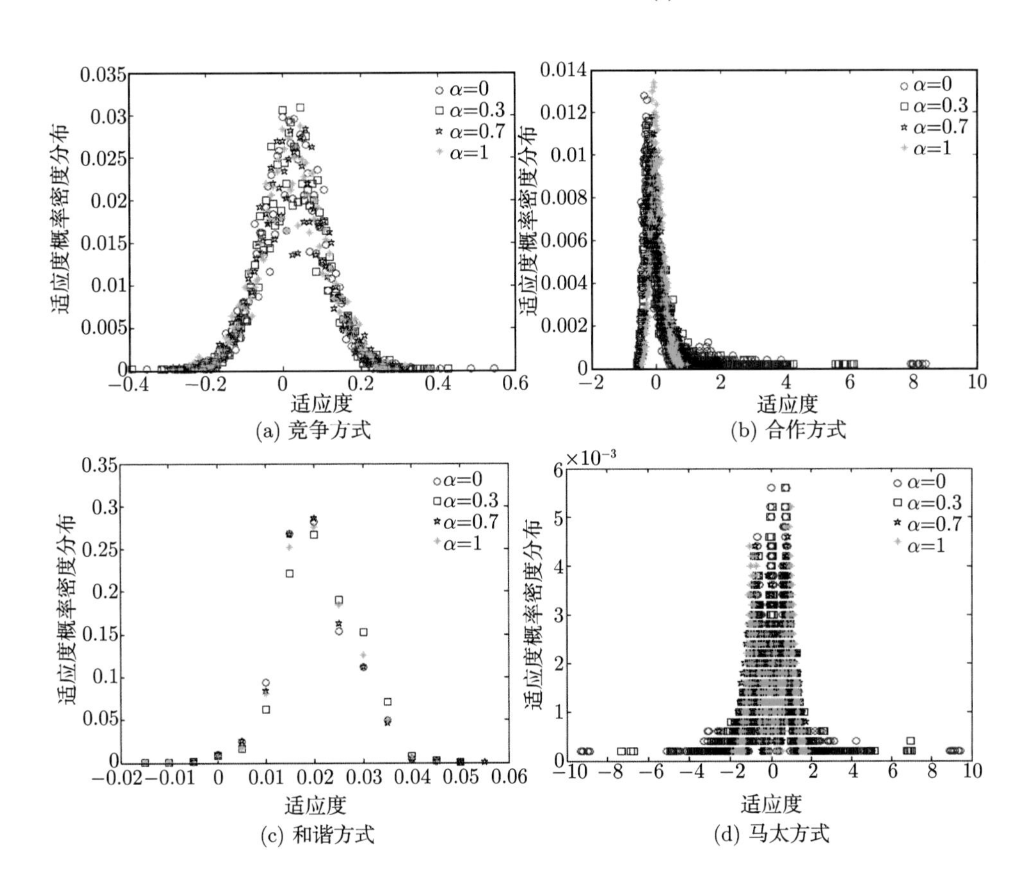

(a) 竞争方式　(b) 合作方式　(c) 和谐方式　(d) 马太方式

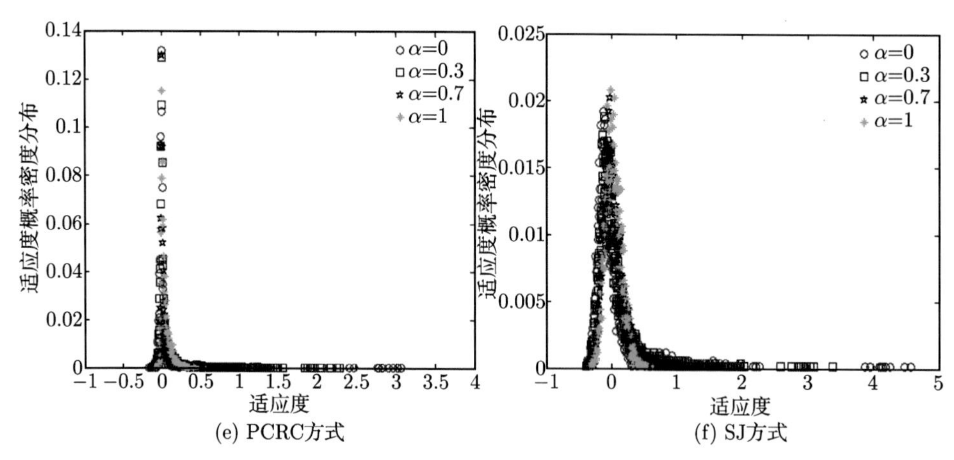

(e) PCRC方式　　　　(f) SJ方式

图 4.11　网络异质性 α 对个体适应度分布情况的影响

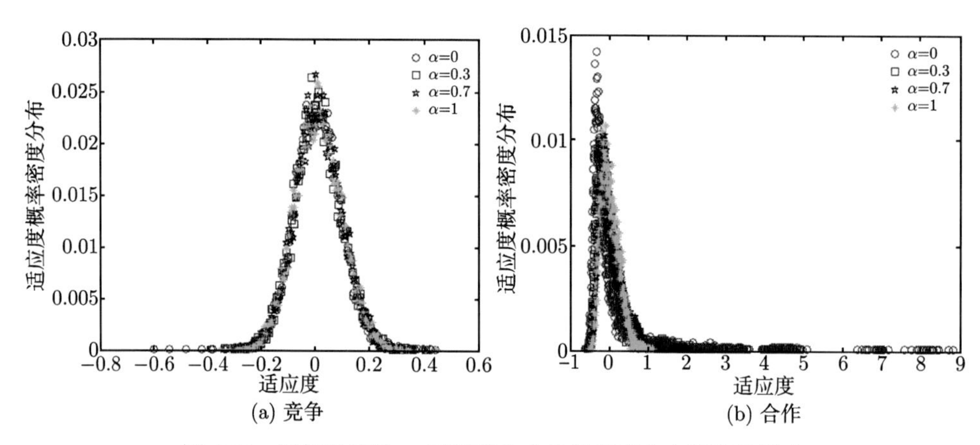

(a) 竞争　　　　(b) 合作

图 4.16　网络异质性 α 对种群中个体适应度分布情况的影响

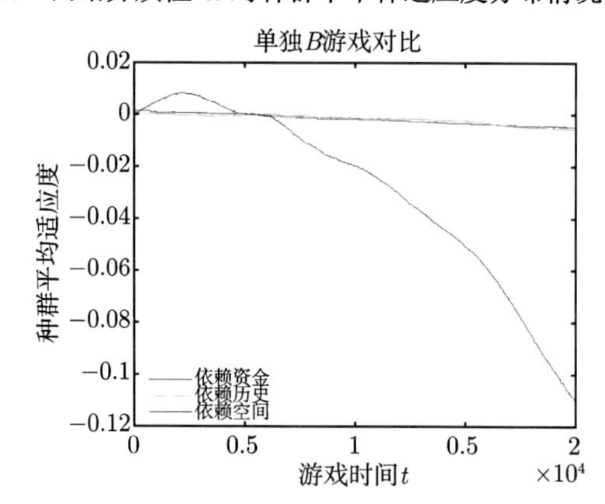

图 4.18　单玩 B 博弈时种群平均适应度 $\bar{d}(t)$ 变化情况

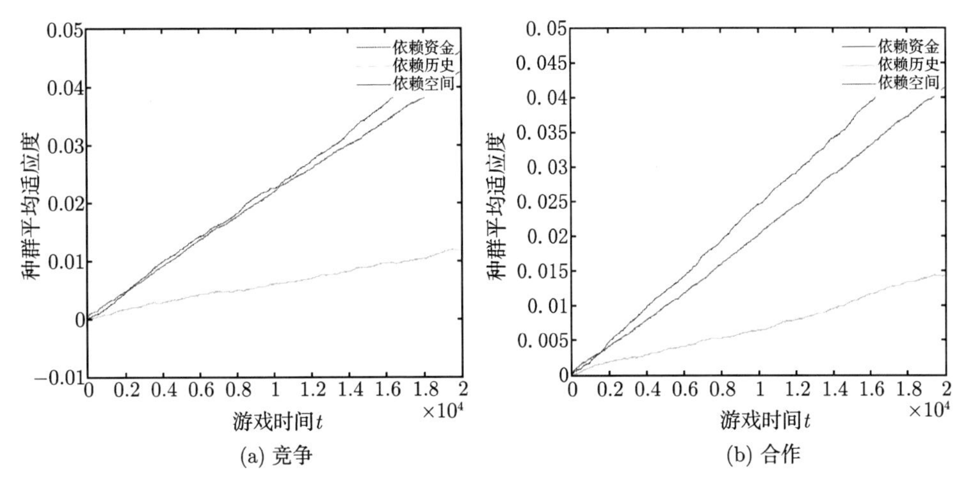

(a) 竞争　　(b) 合作

图 4.19　基于群体 Parrondo 博弈模型的种群平均适应度变化情况

(随机 $A+B$ 博弈)

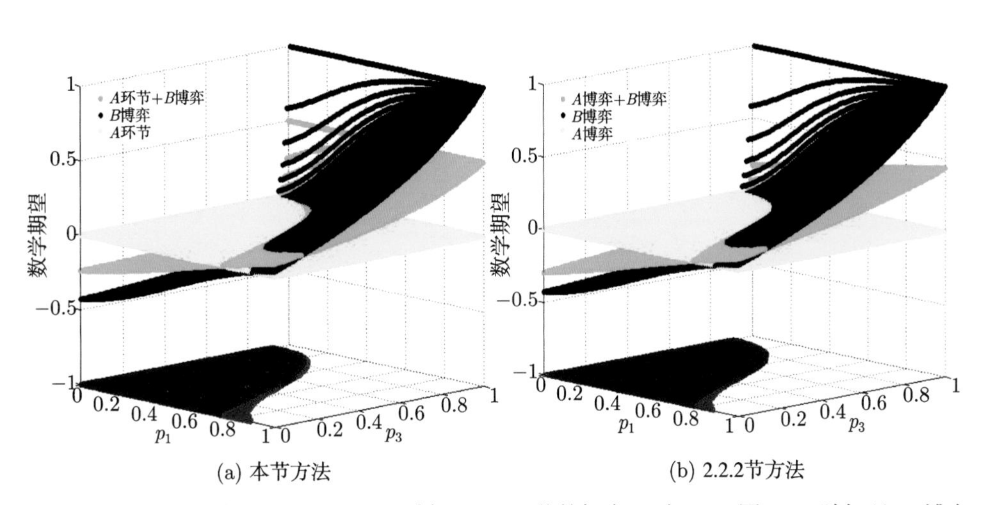

(a) 本节方法　　(b) 2.2.2节方法

图 4.25　理论分析结果对比 (图 (a)，随机玩 A 环节的概率 γ 为 0.5。图 (b)，随机玩 A 博弈的概率 γ 为 0.5。B 博弈的参数 p_0=0.5。图中蓝色为弱 Parrondo 悖论成立的参数空间，红色为强 Parrondo 悖论成立的参数空间)

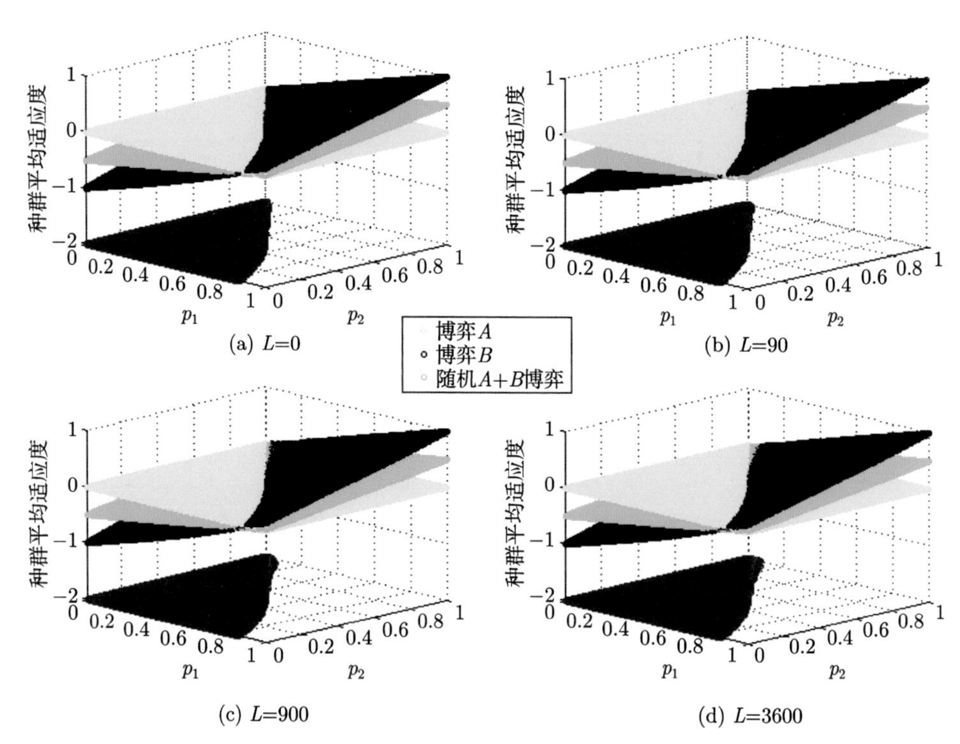

图 4.30 从二维格子网络到随机网络的计算仿真结果 (种群规模 N 取 900，网络平均度为 4，个体平均游戏次数 n 取 100，玩游戏 A 的概率 γ=0.5。采用不同随机数重复玩 30 次游戏，以 30 次游戏结果的平均值作图。蓝色区域为弱 Parrondo 悖论成立的参数空间，红色区域为强 Parrondo 悖论成立的参数空间。图 (a)、(b)、(c) 和 (d) 分别对应断边重连次数 L=0，90，900 和 3600 的网络)

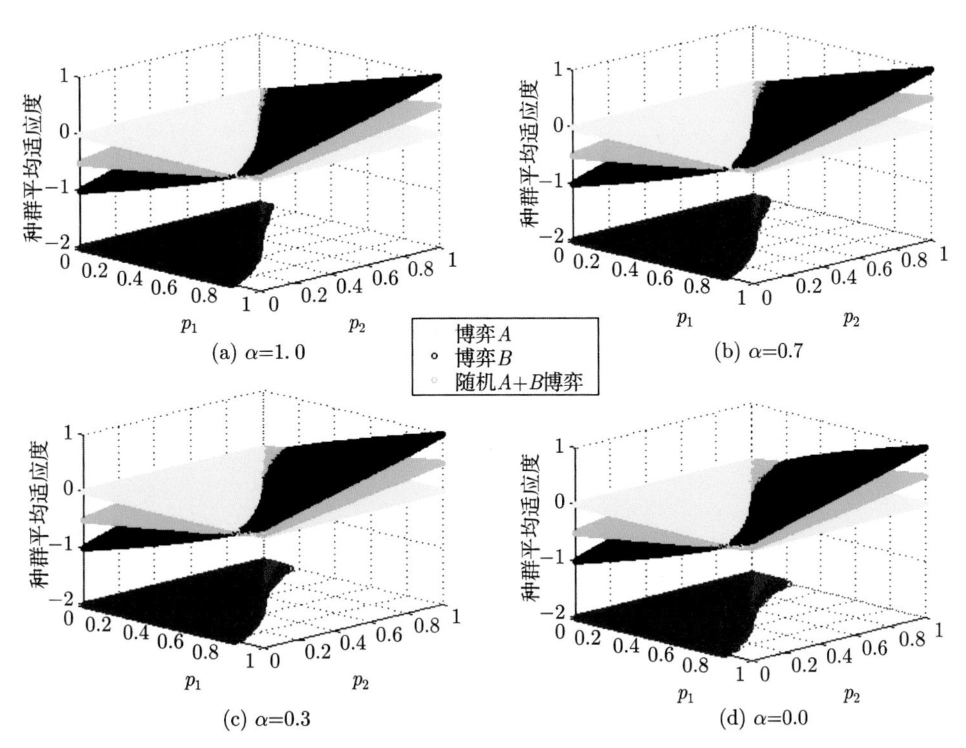

图 4.31　从随机网络到无标度网络的计算仿真结果 (种群规模 N 取 900，网络平均度为 4，个体平均游戏次数 n 取 100，玩游戏 A 的概率 γ=0.5。采用不同随机数重复玩 30 次游戏，以 30 次游戏结果的平均值作图。蓝色区域为弱 Parrondo 悖论成立的参数空间，红色区域为强 Parrondo 悖论成立的参数空间。图 (a)、(b)、(c) 和 (d) 分别对应参数 α=1.0，0.7，0.3 和 0.0 的网络)

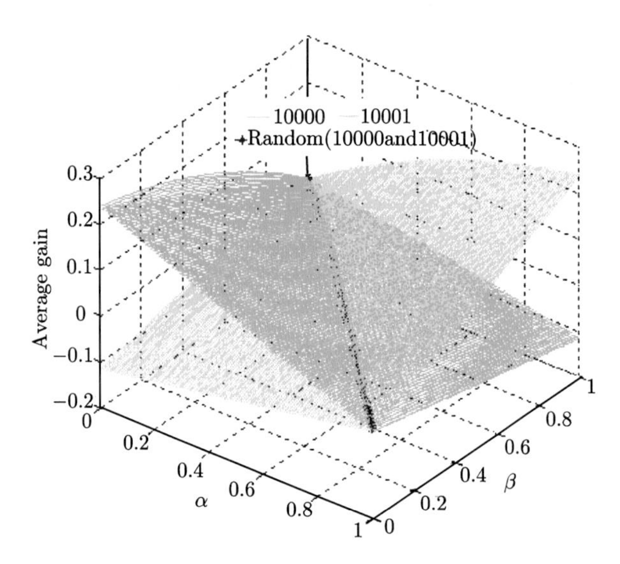

图 6.3　游戏的次序性与游戏结果确定性的关系

($M=4$，$p=1/2-e$，$p_1=1/28-e$，$p_2=3/4-e$，$e=0.005$)